금속가공학

목차

머리말

우리나라는 1962년 공업입국을 시작으로 발전을 거듭하여 G20 국가로서 선진국 대열에 서 있다.

무한기술 장벽주의와 기술 패권주의를 지향하는 세계 속에서 국가산업 기술자립의 터전을 마련해 줄 수 있는 국가 전략산업으로 중국이나 동남아 등 기술 후발국에 하청을 주기 어려운 국내 육성이 절대 필요한 분야이다. 또한, 폐자원 활용 및 재활용률이 다른 산업에 비하여 우위에 있고, 에너지절감 기술개발에 의해 에너지 사용량을 획기적으로 감소시킬 수 있는 산업으로서 과거의 공해산업이라는 오명에서 벗어나 친환경적인 녹색산업으로 거듭날 수 있는 노력이 절실하다.

근래까지만 하여도 교과과정에서 금속가공 또는 소성가공은 기계공작법의 한 분야로 취급되어 왔으나, 최근 금속, 기계, 조선공업이 발달함에 따라 금속재료의 수요가 급증하게 되었고, 이에 따라 금속재료의 제조 및 가공분야가 점차 중요시되어 지금은 금속가공학이 많은 비중을 차지하고 있다.

넓은 의미에서 금속가공학 이라 함은 소성가공뿐만 아니라 절삭가공도 이에 포함되지만, 이 책에서는 소성가공에 대해서 다루었다.

이 책은 금속가공학을 공부하고자 하는 공학도들에게 길잡이가 될 수 있도록 하였다.

금속가공의 기초와 이론, 소성가공의 역학기초, 균열 및 가열, 압연가공, 단조가공, 인발가공, 압출가공, 프레스 가공, 전조가공, 용접, 금속의 기계가공, 금속가공의 자동화 순서로 간원을 구성하여 내용을 전개하였고, 대학과정의 금속, 기계 및 조선공학의 교재로 서술된 것이며, 산업현장에서 생산에 종사하는 기술인의 참고서로도 활용될 것으로 믿는다.

이 책을 통하여 금속가공 기술과 응용능력을 습득하여, 앞으로 산업현장에서 창의적이고 능동적으로 적용함으로써 우리나라 공업발전에 크게 이바지하는 데에 밑거름이 되길 바란다.

2013년

저자 씀

금속가공학

금 속 가 공 학

Chapter 01

금속가공의 기초와 이론

제1절 금속가공의 개요 | 제2절 금속의 탄성과 소성 | 제3절 금속재료의 가공성 | 제4절 소성변형의 결정학적 특징

Chapter 01 금 속 가 공 학

금속가공의 기초와 이론

제1절 | 금속가공의 개요

1 금속가공의 분류

금속가공이란 금속을 원하는 모양으로 만들고 제품의 기계적 성질을 개선하는 방법을 통칭 한 것이다. 이 방법에는 용융금속을 원하는 모양의 형 속에 주입 응고시켜서 모양을 얻는 주조법, 고체금속에 외력을 가하여 원하는 형태로 변형시키는 소성가공법, 재료를 부분적으로 제거함으로써 원하는 형태를 얻는 기계가공법, 금속시편을 여러 개 접착시켜서 원하는 형태를 얻는 용접법, 금속분말을 원하는 형태로 성형하여 소결해서 만드는 분말야금법 등이 있다. 이러한 방법으로 만든 제품의 기계적 성질을 개량 또는 향상시키기 위한 열처리까지 넓은 뜻의 금속가공을 포함한다.

2 소성가공의 분류

소성가공의 주목적은 금속에 외력을 가하여 변형시켜서 여러 가지 형태의 물체를 만드는 것은 물론, 금속의 물리적 성질을 향상시키는 데 있다. 예를 들면 주괴(ingot)는 기공을 가지고 있고 편석이 되어 있어서 기계적 성질이 좋지 않으므로 열간단조나 열간압연을 행함으로써 연성과 인성이 향상된다. 재료의 기계적 성질이 변형 중 가공경화에 의해 달라지기도 하며, 최적조직과 성질을 얻기 위하여 가공 중 변형량, 온도 및 변형속도를 조절할 필요가 있다.

소성가공법은 가공될 물질에 작용하는 힘의 형태에 따라 다음과 같이 분류할 수 있다.

① 직접 압축형 가공법
② 간접 압축형 가공법
③ 인장형 가공법
④ 굽힘

직접 압축형 가공법에는 물체의 표면에 힘이 작용하여 압축방향과 수직으로 물체가 유동하는 것으로 단조, 압연, 스웨이징, 엠보싱, 코이닝 등이 속한다.

간접 압축형 가공법에는 힘은 주로 인장력이지만 금형과 피가공재의 작용으로 높은 간접 압축력이 생겨 소성변형이 일어나는 것으로 드로잉, 압출, 디프 드로잉 등이 있다.

인장형 가공법에는 신장성형이 있다.

굽힘은 판에 굽힘모멘트를 작용하여 변형시키는 방법이다.([그림 1-1] 참조)

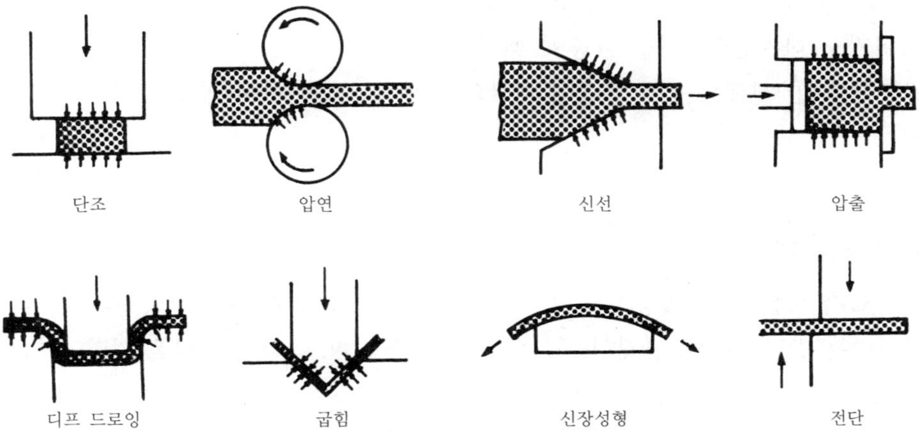

그림 1-1 각종 금속 소성가공법

또한, 소성가공법은 1차 가공법과 2차 가공법으로 분류하며 1차 가공법은 주괴나 빌릿을 판이나 봉같은 간단한 모양의 표준제품으로 가공하는 방법이며, 2차 가공법은 1차 가공품을 다시 최종모양으로 가공하는 방법으로 판금성형, 신선, 튜브 드로잉 같은 것이다.

가공온도에 의해서도 열간가공과 냉간가공으로 분류하며 열간가공은 재료의 재결정온도 이상의 가열온도에서 가공할 때를 말하며 변형에 의한 가공경화와 변형된 결정립 조직이 재결정에 의해 급속히 제거된다. 냉간가공은 재결정이 일어나지 않는 조건에서 행하여지며 가공경화가 발생하기 때문에 열간가공보다 변형에 필요한 에너지는 훨씬 크다.

가. 단조 가공(forging)

단조는, 고온에서 재료를 프레스, 해머와 같은 기계를 사용하여 직접 압축하여 두드려서 변형시키는 가공이다. 단조법은 크게 나누어 자유 단조법과 형 단조법이 있으며, 자유 단조의 경우, 가공 후 절삭 가공을 하여 최종 제품으로 다듬질을 하지만, 형 단조에서는 바로 완성품이 얻어지므로 대향 생산을 할 수 있다.

자유 단조에서의 기본 공정은 늘리기, 넓히기, 압축, 굽히기, 전단, 절삭, 펀칭, 나사깎기, 단접 등이 있으며, 실제로는 이러한 여러 가지를 조합한 작업이 행하여진다.

일반적으로 사용되는 단조 기계는 해머와 프레스로 크게 나뉘며, 해머에는 드롭 해머, 공기 해머, 증기 해머 등이 있고, 프레스는 수압 프레스와 동력 프레스로 나뉜다.

형 단조가 자유 단조와 다른 점은, 정밀한 형 조각을 한 숫형과 암형을 사용하여 이 사이에서 재료를 가공하여 가공을 종료한 때에는 재료의 주위에 매우 얇은 지느러미가 생길 뿐이고, 형의 가운데에서는 정확하게 성형되는 점이다. 지느러미는 재료 변형상의 일종의 안전 밸브이기도 하지만, 이것을 나중에 떼어 없앤다.

형 단조에 의한 제품은 섬유 조직이 재료의 내부까지 연속하여 있고 끊어지지 않는 점이 특징이다.

나. 압연 가공(rolling)

재료를 열간 또는 냉간 가공하기 위하여 회전하는 롤러(roller) 사이에 금속 재료를 통과시켜 성형하는 방법으로서, 판재의 제조에 주로 이용되며, 적당한 모양을 가진 롤러를 쓰면 봉, 관, 형재, 레일 등도 만들 수 있다.

금속 재료의 소성 가공 중에서 가장 큰 분야를 차지하고 있는 압연에 대해서 여기서는 판의 경우를 보기로 설명하기로 하자. 압연 가공은 평행으로 놓고 반대 방향으로 회전하는 상하 두 개의 롤(roll) 간의 압력에 의해서 재료의 두께를 감소시키고, 압연 방향으로 길이를 늘이는 가공이다. 가장 간단한 압연기는 롤 두 개를 가지는 형식인 2단 압연기이지만, [그림 1-2]와 같은 3단, 4단, 6단, 12단, 20단 등과 그 밖에 Y형 압연기, [그림 1-3]과 같은 유성(planetary) 압연기 등의 특수한 형식도 사용된다.

다단식은 두께가 얇은 경질 재료의 정밀 압연에 좋다. 현대의 가장 진보된 극박판의 정밀 압연기는 20단 센지미어(Sendzimir) 압연기이다. 여기서는 보다 경질 금속 재료라도 수 마이크로미터 정도의 극박판 압연이 가능하다. 이와 같은 다단식의 경우에도 실제로 판의 변형 가공을 행하는 작동 롤(work roll)은 이 중에서 맨 안쪽의 작은 지름을 가진 두 개의 롤이고, 그 바깥의 롤들은 작동 롤의 보강을 위한 보조 롤이다.

다음에 롤의 회전이 항상 일정 방향이며, 재료는 항상 일정 방향으로 롤을 통과하여 가공되는 형식을 비역전식, 롤이 역전되고 재료는 롤 사이를 서로 교대로 역방향으로 통과하여 가공되는 역전식이 있다. 또, 압연기 스탠드를 한 개의 단위로 볼 때 역전식에 사용하는 경우와 비역전식의 압연기 스탠드를 두 대 이상 또는 여러 대 이상(5~6대가 보통)을 연속적으로 배치해서 이들 사이를 재료가 연속적으로 통과하여 가공되는 연속식이 있다.

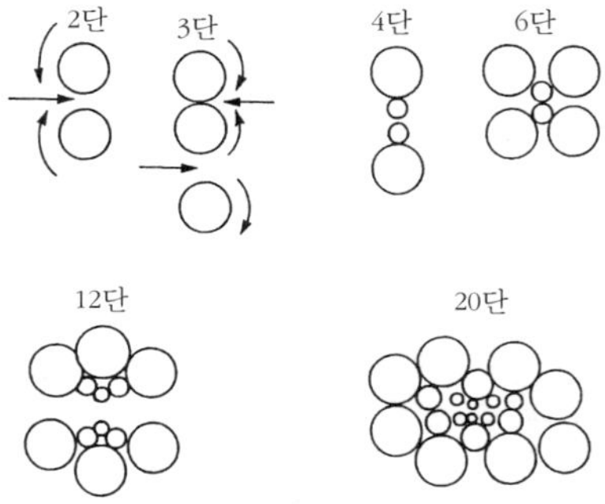

그림 1-2 압연기 롤(roll)

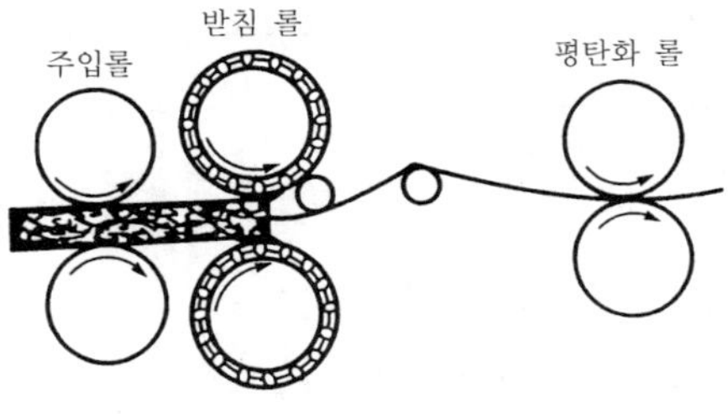

그림 1-3 유성(planetary) 압연기

다. 전조 가공(roll forming)

전조 가공은 소재, 공구 또는 그 양쪽을 회전시켜서 공구의 형상에 따른 모양을 소재에 각인하는 가공법이며, 회전하면서 행하는 일종의 단조라고 할 수 있다. 단조와 같이 두드려서 하는 가공으로는 진동이나 소음 및 가공 표면의 불균일한 상태를 제거할 수 없고, 압출 가공은 큰 힘을 필요로 하므로 형이나 기계 용량의 문제가 생긴다. 한편 절삭 가공에 의하면 칩이 나오므로 재료의 회수율이 나빠지고 절삭 공구의 소모가 크므로, 전조 가공은 이러한 단점들을 보강한 가공법이라 볼 수 있다.

이 가공법은 [그림 1-4]에서 알 수 있는 바와 같이 소재와 공구는 한 점에서 접촉하고, 소성 변형이 국부적이므로 비교적 작은 가공력으로 성형이 된다. 또, [그림 1-5]에서 알 수 있는 바와 같이 절삭에 의한 것에서는 소재의 제 1차 가공(압출 또는 인발)할 때에 얻어진 회전 방향에 병렬된 결정 조직이 중단되어 버리지만, 전조에 의하면 소재가 걸려 올라와서 모양이 형성되므로 연속된 섬유상 조직을 얻을 수 있다. 더욱이 소성변형량이 크면 재료는 가공 경화되며, 결정이 미세화하여 굳은 조직이 되므로 정적 강도나 충격 강도 및 피로 강도가 증대한다.

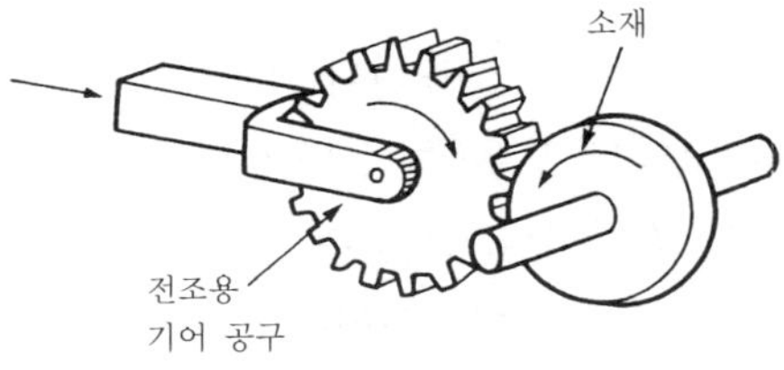

그림 1-4 간단한 기어의 변조

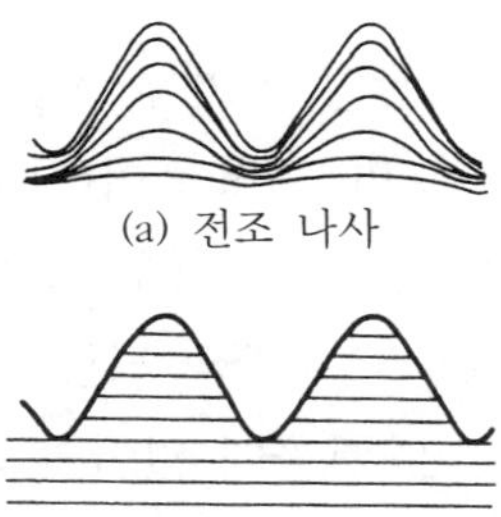

그림 1-5 기어면에서 재료의 흐름의 비교

공구가 조금씩 소재에 압입되는 전조에서는 표면이 깨끗하고 조도가 좋은 것을 얻을 수 있다. 전조 가공은 다른 가공에 비하여 양산적이라는 것과 기계의 자동화가 쉽다는 것이 가장 커다란 장점이다.

라. 인발 가공(drawing)

봉, 관, 선의 반제품은 압출하여 열간 압연 등에서 만드나, 단면적이 아주 작은 것, 치수 공차가 비교적 정확한 것을 제작하는 데는 인발 또는 선 인발 가공이 좋다.

이 가공법은, [그림 1-6]에서와 같이 환봉을 다이스라고 부르는 공구의 구멍을 통해 인발기에서 축 방향으로 인장하고, 다이스 구멍과 같은 단면적으로 축소시키는 공정이다.

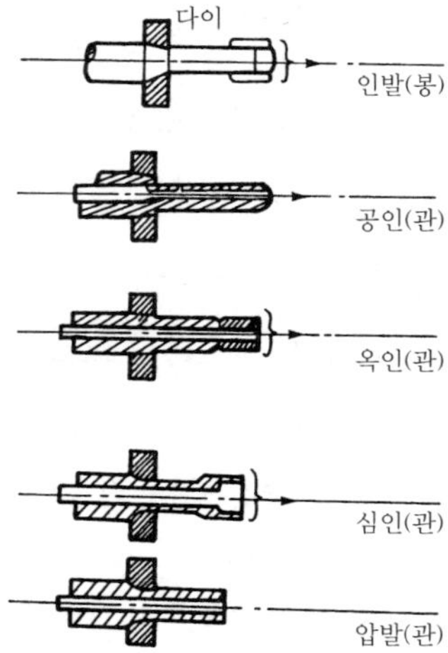

그림 1-6 인발 가공

관일 경우에도 대개 같고, 심금을 쓰게 되면 두께도 동시에 감소시킬 수 있다. 인발기이 가장 간단한 형식은 드로잉 벤치(drawing bench)이며, 이것은 고정되어 있는 다이스에 봉의 선단을 다이스에 통과시키고, 그 끝을 훅의 한 끝에 잡아매고 체인에 걸어서 인장하여 봉을 직선으로 인발한다. 따라서, 인발 재료의 길이는 드로잉 벤치의 길이로 제한된다.

선인발 작업의 원리도 봉, 관의 인발 때와 같으나, 선의 경우는 직경이 작으므로 권취기에 감아서 인장한다. 따라서, 아주 긴 선재를 신속히 염가로 인발할 수가 있다. 선의 직경이 비교적 큰 경우에는 권취기에 일단을 고정해서 한 개의 다이스를 쓴 단식기에서 인발하나, 선이 가는 경우에는 연속적으로 인발하는 연속기가 잘 쓰인다. 봉, 관의 인발용 다이스는 각종 탄소강과 특수강이 주로 쓰이지만, 선 인발 가공은 탄소강, 특수강 다이스 외에 텅스텐 등의 경질 합금이 많이 사용된다.

지름이 더 가늘면(0.1mm 이하) 다이아몬드 다이스가 주로 사용된다. 다이스 공의 형상은, 일반적으로 원추형의 경우(직선 다이스)와 나팔 모양의 경우(곡선 다이스)는 봉이나 선의 어느 경우에라도 소재의 지금이 비교적 작은 값이 적당하다고 할 수 있다. 그리고 냉간 인발 또는 선인발 가공에 있어서 윤활의 역할은 매우 중요하다. 구리선의 경우 인발력을 최소로 하기 위한 윤활제는 건조 비누가 적당하나, 이것은 제품 표면의 광택을 좋게 하는 것이 아니므로 다듬질 공정에서는 중유가 많이 사용된다.

마. 압출 가공(extrusion)

압출 가공은, Cu, Al, Mg 및 이들의 합금을 열간에서 봉, 관 등을 제조하는 가공 방법이다. 옛날에는 연한 금속인 Pb, Sn 및 이들의 합금 등에 주로 적용되었으나, 지금은 녹는점이 높은 재료에 대해서도 가능하게 되었고, 장치, 공구, 윤활 방법이 개량, 발달되어 Cu 및 Cu 합금뿐만 아니라 철강류에도 압출 가공이 행하여지게 되었다. 또, 압출 가공에서 대표적인 예를 [그림 1-7]에 나타내었다.

즉, 원리적으로는 압출 방향으로 제품이 유출되는 직접법과 반대 방향으로 제품을 압출하는 간접법으로 나뉜다. 봉의 압출은 한 공정에서 직접법 또는 간접법의 어느 방법으로도 행할 수 있으나, 관의 경우는 먼저 최초의 공정에서 콘테이너 내에 빌릿을 압축하고, 다음에 심금만이 움직여 구멍을 내며, 최후에 램(ram)이 따로 움직여 관을 압출하는 세 공정으로 이루어지는 경우도 있다.

압출 공정의 특징은 큰 가공도를 가져 재료가 1회의 변형으로 동일한 상태로 계속하여 제조되어지는 점이다.

압출 기계로서는 수평형과 수직형이 있으며, [그림 1-7]에는 수평형을 나타내었다. 또, 한 개의 빌릿으로써 동시에 다수의 봉을 압출하는 다이스와 특수 상태의 다이스가 있다.

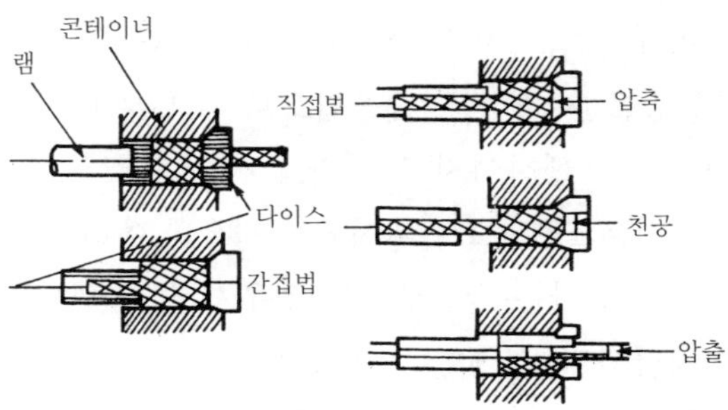

그림 1-7 압출 가공

압출용 빌릿은 주괴 또는 예비 단조한 것, 때로는 한 번 압출된 굵은 봉 등이 사용된다. 형상은 원통형 외에 6각형도 사용되나, 일반적으로 길이는 지름의 5배를 초과하지 않아야 한다.

압출 속도는 일반적으로 너무 크게 하면 봉제품의 표면에 흠이 생긴다.

이상에서는 가장 보편적인 압출 방법에 대하여 설명했으며 이 밖에도 냉간 충격 압찰 방법 등이 있다.

바. 프레스 가공(press work)

프레스 가공은 자동차, 자전거 등의 부분품, 시계, 사진기, 타이프 라이터, 가구 등 넓은 범위의 공업 제품을 제작하는 데 이용되며, 종래에는 주물, 다이 캐스팅, 단조물로 만들어졌던 것도 프레스 가공으로 만들어지는 것이 대단히 많아졌다.

프레스 가공의 특징은 가볍고 강하며, 정확한 치수의 제품을 낼 수 있고 가공 시간과 노력이 다른 가공법에 비하여 훨씬 적게 들고, 제품의 호환성이 있으므로 대량 생산에 적합하다는 것이다. 또, 가공에는 자동 조작을 할 수 있도록 하고, 기계와 공구 및 장치가 구비되면 작업 자체에는 높은 기술이 필요하지 않은 것들이다.

프레스 가공에 쓰이는 재료에는 강철, 비철 금속 외에 종이, 합성 수지 등도 많이 이용된다. 프레스 작업에서 가장 간단한 것은 펀치와 다이로 된 한 쌍의 공구를 사용하여 그 한쪽, 즉 보통 다이를 고정하고 펀치를 수직 방향으로 움직여 다이 위에 놓은 피가공물에 압력을 주어 여러 가지 모양을 가공하는 것으로, 보통 이동형에 단일 행정을 주는 기구를 가진 단동식 프레스를 사용한다.

프레스 작업은 크게 나누어 전단 작업, 성형 작업, 압축 작업의 세 가지로 분류하지만 이들을 세분하면 아주 많은 종류가 있으며, 그 중 가장 중요한 디프 드로잉(deep drawing)에 대하여 간단히 설명하면 다음과 같다.

이 가공은 둥근 원판을 원재료로 하여 이것을 [그림 1-8]과 같이 다이스와 펀치 사이에 삽입시켜 밑바닥이 있는 원통, 상자, 관을 제조하는 가공법으로 대부분이 냉간에서 행하여지고 있다.

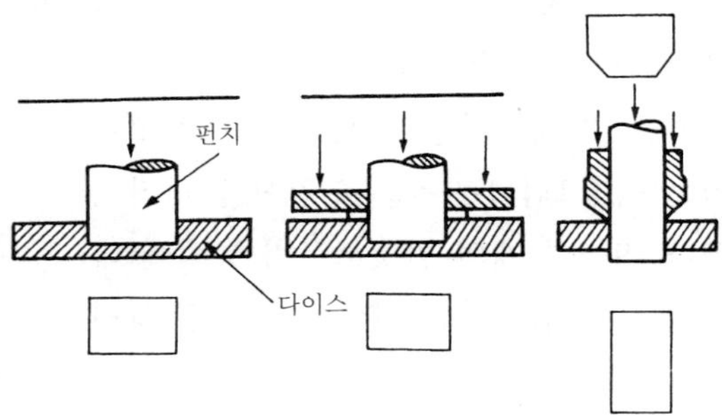

그림 1-8 디프 드로잉

작업은 1공정으로 완성되는 경우와 여러 공정으로 나누어서 행하는 경우가 있다.

지금까지 설명한 가공법과 다른 점은 성형된 재료가 그 부위에 따라서 가공 정도가 현저히 다르다는 것이다. 즉, 펀치의 밑면에 닿는 곳은 원래의 재료 상태와 아주 동일한 상태의 것으로써 디프 드로잉에 의한 소성 변형을 거의 받지 않지만, 펀치의 모서리를 원통부에 넣은 곳은 아주 강한 인장 응력을 받는다. 그 때문에 제품이 이 부분에서 원지름 방향으로 파단이 일어나기도 한다.

이 가공법은 1회의 공정으로 매우 큰 변형을 얻을 수 있지만, 변형 조건을 여러 가지로 바꾼 경우에도 제품 지름과 원래 재료의 지름과의 비는 최소한 구리 재료에 있어서는 약 2 ~ 2.2 정도이며, 이것을 한계 드로잉비라고 한다.

3 금속의 소성변형

가. 금속재료의 기계적성질

금속재료는 그 특징인 소성에 의하여 탄성한계를 넘어서 변형을 시작하여 여러 가지 형상으로 성형가공 된다. 넓은 의미에서 소성가공은 가공용 공구를 부착한 가공기계에 의하여 행해지는 공작법이지만 여기서는 절삭없이 변형시키는 가공을 뜻한다. 이러한 가공은 주로 금속재료를 인장, 압축, 전단 혹은 이것들을 적절하게 조합한 힘에 의해서 변형된다. 따라서 변형하는 금속재료는 그것에 따른 힘, 즉 변형에 대한 저항이 생긴다.

일반적으로 변형저항의 크기는 다음과 같은 성질에서 알 수가 있다.

① 강도(strength) : 재료가 파단에 이르기까지의 하중에 저항하는 능력을 표시하는 것으로써 인장강도, 압축강도, 굽힘강도 등이 있다.

② 탄성(elasticity) : 하중을 제거한 뒤, 원 치수로 복귀하는 성질.

③ 소성(plasticity) : 하중을 가해서 파괴되지 않고 영구 변형하는 성질.

④ 연성(ductility) : 인장하중을 받는 금속이 파괴되지 않고 영구적으로 늘어나는 성질.

⑤ 전성(malleability) : 압축하중을 받는 금속이 파괴되지 않고 얇은 판으로 영구 변형 할 수 있는 성질.

⑥ 인성(toughness) : 점성이 강하고 금속이 충격에 잘 견디는 성질.

⑦ 충격저항(shock resistance) : 충격하중에 저항하는 금속의 성질.

⑧ 메짐성(brittleness) : 재료가 외력을 받으면 바로 부스러지는 성질.

⑨ 경도(hardness) : 금속 일부에 외력을 가했을 때 그 부분에 일어나는 변형에 대한 저항력을 표시한 것. 실용상의 경도는 비교치에 의해서 크기가 규정된다.

나. 금속의 소성가공 특징

금속재료의 공업적 변형가공은 보통 열간가공(hot working), 냉간가공(cold working)으로 마무리 된다. 열간가공은 변형을 용이하게 하기 위해 고온의 상태에서 행하며, 냉간가공은 다듬성형을 정밀하게 하고 동시에 대부분 재료의 강도를 개선할 목적으로 한다. 열간, 냉간의 그 한계온도는 재결정온도로써 구분하며 이 재결정온도는 대체로 금속 융점의 높고, 낮음에 비례한다.(〈표 1-1〉 참조)

금속재료의 가공성은 여러 가지 인자에 의해 영향을 받는다. 첫째, 가공을 받는 소재의 상태에 따라 좌우된다. 즉 금속의 성분, 조직, 불순물, 개재물의 함유 등에 영향을 받는다. 둘째, 일정조성의 합금이라도 그 소재의 표면 및 내부의 결함, 결정조직의 방향, 열처리 상태, 결정립의 크기 등에 영향을 받는다. 셋째, 가공조건으로부터 규정되어지는 문제에 의해서 재료의 가공성이 지배된다. 예를들면, 가공형식이 다르게 되면 재료의 가공성이 달라지며, 가공온도의 설정에 따라 1회 변형도, 가공 속도 등이 차이가 나게 된다. 또 사용되는 기계용량, 공구, 윤활 등의 인자에 의해서도 가공성에 미치는 영향은 현저하게 차이가 나게 된다.

표 1-1 금속의 재결정온도와 융점

금속	재결정온도 (℃)	융점 (℃)	재결정온도(°K) / 융 점(°K)
Sn	상온 이하	232	0.6 이하
Cd	상온	321	약 0.51
Pb	상온 이하	327	0.50 이하
Zn	상온	420	0.43
Al	150	660	0.45
Mg	200	659	0.51
Ag	200	960	0.33
Au	200	1063	0.41
Cu	200	1083	0.35
Fe	450	1530	0.40
Pt	450	1760	0.35
Ni	600	1450	0.51
Mo	900	3560	0.31
Ta	1000	3000	0.39
W	1200	3370	0.40

제2절 | 금속의 탄성과 소성

1 재료의 변형

재료에 외력을 작용하면 재료내부에 변형저항이 생긴다. 외력이 적으면 이것을 제거할 경우 완전히 원형으로 복귀하여 변형이 소멸하게 되는데, 재료의 이러한 성질을 탄성변형(elastic deformation)이라고 한다. 그러나 외력을 어느 정도 이상으로 크게 하면, 재료가 항복(yield)하여 외력을 제거하여도 원형으로 복귀하지 않고 변형이 남아 있게 된다. 재료의 이러한 성질을 소성변형(plastic deformation)이라고 한다.

대부분 재료는 소성변형을 일으키는 성질을 가지고 있다. 즉, 재료는 소성변형을 일으켜 원형과는 다른 형상으로 되는 성질이 있으므로, 이것을 이용하여 재료를 가공할 수 있다. 이러한 가공을 소성가공(plastic working)이라고 한다.

소성가공으로 재료의 형상 및 치수를 목적하는 대로 변경시킬 수 있고, 그 재료의 성질도 변화시킬 수 있다. 일반적으로 금속재료는 비금속재료에 비하여 대단히 큰 소성변형을 시킬 수 있으므로 소성가공에 널리 이용된다. 비금속재료와 같이 상온에서 소성변형을 잘 일으키지 않는 것을 가열하여 고온이 되면 소성이 증가되기도 한다. 또 재료에 어떤 일정한 외력을 가하고, 어떤 일정한 온도에서 긴 시간 동안 유지하면 시간이 경과함에 따라 변형이 점차 증가하게 된다. 이것을 크리프(creep)현상이라고 하며 고온재료에서는 특히 중요하다.

2 응력의 개념

응력(stress)이란 단위면적당 어떤 물체가 외부로부터 작용한 힘에 대한 저항으로써 정의한다. 어떤 물체에 작용하는 외력에는 두 가지 종류가 있다. 즉, 중력이나 자력과 같이 어떤 물체의 체적 전체에 걸쳐서 분포되어 있는 힘과 정수압이나 압력과 같이 어떤 물체의 표면 전체에 분포되어 있는 힘이 있다.

응력은 다음과 같이 정의 할 수 있다.

$$\text{응력} = \frac{\text{힘}}{\text{힘이 작용하는 단면적}}$$

인장력이 작용하고 있는 축의 경우를 생각하자. 응력을 조사하기 위하여 [그림 1-9]의 (a)에 표시한 바와 같이 축에 수직인 면으로 절단하자. 정력학적 평형인 경우, 외력 P는 내부저항 $\int \sigma \cdot dA$에 의해 평형을 유지한다. 여기서 σ는 절단면에 수직인 응력이며 A는 축의 단면적이다.

평형방정식은

$$P = \int \sigma \cdot dA \quad \text{(1-1)}$$

만약 응력이 면적 A에 균일하게 분포된다고 가정하면

$$P = \int \sigma \cdot dA dA = \sigma \cdot A$$

$$\therefore \sigma = \frac{P}{A} \quad \text{(1-2)}$$

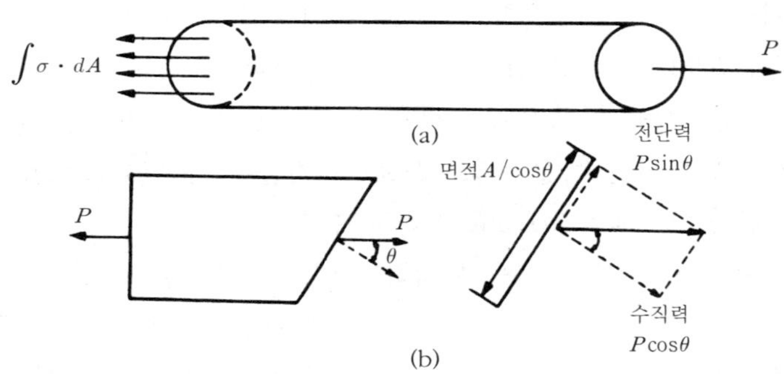

그림 1-9 인장의 경우 축에 작용하는 응력

보다 일반적인 경우를 [그림 1-9]의 (b)에 표시한다. 이것은 축에 어떤 각 θ로 절단한 것이다. 이 면적 A/cosθ에 작용하고 있는 전응력은 두 성분으로 분해할 수 있다. 즉, 그 면에 수직인 수직응력(normal stress)과 면위에 작용하는 전단응력(shear stress)이다.

수직응력은 다음 식으로 주어진다.

$$\sigma_n = \frac{P}{A} \cdot \cos^2\theta \quad \text{(1-3)}$$

또 전단응력은 다음 식으로 주어진다.

$$\sigma_n = \frac{P}{A}\sin\theta \cdot \cos\theta = \tau \quad \text{(1-4)}$$

σ_n은 $\theta = 0°$일 때 최대, $\theta = 90°$일 때 최소이고 τ는 $\theta = 45°$일 때 최대이므로 $\tau_{max} = \frac{1}{2}\sigma_{max}$이다.

만약, 원단면적 A_o를 응력계산에 사용한다면, 이 때의 계산된 응력을 공칭응력(nominal stress) 또는 공업적 응력(engineering stress)이라 하며, σ_o로 표시한다. 또 작용하는 외력이 어떤 물체를 변형시켜 면적이 변형된다면 공칭응력은 물체의 저항을 나타내는 확실한 기준이 되지 못할 것이고, 따라서 어떤 순간의 면적 A_i에 작용하는 힘으로 응력을 정의하는 것이 보다 더 만족스러울 것이며 이것을 진응력(true stress)이라 부르며 σ_t로 표시한다.

3 스트레인의 개념

어떤 물체에 힘을 작용시키면 형상이 변하고, 단위치수당 생긴 변형을 스트레인(strain)이라 정의한다. 인장력이 작용하고 있는 축의 경우 길이는 늘어나고 지름은 감소할 것이다.

만약 최초의 표점거리(gauge length) l_0를 축에 표시한 후, 외력을 작용하면 이 길이는 l_1으로 늘어난다고 할 때, 공칭스트레인(nominal strain) 또는 공업적 스트레인(engineering strain) ε_0는 원길이에 대한 길이 변화량의 비를 말한다.

즉, $$\varepsilon_0 = \frac{l_1 - l_0}{l_0} = \frac{l_1}{l_0} - 1 \quad \cdots\cdots (1\text{-}5)$$

σ_0와 σ_t 사이에는 $\sigma_t = \sigma_0(1+\varepsilon_0)$로 됨을 알 수 있다. 이것은 변형이 축의 길이 전체에 걸쳐 균일하고 체적에는 아무 변화가 없을 때만 성립되며, 응력의 경우와 같이 임의의 순간에 있어서의 치수 값으로 스트레인을 정의하는 것이 보다 바람직하다.([그림 1-10] 참조)

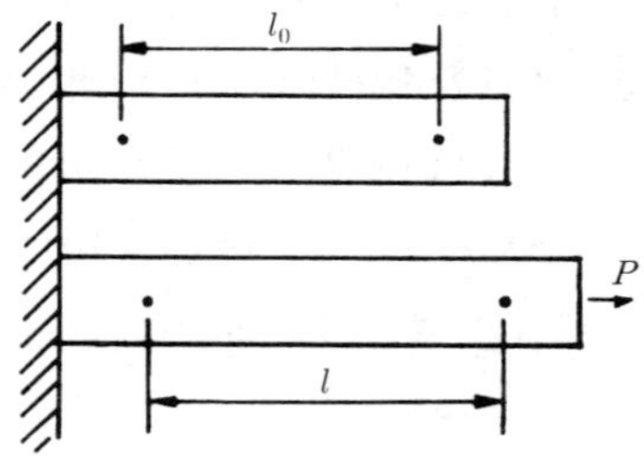

그림 1-10 스트레인

Lüdwik는 1909년 다음과 같이 제안하였다.

즉, 진스트레인 는 인장응력이 작용하고 있는 축의 경우에 대하여 공칭스트레인의 미분량의 합으로써 계산된다고 하였다.

$$\varepsilon = \sum_{n=0}\left(\frac{l_1 - l_0}{l_0} + \frac{l_2 - l_1}{l_1} + \frac{l_3 - l_2}{l_2} + \cdots\cdots + \frac{l_{n+1} - l_n}{l_n}\right) = \int_{l_0}^{l} \frac{dl}{l} = 1_n \frac{l}{l_0} \quad \cdots\cdots (1\text{-}6)$$

이것을 대수스트레인(logarithmic strain) 또는 자연스트레인(natural strain)이라고도 하며, 공칭스트레인가는 다음과 같은 관계가 성립한다.

$$\varepsilon = 1n(1+\varepsilon_0) \quad \cdots\cdots (1\text{-}7)$$

스트레인에 대한 두 가지 값은 스트레인의 값이 0.1까지는 거의 동일한 결과를 나타낸다.

왜냐하면 $1_n(1+\varepsilon_0)=\varepsilon_0-\varepsilon_0^2/2+\varepsilon_0^3/3\cdots\cdots$의 관계에서 알 수 있다. 그러나 진스트레인은 큰 값의 스트레인을 취급할 때 및 불균일한 변형의 경우에 사용한다.

또, 같은 방법으로 단면수축율에 대하여 생각해 보면, 단면적의 부의 증가분을 -dA/A로 하고 (1-7)식과 동일하게 표시하면,

$$\phi=\int_{A_0}^{A}(-dA)/A=1_n\frac{A_0}{A} \quad\cdots\cdots\cdots\cdots (1\text{-}8)$$

로 되어 균일신장의 범위 내에서는 ε과 ϕ가 같은 관계가 성립한다.

4 탄성거동(elastic behavior)

인장시험에 있어서 시험편에 하중을 점차 증가시키면 길이의 증가는 하중에 비례하며, 만약 하중이 제거되면 축은 본래 길이로 되돌아 간다. 금속의 이러한 성질을 탄성거동이라 한다. 또, 어떤 한정된 하중에서 금속은 더 이상 탄성거동을 나타내지 않으며 하중을 제거하면 영구신연이 남아 있다. 이때 축을 소성변형(plastic deformation)한다고 하며 이 한정된 하중을 탄성한계(elastic limit)라 한다.

[그림 1-11]에서 알 수 있는 바와 같이 초기에 응력과 스트레인 사이에는 비례관계가 성립하는데, 이것을 후크의 법칙(Hook's law)이라 하며 다음과 같이 표시할 수 있다.

$$l_1-l_0=const\times l_0\times P\times\frac{1}{A_0} \quad\cdots\cdots (1\text{-}9)$$

다시쓰면,

$$\frac{P}{A_0}=const\times\frac{L_1-L_0}{L_0}$$

또는

$$\sigma_0=E\cdot\varepsilon_0 \quad\cdots\cdots\cdots\cdots (1\text{-}10)$$

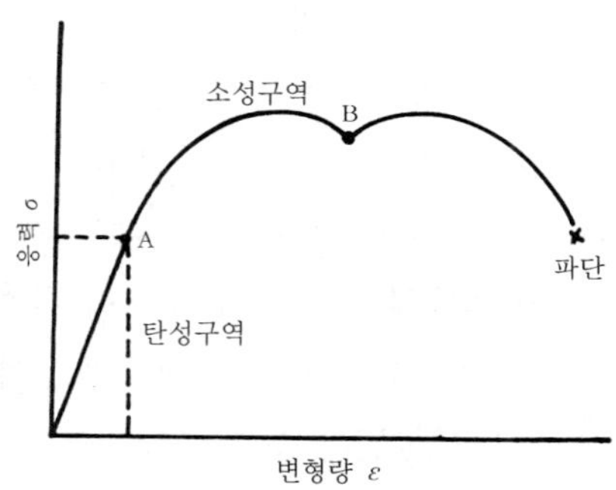

그림 1-11 응력과 스트레인 관계

여기서 E는 종탄성계수 또는 영율(young's modulus)이다. 영율이 클수록 주어진 응력에 대하여 탄성스트레인이 작아진다. 그러므로 이것은 어떤 금속 강도의 척도로 정할 수 있다.(〈표 1-2〉 참조)

표 1-2 20℃일 때 순수 다결정 금속의 체적계수(K), 종탄성계수(E), 전단계수(μ) 및 포아송의 비(ν)

금속	K(kg$_f$/mm^2)	E(kg$_f$/mm^2)	μ(kg$_f$/mm^2)	ν
Li	1.39×10^3	1.17×10^3	0.43×10^3	0.36
Na	0.83	0.91	0.35	0.32
K	0.41	0.36	0.13	0.35
Be	12.8	31.6	15.0	0.05
Mg	3.39	4.52	1.77	0.28*
Al	7.46	7.19	2.72	0.34
Ti	12.6	10.8	4.06	0.34
Zr	9.15	9.75	3.68	0.33
Hf	11.2	14.1	5.40	0.30*
V	16.5	13.0	4.76	0.36
Nb	16.7	10.6	3.73	0.38
Ta	21.1	18.8	7.00	0.35
Cr	19.4	24.0	9.00	0.30
Mo	28.0	34.7	12.2	0.30
W	31.9	39.6	15.1	0.29
Mn	12.7	20.2	7.80	0.24*
Fe	17.2	21.7	8.47	0.28
Co	18.7	20.4	7.63	0.31
Ni	18.7	20.5	7.85	0.31
Cu	14.0	12.5	4.64	0.34
Ag	10.2	8.05	2.94	0.38
Au	17.5	8.02	2.82	0.42
Zn	6.17	9.40	3.79	0.29
Cd	4.85	6.35	2.46	0.30
In	4.45	1.07	0.38	0.46*
Tl	3.71	0.81	0.28	0.46*
Si	32.2	11.5	4.05	0.44*
Ge	7.11	10.1	4.00	0.28
Sn	5.20	5.54	2.08	0.33
Pb	4.22	1.66	0.57	0.44
Sb	4.00	5.60	2.04	0.28*
Bi	3.60	3.48	1.31	0.33

* E 및 μ로부터 계산된 값

이 영율은 원자 간의 결합력에 의해 정해지며 이러한 힘은 금속의 기본적 성질을 변화시키지 않고는 변화될 수 없으므로 합금원소의 첨가, 열처리 및 냉간가공에 의해서만 영향을 받으며 또 결정구조가 바뀌면 변할 수 있다.

인장응력이 축에 따라 길이 방향의 스트레인을 생기게 할 때 지름방향으로 수축이 일어나서 [그림 1-12]와 같이 최초의 반지름 γ_0가 γ_1으로 감소한다.

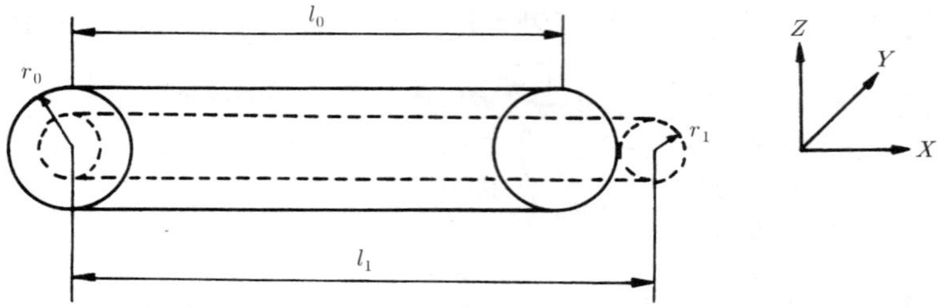

그림 1-12 인장의 경우 탄성변형 동안의 축의 치수변화

여기서, 축방향 스트레인에 대한 지름방향 스트레인의 비를 포아송의 비(poisson's ratio) ν라 한다.

$$\nu = \frac{(r_1 - r_0)/r_0}{(r_1 - r_0)/r_0} = \frac{dr/r_0}{dl/l_0} \quad \text{(1-11)}$$

축방향 스트레인과 지름방향 스트레인 사이의 관계를 다음과 같이 쓸 수 있다.

$$\varepsilon_x = \varepsilon_z = -\nu\varepsilon_x = -\nu\frac{\sigma_x}{E} \quad \text{(1-12)}$$

포아송의 비는 금속의 따라 다르며 [표 1-2]에 표시한 바와 같이 영율의 변화와 비교할 수 있다.

다음은 탄성변형을 할 때 축의 체적변화를 조사해 보면, 체적변화가 dV이고, 원체적이 V_0라고하면, 체적스트레인 또는 체적팽창율 Δ는 다음과 같이 정의된다.

$$\Delta = \frac{dV}{V} \quad \text{(1-13)}$$

이것을 다음과 같이 쓰면

$$\frac{dV}{V} = \varepsilon_x + \varepsilon_y + \varepsilon_z = \varepsilon_x + (-\nu\varepsilon_x) + (-\nu\varepsilon_x)$$

$$\therefore \Delta = \varepsilon_x(1 - 2\nu) \quad \text{(1-14)}$$

5 탄성거동에서 소성거동으로의 전이

탄성한계 이상에서 응력을 제거하여도 스트레인은 완전히 회수되지 않으면 금속은 소성변형을 한다. 만약 탄성한계를 약간 넘게되면 탄성곡선과 약간의 차이가 생기며 무하중곡

선은 직선으로 평행하게 된다.([그림 1-13] 참조)

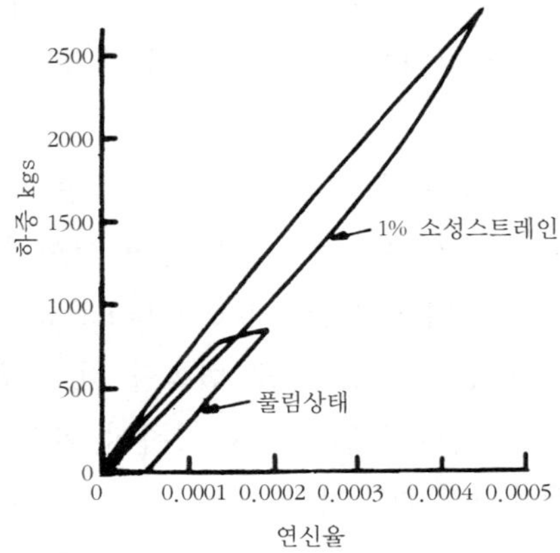

그림 1-13 인장시 하중-무하중곡선 형태

그러나 만약 0.01 또는 그 이상의 연신이 생기면 무하중곡선은 탄성곡선보다 작은 어떤 평균기울기를 가진 곡선으로 된다.

다시 하중을 가하면 반대방향으로의 곡선이 생기고 무하중하의 소성스트레인이 약간 회수된다. 금속재료에 균일한 인장하중을 가하여 제거한 후 다시 이와 반대 방향으로 압축하중을 가하면 먼저보다 적은 응력에서 항복이 생긴다. 즉, 가공을 먼저 받은 것과 반대방향의 변형에 대하여 재료의 탄성한계 및 항복점이 현저히 저하되는데, 이러한 현상을 바우싱거효과(Bauschinger's effect)라고 한다.

예를 들면 어떤 금속재료에 인장응력을 주면 [그림 1-14]와 같이 O에서 A까지는 탄성적인 변형을 하고, A점에서 항복이 시작된다. 외력이 증가됨에 따라 소성변형을 하면서 B점에 도달한다. B점에서 외력을 제거하면 OA에 평행으로 C점까지 온다. 다음에는 먼저와 반대로 압축방향으로 외력을 가하면 D점까지는 탄성변형이 생기고 그 이상 외력이 작용되면 소성변형이 생긴다. D점이 압축에 대한 항복점이 되며 이점의 항복응력은 바우싱거효과에 따라서 처음 A점의 절대치보다 현저히 작은 값이 된다. D점에서부터 E점까지 압축하고, 여기서 외력을 제거하면 OA 및 CD에 평행한 EF가 얻어진다. 다음에 인장력을 가하면 G점에서 항복이 시작되고, 인장력이 증가되어 H점에서 외력을 제거하면 C점으로 복귀된다. 이러한 현상을 특히 자성의 히스테리시스(hysteresis)현상과 구별하여 소성히스테리시

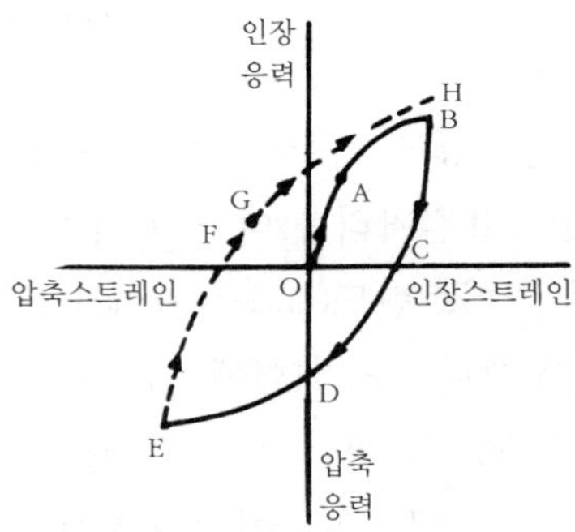

그림 1-14 히스테리시스현상

스현상이라 하고, 이 곡선을 소성히스테리시스곡선이라 한다.

이러한 현상은 응력의 방향이 연속적으로 변화하게 되는 소성변형을 취급하는 경우에는 대단히 중요하며 동시에 주의를 요한다. 그러나 응력의 변화가 작은 경우에는 일반적으로 생략하는 것이 보통이다.

또, [그림 1-15]에서 알 수 있는 바와 같이 재료를 소성 변형시키면 응력과 스트레인 사이에는 더 이상 직선적 관계가 성립되지 않는다. 이와 같이 직선적 관계가 성립하지 않는 최초의 응력값 또는 하중값을 그 재료의 비례한계(proportional limit)라고 한다. 여러 가지 금속 특히, 저탄소강의 경우 탄성에서 소성거동으로 변화할 때 갑작스런 변화가 있다. 하중은 탄성스트레인에 따라 서서히 증가하다가 갑자기 하강하여 어떤 일정치에 머문 다음, 보다 많은 스트레인이 발생한다. 갑작스런 하강이 생기는 하중을 상부항복점(upper yield point)이라고 하며, 일정하중을 하부항복점(lower yield point), 일정하중에서의 연신을 항복점연신이라 부른다.

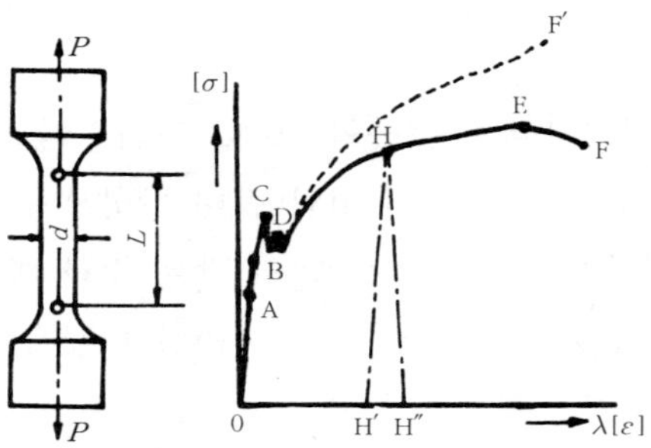

A : 비례한도(proportional limit)
B : 탄성한도(elastic limit)
C : 상부항복점(upper yield point)
D : 하부항복점(lower yield point)
E : 극한강도(ultimate strength) 또는 최후강도
F : 파괴강도(rupture strength)
F' : 실제 파괴강도(actural rupture strength)

그림 1-15 구조용강에 대한 응력-변형률곡선

상부항복점에서 변형금속 표면의 응력이 집중된 곳에 가는 띠(band)모양이 나타나며, 이것이 표점거리를 따라 퍼져 나가서 항복점연신이 생기게 된다.([그림 1-16] 참조) 이러한 띠를 리더스밴드(Lüders band)라고 하며 이것 때문에 항복점연신 영역내에서 하중의 변화가 발생한다. 또 실험에 의하면 상부항복점은 하부항복점의 약 2배가 된다. 항복현상은 Fe, Mo, Nb, Ta, W, Zn, Cd와 같은 금속에 있어서 C, N, O와 같은 소량의 침입형 불순물과 관계가 있고 구리합금에 있어서는 Zn, Al, As 및 In과 같은 치환형 불순물, 알루미늄합금에 있어서는 Mg, Cu 등과 같은 치환형 불순물과 밀접한 관계가 있다.

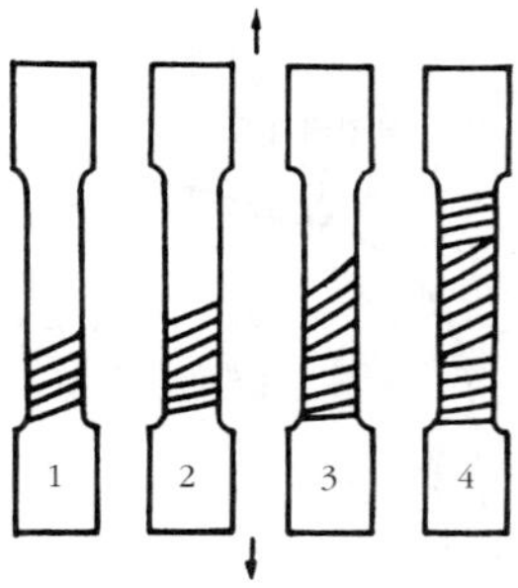

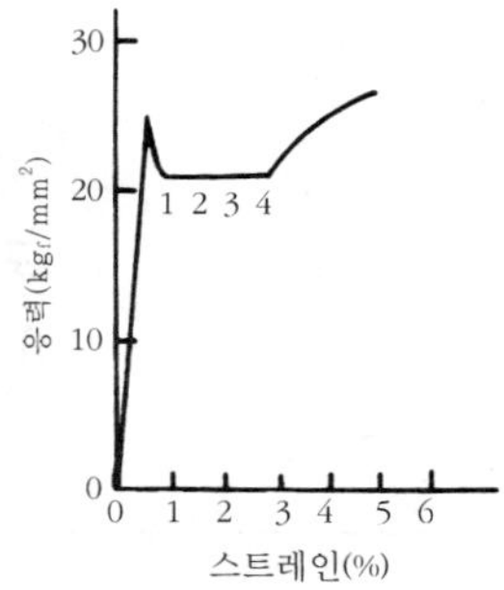

그림 1-16 강판시편에 있어서 리더스 밴드((Lüders band)의 전파 및 응력-스트레인곡선의 관계

6 소성거동과 가공경화

탄성에서 소성거동의 변화에 의해서 더 이상의 변형에 필요한 하중은 증가하지만 탄성구역과 같이 않고 하중과 연신은 일정하게 비례하지 않는다. 즉, 하중의 증가는 금속이 소성변형으로 강화됨을 의미하며, 이러한 현상을 스트레인경화(strain hardening) 또는 가공경화(work hardening)라고 한다.

인장시험 중에 두 가지 상반된 인자가 연신과 하중을 결정하게 된다. 즉, 스트레인 경화는 하중을 증가시키며 시편이 연신함에 따라 단면적이 감소하며 이것은 하중을 감소시킨다.

연신이 작은 경우 스트레인경화가 단면적의 감소를 보상할 수 없기 때문에 하중은 최대치가 되고 변형이 시편의 적어진 단면에 국한되어 소성적으로 불안정하게 만들어 하중이 감소하게 되며 결국 적은 하중에서 파괴가 발생하게 된다.([그림 1-17] 참조)

하중과 연신관계는 보통 공업적 응력-스트레인곡선으로 표시하며 최대응력의 값은 최대인장강도(ultimate tensile strength)로 표시한다.

사실 금속은 파괴될 때까지 스트레인 경화가 계속되며 따라서 그 이상의 변형을 일으키는데 필요한 응력도 역시 증가하게 된다. [그림 1-18]과 같이 진응력-진스트레인 곡선을 사용할 때가 이러한 경우이며 이 곡선은 유동곡선(flow curve)이라 하며 어떤 특별한 스트레인에 대한 응력을 유동응력이라 한다. 이 곡선은 여러 가지 다른 재료의 거동을 비교하고, 보다 복잡한 응력계를 작용한 경우에도 사용 예측할 수 있다.

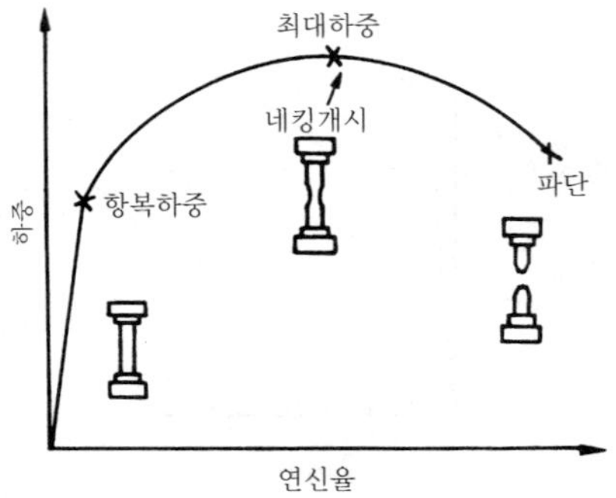

그림 1-17 네킹 개시할 때 최대하중 연신곡선

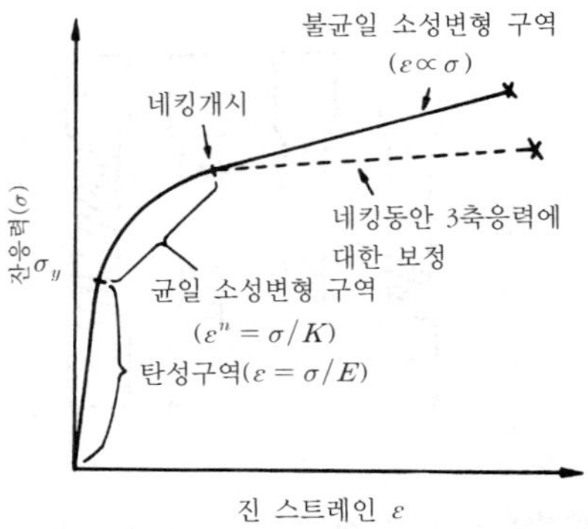

그림 1-18 네킹하는 동안 3축응력의 경우 보정효과에 대한 곡선

유동곡선의 한 가지 중요한 성질은 곡선 아래의 면적은 어떤 재료를 어떤 특정한 스트레인까지 변형시키는데 필요한 단위체적당 일이 된다.

지금 인장시험편의 연신증가량을 생각해 보면, 행하여진 일의 증가 dW는 다음과 같다.

$$dW = P \times dl = \sigma \times A \times dl = \sigma \times V \times \frac{dl}{l}$$

$$\frac{W}{V} = \int_0^{\varepsilon} \sigma d\varepsilon$$

$$\therefore W = V \int_0^{\varepsilon} \sigma d\varepsilon \quad \cdots\cdots (1\text{-}15)$$

금속가공 과정에서 이 면적은 균일변형에 의해 형상을 변화시키는데 필요한 단위체적당 최소 일이 된다. 그러나 실제로는 변형이 불균일하므로 보다 더 많은 일이 필요하다. 또 재료와 가공공구 사이에 작용하는 마찰을 극복하는데 필요한 부가적인 일의 양도 고려해야 한다.

유동곡선에 대한 식은 다음과 같이 표시된다.

$$\sigma = K\varepsilon^n \quad \cdots\cdots (1\text{-}16)$$

여기서, n은 스트레인경화지수(strain hardening exponent), K는 강도계수(strenth coefficient)이다.

식(1-16)보다 발달된 형식이 Lüdwik에 의해 다음과 같이 제안되었다.

$$\sigma = \sigma_y + K\varepsilon^n \quad \cdots\cdots (1\text{-}17)$$

여기서, σ_y는 항복강도(yield strength)이다.

[그림 1-19]는 재료에 따라 응력-스트레인곡선의 분류를 나타낸 것이다. 그림 중에서 (a)는 응력-스트레인곡선의 일반형이며 탄성한계 이내에서 후크의 법칙이 성립되고, 소성구역에서는 응력이 스트레인의 어떤 함수 $\sigma = f(\varepsilon)$로 표시되며, (b)는 직선형의 가공경화를 나타내는 재료이고, (c)는 식(1-17)을 만족하는 재료이다. (d)는 가공경화를 생략한 완전탄소성체(elastic perfect plastic solid)이고, (e)는 탄성구역을 무시한 완전강소성체(rigid perfect solid)를 표시한 것이다.

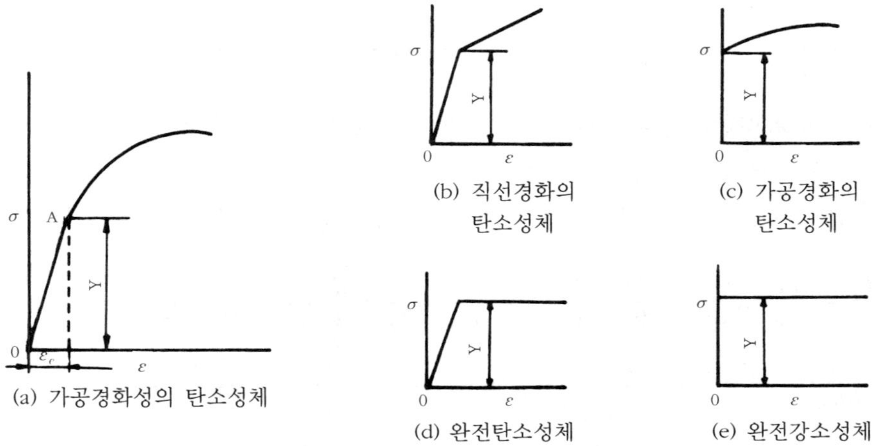

그림 1-19 응격-스트레인 곡선의 분류

7 소성적 불안정(plastic instability) : 네킹

하중-연신곡선에서 최대일 때 약간 약해진 시편의 어떤 부분은 다른 부분보다 더 큰 하중을 받게 되어 이 부분의 단면적이 감소되고 국부적으로 응력이 더욱 가중되어 다른 곳보다 심한 연신이 생기게 되어 [그림 1-17]과 같이 네킹(necking)을 일으킨다.

국부적으로 약하게 되는 경우에는 개재물, 2차상의 입자, 공극 등과 재료내에 결함이 생길 동안 단열가열에 의해 국부적으로 온도가 높아지기 때문이다. 만약 스트레인경화를 전혀 일으키지 않고, 또 항복이 일어나자마자 소성적 불안정이 생긴다면 재료가 파괴될 때까지 하중은 계속하여 하강할 것이다. 네킹은 최대하중에서 시작하기 때문에 소성적 불안정의 조건은 $dp = 0$로써 정의된다. 또, $p = \sigma A$이므로

$$dp = \sigma dA + A d\sigma = 0$$

$$\text{즉, } -\frac{dA}{A} = \frac{d\sigma}{\sigma} \qquad (1\text{-}18)$$

연성금속일 경우 네킹은 최대스트레인에서 생기며, 여기서 체적불변의 법칙이 성립된다. $V = A_l$이므로,

$$dV = Adl + ldA = 0$$

$$\therefore -\frac{dA}{A} = \frac{dl}{l} \quad \cdots\cdots (1\text{-}19)$$

식(1-18)에서 dA/A를 치환하면

$$\frac{d\sigma}{\sigma} = d\varepsilon \qquad \therefore \frac{d\sigma}{d\varepsilon} = \sigma \quad \cdots\cdots (1\text{-}20)$$

그러므로 단축인장의 경우, 네킹은 진응력-진스트레인 곡선의 기울기가 진응력과 같은 어떤 스트레인에서 발생한다.

식(1-20)은 공칭스트레인 항으로 다음과 같이 표시할 수 있다.

$$\frac{d\sigma}{d\varepsilon} = \frac{d\sigma}{d\varepsilon_0} \cdot \frac{d\varepsilon_0}{d\varepsilon} = \frac{d\sigma}{d\varepsilon_0}\left(\frac{dl/l_0}{dl/l}\right) = \frac{d\sigma}{d\varepsilon_0} \cdot \frac{l}{l_0} = \frac{d\sigma}{d\varepsilon_0}(1+\varepsilon_0) = \sigma$$

$$\therefore \frac{d\sigma}{d\varepsilon_0} = \frac{\sigma}{1+\varepsilon_0} \quad \cdots\cdots (1\text{-}21)$$

이 식은 [그림 1-20]에서 보여 주는 바와 같이 최대하중점을 결정하는데 사용하는 소위 Considere's construction이다.

네킹조건은 지수법칙이 유동곡선을 만족하게 표시할 때 스트레인 경화지수의 항으로 표시 가능하다.

스트레인 경화지수는

$$n = \frac{d(\log\sigma)}{d(\log\varepsilon)} = \frac{d(1_n\sigma)}{d(1_n\varepsilon)}$$

$$= \frac{\varepsilon d\sigma}{\sigma d\varepsilon}$$

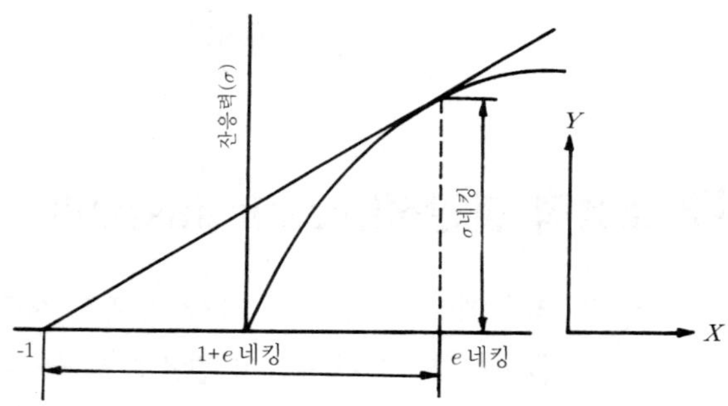

그림 1-20 최대하중점을 결정하는데 사용되는 Considere's construction

또, 식(1-21)로부터

$$\varepsilon_{necking} = n \quad \cdots\cdots (1\text{-}22)$$

이것은 진스트레인이 스트레인 경화지수와 같을 때 네킹이 발생한다는 의미이며 내력의 어떤 값과 함께 응력과 스트레인 값으로 어떤 재료의 진응력-스트레인 곡선을 충분히 결정할 수 있다.

제3절 | 금속재료의 가공성

철강, 구리, 알루미늄 등 금속재료는 순수금속 그대로 공업적으로 사용하는 것보다 각종 원소가 첨가된 합금의 금속이 많이 사용된다. 그러나 가공용 합금은 주물용 합금에 비하여 합금원소의 양과 종류가 적은 것이 일반적이다. 여기서는 가공용 금속재료의 성분, 조직 등에 대하여 가공성에 미치는 영향을 검토하기로 한다. 이 경우 가공성을 판단하기 위하여 냉간가공성은 상온에서의 기계적 성질을, 열간가공성은 고온에서의 기계적성질에 대하여 다루기로 한다.

1 금속의 냉간가공성

금속재료 중에서 가장 널리 사용되는 것은 철강이며 그 중 탄소강이 압연, 단조, 인발 등의 각종 가공용으로 많이 사용된다. [그림 1-21]은 Fe-C 평행상태도 일부로서 탄소의 조성과 조직의 관계를 나타낸 것이다. 페라이트(ferrite)는 극히 연하고 연성이 크며 인장강도가 비교적 작은 반면, 시멘타이트(comentite)는 대단히 경하고 취약하며 연성은 거의 없다. 또 펄라이트(pearlite)는 페라이트에 비하여 훨씬 강하고 경하나, 시멘타이트보다 경도가 떨어진다. 그림에서와 같이 1.2%, 탄소강은 0.4% 탄소강보다 훨씬 강하고 경한재질이며 결국 가공이 어렵게 된다. 즉, 탄소 함유량이 많을수록 가공이 곤란하게 된다. 이러한 사실과 관련하여 탄소강의 상온에서의 기계적성질을 살펴보면 [그림 1-22]와 같이 탄소가 1%에 도달 할 때까지 인장강도, 경도는 직선적으로 증가하고 연신율 및 충격치는 감소한다. 강의 강도는 제조방법에 의해서도 차이가 있는데 일반적으로 평로강 보다 전로강이 동일한 탄소함유량의 것이라도 강하며, 따라서 가공이 곤란하다. 또 염기성법 보다 산성법에 의해서 만들어진 강이 가공이 곤란하다. 또한 강중의 P는 Fe와 일부 결합하여 Fe_3P라고 하는 화합물을 이루며, 결정립을 조대화시키고 경도와 인장강도를 다소 높이는 한편 연신율을 감소시키며, 특히 상온에 있어서 충격치를 저하시킨다. 또 Fe_3P는 MnS 또는 MnO와 같이 집합하며, 이것을 고스트 라인(ghost line)이라 부르며 강재의 파괴원인이 된다. 한편 강 중의 비금속 개재물, 고용가스가 존재하여도 냉간가공성에 나쁜 영향을 준다. 철강 다음으로 가공에 많이 사용되는 금속재료는 Cu 및 Al 합금이며 가공용 Cu 합금은 Cu에 각종 원소(Zn, Al, Ni, Sn, Be, Bi, Cd 등)를 첨가한 2원 또는 다원합금이지만 그 조직의 주요부분은 고용체이므로 가공성에 대해서도 고용체의 성질이 매우 중요하다. [그림 1-23]은 Cu-Ni합금에 대하여 조성에 관한 상온에서의 기계적성질을 표시한 것이다. 이때의 상태도는 상온에서 전율고용체를 순수금속에 비하여 변형저항이 증가한다. Cu-Ni 합금은 약 60%의 조성의 곳에서 인장강도와 경도가 최대, 연신은 최소가 된다. 따라서 고용체는 보통 순수금속에 비해 강화되고 연신율은 감소하여 가공성은 저하되지만 Cu-Ni 합금은 강화되는 조성에서도 연신율은 크게 저하되지 않으므로 가공성은 나쁘다고 할 수 없다.

이 밖에 Cu-Zn, Cu-Al, Cu-Si 등의 합금의 경우, 일반적으로 α상일 때에는 각각 용질 농도의 증가에 따라서 인장강도와 연신율은 증가하므로 상온 가공성은 양호하다. 그러나, α상의 최대고용한계 이상이 되어 β상이라고 하는 금속간화합물을 주체로 하는 조직을 이룬다. 이것은 경도가 높고 취약하므로 냉간가공은 곤란하고 열간가공이 용이하게 된다. 일반적으로 고순도의 금속은 냉간가공성이 매우 양호하지만 불순물의 종류, 형상, 첨가량, 분포 등에 따라 기지금속의 가공성은 현저하게 차이가 난다.

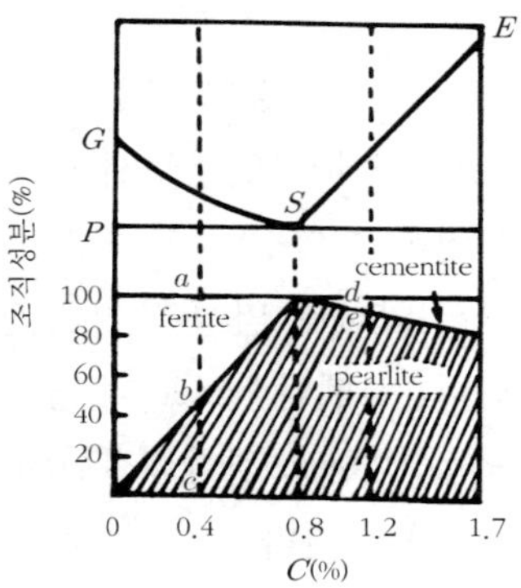

그림 1-21 성분과 조직

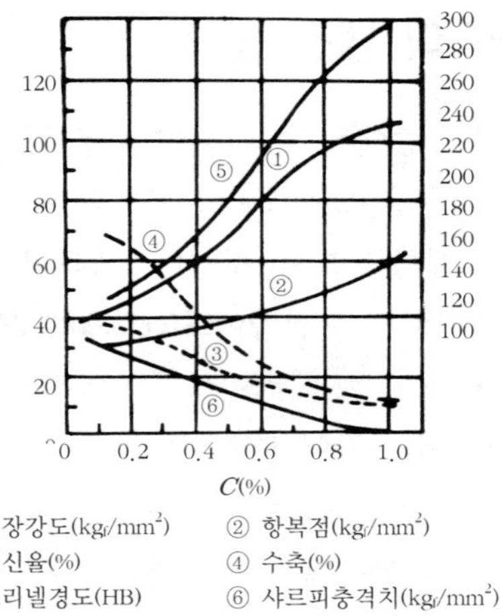

그림 1-22 탄소량과 기계적 성질

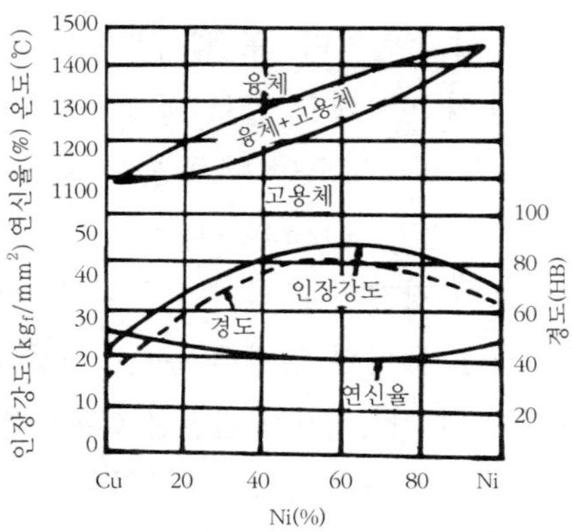

그림 1-23 Cu-Ni합금 상태도의 상온에서의 기계적 성질

2 금속의 열간가공성

[그림 1-24]는 연강재의 인장강도와 연신율의 인장시험 온도에 대한 변화상태를 나타낸 것으로 대체로 고온으로 됨에 따라 인장강도는 매우 감소하며 연신율은 증가한다. 따라서 연강이 고온에서 가공성이 양호함을 알 수 있다.

다음은 탄소강에 함유되어 있는 불순물이 열간가공성에 미치는 영향에서 S는 철기지 중에서 FeS로 되어 적열취성(red shortness)의 원인이 된다. 압연온도에서 강은 결정상태인데 유화물은 반용융상태로 나타나 재료 결합력이 약화되어 압연도중에 균열이 발생하기 쉽다. Mn을 첨가시키면 FeS는 MnS로 되어 결정입계에 망상으로 되어 있는 것을 금속전체에 구상으로 분포시켜 취성을 완화시켜 준다. 또 강 중에 Cu, O 등이 함유되어 있으면 백열취성(white shortness)의 원인이 된다. H_2가 함유되어 있으면 백점(flake)이라는 작은 내부 균열이 발생하여 특히 고탄소강, 합금강에 있어서는 그 영향이 심하므로 고온에서는 기계적 성질이 저하되고 따라서 열간가공이 곤란하다.

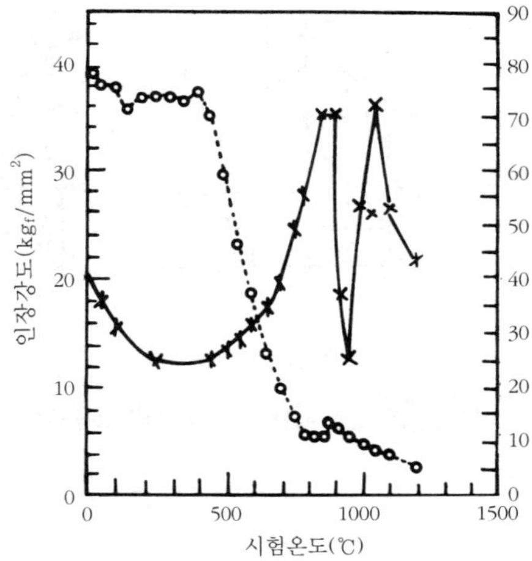

비고 : 인장시험편의 치수, 지름 d = 16mm
표점거리 120mm

그림 1-24 연강재의 인장강도 및 연신율과 시험온도와의 관계

[그림 1-25]의 (a), (b)는 Zn 50%까지의 Cu-Zn합금에 대한 조성과 고온에서의 인장강도 및 단면수축율과의 관계를 나타낸 것으로 고온으로 갈수록 인장강도가 낮아지며 Zn 20% 이상에서는 온도상승에 따른 인장강도는 현저히 저하한다. 따라서 고온의 인장강도치만 생각하면 α상 및 $\alpha+\beta$상의 어떤 온도에서도 열간가공이 가능하다. 그러나 단면수축율의 결과로부터 생각하면 α상에서는 Zn 25%를 중심으로 300 ~ 600℃에서는 단면수축율이 낮은 범위에 있으므로 이 상태에서는 합금의 열간가공이 불가능하다.

[그림 1-26]은 순도 99.57%의 Al의 고온에서의 기계적 성질을 표시한 것으로, 이 경우의 재료는 충분하게 풀림한 연질상태이다. 인장강도는 고온으로 갈수록 매우 저하되지만 연신율 및 단면수출율은 상승하므로 고온(여기서는 400℃이상)에서는 충분한 가공성을 갖고 있음을 알 수 있다. 또 비철에 있어서 불순물은 고온의 가공성에 매우 민감하게 영향을 미친다. 불순물이 금속 또는 합금의 기지 중에 불용성이고 저융점을 갖는 원소는 그 양이 0.01 ~ 0.001% 정도에서도 열간가공성을 현저히 해친다.

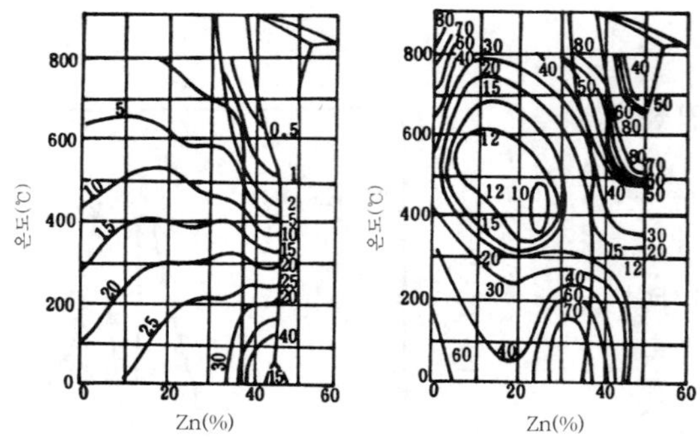

(a) 등고곡선은 인장강도(kg_f/mm^2) (b) 등고곡선은 단면수축율(%)

그림 1-25 Cu-Zn합금의 고온에서의 기계적 성질

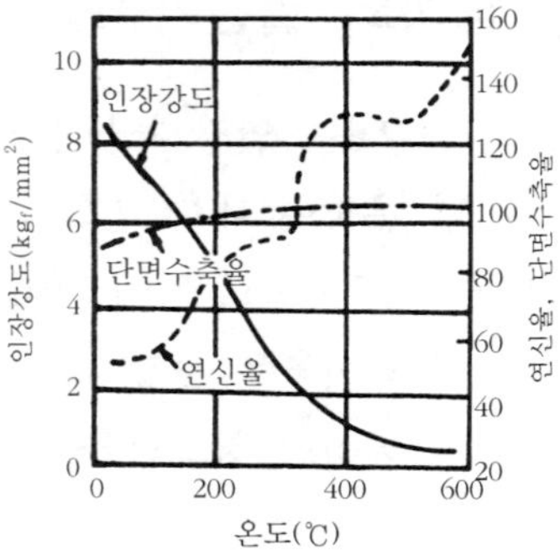

그림 1-26 순Al의 고온에서의 기계적 성질

3 가공성 판정법

금속재료의 냉간가공성을 판정하는 데는 상온에서 인장시험을 행하여 인장강도와 연신율, 단면수축율 등을 구하는 방법이 있으나 디프드로잉(deep drawing)을 실시하여 한계드로잉 비(Limiting Drawing Ratio : L.D.R)를 구하여 재료의 디프드로잉을 구하는 방법, 에릭센 시험(erichen test), 코니걸 컵 시험(conical cup test)등이 있다. 그러나 현재 비교적 체계화되어 있는 것은 대부분 판재의 성형성을 알기 위한 것이다. 판재의 성형능력을 미리 아는 것이 다른 모양의 성형 또는 새로운 재료의 성형에 있어서도 중요하다.

이와 같이 가공성 또는 성형성을 알기 위한 시험방법에는, 실제 가공과정에서 판재가 받는 것과 동일한 변형을 주어서 그 특정치를 비교하는 방법과 가장 일반적인 인장시험의 특정치로 판단하는 방법도 있다.

제4절 | 소성변형의 결정학적 특징

1 소성변형의 기구

일반적으로 금속재료는 작은 결정립이 모인 것이며, 결정립은 각각 일정한 공간격자를 지닌 원자로 구성되어 있다. 따라서 금속이 소성변형하는 것은 금속을 구성하고 있는 원자가 서로 그 위치를 바꾸는 결과이다. 원자의 위치를 바꾸는 방법에는 슬립, 쌍정, 킹크라고 하는 3가지 형식이 있다. 그리고 소성변형은 대부분 슬립에 의한 변형이다. 어떤 금속재료에 탄성변형시킨 것과 소성변형시킨 것을 비교하면 소성변형시의 결정립 속에는 슬립선(slip band)를 발견할 수 있다. 이와 같은 슬립선의 발생을 간단히 도시하면 [그림 1-27]과 같다. 즉, 그림 (a)와 같은 AB, BC의 2개의 결정립 단면을 보면 점선으로 표시한 미끄러지기 쉬운 원자면이 있고, 화살표 방향이 인장력이 항복점에 도달하면 그림 (b)와 같은 슬립이 생겨서 여러단이 생긴다. 이것을 위에서 관찰하면 그림 (c)와 같은 평행한 슬립선이 나타나게 된다. 이 슬립현상은 구성원자의 이동으로 생각할 수 있다. 금속이 결정체는 원자가 일정한 원자간격을 유지하여 균일한 공간격자를 만들고 나열하고 있는 것이 이상적이나 실제로는 대체로 원자구조적으로 어떤 결함을 지니고 있다. 이른바 원자공공(vacancy)이라는 결함이 있는데, 이것은 역학적으로 약점이 되므로 어느 한도 이상의 외력이 가해지면 [그림 1-28]과 같이 결합부분이 우측으로 이동하여 그림 (c)와 같이 결정표면에서 원자가 1격자간만큼 처진 상태가 된다. 이와 같은 원자면의 슬립이 반복되어서 금속의 변형이 진행된다고 간주하고 있다. 이 슬립은 항상 결정의 일부가 일정한 결정면을 따라서 특정한 결정방향으로 이동한다. 이런 사실은 1개의 결정만으로 된 단결정(single crystal)을 사용해서 인장시험을 행하면 잘 알 수 있다. 각종 금속은 각각 특정의 가장 미끄러지기 쉬운 면과 방향을 지니고 있다. 이것은 결정구조와 밀접한 관계각 있으며 슬립면은 원자밀도가 최대인 면과 일치할 때가 많고, 슬립방향은 원자가 가장 조밀한 방향과 일치하고 있다. 이와 같이 금속이 슬립을 일으키게 하려면 임계전단응력(critical resoloved shear stress) 이상의 힘이 작용해야 한

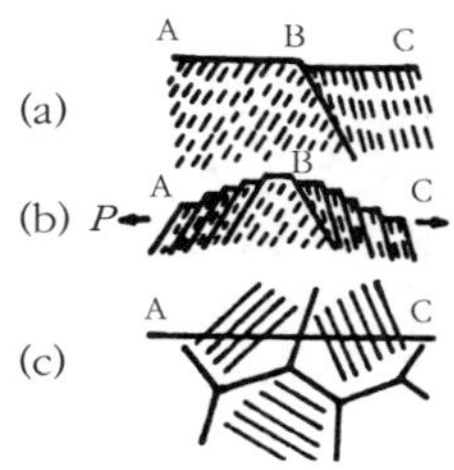

그림 1-27 슬립선의 발생

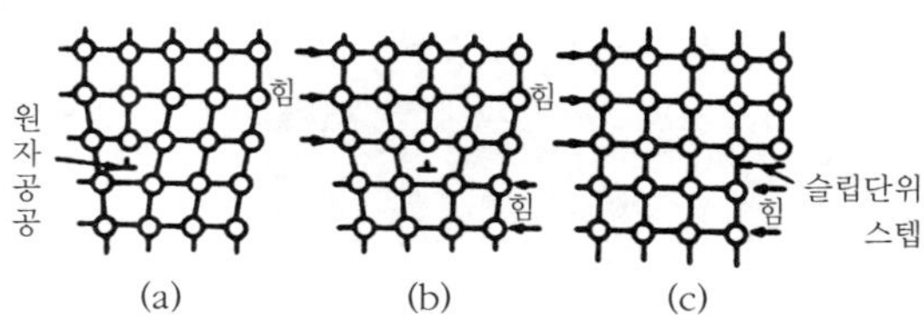

그림 1-28 원자면의 슬립

다. [그림 1-29]와 같은 원주상의 단결정에 인장응력이 작용하는 경우, 단결정 내부에 있는 하나의 슬립면이 P이고, 그 면내에 있는 슬립방향을 S라 하자. 외력의 크기를 F, 슬립면의 법선과 인장축이 이루는 각을 ϕ, 슬립방향과 인장축이 이루는 각을 λ라 하면, 슬립방향에서의 인장력의 분력은 $F\cos\lambda$가 되고, 또 슬립면 P의 면적은 $A/\cos\phi$이므로, 이 면 위에서 슬립방향으로 작용하는 힘을 전단응력 τ로 표시하면

$$\tau = \frac{F}{A}\cos\phi \cdot \cos\lambda \quad \text{(1-23)}$$

가 된다. τ값이 어떤 임계값에 도달하게 되면 그 금속은 슬립이 발생하게 된다. 또 $\cos\phi$, $\cos\lambda$는 단결정의 슬립을 생각하는데 중요한 인자이며, 이것을 슈미드 펙터(schmid factor)라 한다.

쌍정(twinning)은 [그림 1-30]에 표시한 바와 같이 어떤 면을 경계로 해서 한쪽의 결정을 회전시키고 다른 쪽의 결정과 그 면에서 대칭으로 되는 변형이다. 쌍정의 변형은 슬립일때와 같이 특정의 결정면이며, 특정의 결정방향으로 정해진 거리만큼 원자가 이동함으로써 생긴다. 킹크변형(kinking)은 [그림 1-31]과 같이 Zn과 같은 조밀육방격자의 금속을 밀면에 수직으로 압축했을 때 발생하는 특수한 변형이다.

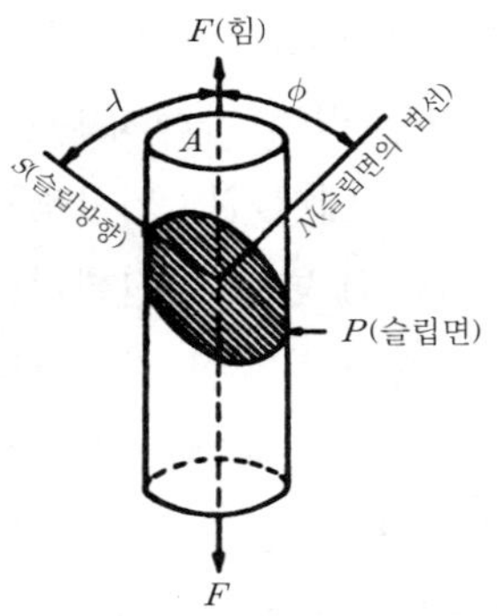

그림 1-29 전단응력

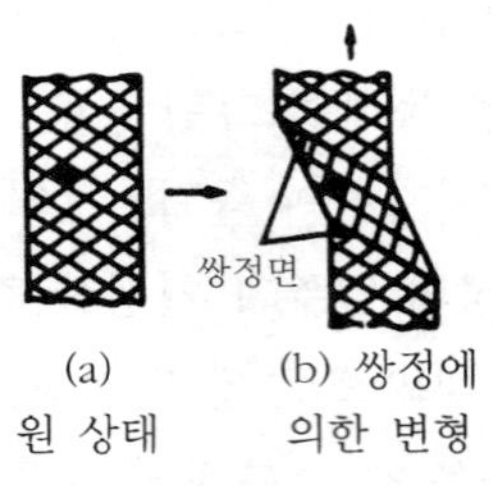

그림 1-30 쌍정변형

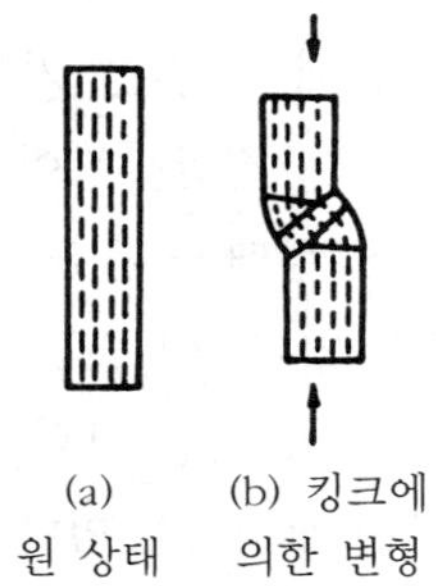

그림 1-31 킹크변형

2 소성가공과 결정조직

가. 주괴의 결정조직과 소성가공

금속재료의 가공은 먼저 용융한 금속을 주입하여 주괴를 만드는 것에서 비롯되며 이 주괴는 소성가공의 진행과 더불어 큰 성질의 변화를 수반한다. 그 변화는 최초의 거친 압연공정(breaking down) 단계에서는 급격하고 가공공정의 마무리 단계 즉, 단련상태(wrought)로 됨에 따라 적어진다. 이 단련상태의 결정조직은 처음보다 꽤 치밀한 상태로 이루어져 있다. 주괴에서 열간가공, 냉간가공, 풀림의 공정으로 진행됨에 따라 결정조직이나 성질의 변화는 현저하게 달라진다. 즉, 주괴에 있어서의 결함 예를 들면 기포, 개재물, 편석의 존재는 주괴의 강도를 저하시킴으로 적당한 가공에 의해서 제거해야 한다. 기포는 열간가공에 의해서 압착되며 개재물은 주로 냉간가공 또는 열간가공에서 분쇄되고, 편석은 가공과 풀림 또는 균열에 의해서 대부분 제거된다. 이와 같은 과정을 통하여 재료의 결함을 제거시키고 결정의 입도를 미세화함으로써 주괴의 성질이 개선되게 된다.

나. 가공에 의한 재료의 방향성

재료를 충분히 높은 온도로 가공하거나 혹은 가공 후 조심성 있게 풀림을 행하면 조괴직후의 주괴와 같은 경도와 항복점이 된다. 그러나 연성에 관해서는 가공한 제품과 주괴간의 차가 생기고 재료의 방향에 따라서도 차이가 나게 된다. 재료가 받는 가공의 이력에 따라서 가공품의 설질, 특히 방향에 따라서 성질이 변화하게 되는데 이것을 기계적방향서(mechanical directionality)이라 한다. [그림 1-32]는 주괴를 압연할 때 주괴속에 있는 1개의 입방체에 관해서 고려한 경우이다. 이 경우 압연에 의해서 이 입방체는 판상으로 변형하는데 압연방향의 세로방향을 L방향, 가로방향을 I방향, 판에 수직인 T방향을 두께방향이라고 부르고 있다. 가공품의 방향성을 조사하기 위해 L방향으로 압연한 Al합금판에서 [그림 1-33]

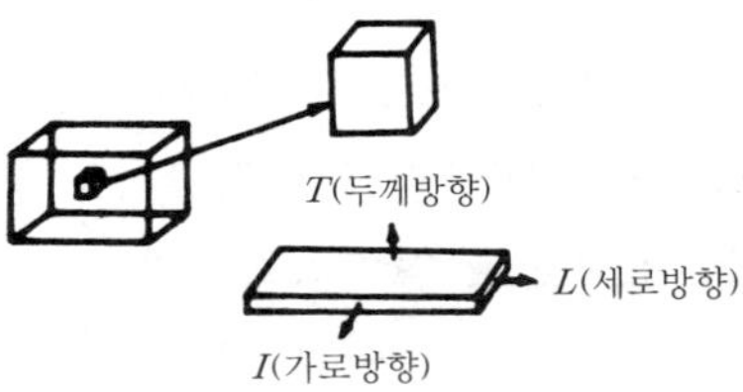

그림 1-32 주괴의 가공방향

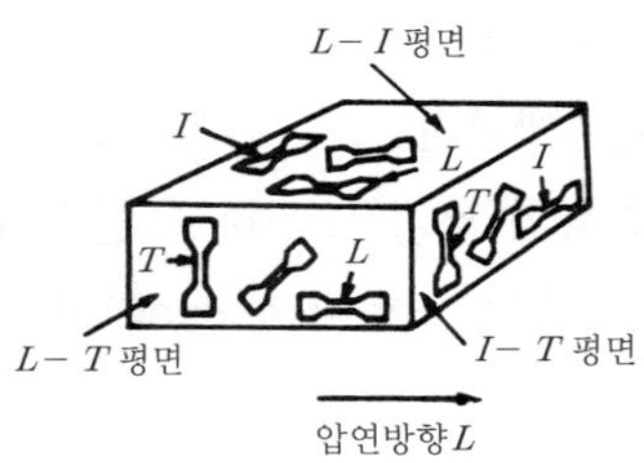

그림 1-33 L방향으로 압연한 판에서의 시험편 채취

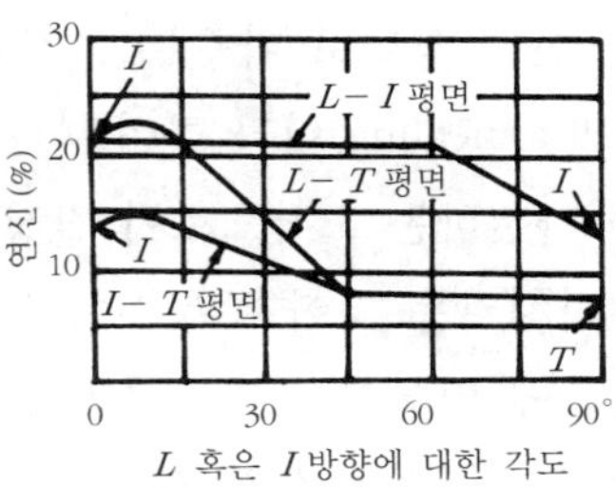

그림 1-34 연신의 방향성

과 같이 각 방향의 인장시험편을 채취하여 그것들의 방향성을 조사하면 [그림 1-34]와 같이 연성이 상당히 다르다는 것을 알 수 있다. 따라서 재료의 방향성은 균일한 소성가공을 방해할 때가 많으므로 디프드로잉 등을 행할 때 특히 주의해야 한다.

다. 결정조직과 재료의 성질

(1) 재료의 성질에 미치는 결정립의 크기

일반적으로 결정립의 크기는 재료의 가공성에 중요한 영향을 미친다. 이것을 결정입계에 불용성의 불순물이 모이기 쉽지만, 불순물의 영향을 고려하지 않아도 입계부근은 변형에 대한 저항이 강하다. 즉, 연신은 결정립 안쪽보다는 작고 경도는 높다. 따라서 일반적으로 단결정은 연약하고 다결정체는 각 결정립이 미세할수록 동일한 풀림상태에서도 경화된다. 또, 결정립의 크기와 강도와의 관계에는 다음의 Hall-Petch식이 성립한다.

$$\sigma_y = \sigma_n + Kd^{-\frac{1}{2}} \quad \cdots\cdots (1\text{-}24)$$

- σ_n 및 K : 상수
- σ_y : 항복강도,
- d : 결정립의 평균크기

따라서 결정립의 크기가 클수록 항복강도가 감소하므로 가공이 용이하게 되고, 반대로 결정립의 크기가 작을수록 가공이 어렵게 된다. 그러나 결정립이 너무 조대하게 되면 박판재료는 성형성이 좋지 않을 뿐만 아니라 제품표면의 거칠음이 심하여 제품 가치를 상당히 저하시키다.

(2) 풀림과 재결정

금속재료의 가공에 관련하여 행하여지는 가열조작은 다음의 세 가지로 분류할 수 있다. 첫째는 풀림조작으로써 냉간가공에 의해 변화된 금속 및 합금의 성질을 가열에 의해서 가공 전의 상태로 바꾸는 조작이다. 가공 전의 성질까지 충분하게 바꾸는 조작을 완전풀림(full annealing)이라 하며, 이것은 재결정온도 이상에서 행하게 된다. 둘째는 열간가공 전후에 가열하는 조작으로써 결정조직의 조정을 행하여 열간가공 또는 냉간가공에 적당하도록 변화시키는 것이 주목적이다. 셋째는 뜨임(tempering)이라는 조작으로 열처리효과가 있는 합금에 있어서 냉간가공과 교대로 반복하여 행하는 수단이다. 이 경우 뜨임은 냉간가공에 의해서 금속의 성질변화를 촉진 강화하는 것이 주목적이다. [그림 1-35]은 온도상승에 따른 재료의 성질 변화와 결정조직의 관계를 나타낸 것이다. T_1온도 이하의 낮은 온도로 가열하면 가공경화한 금속의 내부응력은 조직 및 기계적 성질의 변화없이 거의 완전히 제거된다. 이와 같은 열처리를 응력제거(stress relief)라고 하며, 그 현상을 회복(recovery)이라 한다.

온도 T_1에서 금속의 연화가 일어나기 시작하여 온도 T_1, T_2 사이에서 경도와 강도가 급속히 떨어지고 연신율은 비례적으로 증가한다. 이 동안에 새로운 결정핵이 입계의 부근, 슬립면이나 쌍정, 그리고 변형된 조직 전체에 걸쳐서 생성된다. 이 새로운 핵에서 성장한 변형이 없는 결정립은 냉간가공에 의해서 변형 또는 왜곡된 결정립과 서서히 치환된다. 이 현상을 재결정(recrystallization)이라 하며, 새로운 결정립이 생성하기 시작한 온도를 재결정 온도라 한다. 재결정의 결정립 크기는 냉간가공일 때의 가공도에 따라서 변한다. 온도 T_2에서는 이 새로운 결정립이 낡은 결정립과 완전히 치환하여 기계적 성질은 가공 이전의 상태로 복귀한다. 온도 T_2이상이 되면 결정립은 서로 흡수되어 크게 성장하여 결정립 성장으로 발전하게 된다.

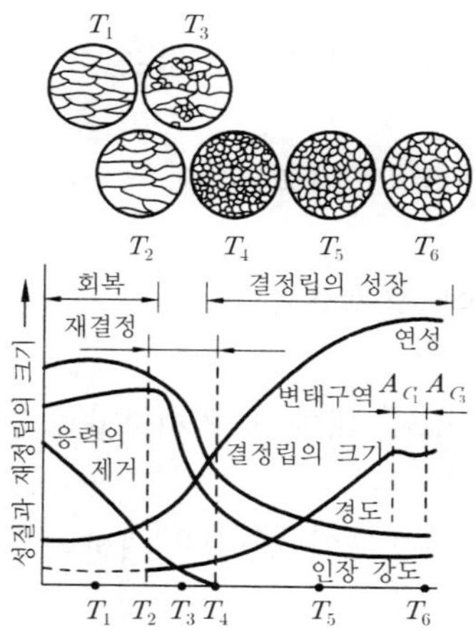

① T_1 : 변형된 조직 ② T_2 : 초기의 재질
③ T_3 : 재결정의 중간 조직 ④ T_4 : 재결정 완료
⑤ T_5 : 부분적 결정립의 성장 ⑥ T_6 : 결정립의 성장

그림 1-35 냉간가공한 금속의 성질과 조직에 미치는 온도의 영향

익힘문제

1 소성가공과 절삭가공을 비교하시오.

2 소성가공법의 특징과 종류를 쓰시오.

3 응력이란 무엇인가?

4 스트레인이란 무엇인가?

5 후크의 법칙은 어떤 식으로 표기되는가?

6 탄성변형과 소성변형의 차이점을 쓰시오.

7 유동곡선은 어떤 식으로 표기되는가?

8 포아송의 비에 대하여 설명하시오.

9 소성적 불안정(necking)에 대하여 쓰시오.

10 탄성거동에서 소성거동으로의 변화에 대하여 쓰시오.

11 금속재료의 열간가공과 냉간가공에 대하여 설명하시오.

12 소성변형기구를 설명하시오.

13 결정립의 크기가 강도에 미치는 관계에 대하여 설명하시오.

14 가공에 의한 재료의 방향성을 설명하시오.

15 냉간가공한 금속의 성질변화와 조직에 미치는 온도의 영향에 대하여 쓰시오.

금 속 가 공 학 Chapter

02

소성가공의 역학기초

Chapter 02 금속가공학

소성가공의 역학기초

제1절 | 응력과 스트레인

1 응력의 성분

고체에서 외력을 받고 있는 물체내의 한 점에서의 응력상태는 아래의 9개의 응력성분으로 주어진다. [그림 2-1]에는 직교하는 세 평면에 작용하는 9개의 응력성분이 나타나 있다.

$$\begin{Bmatrix} \sigma_x & \tau_{xy} & \tau_{xz} \\ \tau_{yx} & \sigma_y & \tau_{yz} \\ \tau_{zx} & \tau_{zy} & \sigma_z \end{Bmatrix}$$

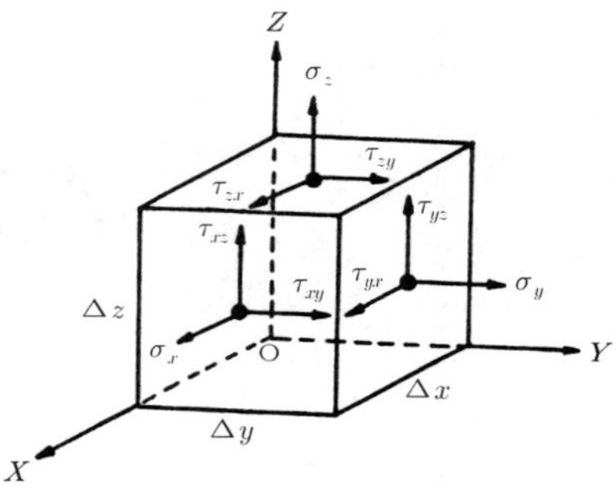

그림 2-1 응력의 성분

그러나 이들 9개의 성분은 상호간에 단순화가 가능하다. 즉, 그림에서 Δ_x, Δ_y, Δ_z가 충분히 작다고 가정하면 두 개의 평행한 면에 작용하는 응력의 차이는 무시할 수 있고, 따라서 Z축에 관한 모멘트의 합을 생각하면

$$(\tau_{xy}\Delta_y\Delta_z)\Delta_x = (\tau_{yz}\Delta_x\Delta_z)\Delta_y$$

$$\therefore \tau_{xy} = \tau_{yz} \text{ 마찬가지로 } \tau_{xz} = \tau_{zx},\ \tau_{yz} = \tau_{zy} \quad \cdots\cdots \text{(2-1)}$$

의 관계가 성립한다. 즉, 한 점에서의 응력상태는 3개의 수직응력성분과 3개의 전단응력성분에 의해 완전히 표시될 수 있다.

$$\sigma_x\,\sigma_y\,\sigma_z,\ \tau_{xy}\,\tau_{xz}\,\tau_{yz}$$

또, 일반적인 복합응력 상태에 있는 물체의 한 축 방향의 변형은 그 축 방향으로 작용하는 응력에 의한 변형과 이에 수직한 다른 두 축 방향으로 작용하는 응력에 의한 포아송의 효과를 합한 것으로 표시할 수 있다.

$$\left.\begin{aligned} \varepsilon_x &= \frac{1}{E}\sigma_x - \frac{\nu}{E}\sigma_y - \frac{\nu}{E}\sigma_z = \frac{1}{E}\ [\sigma_x - \nu(\sigma_y + \sigma_z)] \\ \varepsilon_y &= \frac{1}{E}\sigma_y - \frac{\nu}{E}\sigma_x - \frac{\nu}{E}\sigma_z = \frac{1}{E}\ [\sigma_y - \nu(\sigma_x + \sigma_z)] \\ \varepsilon_z &= \frac{1}{E}\sigma_z - \frac{\nu}{E}\sigma_x - \frac{\nu}{E}\sigma_y = \frac{1}{E}\ [\sigma_z - \nu(\sigma_x + \sigma_y)] \end{aligned}\right\} \cdots\cdots (2\text{-}2)$$

평면응력상태, 예를 들면 $\sigma_x = 0$인 경우에는 아래와 같이 표시 될 수 있다.

$$\left.\begin{aligned} \varepsilon_x &= \frac{1}{E}(\sigma_x - \nu\sigma_y) \\ \varepsilon_y &= \frac{1}{E}(\sigma_y - \nu\sigma_x) \\ \varepsilon_z &= \frac{\nu}{E}(\sigma_x + \sigma_y) \end{aligned}\right\} \cdots\cdots (2\text{-}3)$$

전단응력과 전단스트레인의 관계는 Hooke의 법칙에 의해 식(2-4)로 표시되고, 이때 G는 전단탄성계수이며 종탄성계수 E 및 포아송비 ν와 함께 식(2-5)가 성립한다.

$$\tau = G_\gamma \cdots\cdots (2\text{-}4)$$

$$G = \frac{E}{2(1+\nu)} \cdots\cdots (2\text{-}5)$$

2 주응력

힘을 받고 있는 물체내의 한 점의 응력상태를 알아보기 위하여 이 점을 포함한 미소부분 $dx \cdot dy(dz=1)$를 생각하여 주어진 응력들(σ_x, σ_y, τ)과 평형을 이루는 경사면의 응력을 찾아본다. 이것은 결국 이 경사면의 법선 n과 이에 수직인 n'방향의 응력을 구하려는 것이

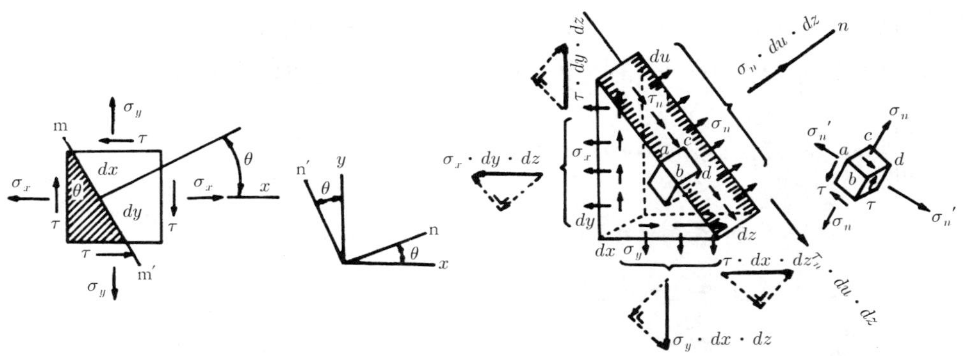

그림 2-2 조합응력

다. 계산을 용이하게 하기 위하여 [그림 2-2]와 같이 삼각형으로 표시하여 θ로 경사된 면 m-m′의 법선 n방향과 여기에 수직인 n'방향에 관한 평형조건식을 세워보면

$$\left.\begin{aligned} n : &\ \sigma_n dudz - \sigma_x dydz\cos\theta + \tau dydz\sin\theta \\ & - \sigma_y dxdz\sin\theta + \tau dxdz\cos\theta = 0 \\ & dx/du = \sin\theta,\ dy/du = \cos\theta \text{ 이므로} \\ & \sigma_n = \sigma_x\cos^2\theta + \sigma_y\sin^2\theta - 2\tau\sin\theta\cos\theta \\ & \quad = \frac{(\sigma_x+\sigma_y)}{2} + \frac{(\sigma_x-\sigma_y)}{2}cos2\theta - \tau\sin2\theta \\ n' : &\ \tau_n dudz = \sigma_x dydz\sin\theta + \tau dydz\cos\theta \\ & \qquad - \sigma_y dxdz\cos\theta - \tau dxdz\sin\theta \\ & \tau_n = \frac{\sigma_x}{2}sin2\theta - \frac{\sigma_y}{2}sin2\theta + \tau(\cos^2\theta - \sin^2\theta) \\ & \quad = \frac{(\sigma_x-\sigma_y)}{2}sin2\theta + \tau\cos2\theta \end{aligned}\right\} \quad \cdots\cdots (2\text{-}6)$$

m-m′에 직각인 경사면의 응력은 식(2-6)에 $\theta' = \pi/2 + \theta$를 대입하면 다음과 같이 얻어진다.

$$\left.\begin{aligned} \sigma_n' &= \frac{(\sigma_x+\sigma_y)}{2} - \frac{(\sigma_x-\sigma_y)}{2}\cos2\theta + \tau\sin2\theta \\ \tau'_n &= -\frac{(\sigma_x-\sigma_y)}{2}\sin2\theta - \tau\cos2\theta \end{aligned}\right\} \quad \cdots\cdots (2\text{-}7)$$

이들 식에서

$$\sigma_n + \sigma'_n = \sigma_x - \sigma_y \quad \cdots\cdots (a)$$

$$\tau_n = -\tau'_n \quad \cdots\cdots (b)$$

경사면과 이와 직각을 이루는 면의 두면의 수직응력의 합은 항상 일정하며, 전단응력도 서로 수직인 면에서 크기는 같고 방향은 반대가 된다는 뜻이다.

다음은 응력들의 최대치를 구하자. 경사면의 모든 응력들은 θ의 함수이므로 θ로 미분한다.

$$\frac{d\sigma_n}{d\theta} = -(\sigma_x - \sigma_y)\sin2\theta - 2\tau\cos2\theta = 0$$

위식을 만족하는 θ를, 특히 θn이라고 하면

$$-(\sigma_x - \sigma_y)\sin2\theta_n - 2\tau\cos2\theta n = 0 \quad \cdots\cdots (c)$$

$$\therefore \tan2\theta_n = -\frac{2\tau}{(\sigma_x - \sigma_y)} \quad \cdots\cdots (2\text{-}8)$$

이 θn은 $0 \leqq 2\theta_n \leqq 2\pi$에서만 고려하면 되므로 식(2-8)을 만족하는 θn의 값 2개를 θn식에 대입하면 σ_n의 극치가 계산된다. 이 때 $\pi/2$의 차를 두고 하나는 최대치, 다른 하나는 최소치가 된다.

$$\left.\begin{matrix}\sigma_1 \\ \sigma_2\end{matrix}\right\} = \frac{1}{2}(\sigma_x + \sigma_y) \pm \frac{1}{2}\sqrt{(\sigma_x - \sigma_y)^2 + 4\tau^2} \quad \cdots\cdots (2\text{-}9)$$

$\sigma_1 > \sigma_2$이면 σ_n의 σ_1은 최대치, σ_2는 최소치이다.

그런데 식 (c)는 식(2-6)에서 $\tau_n = 0$으로 놓은 식과 같음을 알 수 있으므로, 여기서 수직응력 σ_n의 최대치 σ_1 및 최소치 σ_2 가 있는 면에는 $\tau_n = 0$이 됨을 알 수 있고, 이 면은 $\frac{\pi}{2}$의 차이가 있다. 이 때 σ_1 과 σ_2 를 주응력(principal stress)이라 하며, 각도가 다른 여러 경사면에 일어나는 σ_n중에서 τ_n이 없는 서로 수직인 면에서 최대와 최소를 갖는 응력을 말한다. 이 주응력이 일어나는 면을 주응면(principal plane)이라 한다. 식(2-6)을 두 번 미분한 값에 식(2-8)의 σ_n 값을 대입하여

$\frac{d^2\sigma_n}{d\theta^2} < 0$되는 σ_n의 방향이 최대주응력 σ_1 에 대응하고, $\frac{d^2\sigma_n}{d\theta^2} > 0$으로 되는 의 값이 최소주응력 σ_2 에 대응한다.

또, $\tau_{n(\max)}$는

$$\frac{d\tau_n}{d\theta} = (\sigma_x - \sigma_y)\cos 2\theta - 2\tau \sin 2\theta = 0 \quad \cdots\cdots (2\text{-}10)$$

에서 이 식을 만족하는 θ를 θ_t라 하면

$$\tan 2\theta_t = \frac{(\sigma_x - \sigma_y)}{2\tau} \quad \cdots\cdots (d)$$

이 θ_t도 $0 \leqq 2\theta_t \leqq 2\pi$범위 내에서만 고려하면 되며 $\pi/2$의 차를 두고 두 값이 존재하게 된다. 식(2-8)과 식(d)에서 다음식이 얻어진다.

$$\tan 2\theta_n \cdot \tan 2\theta_t = -1$$

이것은 두 기울기의 곱이 -1이므로 $2\theta_n$과 $2\theta_t$가 서로 직교하고 θ_n과 θ_t는 $\pi/4$의 경사 즉, 주응력의 방향과 45° 경사되어 있다.

$$\left.\begin{matrix}\tau_{n(\max)} \\ \tau_{n(\min)}\end{matrix}\right. = \pm \frac{1}{2}\sqrt{(\sigma_x - \sigma_y)^2 + 4\tau^2} = \pm \frac{1}{2}(\sigma_1 - \sigma_2) \quad \cdots\cdots (2\text{-}11)$$

3 모어(Mohr)의 응력원

응력을 받고 있는 요소 abcd에서 요소 속의 어느 한 점이 받는 응력상태를 계산했을 때 이 요소와 미소부분 사이에는 가역관계가 있다. 앞에서 계산한 σ_x,σ_y,τ와 ,σ_1의 σ_2관계는 [그림 2-3] 의 (a)와 같은데 그림 (a)의 미소부분 d_x, d_y속에 더 작은 부분을 요소 abcd와 같은 방향으로 생각하면, 그림 (b)와 같이 될 것이다. 즉, 요소와 미소부분을 바꾸어 생각하는 것과 같다.

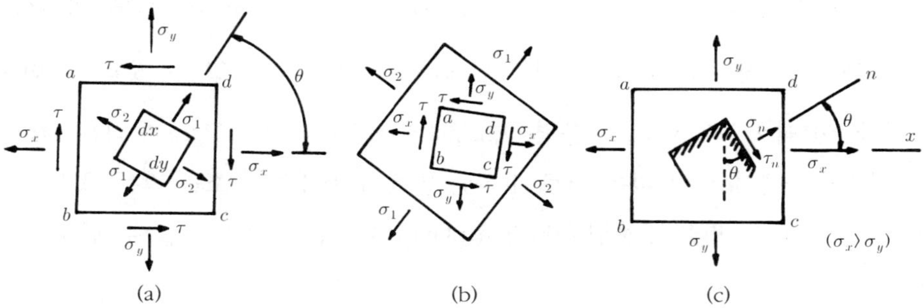

그림 2-3 주응력

지금, 그림 (b)의 부호를 그림 (c)와 같이 바꾸어 요소 abcd의 응력이 σ_x, σ_y이고, 임의의 경사면의 응력을 σ_n, τ_n 이라 하면 식(2-6)에서 $\tau=0$로 놓은 식이 된다.

$$\left.\begin{aligned} \sigma_n &= \sigma_x \cos^2\theta + \sigma_y \sin 2\theta = \frac{(\sigma_x+\sigma_y)}{2} + \frac{(\sigma_x-\sigma_y)}{2}\cos 2\theta \\ \tau_n &= \frac{(\sigma_x-\sigma_y)}{2}\sin 2\theta \end{aligned}\right\} \quad \cdots\cdots (e)$$

식(e)에서

$$(\sigma_n - \frac{\sigma_x+\sigma_y}{2})^2 = (\frac{\sigma_x-\sigma_y}{2})^2\cos^2 2\theta, \tau_n^2 = (\frac{\sigma_x-\sigma_y}{2})^2\sin^2 2\theta$$

$$\therefore (\sigma_n - \frac{\sigma_x+\sigma_y}{2})^2 + \tau_n^2 = (\frac{\sigma_x-\sigma_y}{2})^2 \quad \cdots\cdots (f)$$

이것은 원의 방정식으로 σ_n과 τ_n을 축으로 하는 좌표와 같다. [그림 2-4]에 주어진 응력이 σ_x, σ_y일때 $\frac{(\sigma_x+\sigma_y)}{2}$를 중심으로 하고, 반지름을 $\frac{(\sigma_x-\sigma_y)}{2}$로 하는 원이 식(f)의 원의 식을 표시하며 이 원주상의 좌표(σ_n, τ_n)가 경사면의 응력을 표시하므로 이 원을 모어의 응력원(Mohr's stress circle)이라고 한다. 다만, 임의의 θ만큼 기울어진 경사면의 응력상태에 대응하는 것이 응력원상의 한 점이 되며, 이 점의 σ 축에서의 각도는 2θ로 해야 한다. 따라서 이 면과 수직이 되는 응력 σ_n'와 τ_n'는 응력원에서는 180° 만큼 차이가 있는 좌표가 된다. 예를 들면 A점에서 시계방향으로 180° 만큼 회전한 B점이 되게 된다. A점의 좌표는 식(e), B점의 좌표는 식(e)의 θ대신 $(\frac{\pi}{2}+\theta)$를 대입한 값이 된다.

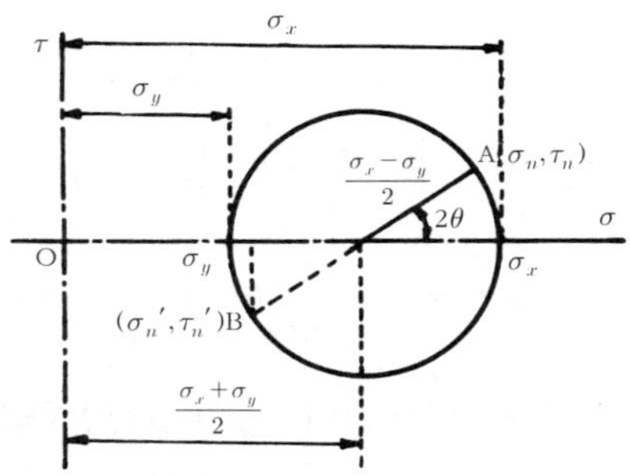

그림 2-4 모어의 응력원

4 스트레인(strain)

물체가 변형할 때의 물체내 한 점의 상대적인 변위에 관하여 생각해 보자. 최초의 무한소의 변형률성분(infinitesimal strain)을 취급하게 되면, 재료의 탄성변형률 또는 이것보다 더 큰 일반적인 유한변형률에서의 변형률증가분에 전용할 수 있게 된다.

물체가 변형하면 물체내의 한 점 A(x,y,z)는 점 $A'(x',y',z')$로 이동한다.

즉,

$$\left.\begin{aligned} x'-x&=u \\ y'-y&=v \\ z'-z&=w \end{aligned}\right\} \quad \cdots\cdots (2\text{-}12)$$

인 변위(displacement)를 받는 것이 된다. 만일에 이것을 [그림 2-1]과 동일하게 미소길이 d_x, d_y, d_z로 된 평행 6면체의 각변은 각각에 상응한 변위를 받으므로 한 변의 길이방향이 변화하는 것이 된다. 복잡성을 피하기 위해 [그림 2-5]와 같은 평행 6면체의 xy면에의 투영을 가정한다. 직사각형 ABCD가 변형하여 $A'B'C'D'$로 이동했다고 하면, B점의 x축방향의 이동은 A점의 상대이동량 u와 길이 d_x의 증가분의 합계로써

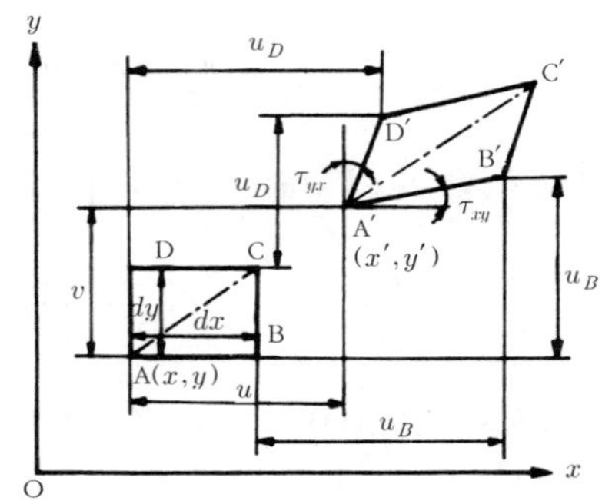

그림 2-5 변위와 변형률

$$u_B = u + \frac{\partial u}{\partial x}dx \quad \cdots\cdots (2\text{-}13)$$

로 표시된다. 따라서 변 AB(미소길이 dx)의 x축방향의 수직변형률(normal strain)은

$$\varepsilon_x = \frac{u_B - u}{dx} = \frac{\partial u}{\partial x} \quad \cdots\cdots (2\text{-}14)$$

로 된다. 변 AD(미소길이 dy)의 y축방향의 변위에 관해서도 동일하게 성립되므로

$$u_D = \upsilon + \frac{\partial \upsilon}{\partial y} dy \quad \cdots\cdots (2\text{-}15)$$

따라서 미소길이 dy의 y축방향의 수직변형률 ε_y는

$$\varepsilon_y = \frac{\partial \upsilon}{\partial y} \quad \cdots\cdots (2\text{-}16)$$

로 된다. 한편 점 B의 y축방향의 이동은

$$\upsilon_B = \upsilon + \frac{\partial \upsilon}{\partial x} dx \quad \cdots\cdots (2\text{-}17)$$

로 부여되므로, 변 AB의 회전(CB의 y축에 대한 평행인 슬립 또는 전단) 즉, 각 변형률(angular strain)은 τ_{xy}로 표시되며

$$\tau_{xy} \fallingdotseq \tan\tau_{xy} = \frac{\upsilon_B - \upsilon}{u_B + dx - u}$$

이것을 정리하여

$$\tau_{xy} = \frac{(\frac{\partial \upsilon}{\partial x})dx}{u + (\frac{\partial u}{\partial x})dx + dx - u} = \frac{\frac{\partial u}{\partial x}}{1 + \frac{\partial u}{\partial x}} \quad \cdots\cdots (2\text{-}18)$$

여기서, 분모의 $\partial u/\partial x$는 1에 비하여 적으므로 다음 식으로 된다.

$$\tau_{xy} = \frac{\partial \upsilon}{\partial x} \quad \cdots\cdots (2\text{-}19)$$

동일하게 변 AD의 회전 즉, 변 CD의 Ox축에 대한 전단은 다음 식으로 된다.

$$\tau_{yx} = \frac{\partial u}{\partial y} \quad \cdots\cdots (2\text{-}20)$$

다른 투영면에 관해서 생각하면 ε_x, ε_y, ε_z, τ_{xy}, τ_{yx}, τ_{yz}, τ_{zy}, τ_{zx}, τ_{xz}의 9개의 변형률 성분에 의해서 일반의 변형률을 표시할 수 있다. 그러나 특히 최초에 직각이었던 각도 DAB는 $D'A'B'$로 변화한 것이므로 이 각도 변화량을 공학적 전단변형률이라 하고, x축과 y축부터의 변화라는 뜻에서 γ_{xy}로 표시한다.([그림 2-6] 참조)

$$\gamma_{xy} = \tau_{yz} + \tau_{xy} = \frac{\partial u}{\partial y} + \frac{\partial v}{\partial x} \quad \cdots\cdots \quad (2\text{-}21)$$

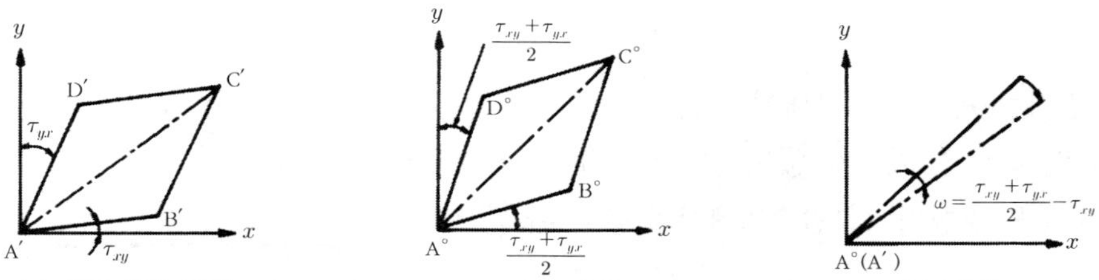

(a) 일반적인 변형 (b) 순수변형 (c) 회전

그림 2-6 변형과 회전

이상으로 다른 투영면에 관해서도 성립되므로 결국, 물체의 임의의 점에서의 적은 변형률은 다음의 3개 수직변형률과 3개의 전단변형률에 의해서 정의된다.

$$\left.\begin{array}{l} \varepsilon_x = \dfrac{\partial u}{\partial x},\ \gamma_{xy} = \dfrac{\partial u}{\partial y} + \dfrac{\partial v}{\partial x} \\ \varepsilon_y = \dfrac{\partial v}{\partial y},\ \gamma_{yz} = \dfrac{\partial v}{\partial z} + \dfrac{\partial w}{\partial y} \\ \varepsilon_z = \dfrac{\partial w}{\partial z},\ \gamma_{zx} = \dfrac{\partial w}{\partial x} + \dfrac{\partial u}{\partial z} \end{array}\right\} \quad \cdots\cdots \quad (2\text{-}22)$$

제2절 | 항복조건

항복조건이란 어떤 응력상태에 있는 재료의 소성변형이 일어날 수 있는지 없는지를 결정해 줄 수 있는 기준을 말한다. [그림 2-7]에서와 같이 관재를 축방향으로 단축응력 σ로써 인장할 때에는 $\sigma = k_f$로서 항복하나 축응력 이외에 비틀림을 가했을 때에는 전단응력 τ가 발생하여 관은 소위 말하는 조합응력(combined stress)상태에 놓이게 된다. 이와 같이 여러 가지의 가능한 응력의 조합하에서의 탄성변형의 한계 즉, 항복에 관한 가설을 항복조건(yieldcriterion)이라고 한다.

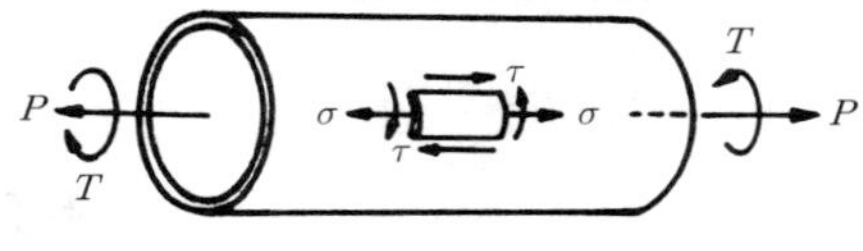

그림 2-7 얇은 원통의 변형실험

1 변형에너지설

가장 일반적인 항복조건은 Von Mises에 의하여 제안된 것이며, 주응력 σ_1, σ_2, σ_3에 의한 전단에너지 U는 다음과 같이 표기할 수 있으며 이때 G는 전단탄성계수이다.

$$U = \frac{1}{12G}\left\{(\sigma_1 - \sigma_2)^2 + (\sigma_2 - \sigma_3)^2 + (\sigma_3 - \sigma_1)^2\right\} \quad \text{(2-23)}$$

이 U가 일정한 값에 도달할 때에 소성변형이 생긴다고 생각하였다. 만약, 단축인장일 때의 항복응력을 k_{f^2}라 하면 전단에너지는

$$U' = k_{f^2}/6G \quad \text{(2-24)}$$

또 식(2-23), (2-24)로부터

$$(\sigma_1 - \sigma_2)^2 + (\sigma_2 - \sigma_3)^2 + (\sigma_3 - \sigma_1)^2 = 2k_{f^2} \quad \text{(2-25)}$$

주전단응력을 τ_1, τ_2, τ_3라 하면

$$\tau_1 = (\sigma_1 - \sigma_2)/2,\ \tau_2 = (\sigma_2 - \sigma_3)/2,\ \tau_3 = (\sigma_3 - \sigma_1)/2$$

따라서 , $\tau_1 + \tau_2 + \tau_3 = 0$, $\tau_1^2 + \tau_2^2 + \tau_3^2 = k_{f^2}/2 = 2k^2$

여기서 k는 전단항복응력이다. 단순전단일 경우 $\sigma_1 = -\sigma_3$, $\sigma_2 = 0$ 이므로

$$\tau_1 = \tau_2 = -\tau_3/2,\ \tau_3 = k_f/\sqrt{3}$$

따라서 $\sigma_3 - \sigma_1 = (2/\sqrt{3})k_f$가 된다.

2 최대전단응력설

금속의 압출시험으로부터 Tresca는 소성변형의 개시는 주응력에서가 아니고 최대전단응력이 어떤 일정한 값에 도달할 때 시작한다는 가설을 세웠다. 따라서 이것을 최대전단응력설이라 한다. 9개의 응력 중 3개의 주전단응력 τ_1, τ_2, τ_3 중에서 최대치는 주응력 σ_1, σ_2, σ_3의 대소에 의해서 결정되므로 $\sigma_1 > \sigma_2 > \sigma_3$라고 하면 최대전단응력 τ_{max}은

$$\tau_{max} = \frac{(\sigma_1 - \sigma_3)}{2}(=k) \quad \cdots\cdots (2\text{-}26)$$

로 된다. Tresca의 조건은 τ_{max}가 전단항복응력 k에 도달했을 때 항복한다는 생각이다. 단축인장일 때 $\sigma_1 = 2k$, $\sigma_2 = \sigma_3 = 0$ 이므로 인장항복응력 k_f와 전단항복응력 k사이에는 $k_f = 2k$가 된다.

따라서, 다음 식과 같이 된다.

$$\sigma_1 - \sigma_3 = k_f \quad \cdots\cdots (2\text{-}27)$$

위 식은 Von Mises의 식보다는 정확하지 않지만 간단하므로 이론적인 계산에 잘 사용된다. [그림 2-8]과 [그림 2-9]는 두 식 관계를 비교 표시한 것이다.

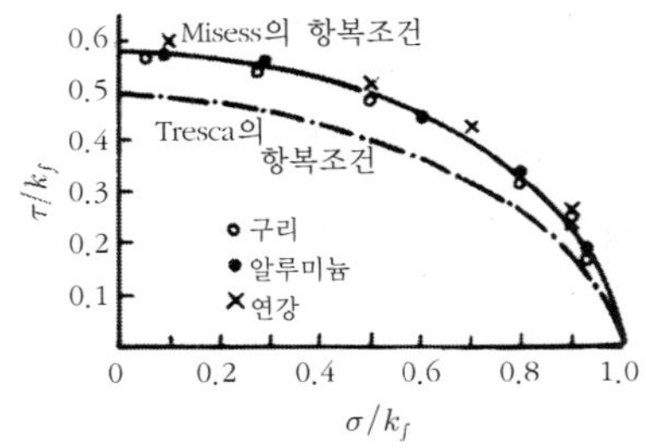

그림 2-8 관벽의 항복조건

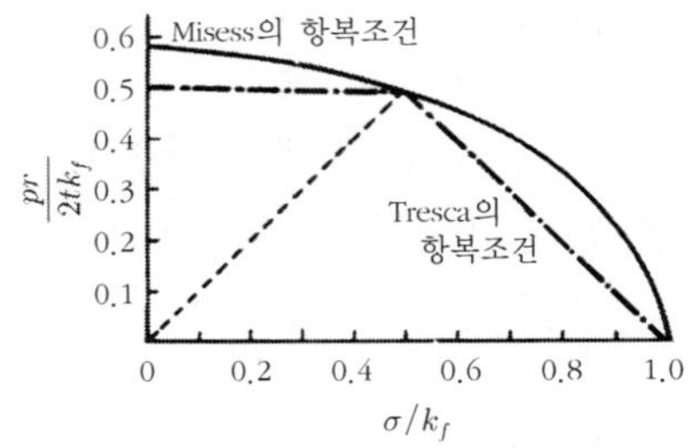

그림 2-9 내압과 인장응력을 받는 관의 항복조건

제3절 | 변형의 법칙

금속의 소성변형에는 다음의 법칙이 적용된다.

① 가공한 금속의 체적은 모양이 변하여도 변화되지 않는다. 이것을 체적불변의 법칙이라 한다.

② 변형은 응력상태가 어떤 일정한도 이상으로 될 때 시작한다. 즉, 최대전단응력설 또는 최대전단에너지설이 적용된다.

지금 체적 V, 각변의 길이 x_0, y_0, z_0의 평행 6면체가 가공에 의해서 각변의 길이가 x, y, z로 된 경우

$$V = x_0 y_0 z_0 \quad \therefore \frac{x_0}{x} \cdot \frac{y_0}{y} \cdot \frac{z_0}{z} = 1$$

$$\therefore 1n\frac{x_0}{x} + 1n\frac{y_0}{y} + 1n\frac{z_0}{z} = 0 \quad \cdots\cdots (2\text{-}28)$$

여기서, $\phi_1 = 1n\frac{x_0}{x}$, $\phi_2 = 1n\frac{y_0}{y}$, $\phi_3 = 1n\frac{z_0}{z}$라 하면

$$\phi_1 + \phi_2 + \phi_3 = 0 \quad \cdots\cdots (2\text{-}29)$$

ϕ_i (i = 1, 2, 3)은 소성변형의 양을 나타내는 것으로, 이것을 스트레인 또는 변형률이라 한다.

실제작업에 있어서 가장 잘 사용되는 것은 원통형 재료이므로 최초의 단면적, A_0가공 후의 단면적을 A라 할때 변형률로서 다음식이 사용된다.

$$\phi = 1n\frac{A_0}{A} \quad \cdots\cdots (2\text{-}30)$$

이 변형률은 가공에 의해서 단면이 감소할 때에는 양이 되며, 단면적이 증가할 때에는 음의 값이 된다. 또 시간 t를 도입하여 시간 t사이에 ϕ_i 만큼 변형할 때

$$w_m = \phi_i / t \quad \cdots\cdots (2\text{-}31)$$

을 평균변형속도라 한다.

미소시간 dt에 대하여 생각하는 경우

$$w_i = d\phi_i / dt \quad \cdots\cdots (2\text{-}32)$$

를 변형속도라 한다. 또 식(2-29)로부터

$$w_1 + w_2 + w_3 = 0$$

가 된다. 인장변형을 일으킬 때의 변형량은 $(x - x_0)$이므로, 공칭스트레인은 다음과 같다.

$$\varepsilon_0 = (x - x_0)/x$$

또, 그 변형에 요하는 시간을 t라 하면

$$\dot{\varepsilon} = \varepsilon_0/t \quad \cdots\cdots (2\text{-}33)$$

여기서 $\dot{\varepsilon}$를 스트레인 속도라 한다.

1 변형저항

가. 상온에서의 금속의 변형저항

E·Siebel 및 池島博士 등은 각종 탄소강에 대해 실험을 행하여 변형저항 κ_f를 다음 식으로 표시하였다.

$$k_f = \alpha \cdot \varepsilon^n (\text{kgf/mm}^2) \quad \cdots\cdots (2\text{-}34)$$

여기서, ε은 스트레인 α와 n은 재질에 따라 결정되는 정수이다.

변형속도의 영향은 열간변형의 경우처럼 현저하게 나타나지는 않지만, Lüdwik는 스트레인 속도가 $\dot{\varepsilon}$일때 변형저항 k_f는 다음 식으로 표기하였다.

$$k_f = k_{fo} + k_{f1} \log\dot{\varepsilon} \quad \cdots\cdots (2\text{-}35)$$

여기서, k_{fo}는 스트레인 속도 $\dot{\varepsilon}$일때의 변형저항, κ_{f1}은 정수이다.

나. 열간의 변형저항

고온에서 어떤 강의 순수변형저항 k_f는 재질을 일정하게 한 경우, 일반적으로 스트레인 속도 $\dot{\varepsilon}$, 스트레인 ε및 가공온도 T의 함수로 생각된다. 즉,

$$k_f = f(\dot{\varepsilon}, \varepsilon, T)$$

(1) 성분의 영향

Lueg는 여러 가지 탄소강에 대하여 실험한 결과로부터 탄소함유량의 영향을 조사하여 저

온일때는 탄소함유량의 영향이 크지만 고온으로 되면 그 영향이 감소된다고 하였다. 또 Ekelund는 변형저항 k_f를 다음 식으로 표기하였다.

$$k_f = 0.01(1400 - t)(1.4 + M_n + C)(\text{kgf/mm}^2) \quad \cdots\cdots (2\text{-}36)$$

여기서 M_n, C는 M_nn 및 C의 함유량 [%], t는 온도 [℃]이다.

(2) 온도의 영향

온도가 상승하면 변형저항이 작게 된다는 것은 잘 알려져 있는데 지도, 정상은 그 관계에 대하여 다음 식을 제시하였다.

$$k_f = K \cdot e^{A/T_\kappa} \quad \cdots\cdots (2\text{-}37)$$

여기서 K, A는 정수, T_κ는 절대온도 [°K]이다. [그림 2-10]은 C는 0.07%, 0.09%, 0.14%의 3 종류의 강재에 대하여 고속도 인장시험, 일정하중하의 인장시험, 압연시험에 대한 온도의 영향을 나타낸 것이다.

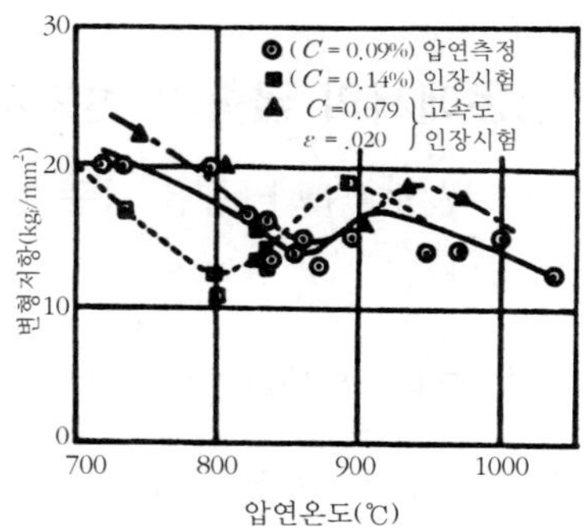

그림 2-10 변형저항과 온도의 관계

(3) 스트레인 또는 가공도의 영향

금속의 열간변형저항에 미치는 스트레인 또는 가공도의 영향은 일반적으로 적다고 한다. 井上의 연구에 의하면 식(2-34)와 동일한 것을 제시하고 있다. 여기서 n의 값은 각종 강재에 대해서는 0.16~0.57 정도지만 보통 0.2~0.35 이고 변형속도, 온도에 의한 가공도 영향은 적으며 또, 재질에 의해서도 별로 변하지 않는다.

(4) 스트레인속도의 영향

Ekelund는 압연속도의 영향에 대하여 다음 식을 제시하였다.

$$k_{fm} = k_{f0} + 2\eta V \sqrt{\Delta h / R} / (h_1 + h_2) \quad \cdots\cdots (2\text{-}38)$$

- k_{fm} : 평균변형저항(kgf/mm²)
- k_{fo} : 정적 평균변형저항(kgf/mm²)
- η : 점성계수이며, 0.01(1,400-t℃)(kgf · sec/mm²)
- h_1, h_2 : 재료의 압연 전후의 두께(mm)
- $\Delta h = h_1 - h_2$(mm)
- V : 롤의 주속도(mm/sec)
- R : 롤의 반지름(mm)

(5) 변형저항의 종합식

Ekelund는 강재의 평균변형저항 K_{fm}을 다음 식으로 표시하였다.

$$k_{fm} = 0.01(1,400-t)(1.4+M_n+C)+\frac{2\eta V\sqrt{\Delta h/R}}{h_1+h_2}\ [\mathrm{kgf/mm^2}] \qquad \text{(2-39)}$$

또 정상의 많은 연구 결과로부터 온도, 스트레인속도, 가공도를 가미하여 이들의 영향을 식으로 나타내었다. 즉,

$$-k_f = \alpha \cdot \varepsilon^n \cdot \varepsilon^m \cdot e^{A/T\kappa} \qquad \text{(2-40)}$$

여기서 α, n,, m, A는 재질에 따른 정수, T_κ는 절대온도 [°K]이다.

2 이상적 변형일과 변형효율

소성변형을 일으키는 조건은 전술한 바와 같이 Tresca의 항복조건을 이용하면

$$k = \frac{\sigma_1 - \sigma_3}{2}$$

로 주어진다. 따라서 $\sigma_1 - \sigma_3 = 2\kappa = k_f$로도 표시할 수 있으며 여기서, k_f는 재료의 변형저항 또는 변형강도이다.

[그림 2-11]과 같이 단면적 A_1, 높이 h_1의 원주형을 축방향으로 단면적 A_2, 높이 h_2로 압축하는 경우를 생각한다. 압축면에 마찰이 없다고 하면 응력분포는 재료의 유동과 마찬가지로 평행변형을 하게 된다.

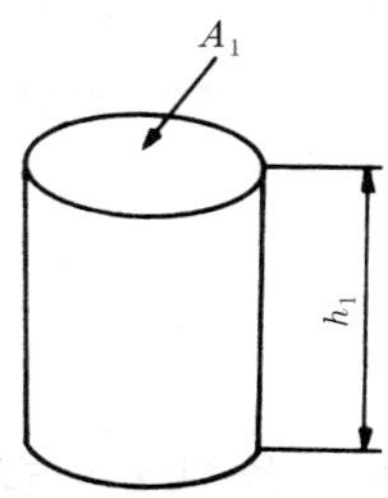

그림 2-11 원주의 압축

즉, $P = k_f \cdot A$

여기서, A는 어떤 순간압축을 받는 면의 면적이다.

높이 dh만큼 압축하는데 필요한 일 dw는

$$dw = P \cdot dh = k_f \cdot A \cdot dh$$

체적불변의 법칙으로부터

$$A_1 h_1 = A_2 h_2 = Ah = V$$

이것을 미분하여

$$A \cdot dh + h \cdot dA = 0 \qquad \therefore \frac{dh}{h} = -\frac{dA}{A}$$

$$\therefore dw = -k_f \cdot A \cdot h \cdot \frac{dA}{A} = -k_f \cdot V \cdot \frac{dA}{A} = k_f \cdot V \cdot \frac{dh}{h}$$

전일량은 $W = \int_{h_1}^{h_2} k_f \cdot V \cdot \frac{dh}{h} = V \cdot \int_{h_1}^{h_2} k_f \cdot \frac{dh}{h}$

변형 중 κ_f가 일정하다면

$$W = V \cdot k_f \cdot 1n\frac{h_2}{h_1} \quad \text{(2-41)}$$

변형 중 k_f가 일정하지 않을 때에는 적분기호 밖으로 내지 않지만, 공업적으로는 평균변형강도로써 계산한다. 근사적인 계산으로는 어떤 변형계단의 처음과 나중의 산술평균을 이용한다.

$$k_{fm} \fallingdotseq \frac{k_{f0} + k_{f1}}{0} \quad \text{(2-42)}$$

이 식은 Fink가 압연가공의 경우에 대하여 구한 것이지만, 다른 소성변형의 경우에도 성립한다고 생각할 수 있으므로 이것을 이상적 변형일의 식이라고 한다.

즉, (이상적 변형일) = (체적) × (평균변형저항) × | 평균스트레인 |

$$W = V \cdot k_{fm} \cdot \varepsilon_m \quad \text{(2-43)}$$

이 식을 Fink의 법칙이라 한다. 평균스트레인 ε_m은 재료가 가공 중에 어떻게 경과하는가에 관계되지 않고 최종상태의 스트레인에 따른다.

원통의 압축에 대해서는

$$\varepsilon_m \left| 1n\frac{h_2}{h-1} \right| = 1n\frac{h_1}{h_2} = 1n\frac{A_2}{A_1}$$

따라서, 식(2-43)은 다음과 같이 표시할 수 있다.

$$W = V \cdot k_{fm} \cdot 1n\frac{h_1}{h_2} \quad \text{(2-44)}$$

또, 가공경화재에서는 변형저항이 스트레인에 따라 변하므로, 유동곡선의 적분평균치를 평균변형저항 k_{fm}으로 한다. [그림 2-12]는 진응력-대수스트레인곡선 즉, 유동 곡선으로서 여기서 ε_1까지 변형시킨 경우 k_{fm}은

$$k_{fm} = \frac{1}{\varepsilon_1}\int_0^{\varepsilon_1} \sigma \cdot d\varepsilon \qquad (2\text{-}45)$$

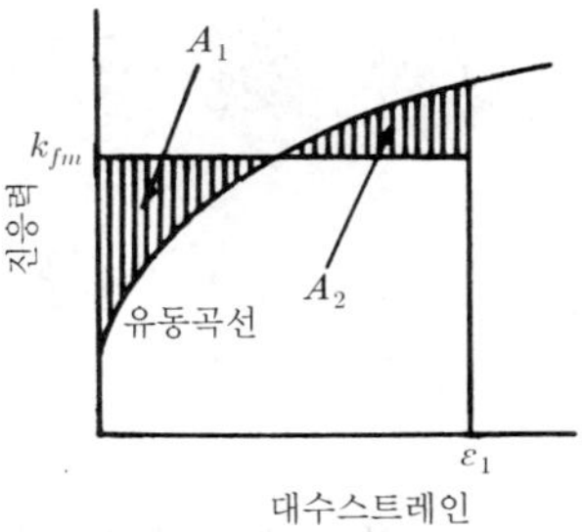

그림 2-12 유동곡선의 해석

그림에서 A_1과 A_2의 면적이 같게 되도록 선을 그어서 생긴 크기로, 변형 중의 변형저항은 일정하다고 생각한다.

실제 소성가공에서는 이상적 변형일 외에 공구와의 마찰, 재료 내부의 부가적 전단변형 등에 따른 손실이 있으므로 이 일량보다 크게 된다. 따라서, 실제 변형일은

$$W_a = \frac{W}{\eta_F} = V \cdot \frac{\kappa_{fm}}{\eta_F} \cdot \varepsilon_m \qquad (2\text{-}46)$$

여기서, η_F를 변형효율이라 하며, $0 < \eta_F < 1$이다.

펀치의 행정(Stroke)을 S라 하면 $V = A \cdot S$이므로, 실제의 가압력은

$$P = A \cdot \frac{k_{fm}}{\eta_F} \cdot \varepsilon_m \qquad (2\text{-}47)$$

여기서, 변형효율 η_F는 0.4 ~ 0.8로서 단면수축률에 따라 큰 차이가 있고 이론치에 대한 근사적인 수정치 밖에 얻어지지 않는다. 소성가공의 가압력 및 일량의 계산에 이와 같은 큰 변형률을 사용하는 것은 그 식이 정확하지 않으므로 실험결과와 일치하지 않는 것을 보완하여야 하며, 이와 같은 식은 이론식이라기 보다 실험식으로 간주하여도 무방하다.

익힘문제

1 고체에서 외력을 받고 있는 물체내의 한 점에서의 응력상태는 어떤 응력 성분으로 표기 되는가?

2 전단탄성계수 G는 종탄성계수 E와 포아송의 비 ν와의 관계를 쓰시오.

3 주응력 중 σ_n의 최대치와 최소치를 구하시오.

4 주응력 중 τ_n의 최대치와 최소치를 구하시오.

5 모어의 응력원 중 원주상의 좌표(σ_n, τ_n)를 구하시오.

6 스트레인에서 x축방향의 수직변형률을 구하시오.

7 스트레인에서 γ_{xy}의 전단변형률을 구하시오.

8 변형에너지설에 대하여 쓰시오.

9 최대전단응력설에 대하여 쓰시오.

10 Mises의 항복조건과 Tresca의 항복조건을 비교하시오.

11 금속의 소성변형법칙을 쓰시오.

12 평균변형속도를 식으로 표시하시오.

13 스트레인속도란 무엇인가?

14 평균변형저항 k_{fm}은 어떤 식으로 표기되는가?

15 Fink의 법칙은 무엇인가?

Chapter 03

균열 및 가열

제1절 균열로 및 가열로 | 제2절 가열 및 균열작업

균열 및 가열

제1절 | 균열로 및 가열로

단조 및 압연용 재료는 균일하게 가열되어야 하며 표면과 내부와의 온도차를 가능한 한 작게 하여야 한다. 대부분 균열로(soaking pit)는 조괴 공장 평에 위치하며 주형에서 빼낸 적열상태의 강괴를 균열로에 넣어둠으로써 효율을 높이고, 강괴 내·외부의 온도를 균일하게 유지하여 가공하도록 하는 노이다. 이에 대하여 가열로는 주형에서 빼낸 냉각된 강괴 또는 강편(billet)등을 열간압연하기 위하여 다시 적합한 가공온도로 가열하는 노이다.

1 균열로

균열로의 역할은 강괴를 분괴압연하기에 알맞은 온도로 균일하게 가열하며 다음 출강시까지 제강공장에서 공급되는 강괴를 잠시 모아 두었다가 계속해서 분괴압연공장에 공급하는 일이다. 강괴는 제강공장에서 조괴하여 1.5 ~ 3시간 후에 균열로에 장입하는 경우가 많으며 이 때의 강괴의 온도는 약 700 ~ 1000℃이다. 표면과 내부의 온도차는 되도록 작게하고 가공에 적합하도록 균일한 온도로 유지하여야 한다. 대형강재의 경우 강괴온도의 완전 균일화는 어려우므로 표면과 내부와의 허용온도차는 약 30 ~ 70℃ 범위이다.

균열로의 구비조건은 열효율이 높아야 하고, 온도제어가 용이하며, 노 내의 온도분포가 균일 하여야 한다. 또 종합적 건설비가 적게 들어야 하며 수명이 길고, 유지 및 수리 보수가 간단해야 한다.

가. 균열로의 형식

노의 구조상 많은 영향을 주게 되는 조건으로 첫째, 가공재료의 균일한 가열방식에 대한 문제 둘째, 노 내를 통과할 때의 가공재의 조작 셋째, 가공과정에서의 열 경제성 문제 등이다. 이러한 여러 문제점들을 고려하여 균열로의 형식을 나누어 보면 그 예열방법에 따라서 다음과 같이 두 가지로 분류할 수 있다.

① 축열식 균열로
② 환열식 균열로

또한 공기연소방법으로써는
① 상부 2방향 연소환열식 균열로
② 하부연소 환열식 균열로
③ 상부 1방향 연소환열식 균열로
④ 하부 2방향 연소환열식 균열로
[그림 3-1]은 그 연소방향과 가스흐름 방향을 표시한 것이다.

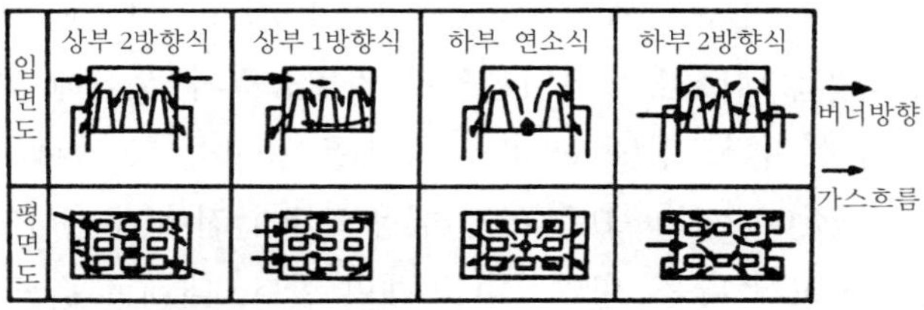

그림 3-1 균열로의 가스흐름에 의한 분류

축열식 균열로는 구조가 간단하나 열효율이 좋지 않고, 화염이 직접 강괴에 닿으며, 노개의 기밀유지가 곤란하다. 또 자동제어가 완전하게 되지 않는점 등의 결점이 있어 근래에는 거의 사용되지 않고 있으며 대부분 환열식 균열로에 의존하고 있다. 최근에 건설되는 노의 대부분은 상부 1방향 연소환열식(top one way type)이며 균열로 [그림 3-2]는 금속환열기(metallic recuperator)를 갖춘 상부 1방향 연소환열식 균열로의 한 예이다. 냉풍은 환열기를 통과하여 예열되며 연료와 같이 노벽 상부의 버너로부터 노내로 보내진다. 이러한 형식의 노는 노상 단위 면적당의 건물 점유율과 건설비도 적게 든다. 이러한 노의 개발로 조업이 단순화되었고 또한 연소용 공기압력을 높일 수 있으므로 고속의 버너를 사용하여 열효율을

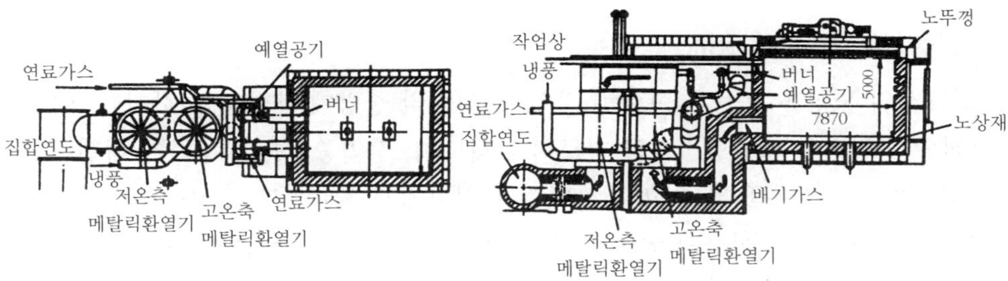

그림 3-2 상부 1방향 연소환열식 균열로

좋게 하고 강괴 상층부분의 연소면적을 충분하게 넓힐 수가 있으므로 1방향연소로 인한 편열의 결함을 해소할 수 있는 특징이 있다.

나. 균열로의 가열능력

균열로의 가열능력은 1회당의 순수한 가열시간을 기준으로 하여 가열능력을 계산한다. 1회당의 순 가열시간은 트랙타임 장입중량수 및 최대입열량 등의 함수로써 정해진다.

(1) 트랙타임

트랙타임은 강괴의 장입에서부터 균열로의 가열개시 시간까지의 총 소요시간을 말한다. 따라서, 강괴의 응고, 형발 및 운반에 소요되는 시간의 합계이다. 균열로는 일반적으로 열괴를 가열하는 것이므로 트랙타임과 장입온도가 가열능력과 품질에 크게 영향을 미친다. 림드강(rimmed steel)과 세미킬드강(semikilled steel)은 응고율 70 ~ 80%이상 되어야 균열로에 장입할 수 있다. 킬드강(killed steel)은 완전히 응고하기 전에 운반하면 강괴 내부에 악영향을 미치므로 완전히 응고한 다음, 형발작업을 해야 한다. 대체로 킬드강은 트랙타임이 길고, 장입온도가 낮으므로 장입시의 강괴 보유열량이 적다.

(2) 입열량

최대입열량은 노의 형식과 용량에 따라서 다르며 입열량을 크게 함으로써 조업시간을 단축시킬 수 있으나, 너무 크면 배기가스의 열손실이 크게 되어 열효율은 저하되고 연료비가 높게 된다. 따라서 최대입열량에 부합되는 노의 용량과 형식을 선택해야 한다.

(3) 가열방법

균열로의 가열과정은 예정한 온도까지의 가열기와 그 온도에 도달한 후의 균열기로 나누며, 가열기는 보통가열 또는 급속가열시키고 균열기는 주로 프로그램 가열법을 사용한다.

(4) 노상이용율(cover ratio)

균열로에서의 노상 이용율은 한 홀(hall)당 장입량의 중량에 대응하는 값이다. 이것은 장입한 강괴의 밑면적과 노상면적과의 비로써 나타내며, 장입중량을 일정하게 하면 장입강괴가 소형일수록 노상이용율은 크고 대형일수록 작아지게 된다. 또 노상이용율을 낮게하면 가열시간은 단축되나 1사이클의 압출 수량은 감소하므로 가열능력은 낮아진다. 가열능력을 최대로 할 수 있는 효율적인 노상이용율은 약 30 ~ 45%이다.

다. 균열로의 노상구조

노는 노체, 내화물, 문 또는 노뚜껑, 운송장치, 가열장치, 연도 등으로 구성되어 있다. 이들은 내화물, 내열강 및 내열주강품, 기계부품, 전기부품 등의 조합으로 이루어져 있다. 그리고 노는 내화물, 가열장치 등을 교환 보수하면서 장기간에 걸쳐 사용하게 된다.

(1) 노체

노체는 노곽의 밑면을 설치하고 바닥면에 직접 놓으면 열확산이 나빠져서 노곽의 열변형 또는 바닥 콘크리트가 갈라지는 경우가 있으므로 보강대로 지지하며 직접 바닥면에 놓지 않는 구조로 되어 있다. 이러한 점을 기준해서 노벽과 기타부분을 조립한다. 노곽에는 각종 배관, 작업대 등을 설치하며 노상 부분에는 형강으로 조립한 구조물로써 강재의 장입과 추출시 견딜 수 있는 견고한 구조물이 사용된다.

(2) 벽돌쌓기

벽돌쌓기는 노의 길이방향의 단면 및 몇 개의 횡단면으로 내화물의 구성을 나타낸다. [그림 3-3]은 노벽 내화벽돌쌓기의 한 예이다. 노상과 노벽 하단은 슬래그에 대한 내식성과 열간 내압성이 풍부한 염기성의 크롬마그네시아벽돌을 사용한다. 노벽 상단은 노뚜껑의 개폐에 의한 급열, 급냉에 견딜 수 있는 부정형내화물(castable)을 사용하는 경우가 많다. 버너 타일은 고알루미나 벽돌을 사용한다. 노곽사이에는 단열벽돌, 내화물로써 내장(lining)한다.

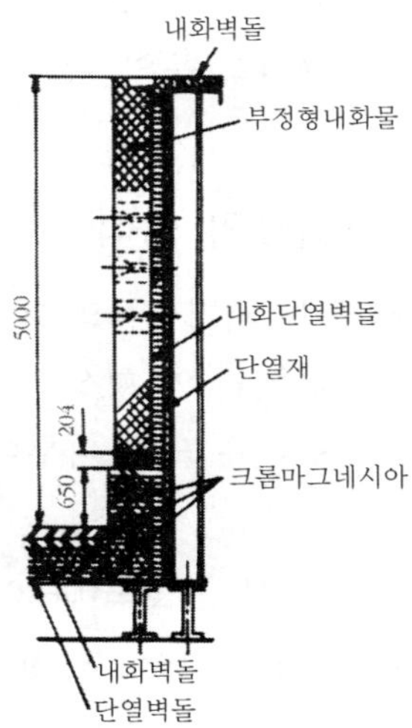

그림 3-3 균열로 측벽 벽돌쌓기

(3) 노뚜껑, 연도

노뚜껑의 재질은 뚜껑 개폐시 온도변화에 견디어야 하며 구조양식은 아크식과 현수벽돌식이 있다. 연도와 연돌은 각 홀(hall) 단독으로 되어 있는 것과 2 ~ 4개의 홀을 합친 집합식 연돌이 있으며 주로 환열기 형식과 노의 제어방식에 따라 정해진다.

라. 균열로의 연소장치

균열로의 연료로서는 중유와 가스가 사용된다. 중유연소 균열로에서는 고압분무 버너가 주로 사용되고 있으며, 이 형식의 버너에서는 중유와 분무용 증기 또는 압축공기와의 혼합장소에 따라서 내부혼합식과 외부혼합식으로 나누어진다.

가스 연소균열로에서는 강제송풍에 의한 버너형 확산연소방식이 사용되고 있으나 노의 형식에 따라서 여러 가지로 나누어진다.

2 가열로

가열로는 연료공학, 연소기술, 전열공학, 열역학, 유체역학, 금속공학, 내화물공학, 전기공학, 재료역학 등의 종합기술에 의하여 만들어지고 사용된다. 금속공학에서의 가열로는 단조, 압연 등에 주로 이용되고 있으며 최근에는 가열능력의 향상, 노내의 분위기 개선, 균일한 가열방법 등의 능률향상과 품질개선에 관심이 크다. 열원으로서는 용광로 가스, 코크스로 가스, 전로 가스 및 중유에 의한 가열이 주체이지만 고속가열, 스케일 손실의 감소, 가열의 균일화 등의 여러 면에서 판단하여 전기유도 가열방법을 채택하는 경우도 있다.

가. 가열로의 형식

가열로는 피가열물의 재질, 형상, 크기와 무게 등에 의한 인자, 가열목적, 조업방식과 생산량에 따른 노의 형식, 가열열원에 의한 형식 등에 의해서 나누어진다.

노의 형식은 크게 나누어 배치식 가열로와 연속식 가열로로 구분할 수 있다.

(1) 배치식 가열로(batch type)

재료는 문을 열어서 장입하며 소요온도로 될 때까지 그대로 두었다가 다시 그 문을 열어 추출한다. 다량생산에는 부적당하지만 연속적으로 처리하기 곤란한 특수재질, 대형의 두꺼운 판과 같은 특수한 치수를 가진 보조적 가열에 많이 사용한다.([그림 3-4] 참조)

그림 3-4 배치식 가열로

(2) 연속식 가열로(continuous type)

크기가 같은 강편을 이동하면서 가열하는 가열로로써 노 내에 장입된 강편 또는 주편은 그와 반대방향으로 흐르는 화염에 의해서 노 내를 통과하는 동안에 가열된다. 적당한 온도로 가열되어 표면의 열이 내부에 전달되어 균열되는 것으로 과거에는 예열, 가열, 균열의 세 가지 과정을 거치는 3대식과 예열과 가열과정만을 거치는 2대식으로 구분하였으나 연속가열로의 대형화와 자동화로 푸셔식의 1대식에서 5대식으로 발전하여 회전노상식, 유도전기가열식 등이 채택되고 있다.

① 푸셔식 가열로

가열로 내에 장입된 강편(빌릿, 슬래브)을 푸셔에 의해서 투입시킴으로써 장입, 추출되는 방식으로 가열재료의 두께, 푸셔의 능력에 따라서 노의 길이가 결정된다. [그림 3-5]는 노형의 변천을 나타낸 것으로 1대식에서 5대식으로 점차 능력이 증대됨에 따라 연소대의 수가 증가하게 되었다.

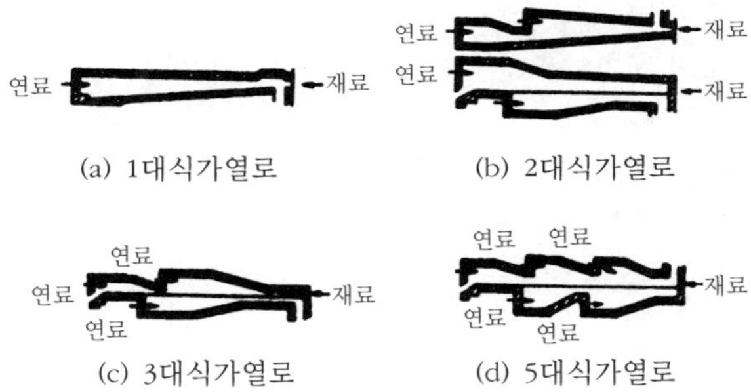

그림 3-5 푸셔식 가열로 형식

② 워킹빔식 가열로(working beam type)

이것은 이동로상과 고정로상으로 나누어지며 이동로상이 유압, 전동 또는 그 조합에 의해서 상승, 전진, 하강, 후퇴의 단형운동을 되풀이 하여 가열재료를 운반하는 연속로이다. 최근에는 다량생산용 노로 이용되며 그 번 위치에 의해서 [그림 3-6]과 같이 표시된다. 하부가열은 사이드 버너, 상부가열에는 천정 버너 등이 사용된다. 하부가열대가 없는 노를 워킹하우스로라 하며 이것은 선재공장에서와 같이 두께 130mm 이하의 빌릿가열에만 사용된다.

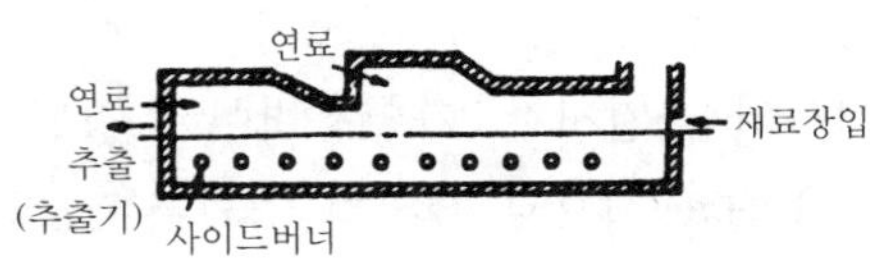

그림 3-6 워킹빔식 가열로

③ 회전로상식 가열로

강편을 노상 위에 장입하고 노상을 회전시키면서 가열하는 방식이다. 이 노에서는 환 빌릿이나 관재, 소형단조재를 가열하는데 적합하며 버너의 위치가 내·외측벽에 있어 위로부터 가열할경우가 많다.

④ 롤러 하우스식 가열로

이것은 노내의 롤러를 회전시킴으로써 롤러 위에 놓여 있는 강편이 가열 추출되는 것으로 얇고 긴 강편의 가열에 사용되고 있다.

나. 가열로의 가열능력

가열로에 대한 강편의 두께와 가열에 소요된 시간과의 관계를 Hays 식으로 표시하면 다음과 같다.

$$R = K\frac{d}{30{,}000 - 632(d-1)} \quad \cdots\cdots (3\text{-}1)$$

R : 가열에 소요된 시간(hr)
d : 가열강편의 두께
K : 노의 형식에 의해서 정해지는 계수
{즉, 상부가열 : 13,000 ~ 17,000, 상·하부가열 2대, 3대 : 6,000 ~ 9,000, 워킹빔(다대식) : 4,800 ~ 5,500}

여기서,

$$\text{가열능력} = \frac{\text{노속에 있는 가열 강편의 중량}}{\text{가열에 소요된 시간}} \quad \cdots\cdots (3\text{-}2)$$

가열로의 실적으로부터 식(3-1)의 K가 역산되며, 이 경험적 K의 값을 이용함으로써 가열능력을 계산할 수 있으며 신설하는 가열로에서의 가열시간, 가열능력이 추정된다. K의 값을 Hays식으로 계산한 결과를 [그림 3-7]에 나타낸 것이다.

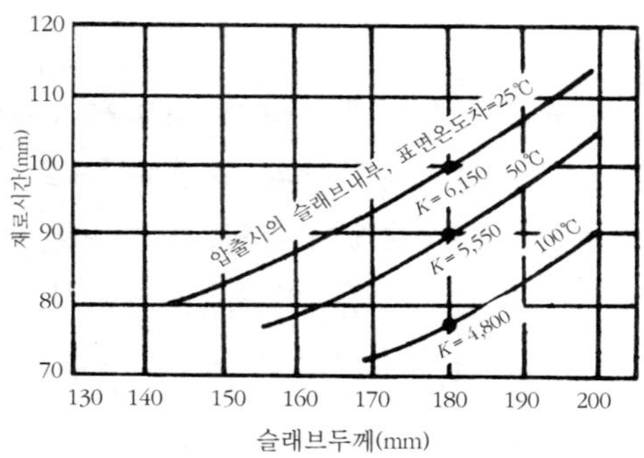

그림 3-7 슬래브 내·외온도차, 벽두께, 재로시간과 K와의 관계

다. 가열로의 노체구조

가열로의 내화물은 단열성이 우수하고 수명이 긴 부정형내화물이 사용된다. 그리고 가열로 형식에 따른 노체구조는 다음과 같다.

(1) 푸셔식 연속가열로

균열대의 노상은 강편이 노상면에 직접 접촉되면서 압출되므로 여기에 사용되는 벽돌 구비조건으로 첫째, 내마모성이 클 것 둘째, 내열성이며 내압강도가 클 것 셋째, 스케일에 대해서 내식성일 것 넷째, 성분편석이 적을 것 다섯째, 이상돌출물이 적고 표면이 깨끗할 것 등이다.

(2) 측벽 플라스틱 구조

판상으로 성형된 플라스틱 내화물을 깔고 해머로 충분히 다진다. [그림 3-8]과 같이 건조 냉각시의 수축균열을 방지하고 가열시 팽창을 억제하기 위해 노 내면으로부터 폭 5 ~ 7mm 깊이 70 ~ 10mm의 스코어 라인을 그림 (b)와 같이 설치하며 건조를 빨리하기 위해 통기구멍을 설치한다.

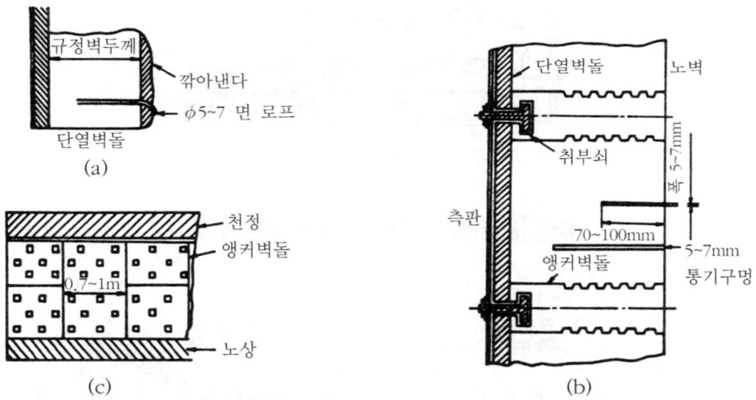

그림 3-8 측변 플라스틱 구조

(3) 천정부 플라스틱 구조

[그림 3-9]와 같이 앵커벽돌을 천정에 매달고 플라스틱 내화물로 매몰한 다음 상부에 단열보드를 유입한다.

(4) 워킹빔로 구조

워킹빔로의 동작은 [그림 3-10]에 표시한 바와 같은 사이클의 반복이다. 고정빔 위에 있는 강편은 이동빔의 상승운동에 의해 고정빔으로부터 떨어져 받쳐 올려져서 한단씩 전진운동을 하게 된다. 이때 이동빔은 하강운동으로 옮겨져서 전진한 강편은 고정빔 위에 있게 된다.

이와 같은 운동으로 강편은 노 내를 전진한다.

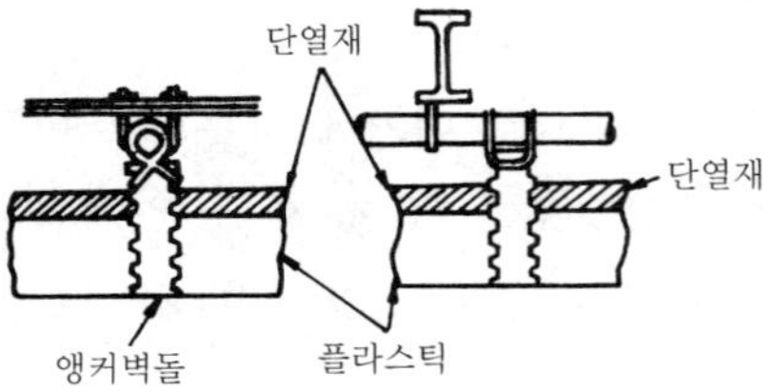

그림 3-9 천정플라스틱의 구조

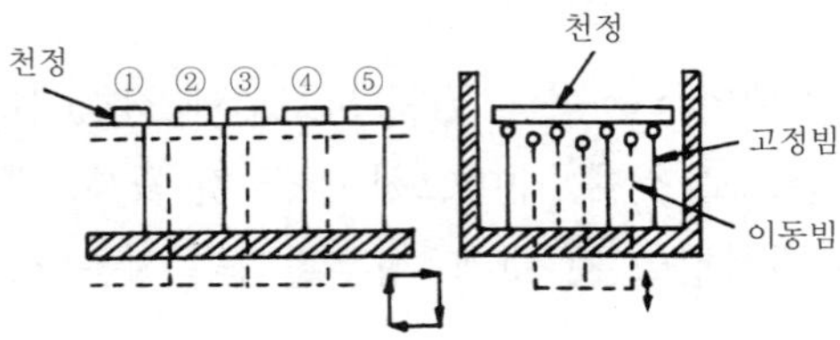

그림 3-10 워킹빔로의 기구

(5) 노체구조의 전체도

[그림 3-11]은 5대식 연속가열로 구조이며, [그림 3-12]는 워킹빔로의 전체도이다.

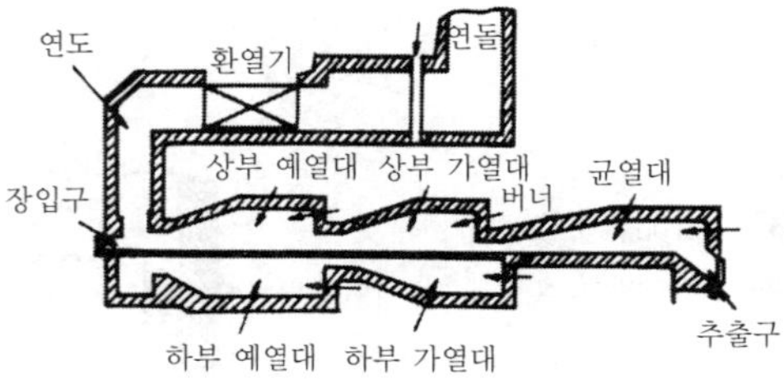

그림 3-11 5대식 연속가열로 구조

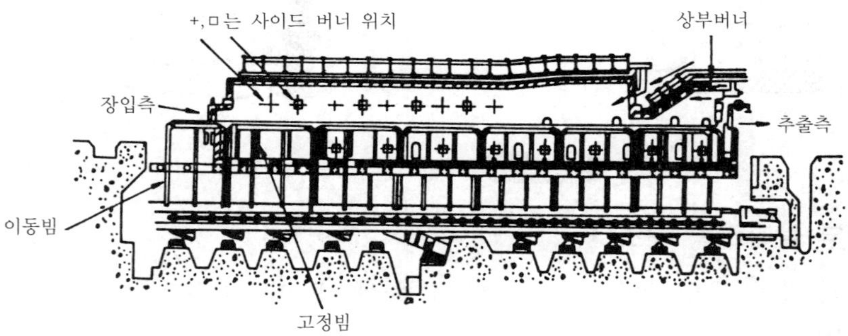

그림 3-12 워킹빔로의 전체도

3 여열회수장치

연료소비량을 절약하고 화염의 온도를 높여 열효율을 높이기 위하여 여열회수장치를 갖추고 있는 노가 많다.

가. 환열기(recuperator)

폐가스의 열을 공기로 전도하는 열교환기인 환열기에는 금속으로 된 것과 타일로 된 비금속의 것이 있다. 금속으로 된 것은 내열간관을 사용한 것으로 열전도가 좋고 또한, 공기 누설이 적지만 내열성이 낮으므로 공기를 고온으로 예열할 수 없다. 타일환열기는 내열성이 좋고 공기의 예열온도는 높지만 이음매는 몰타르로 행하게 된다. 그러나 최근에는 타일환열기보다 금속환열기의 사용이 일반화되어 가고 있으며, 특히 방사형의 환열기가 많이 사용된다.([그림 3-13] 참조)

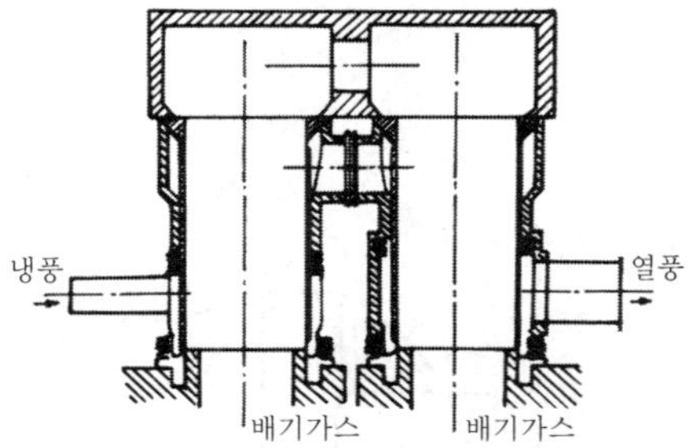

그림 3-13 방사형 환열기

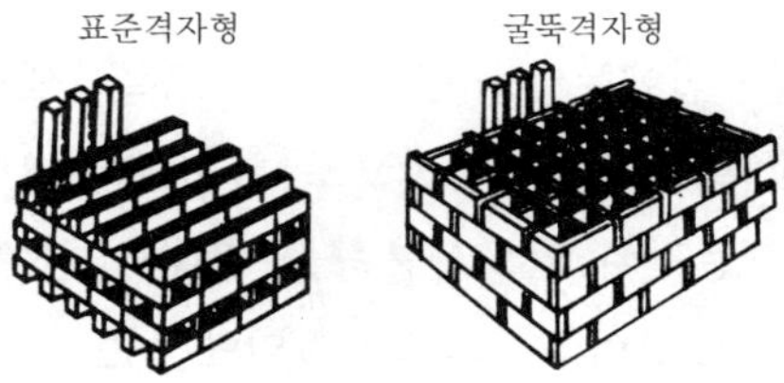

그림 3-14 축열기 벽돌쌓기

나. 축열기(regenerator)

폐가스의 열로써 격자상으로 쌓은 벽돌을 가열하고 이 속으로 가스와 공기를 통과시켜, 벽돌이 가지고 있는 열을 흡수시켜 가스와 공기를 예열한다. 따라서 축열기는 2조이고, 1조를 예열에 사용하는 사이 다른 1조를 폐가스로 가열하여 교대로 사용한다. 축열기는 노의 크기, 변경시간 간격, 벽돌의 두께, 벽돌의 전도율, 축열비 등이 중요한 인자이다. [그림 3-14]는 축열기의 벽돌쌓기를 나타낸 것으로 조업상으로는 연돌형이 가장 안정하다고 한다.

제2절 | 가열 및 균열작업

1 가열작업

가열작업은 제품의 생산량, 완성제품의 품질, 압연작업의 난이, 연료소비량 등 그 밖의 공장 전반의 능률에 미치는 영향이 크므로 가열작업은 매우 중요하다.

가. 가열방법

가열방법에는 정상가열법과 고속가열법이 있는데 보통 강을 대상으로 하며, 어느 방법이나 가열기의 연료사용량을 최대로 하여 가열하는 방법이다. 고속가열법에서는 노내설정온도가 [그림 3-15]에 표시한 바와 같이 2단계로 나누어진다. 1단계에서는 설정온도를 추출온도보다 20 ~ 40℃ 높게 될 때까지 둠으로써 가열기 연료의 30 ~ 40%로 강하할 때까지 유지하여 가열기의 열부하를 증가시킨다. 2단계에서는 노내 설정온도를 추출온도까지 일정한 구배로 강하시키는 것이다. 이러한 고속가열온도의 설정은 강괴 표면온도의 안정을 기할 수 있게 된다.

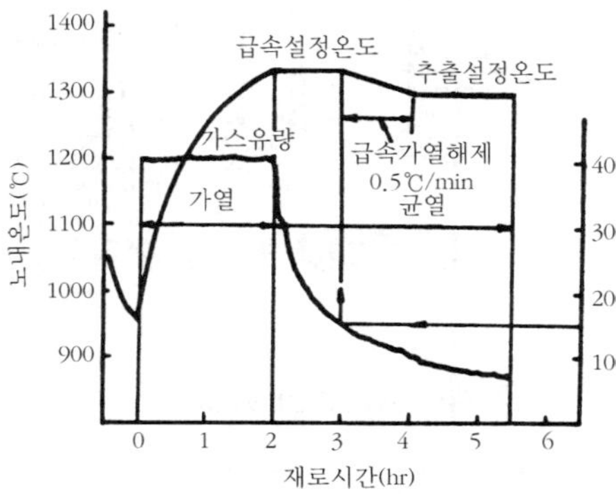

그림 3-15 균열로의 고속가열

나. 가열온도 및 가열시간

적당한 가열온도는 압연소재의 재질, 가열압연설비 및 작업조건 등을 고려하여 결정한다.

[그림 3-16]은 강의 탄소함유량과 가열온도와의 관계를 표시한 것이다. 가열재료의 중심부 온도가 표면온도와 같게 되도록 하기 위해서는 적당한 시간이 요하게 된다. 따라서 균일가열을 위해서는 승열시간외에 지연시간 만큼 오래 가열해야 한다.

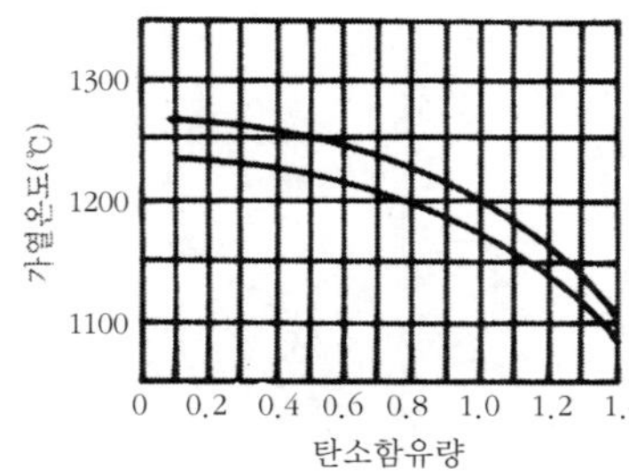

그림 3-16 강의 탄소함유량과 가열온도와의 관계

가열온도가 낮거나 불충분한 균열이 될 경우 압연 중에 온도가 저하하고 변형저항이 증대하여 압연이 곤란하게 되며 롤의 마멸 및 절손, 원동기의 과부하, 완성제품의 형상불량 및 지느러미 발생 등의 원인이 된다. 반대로 가열온도가 너무 높거나 노에 있는 시간이 길면 연료소비량이 증가할 뿐 아니라 급격히 스케일 생성량이 증대한다. 또한 조직에 나쁜영향을 미치게되어 결정립의 조대화로 인하여 강재의 물리적 성질이 저하하게 된다.

다. 스케일 생성

스케일 생성에 영향을 주는 인자는 재료의 크기, 형상, 재질, 가열시간 및 온도, 노의 형식, 연료의 종류와 그 사용량, 과잉공기량, 노내 가스 중의 수증기 등이다. 따라서 스케일 생성을 최대한 억제시키기 위해서는 가열온도를 가능한 한 최저로 설정하고 과잉공기를 최저로 한다. 또 가열대를 환원성분위기로 하고 균열대를 3 ~ 5% O_2의 산화성분위기로 하게되면 생성된 스케일을 쉽게 제거할 수 있다. [그림 3-17]은 가열시간 및 온도와 스케일 생성량과의 관계를 나타낸 것이다.

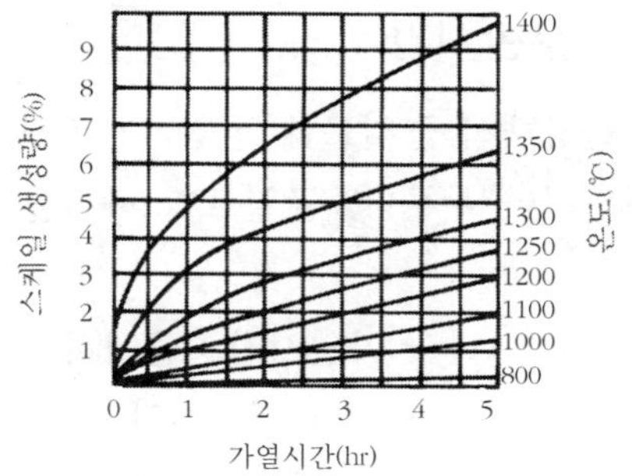

그림 3-17 가열시간, 온도에 따른 스케일 생성량

2 균열작업

가. 강괴장입 및 가열작업

강괴는 주형에 주입 후 그 크기, 강재질에 따라서 일정시간 정치한 후 주형에서 빼내어 대차로 분괴공장에 보낸다. 강괴의 냉각을 방지하기 위해서는 주형을 빼내지 않고 그대로 분괴공장에 보내기도 한다. 강괴의 내부에 응고되지 않는 부분이 전혀 없거나 또는 약간 존재하는 정도에서 균열로에 장입한다. 그러나 생산과정 중 강괴를 방치할 수도 있는데 이때 출강 후 8시간

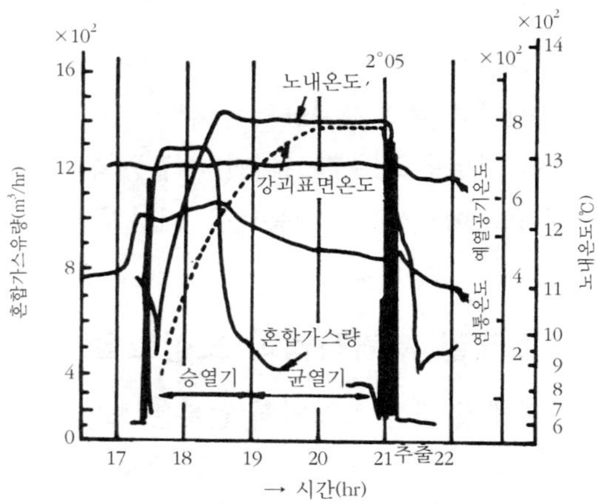

그림 3-18 강괴의 가열상황

이내의 것을 열괴, 8시간에서 24시간 이내의 것을 온괴, 24시간 이상의 것을 냉괴라 부른다.

강괴를 장입하는 경우 이론적으로는 강괴온도와 노내온도가 같게되는 것이 바람직하지만 실제로 노내온도가 강괴온도보다 높게 설정되어야 한다. 탄소량이 0.5% 이하의 보통강의 열괴의 경우 강괴온도와 노 온도에 큰 차가 있어도 균열이 발생하지 않는다. 그러나 고탄소강, 특수강 또는 대형의 냉괴를 고온의 노에 장입하면 온도차 때문에 균열이 발생할 수 있으므로 온도차를 적어도 300℃ 이하로 한다. 균열로에 있어서 강괴장입에서 추출까지의 강괴 및 노내온도의 변화 가스유량과의 관계 등을 [그림 3-18]에 표시한 것이다.

나. 운반시간

출강해서 균열로에 장입하기까지 또는 주입완료로부터 균열로 장입까지의 시간을 운반시간이라 부른다. 균열로의 사이클시간을 분석하면 다음과 같다.

1cycle = 가열시간 + 균열시간 + 압연대기 + 장입대기
←소요재로시간→ 추출↑
←실제재로신간→공로→

실제작업에서 재로시간은 운반시간에 그 시간을 더한 정도의 시간이 필요하다. 운반시간이 길면 강괴가 냉각하여 가열하는데 많은 시간이 소요된다. 따라서 스케일생성의 증가, 품질저하, 연료소비량 증가 등 여러 가지 영향을 미치게 된다.

다. 노상부하

노상부하는 장입강괴의 밑면적의 합이 유효로상 면적에 대하여 어느 정도의 비율을 차지하고 있는가를 나타낸 것으로써 가열능력을 고려할 중요한 인자이다. 노상부하와 가열능력과의 관계는 최고가열능력을 얻을 수 있는 효과적 방법을 강구하는 것이다. 즉, 장입량이 적으면 가열속도는 빠르지만 가열능력을 감소시키고, 장입량이 과다하면 가열하는데 장시간 소요되어 결국 가열능력을 저하시킨다. 노상부하율은 35 ~ 40%가 적당하다고 한다.

라. 스케일 제거작업과 노상보호

강괴에 발생한 스케일의 일부는 노저에 쇠스케일로 되어 쌓이고, 이것을 제거하지 않으면 노상은 점차 높아지고 노저벽돌이 침식되어 조업이 곤란하게 된다. 스케일을 제거하는 방법에는 하천사 또는 분말 코크스를 사용하여 스케일을 용해시켜 제거하는 것이다.

3 노내상황의 자동제어

재료의 절약, 추출온도의 적정, 가열능력의 향상과 동시에 재료의 산화, 탈탄 등을 방지하기 위해서는 가열속도, 가열돈도를 적절히 조정하지 않으면 안된다. 이것 때문에 노내에 공급하는 열량, 재료에 상당하는 공기량, 노내압력, 노내온도분포 등을 적절히 조정할 필요가 있다. 최근에는 각종계기의 발달, 제어기술의 발전에 따라 과학적 관리가 행해지고 있다. 자동제어장치로서는 유압식과 전기식이 사용된다. 유압식 제어의 원리는 제어 설정값과 지시값의 편차에 의해 작동피스톤의 양쪽의 유압차이가 생기고 자동적으로 이 피스톤 끝에 붙어 있는 조정밸브를 개폐하여 제어한다. 전기식 제어의 원리는 제어 설정값과 지시값의 편차에 의해서 전기접점을 작동시켜서 전자개폐기 또는 자동밸브를 자동적으로 개폐하여 제어하게 된다. 가열로에서의 온도 제어장치는 버너의 연소량을 조절하는 장치로서 조절방법은 먼저 노내 온도를 측정하고, 미리 설정된 온도와의 차이에 의해서 연소량의 증감지시에 의해 제어밸브를 동작시키는 것이다. 온도제어용 조작부는 다이어프램식 조절밸브, 전자기밸브 등이 사용된다.

4 가열로내의 전열기구

가. 강재에서의 전열량

가열로내에서의 강재에의 열량은

① 천정벽으로부터의 고체방사

② 연소가스로부터의 방사

③ 연소화염으로부터의 휘선방사

④ 연소가스로부터의 대류 등으로부터 전열되며 그 전열량 Q는

$$Q = 4.88 \cdot \phi_{CG} \cdot A_S\left\{\left(\frac{t_g+273}{100}\right)^4 - \left(\frac{t_s+273}{100}\right)^4\right\} + \alpha \cdot A_s(t_g - t_s) \quad \cdots\cdots (3\text{-}3)$$

단위 : Kcal/hr

ϕ_{CG} : 총 열흡수율

t_g : 연소가스 온도(℃)

t_s : 강철재료의 표면온도(℃)

A_s : 강철재료의 열이 받는 면적(m^2)

α : 연소가스와 강철재료 표면의 대류열전달율(Kcal/m^2 · hr · ℃)다.

ϕ_{CG}는 각종 방사전열을 총괄한 계수로써, 노내면과 강재가 열을 받는 면적간의 형태계수 노벽 및 연소가스의 방사율에 관계한다. 가열로에서는 노내온도가 높으므로 거의 방사전열에 의한 것으로 볼 수 있다.

나. 철강재의 열흡수량

식(3-3)에 표시된 전열량은 철강재의 입열로 철강재 표면을 가열하여 열전도로써 내부에 전달되어 철강재 전체의 온도를 상승시킨다.

$\Delta\tau$시간에 철강재의 평균온도를 $t_i \rightarrow t_{i+1}$로 상승시켰다면 철강재의 흡수율 Q_s는

$$Q = \frac{W}{\Delta\tau}(C_{i+1} \cdot t_{i+1} - C_i \cdot t_i) = \frac{W}{\Delta\tau}(H_{i+1} - H_i) = W \cdot \frac{\Delta H}{\Delta\tau}\text{Kcal/hr} \quad \cdots\cdots\cdots\cdots (3\text{-}4)$$

W : 철강재의 중량 [kgf] C_i, C_{i+1} : 철강재의 평균비열 [Kcal/kgf · ℃]
H : 철강재 온도에 대한 함열량 [Kcal/kgf]

여기서, 식(3-3)과 식(3-4)는 같으므로 $Q = Q_s$로 된다. 따라서 이식은

$$4.88 \cdot \phi_{CG} \cdot A_s\left\{\left(\frac{t_{g+273}}{100}\right)^4 - \left(\frac{t_s + 273}{100}\right)^4\right\} = W \cdot \frac{\Delta H}{\Delta\tau} \quad \cdots\cdots\cdots\cdots (3\text{-}5)$$

다. 총괄 열흡수율

ϕ_{CG}의 값은 간단한 경우에는 수식화 되어 있다. [그림 3-19]와 같은 경우 ϕ_{CG}는 다음 계산식으로 구해진다. 단, 이것은 노내에 연소가스가 가득 차 있고 온도가 균일하다는 전제에서 성립한다.

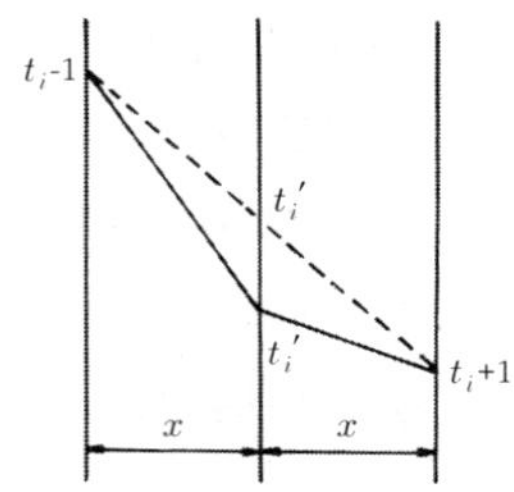

그림 3-19 비정상 열전도의 도식해법

$$\frac{1}{\phi_{CG}} = \frac{1}{F_{CG}} + \left(\frac{1}{\varepsilon_C} - 1\right) \quad \cdots\cdots\cdots\cdots (3\text{-}6)$$

$$F_{CG} = \varepsilon_g\left[1 + \frac{A_R/A_C}{1 + \{\varepsilon_g/(1-\varepsilon_g)\}A_R/A_C}\right]$$

F_{CG} : 강재가 열을 받는 면적과 가스체 사이의 형태계수
A_C : 수열면적 즉, 강재가 열을 받는 면적(m^2)
A_R : 반사면적(m^2)
ε_C : 수열된 방사율
ε_g : 가스방사율

실제로 가열로에서는 그 장소에 따라 노내온도나 노형상이 변하고 또 화염으로부터의 영향을 받으므로 그 산출이 대단히 어렵다. 연속가열로의 ϕ_{CG}의 값은 〈표 3-1〉과 같은 범위이다.

표 3-1 연속가열로의 총괄 열흡수율(ϕ_{CG})값

대 수	예 열 대	가 열 대	균 열 대
5	0.6 ~ 0.85	0.6 ~ 0.8	0.3 ~ 0.5
3	0.6 ~ 0.85	0.6 ~ 0.85	0.3 ~ 0.5

익힘문제

1 균열로 및 가열로의 차이점을 쓰시오.

2 균열로 중 최근 어떤 형식이 많이 사용되고 있는가?

3 여열회수장치에 대하여 쓰시오.

4 운반시간은 어떤 사이클로 분석되는가?

5 노내상황의 자동제어에 대하여 쓰시오.

6 가열로내의 전열기구에 대하여 설명하시오.

Chapter 04

압연가공

Chapter 04 금속가공학

압연가공

제1절 | 압연가공의 개요

압연가공은 상온 또는 고온에서 회전하는 롤(roll)사이에 금속소재를 통과시켜 단면적, 또는 두께를 감소시켜서 여러 가지 판재, 형재, 관재, 선재 등을 만드는 가공법으로써 조직과 성질이 뛰어난 제품을 만들 수 있다. 압연은 변형이 연속적으로 이루어지므로 생산능력을 증가시킬 뿐만 아니라 재질이 균일한 제품을 다량생산하게 되고, 작업이 빠르고 생산비가 적게 들며 균일한 재질을 얻을 수 있는 장점이 있다. 압연기에 의한 가공법은 16세기 초부터 발전하기 시작하였으며 처음에는 화폐나 장식품을 만드는데 불과했던 것이 그 후 19세기에 이르러서는 증기기관의 발달로 급속한 변화를 이루었다. 특히 2단 압연기에서 3단 압연기 이상의 다단 압연기로 발전하여 압연공장의 규모도 대형화함으로써 판재의 폭이 넓어지고 두께도 광범위하게 만들어지며 일정한 길이의 슬래브나 시트, 바 뿐만 아니라 코일상의 대판을 여러 대의 압연기로 연속 압연하게 되었다.

압연되는 재료의 온도에 따라 열간가공과 냉간가공으로 나누며, 만들어지는 소재 형상별로는 판, 봉, 선, 형재로 나눈다. 또 판재에서도 시트상, 스트립상으로 따라서도 후판, 중후판, 박판, 박(0.1mm이하)으로 나누어진다.

1 분괴압연(blooming)

분괴압연의 목적은 주괴시 주괴에 생기는 수축관, 기포 등의 결함을 압착시켜 균등한 성질을 주는 것과 동시에 희망하는 형상, 치수의 강편으로 압연하는 것이다. 따라서 분괴압연은 철강공장과 완성품 압연공장과의 중간에 위치하여 큰 소재의 주괴를 열간압연하여 반제품 슬래브, 블룸 빛 빌릿으로 만들어진다. 이러한 반제품은 그 크기와 모양에 따라서 구별하게 되며 슬래브는 폭이 두께의 2배 이상이면 블룸과 빌릿은 정사각형으로 블룸보다 빌릿이 약간 작다.

비철금속일 경우 가공하지 않은 상태라도 이것을 빌릿이라고도 부른다. [그림 4-1]은 분괴 작업 공정을 나타낸 것이다.

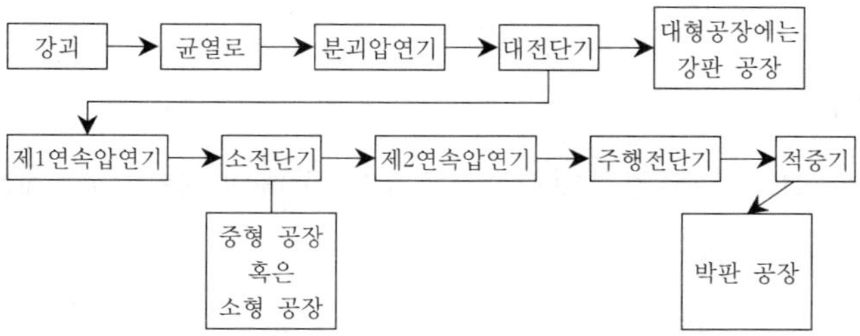

그림 4-1 분괴 작업 공정

2 반성품의 분류

분괴압연기에서 압연된 강편은 단면과 형상에 따라 다음과 같이 분류한다.

가. 블룸(bloom)

대략 사각형에 가까운 단면을 가지며, 그 크기는 150×150mm에서 250×250mm 정도의 치수이다.

나. 빌릿(billet)

단면이 사각형으로서 40×50mm에서 120×120mm정도의 치수이다.

다. 슬래브(slab)

장방형의 단면을 가지며, 두께 50~150mm, 폭 600~1,500mm정도의 치수이다.

라. 시트 바(sheet bar)

분괴압연기에서 압연한 것을 다시 압연한 것으로 슬래브보다 폭이 작다. 폭 200~400mm, 길이 1m에 대하여 10~80kg_f의 편편한 소재이다.

마. 시트(sheet)

폭 457mm이상이고, 두께 0.75 ~ 15mm 정도의 판재이다.

바. 스트립(strip)

두께 0.75 ~ 15mm 정도의 코일상태의 긴 판재를 말하며, 특히 450mm이하인 것을 좁은 스트립, 그 이상의 것을 넓은 스트립이라 한다.

사. 플레이트(plate)

폭 20 ~ 450mm정도, 두께 6 ~ 18mm정도의 편편한 재료이다.

아. 라운드(rounds)

지름이 200mm이상의 환봉재이다.

자. 바(bar)

지름이 100mm이하의 봉재 또는 단면이 100×100mm이하의 각 봉재이다.

차. 로드(rod)

지름이 12mm이하의 환재로서 긴 것, 또는 코일상태의 재료이다.

카. 섹션(section)

각종 단면재이다.

3 형재와 선재의 압연

분괴압연에 의해서 형상이 정해진 강편 중에서 조강용의 빌릿을 가열하여 2단 또는 3단의 조강용 압연기로 냉간가공한다. 조강용 롤에는 환강, 각강, 형강 등 그 형상에 알맞은 공형이 파져 있고, 수회 내지 수십회 패스(pass)의 열간압연이 행하여진다. 공형의 형상설계는 중요하며, 구멍수가 적은 편이 좋지만 1패스당의 변형량이 크면, 롤 강도상 불리해지기 때문에 재료 과부족이 없이 꼭 맞게 되어 요소의 치수를 얻을 수 있도록 압연속도와 온도 등을 가미해서 결정하여야 한다. 예를 들면 환강이나 선의 압연에 있어서는 [그림 4-2]에서와 같은 형식을 서로 교대로 배치하고 1패스마다 소재를 90℃씩 돌려서 효과적으로 압연한다. 여기서 소재를 돌리면 비틀어지기 때문에 롤을 수평롤과 종형롤로 나누어 차례로 배치한 다음 연속식 압연을 한다. 최후에는 타원형으로부터 원형으로 다듬어지게 한다. [그림 4-3]은 레일(rail)의 공형 예로써 열간에서 압연된다.

또, 폭이 넓은 I형재는 [그림 4-4]와 같이 공형을 설계하여 2단 압연기에서 한 쌍의 수직축을 가진 종롤을 배치하여 평강의 측면을 눌러주는 유니버설 압연기(universal mill)를 사용한다.

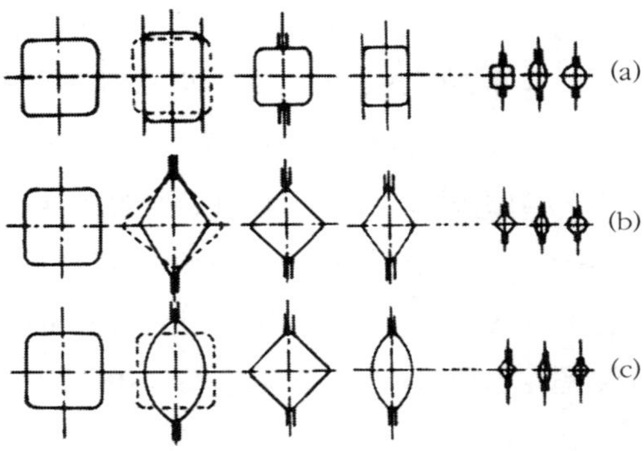

그림 4-2 환강의 압연에서의 공형 예

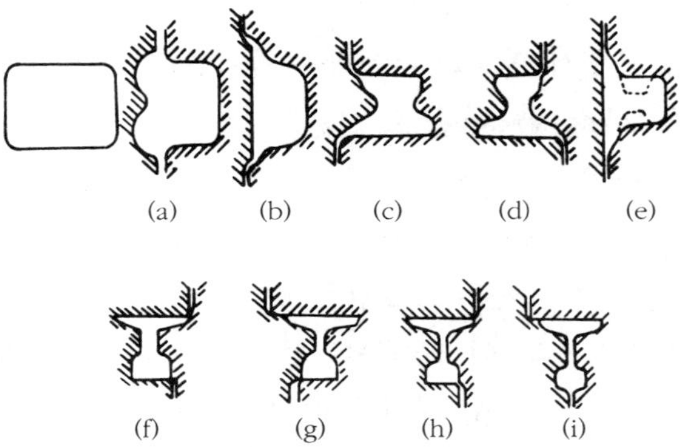

그림 4-3 레일의 공형 예

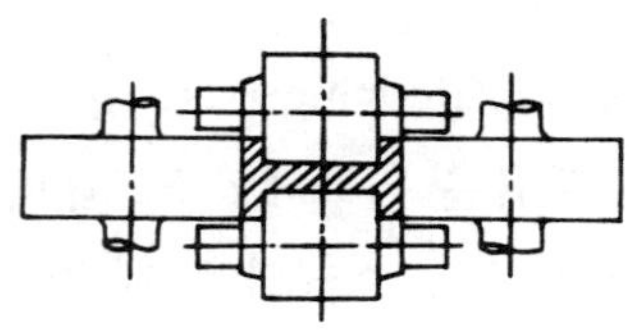

그림 4-4 유니버설 압연기

4 판재의 압연

판은 강판용으로 분괴압연된 것을 2단 또는 4단 압연기에 넣어서 만들어진다. 6mm이상의 두께의 것을 후판, 3~6mm를 중후판, 3mm이하는 박판이라 하며 그 목적에 따라 열간 또는 냉간압연된다. 이때의 롤은 홈이 없어 평평하기 때문에 형재의 압연과는 아주 다르다.

가. 판재의 열간압연(hot strip mill)

열간압연에 의한 후강판은 구조물, 교량, 선박 등에 사용되는 것과 풀 오버(pull over)식 압연기에 의한 두께 1.2~13mm정도까지의 코일을 제조하는 냉간압연용 후판, 도금원판용 소재, 고장력강의 프레스 가공용 소재 등 그 종류가 다양하다. 따라서 압연방식도 하나의 압연기로 소재를 왕복시키는 것과 2개 또는 그 이상의 스탠드를 늘어놓은 완전연속시(full continuous type), 반연속식(semi continuous type) 및 3/4연속식(three quarters continuous type) 등으로 분류할 수 있다. 완전연속식은 가장 표준형이며 4기 또는 그 이상의 가열로(vertical scale breaker), 5~6기의 조압연기(finish scale breaker), 6~8기의 완성압연기 및 2~3기의 릴(reel)로 되어 있다. 반연속식은 3~4기의 가열로(roughing scale breaker), 1기의 역전식 조압연기, 5~6기의 완성압연기, 2~3기의 릴로 되어 있다. 3/4연속식은 위에 설명한 두 가지의 중간정도의 것이다.

핫 스트립 밀(hot strip mill)은 분괴압연기 또는 연속 주조설비로 제조된 슬래브를 냉각하여 표면의 스케일을 제거한 후 이것을 연속식 강편가열로에 장입하여 가열 및 균열시킨다. 가열로에서 나온 슬래브는 다시 조압기에 보내서 필요한 두께까지 압연한다. 스케일을 제거하기 위해서는 디스케일링 스프레이(descaling spray)를 소정의 스트립 폭으로 유지하여 에징 패스(edging pass) 한다. 조압연이 끝난 압연재 전·후단은 약 150mm정도 끊어 버린다. 다음은 디스케일스프레이에 의해서 조압연기에서 완성압연기에 옮겨지는 동안 표면에 발생한 2차 스케일을 제거한다. 다시 압연기에서 나온 스트립은 런 아웃 테이블(run out table)을 지나 다운 코일러(down coiler)에 감겨진다. 이 테이블에 설치된 런 아웃 스프레이에 의해 두께, 주행속도, 완성온도로 냉각되며 런 아웃 테이블 맨 끝에 있는 사이드 가드 핀치 롤(side guard pinch roll)이 스트립을 릴에 유도한다.

나. 판재의 냉간압연

판재의 냉간압연이라 함은 열간압연 코일을 연속식 방법으로 스케일을 제거한 후에 상온에서 압연하는 작업을 말하며 다음의 세 가지로 분류한다.

① 열간압연박판의 냉간교정(cold rolling of hot rolled sheet)
② 냉간압연(cold reducing)
③ 냉간압연박판의 냉간조질압연(temper rolling of cold reduced sheets or temper rolling)

냉간압연 목적은 두께를 얇게 하는 것(25 ~ 29%), 미끈하고 치밀한 표면을 만드는 것 또는 후속열처리를 행하거나 열처리 없이 기계적으로 성질을 조정하는 것 등이다. 또 냉간압연강판 제품의 특징은 열간압연강판에 비하여 다음과 같은 점이 우수하다. 즉,

① 스케일 부착이 없고 결함이 아주 적으며 미려하다.
② 판두께의 정밀도가 아주 높다.
③ 박강판의 제조가 가능하며, 0.1mm이하의 것도 제조가능하다.
④ 냉간압연 후 전해청정, 풀림 및 조질압연 등의 처리를 함으로써 훌륭한 기계적 성질이나 가공성을 갖게 할 수 있다.
⑤ 표면처리를 하게되면 내식성 및 표면성상이 우수하다.

그러나 냉간압연에서는 변형저항이 크기 때문에 압연작업이 어려운 점이 있으나 압연기구와 압연기의 개선으로 판의 넓이와 길이, 두께의 정밀도가 높은 박판, 특이 아연도금 철판 등이 연속 압연되고 있다.

저탄소강판을 깊은 오무림 가공(deep drawing)을 할 때 가공도에 따라 띠모양의 스트레처 스트레인(stretcher strain)이 나타나 제품으로서 부적합한 경우가 있지만 조질 압연(temper rolling)하여 연화된 대판을 작은 압하율 50 ~ 93% 범위로 압연한다. 이러한 냉간강판의 가공에는 4단 기로 단일 스텐드의 가역식 압연기나 탠덤식(tandem style) 압연기를 냉간 작업조건에 적합하게 병렬 배열한다. 냉간압연에 영향을 주는 요인으로는 압연재료, 압연속도, 윤활조건, 롤의 재질과 형태, 압연기의 전·후방의 장력(fornt and back tension), 등이다.

5 관의 압연

관(tubes & pipes)의 제조법은 그 수용의 증가와 용도의 다양성으로 인하여 광범위하게 발전 개량되어 왔다. 강관은 수도관, 고온 고압의 가스관, 기선의 보일러관, 전기배선과, 석유채유용의 유정관, 석유나 천연가스의 수송관, 토목공사의 강관 등 그 용도는 매우 많다.

제조방법에는 소재에 구멍을 뚫는 압출가공법, 압연가공법에 의해서 만들어진다. 제관설비에는 압연에 의한 제관과 용접에 의한 제관으로 구분된다.

가. 통쇠(seamless tube)

강편관재 등의 소재를 가열한 후 천공기로 그 중심에 구멍을 뚫어 중공조재를 만든 다음 그 구멍에 플러그(plug)를 넣은 채로 특별한 구조의 압연기에 걸어서 외측을 압연하여 소정의 두께와 굵기의 관을 만들고 다시 마관롤과 교정기 등을 거치면 최종 제품이 된다.

나. 단접강관(butt welded tube)

소재인 대강을 약 1,400℃의 고열로 가열하고 연속식 단접기로 나팔모양을 한 다이(die) 구멍을 통하여 인발하여 대강을 관모양으로 성형함과 동시에 양끝을 롤로써 압착시켜 제조한다.

다. 용접강관(welded tube)

대강 또는 강판을 상온에서 제관롤로써 관모양으로 형성하고 그 접합부를 전기용접 또는 가스용접으로 접합시킨 것으로 소경관이나 중경관 제조에 많이 사용한다. 특히 전봉강관은 대강을 관상으로 성형한 후 이음매를 연속적으로 전기용접한 것으로써 강도가 높고 관의 굵기와 두께가 균일하며 표면이 깨끗한 장점이 있다.

라. 스파이럴(spiral)강관, UO프레스(UO press) 강관

이것은 모두 안지름이 350mm이상되는 대경관으로서 주로 송유관이나 구조용관에 사용한다. 스파이럴강관은 폭이 넓은 대강을 나선모양으로 감으면서, 접합부를 용접한 것으로써 여러 가지 구경의 것을 마음대로 선택하여 만들 수 있고 강도도 높다.

한편 UO프레스강관은 두께 6mm이상의 후판을 소재로하여, 먼저 U형 프레스로 U자형으로 구부린 다음 O형 프레스로써 원형으로 성형하고 그 이음매를 내외면에서 잠호용접(submerged arc welding)한 것이다. [그림 4-5]는 통쇠, 전봉강관, 스파이럴강관의 제조공정도를 표시한 것이다.

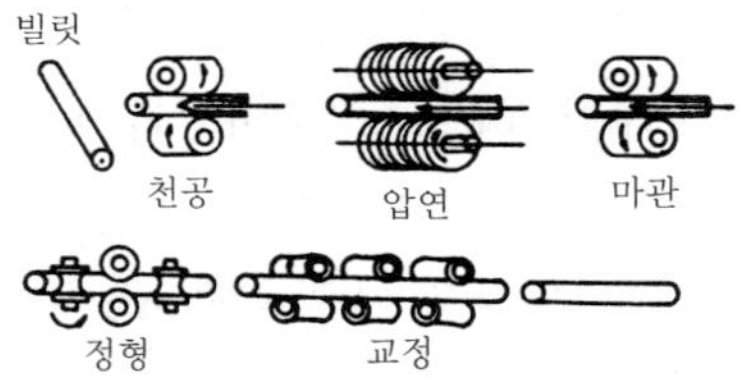

(a) 통쇠(seamless pipe)의 제조공정도

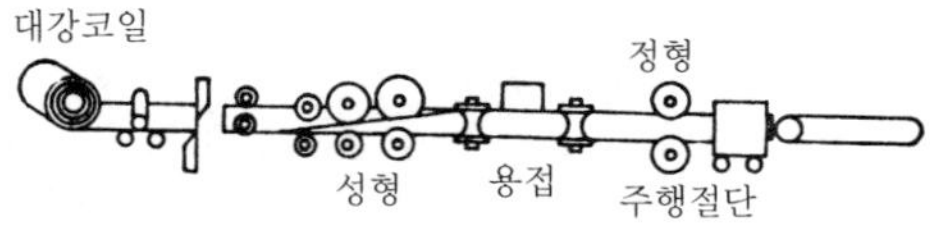

(b) 전봉강관의 제조공정도

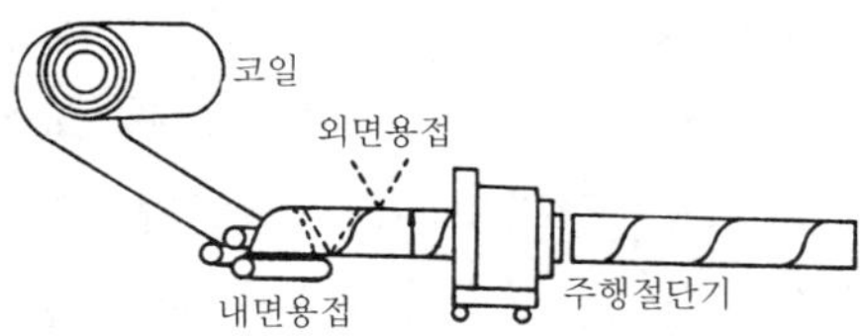

(c) 스파이럴강관의 제조공정도

그림 4-5 강관의 제조공정도

6 특수 압연법

가. 헌터법(Hunter method)

헌터법이란 알루미늄 용탕을 회전하고 있는 롤의 아랫방향으로부터 공급하여 롤에 의해서 직접 강판으로 주조하는 방법이다. 이 방법은 Joseph L. Hunter가 발명한 것으로 현재 미국의 헌터엔지니어링사에서 알루미늄합금판의 생산에 사용되고 있다. [그림 4-6]은 이 방법을 나타낸 것이다.

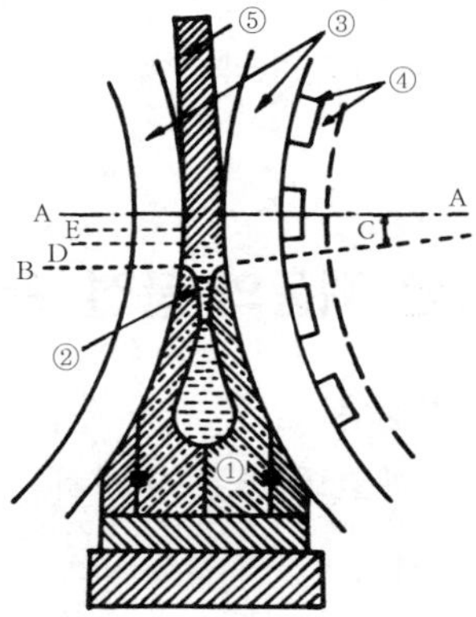

① 노즐 블록 ② 슬릿(slit)
③ 롤외통 ④ 냉각수통로
⑤ 주괴 A : 롤 축면
B : 노즐블록선단 C : 유공롤각도
D : 용탕면 레벨 E : 용탕의 완전응고점

그림 4-6 헌터 압연주조법

나. 프로퍼지법(Properzi method)

이 방법은 알루미늄 용탕을 단면 10cm^{2}정도의 주괴로 주조하여 그대로 연속압연기에서 봉으로 압연하는 방법이고, 이탈리아의 S. P. A. 콘티너스사의 I llaro Properzi에 의해 발명되어 현재 구미 각국의 전선용 알루미늄 로드의 제조에 사용되고 있다.

[그림 4-7]은 프로퍼지 연속압연기의 롤형상을 나타낸 것이다.

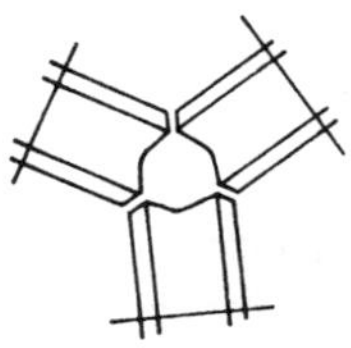

그림 4-7 프로퍼지압연기의 롤 형상

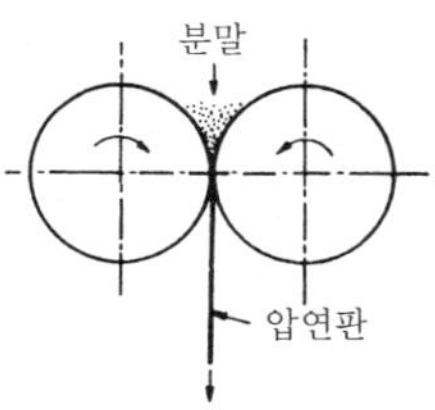

그림 4-8 수평형 압연롤

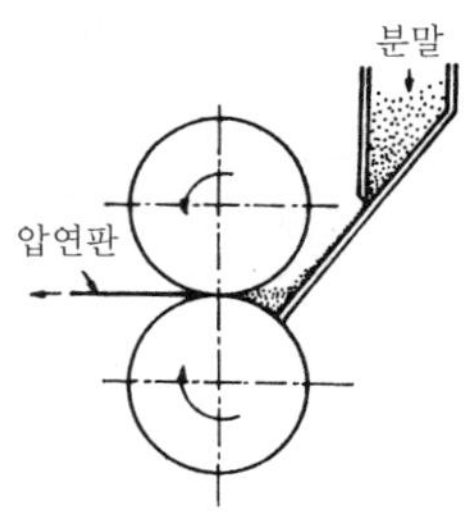

그림 4-9 수직형 압연롤

다. 분말연속압연법

분말연속압연법이란 압연기술과 분말야금기술의 발전에 따라서 생긴 새로운 가공기술이다.

이와 같은 착상이 최초로 알려진 것은 20세기초이며 독일의 지멘스 하루케사가 1902년에 이 방법에 관한 최초의 특허를 얻어서, W, Mo, Ta 등 고융점금속 판의 제조를 시작하였다. 그러나 당시 아직 기술적 난점이 해결되지 않아서 실용화에 이르지 못하였다.

그 후 이것을 실용화한 것은 2차대전 이후이며 독일의 Naeser, Zirm이 여기에 대하여 많은 연구를 하였다. [그림 4-8], [그림 4-9]는 이 방법에 대한 개략적인 것을 나타낸 것이다.

7 압연 제품의 품질 관리

압연 제품은 각종 가공 후, 형상, 결함의 검사 및 재질의 검사를 한다. 압연에서는 소성 변형하는 재료와 탄성 변형하는 롤과 압연기의 상호 작용에 따라 여러 가지 문제들이 일어날 수 있다.

가. 압연 제품의 결함 및 품질 관리

제품의 품질은 강편(슬래브, 블룸, 빌릿 등)의 품질에 따라 크게 영향을 받는다. 따라서, 강편의 품질 관리는 제품의 품질 보증에 중요한 단계가 된다.

제강 공장에서 주조된 강괴는 압연 작업에 의해 강편이 되지만, 이 강편의 표면 또는 내부의 조성에 관한 정보를 전 공정에 피드백(feedback)하여 품질 개선 조치가 이루어져야 한다. 품질에 미치는 특성을 보면 [그림 4-10]과 같다.

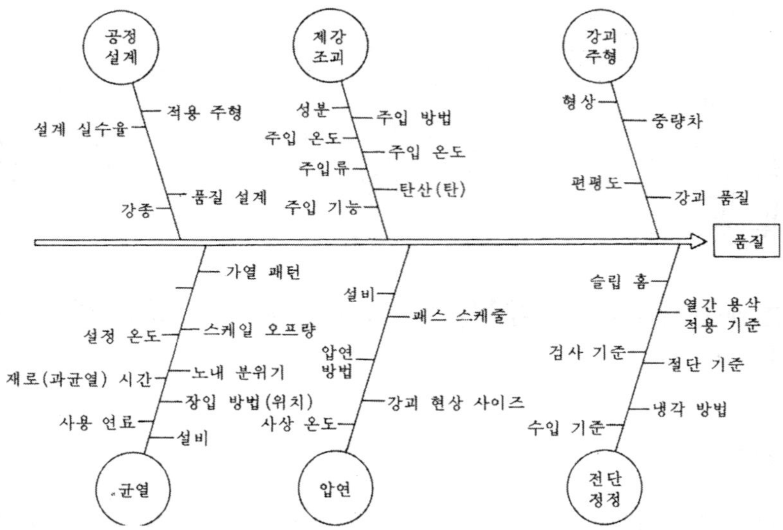

그림 4-10 품질에 영향을 끼치는 공정들

(1) 대표적인 결함과 그 원인

① **롤 휨**(deflection) : 압연 롤은 압연 하중을 받으면 [그림 4-11]과 같이 탄성적으로 휘게 된다. 따라서, 이 때 압연된 스트립은 중심부가 양끝보다 두꺼워지므로 이를 방지하기 위해서 롤의 중심부의 지름을 양끝보다 약간 크게 롤 캠버를 만들어 사용하게 되면, 롤이 휘더라도 스트립의 폭 방향으로는 직선을 유지하게 되어 두께가 균일한 제품을 생산할 수 있게 된다. 캠버는 보통 0.25mm정도 주지만, 압연 하중과 사용하는 롤의 지름에 따라 달라진다.

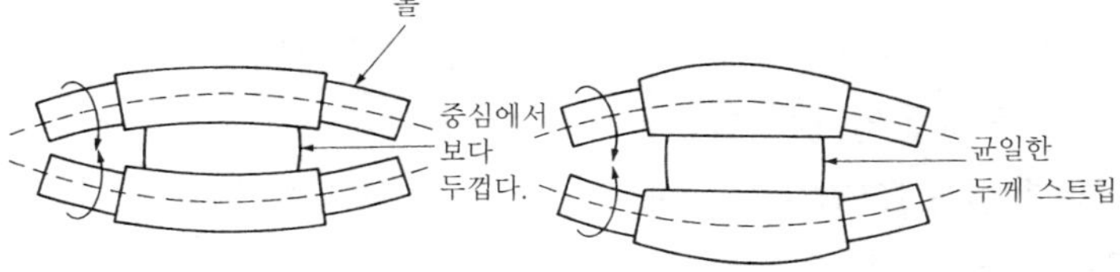

그림 4-11 롤의 휨

열간 압연에서는 열팽창으로 인하여 롤의 중심부의 지름이 오히려 커지게 되므로, 이 때에는 중심부의 지름을 양끝보다 작게 만들어 사용한다.
롤이 압연 하중을 받게 되면 자동차 타이어처럼 편평하게 된다. 롤이 편평해짐에 따라서 접촉 면적이 커지고, 접촉면에서의 반지름도 커지므로 큰 압연 하중이 필요하게 된다. 따라서, [그림 4-12]와 같은 지지대에서 롤 간격을 최종 제품의 두께보다 작게 설정해야 한다.

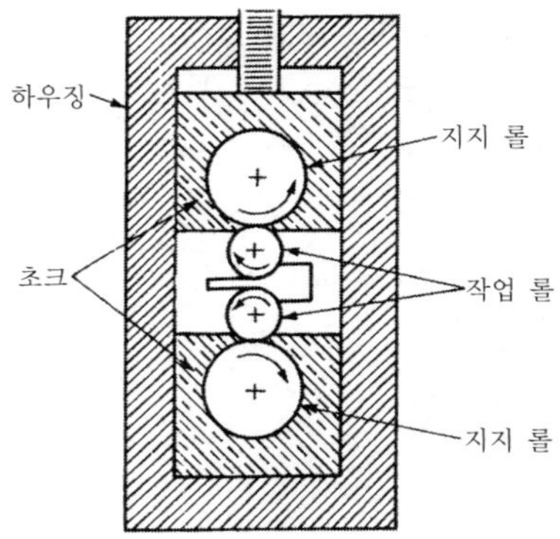

그림 4-12 압연롤의 지지대

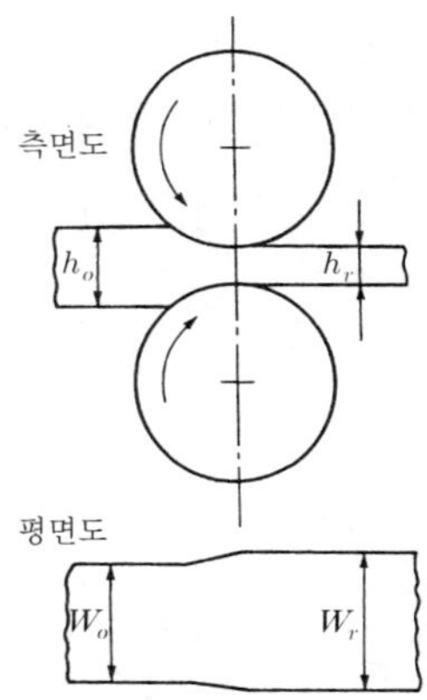

그림 4-13 평판 압연에서의 넓이의 증가

② **넓어짐(spreading)** : 두께에 비하여 폭이 넓은 소재는 그림 [그림 4-13]과 같이 압연 후에 폭이 증가한다.

폭의 증가는 소재의 옆면에 수직 롤을 사용함으로써 막을 수 있다. 특히, 각재는 폭 증가가 심하므로 에저 밀(edger mill)에서 압연한다.

③ **표면 및 내부 결함** : 압연 작업이 잘못되면 압연된 판재의 표면이나 내부에 결함이 생길 수 있다. 결함이 생기면 외관상의 문제 외에도 압연 제품의 2차 가공시 성형성, 강도에 영향을 주기 때문에 바람직하지 않다.

스케일, 녹, 스크레치, 흠, 크랙과 같은 많은 표면 결함은 판재의 품질을 좌우한다. 이런 결함들은 원래의 재료 또는 재료의 선택과 압연 작업에 관계된 여러 상태에서의 불순물과 함유물 때문일 것이다.

판재 위의 파형 변형 [그림 4-14 (a)]은 롤 굽힘의 결과이다. 따라서, 스트립은 그 중심보다 그 끝을 따라서 얇게 되는데, 끝이 중심보다 더 늘어나서 세로 방향의 자연스러운 확장을 방해하기 때문에 뒤틀리다.

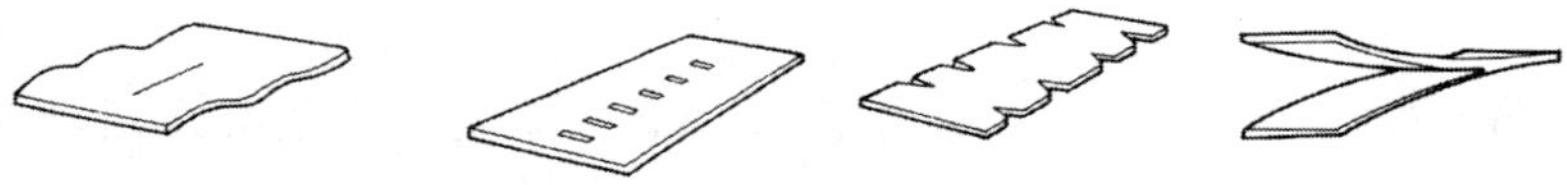

(a) 웨이브 에지 (b) 지퍼 크랙 (c) 에지 크랙 (d) 엘리게이터링

그림 4-14 평판 압연에서의 결함들

[그림 4-14]의 (b)와 (c)에서 보여 주는 균열은 보통 압연 온도에서 물질의 연성이 나쁜 결과이다. 입벌림 [그림 4-14(d)]은 여러 현상이 복합된 것으로, 압연 과정에서의 일정하지 않은 변형에 의한 것이거나 본래 주괴에 결함이 존재하기 때문이다.

또, 내부의 성분 편석과 블로 홀(blow hole), 백점, 파이프 등은 압연 가공할 때 소재의 가공성 및 강도를 급격히 떨어뜨린다.

제2절 | 압연가공의 기초

1 압연의 변형기구

압연 중에 있어서의 금속재료의 조직흐름을 알기 위하여 유점토를 이용하는 방법이 있다. [그림 4-15]는 2색의 유점토를 압연방향으로 직각으로 번갈아 포갠 뒤 압력을 가해서 밀착시킨 것을 목재롤에 의해서 압연했을 때의 변형모형이다. 이것을 살펴보면 압연전에 수직이었던 부분이 압연 후 압연방향과 반대로 활꼴로 구부러져 있다. 이것은 단순한 압축변형이 아니고 표면층의 연신이 입구에서 일어나서 그 후는 압연종료까지 큰 연신이 생기지 않는다. 그러나 내부는 표면층보다 늦게 출구로 접근함에 따라서 크게 변형하고 있다. 이런 현상은 입구의 평면부에 비소성대가 있고, 또 롤과 접촉하는 중앙부 부근에도 쐐기형의 비소성대가 있다는 것을 표시하고 있다. [그림 4-16]은 이와 같은 비소성 부분을 모형적으로 표시한 것으로써 그림의 빗금친 부분이 그것이다. 흰 부분은 소성변형이 급격히 행하여지고 있다고 생각되는 영역이다.

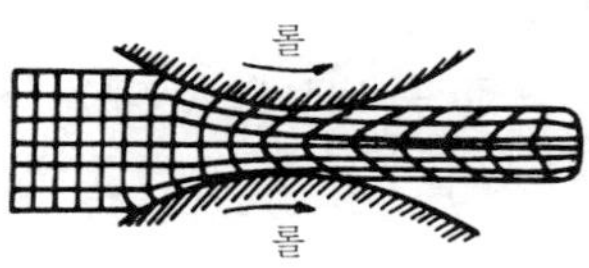

(2색 유점토에 의한 관찰)

그림 4-15 압연중의 변형

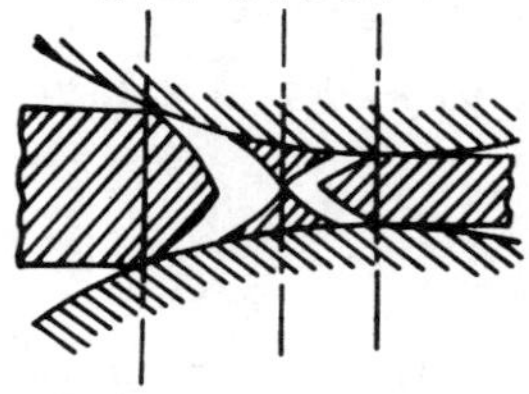

그림 4-16 압연중의 불균일한 변형

2 압연가공에 의한 변형

반대방향으로 회전하는 롤사이에 그 틈새보다 좀 두꺼운 소재를 이송하면 물려 들어가서 압축되어 두께를 감소하는 동시에 폭을 좀 넓히고 길이는 상당히 늘어난다. [그림 4-17]은 소재가 물린 1쌍의 롤단면을 표시한 것이다. 점 A 및 A′는 압연재가 롤과 접촉하는 최초의 점이고 점B 및 B′는 마지막으로 접촉하는 점이 된다. AB와 A′B′부분을 접촉호(contact arc), 그 호상의 각 AOB 및 A′O′B′를 접촉각(comtact angle)이라고 한다. 거리 L을 투영접촉길이라고 하면, O, O′는 롤축, 여기에 수직인 평면을 롤축면이라고 부른다. 롤축면에 있어서 롤표면의 수직거리를 롤틈새라고 하며 어떤 압연기도 롤틈새의 크기는 조정할 수 있게 되어 있다. 롤틈새에 소재가 통과한 압연 전후의 두께를 각각 h_1, h_2로 하면 압연의 가공도를 나타내는 양으로써 압하량(rolling reduction)과 압하율(draft persentage)이 있다

$$압하량 = h_1 - h_2 \quad \cdots\cdots (4\text{-}1)$$

$$압하율 = \frac{h_1 - h_2}{h_1} \times 100 \quad \cdots\cdots (4\text{-}2)$$

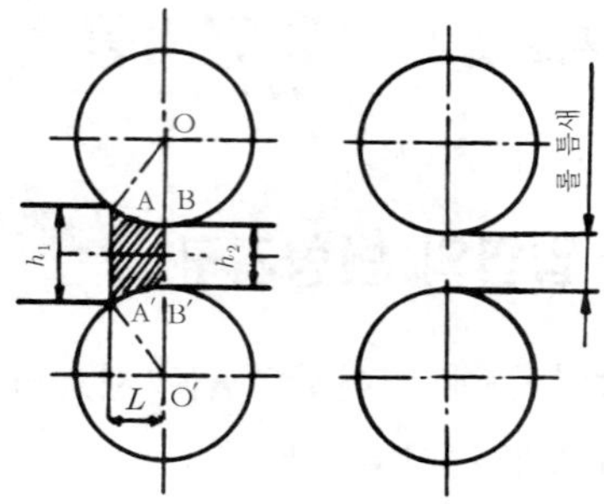

그림 4-17 압연제가 물려들어간 1쌍의 롤 단면

압연전의 길이 l_1, 폭 b_1의 소재를 압연해서 l_2, 폭 b_2로 변화했을 때 소재의 폭 및 길이의 증가를 폭확(spread) 및 연신(elongation)이라고 한다.

$$폭확 = b_2 - b_1 \quad \cdots\cdots (4\text{-}3)$$

$$연신 = l_2 - l_1 \quad \cdots\cdots (4\text{-}4)$$

연신은 롤지름이 작고 온도가 높으며 압하량이 클수록 증가한다. 폭확은 온도가 낮고 속도가 작을수록, 또 롤지름, 압하량, 재료의 두께가 클수록 증가한다. 이와 같이 연신과 폭확은 복잡한 조건에 좌우되어서 간단히 계산할 수가 없으므로 근사적으로 다음 식에 의해 구한다.

$$l_2 - l_1 = l_1\left(\frac{h_1}{h_2} \times \frac{b_1}{b_2} - 1\right),\ b_2 - b_1 = \frac{c(h_1 - h_2)\sqrt{R(h_1 - h_2)}}{h_1}$$

[c : 상수　　　　R : 롤 반지름

이 식을 실험적으로 표기하면 다음과 같다.

$$b_2 - b_1 = 0.35(h_1 - h_2) \quad \cdots\cdots (4\text{-}5)$$

압하율을 크게하면 공정수가 적고 동력, 롤의 마모 등 모든 점에서 경제적이나 너무 크면 재료가 손상된다. 일반적으로 열간압연의 압하율은 강재일 경우 30 ~ 45%이며 냉간압연에서는 열간압연보다 낮게 설정한다.

3 물림각

롤 틈새에 소재가 물려들어가기 위해서는 소재의 두께에 한도가 있다. [그림 4-18]과 같이 접촉각 α로 소재가 롤과 접촉할 경우 소재는 A점에서 롤에 수직인 압력 P를 받는다. 롤면과 소재간의 마찰계수를 μ로 하면 P에 수직인 마찰력 μP가 존재한다. 이 마찰력은 압연에 있어서 매우 중요한 역할을 하는 것으로써 롤이 소재를 물어들이기 위해 필요한 힘이 되므로 이 힘이 없으면 압연은 불가능하게 된다. 이 때 $P\sin\alpha$는 소재를 뒤쪽으로 돌리는 힘, $\mu P\cos\alpha$는 소재를 앞쪽으로 보내는 힘이 된다. 따라서 소재가 롤에 물려들어가기 위해서는

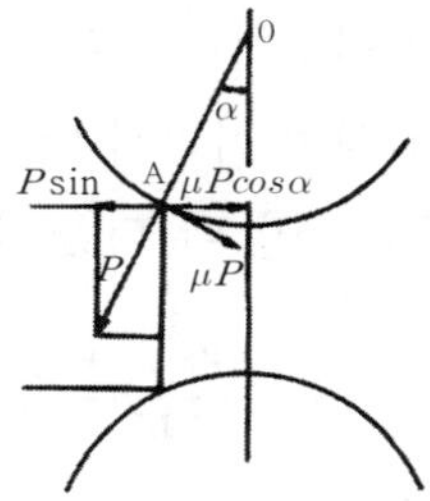

그림 4-18 물려들어감 각

$$\mu P\cos\alpha \geqq P\sin\alpha \quad \cdots\cdots (4\text{-}6)$$

라는 관계가 성립하여야 한다. 그러므로

$$\mu \geqq \tan\alpha \quad \cdots\cdots (4\text{-}7)$$

일 때 소재는 롤에 물려 들어가게 된다. 소재를 물어 들이는 최대의 접촉각을 물림각(angle of bite)이라고 한다. 지름이 큰 롤의 사용, 온도의 상승, 롤속도의 저하 등은 모두 물려 들어감을 용이하게 한다. 마찰계수 μ의 값은 보통 0.1 ~ 0.3 정도인데 일반적으로 열간압연이 냉간압연보다 크다.

4 선진율

두께 h_1의 판이 h_2로 압연되는 경우, 롤의 주속도 V는 어느 곳에서나 일정하지만 재료는 압연되어 길어지므로 롤입구측의 재료속도 V_1보다도 롤 출구측의 속도 V_2보다 일반적으로 크다. 따라서 [그림 4-19]에서 A의 사선을 친 부분의 재료의 속도는 V보다도 느리고, 재료는 롤면과의 마찰력에 의해서 롤의 출구측으로 향하여 끌려 들어가게 된다. 그러나 B 의 빗금을 친 부분의 재료 속도는 V보다 빠르고, 재료는 롤

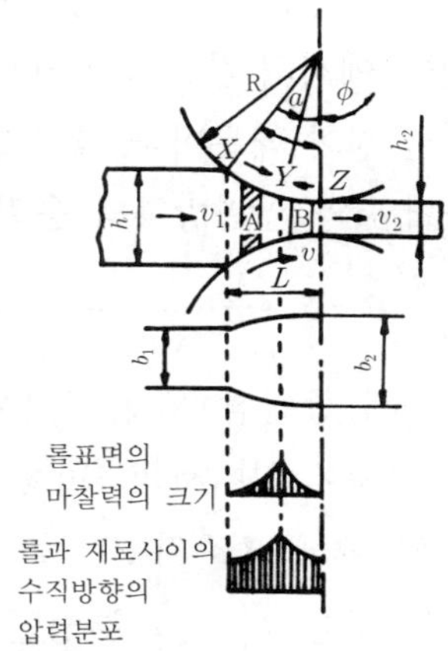

그림 4-19 평면응력하에서의 변형

면과의 마찰력에 의해서 빠져 나가는 것을 방해하게 된다. 그리고 AB의 중간 즉, 그림의 Y에서 재료의 속도는 V와 같으며, 이 점을 중립점(non slip point 또는 neutral point)이라 한다. ϕ는 중립점의 롤각도라 한다. 또 롤과 재료 사이의 마찰력의 절대치를 도시하면 중립점에서 최고치를 갖는 산 모양으로 분포하게 된다. 중립점을 경계로 해서 마찰력의 방향은 반대가 되며 따라서 이 점을 재료가 지나게 되면 롤의 주속도 V보다 빠르게 되며 앞미끄름이 생긴다. 이 때 다음 식을 선진율이라 부른다.

$$\varepsilon = \frac{V_2 - V}{V_2} \times 100 \quad \cdots\cdots (4\text{-}8)$$

V_2 : 재료의 출구속도
V : 롤의 주속도

선진율은 압하율에 의해서 변화하는데 일반적으로 마찰계수와 더불어 증가한다. 또, 거치른 롤에서 열간압연하는 경우에는 중립점에서 뿐만 아니라 그 부근에서 재료와 롤 사이에 고착을 일으켜서 슬리핑이 없는 구역이 상당한 범위에 걸쳐 나타나는 수가 있는데, 이것을 스틱킹(sticking)이라 한다.

5 압연압력 및 소요동력

압연중의 재료내의 응력상태는 중립점을 지나는 단면을 경계로 해서 변화한다. [그림 4-20]은 재료내의 각 위치에 있어서의 압연방향의 응력 σ와 롤로부터의 압력 P를 표시한다. κ는 재료의 항복응력이며, 입구에서의 값은 a a₀, 출구에서의 값은 bb₀이다. b b₀〉 a a₀로 되어 있는 것은 가공경화 때문이다. 롤로부터의 압력 P는 그 점의 항복응력 κ와 압연방향의 응력 σ와의 합이다.

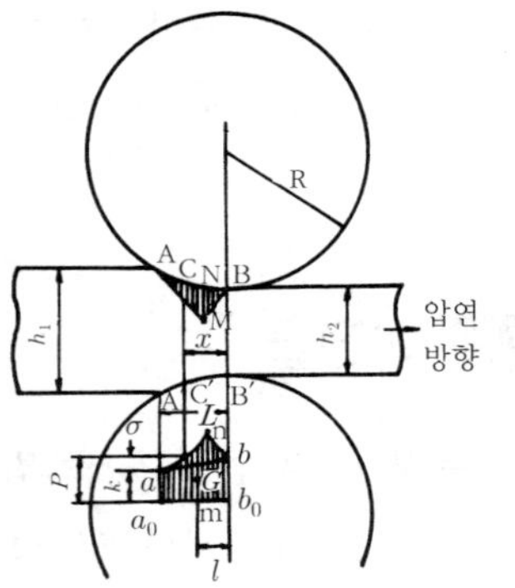

그림 4-20 압연압력의 분포

$$P = \kappa + \sigma \quad \cdots\cdots (4\text{-}9)$$

따라서 중립점 N에 있어서의 압력은 mm가 된다.

앞 그림에 있어서의 5변형 a₀, b₀, b n a의 중심 G와 출구 BB' 단면과의 거리를 l, 입구 AA'와 출구 BB'의 거리를 L, 압연전후의 재료의 폭을 b_1, b_2로 하고 롤로부터의 압력 P의 평균값을 P_m, 그 투영면적을 S로 하면 전 압연압력 P는

$$P = P_m \cdot S = P_m \cdot L \cdot \frac{(b_1 + b_2)}{2} \quad \cdots\cdots (4\text{-}10)$$

또 양측의 롤을 회전시키는 모멘트 M(kgf · mm)

$$M = 2P \cdot l = Pm \cdot L \cdot (b_1 + b_2) \cdot l \quad \cdots\cdots (4\text{-}11)$$

근사적으로는 $l = L/2 = \sqrt{R(h_1 - h_2)}$ 이다. 단, R은 롤 반지름, h_1, h_2는 압연전후의 두께이다. 롤의 각속도를 w로 하면 롤을 회전시키는 동력 W(kgf · mm-sec)는

$$W = Mw \quad \cdots\cdots (4\text{-}12)$$

압연압력은 롤의 베어링에 의해 지지되므로 이 베어링부의 동력손실이나 전도축부의 손실 등을 가산해서 원동기의 소요동력이 정해진다. 베어링의 종류에 따라 다르지만 소요동력은 W보다 수십% 크게 해야 한다. 압하량($h_1 - h_2$)이 동일한 경우 롤 반지름 R을 작게 하면 [그림 4-20]에서 알 수 있는 바와 같이 가압부분이 소범위가 되고 응력 σ로 작아진다. 따라서 P, P_m이 작아지는 동시에 L, l도 작아지므로 전압연압력 P가 감소하고 소요모멘트 M도 작아지게 된다는 것을 알 수 있다. 즉, 재료의 연신이 좋아지며 압연하기 쉽게 된다. 이 사실이 작업 롤의 지름을 작게 한 다단압연기를 사용하는 이유가 된다.

압연가공 중의 재료에 앞·뒤쪽 혹은 앞·뒤 양 방향에서 인장을 가해서 재료에 장력을 부여하면 압연압력을 감소하여 소요동력을 감소시킨다. 그 결과 롤의 탄성적변형이 감소하여 압연작업에 좋은 영향을 부여하게 된다. 또 롤과 압연재와의 윤활을 좋게 하면 마찰계수 μ가 작아지며 그림에서 σ 및 P도 감소하므로 압연압력을 10 ~ 20% 정도 감소할 수 있다.

6 압연가공에 영향을 미치는 요인

실제로 압연가공을 행할 경우 여러 가지 요인에 의하여 압연압력 또는 압하력이 영향을 받고 제품의 성질이나 정밀도에 크게 관계한다. 따라서 이와 같은 요인을 조사하여 최적의 조건하에 압연작업을 행한다는 것은 매우 중요하다. 여기서는 판재의 압연에 관하여 영향을 미치게 하는 요인에 대하여 살펴 보기로 한다.

가. 압연재의 성질

압연재의 성질 중에서 변형저항이 가장 큰 영향을 미친다. 가공경화하는 재료에서는 압연 전후는 물론 접촉호속에서도 각 점의 변형저항을 다르다. [그림 4-21]은 탄소강의 압하에

의한 가공경화의 상태를 표시한 것이다.

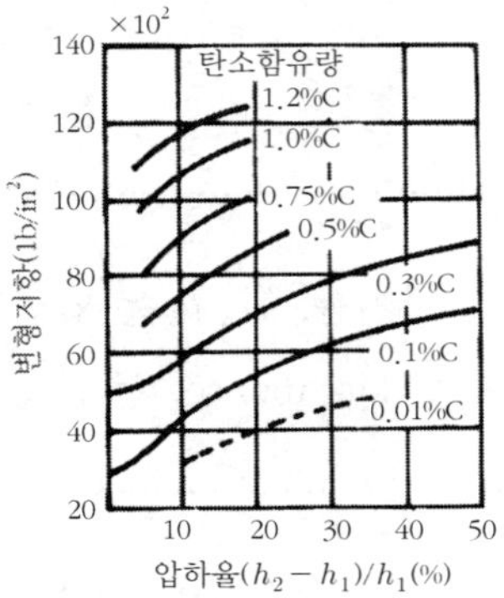

그림 4-21 탄소강의 압하에 의한 가공경화

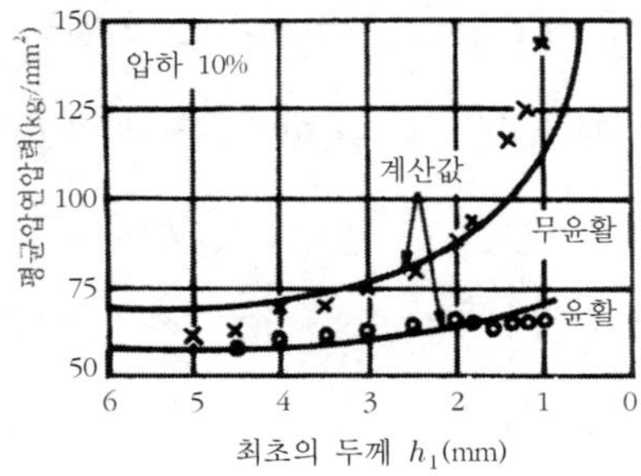

그림 4-22 판두께와 평균압연압력의 관계

나. 판의 두께

판두께는 동일한 롤로 압연할 때는 판두께가 얇을수록 압하력은 커지며 때로는 압하력을 무한으로 크게 해도 판은 압연되지 않을 때가 있다. [그림 4-22]은 판두께와 평균압연압력의 관계를 표시한 것이다.

다. 마찰계수

압연시 롤과 재료사이의 마찰계수에 관계하는 것은 주로 윤활유와 롤의 표면상태이다. 윤활유는 가공되는 압연재료에 따라 선택이 달라진다. 냉간압연에서는 특히 윤활유의 역할이 크며, 롤지름에 대한 압연 가능한 최소판두께를 결정하고 또 압연 후 재료의 표면상태에도 영향을 미치게 된다.

라. 압연속도(rolling speed)

[그림 4-23]은 4단압연기의 압연속도곡선을 나타낸 것이며, 압연속도는 작동롤의 속도와 같다는 가정하에 측정한 것이다. 전동기의 속도 가변비는 보통 1 : 2.25정도이고 속도변화는 마그네틱 콘트롤에 의해 제어된다. 감속비는 첫 번째 스탠드에서 세 번째 스탠드로 갈수록 작아지고 네 번째 스탠드에서는 증속하고 있다.

빗금친 부분에서 (Ⅰ), (Ⅱ), (Ⅲ)은 얇은 판에서 두꺼운 판으로 압연될 때 압연속도는 두꺼운 판일 경우 낮은 속도로 되는 것을 나타내고 있다.

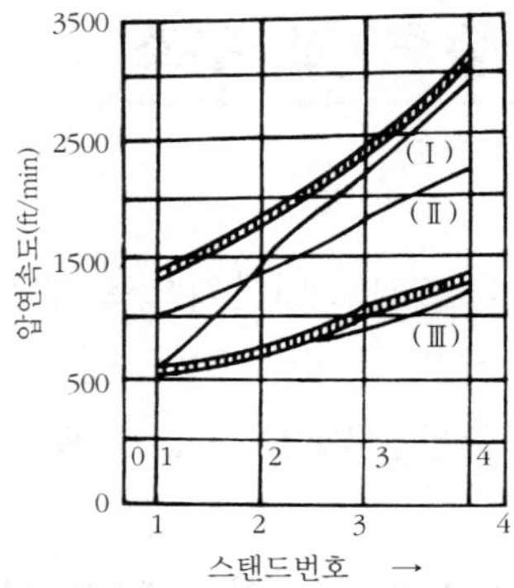

그림 4-23 스탠드 밀의 압연속도

제3절 | 압연기의 종류 및 구조

압연기의 종류에는 여러 형식이 있으며, 일반적으로 제품의 종류, 롤의 배치방식 및 크기 등에 따라 분류한다.

압연기는 롤, 베어링, 하우징, 구동장치 및 속도를 제어하는 제어장치 등으로 구성되어 있다.

롤의 수에 따라서 2단, 3단, 4단, 다단 압연기 등으로 나누며 롤의 회전방향을 바꾸기 위해서는 2단 가역압연기, 3단 가역압연기가 있다.

압연하중은 롤지름과 압력의 크기에 의하여 좌우되며 변형저항이 큰 재료에서는 롤지름을 작게 하며 압연하중의 저하를 도모하지 않으면 안된다. 또한 롤의 지름을 작게 하면 판폭방향의 롤길이가 길어지므로 롤이 휘게 된다. 따라서 받침롤(back up roll)을 가진 압연기를 사용한다.

1 압연기의 종류

압연기는 제품이 만들어진 종류에 의한 분류와 압연의 작업조건 및 압연롤의 사용수 그리고 배치방식에 따라 분류하기도 한다.

가. 생산제품 종류에 따른 분류

(1) 분괴압연기

고능력을 목적으로 하는 고속화, 대형화 및 자동화로 발전하고 있으며, 특히 슬래브 압연기(slabbing mill)에는 유니버설(universal)방식이 많이 쓰이고 있다.

(2) 후판압연기

이것은 롤의 길이가 3,000mm 이상되는 대형 압연기(mill)가 많아지고 폭 방향의 두께 정밀도, 형상의 품질유지가 곤란하기 때문이다.

(3) 열간대강압연기

압연기 중에서도 가장 발전하였으며 압연속도도 600m/min에 지나지 않던 것이 이제는

1,370m/min 이상으로 발전하고 있다. 완전 압연기의 스탠드 수도 8기 이상을 계획하고 있는 정도이다.

(4) 냉간대강압연기

다품종 소량 압연형의 가역식 압연기에서 3~5스탠드의 대량생산용의 시트 압연기(sheet mill), 5~6스탠드의 민 압연기(mean mill)로 구별되며 아주 얇은 석도판의 재료용에 2~3스탠드의 2차 냉간압연기가 이용되고 있다.

(5) 형강압연기

이제까지 형강압연에 사용되었던 캐리버 롤이 유니버설 롤로 바뀌게 되어 능률화, 자동화, 대형화가 이루어졌다. 봉강 압연기(bar mill)에서는 전연속식 배열에 의해서 5~10만 톤의 생산능력을 갖게 되었으며 자동치수 제어, 컴퓨터 제어 등의 활용이 이루어지고 있다. 즉, 분괴압연기, 로드압연기(rod mill), 봉강압연기, 시트압연기 등이 있다.

나. 압연기의 형식에 따른 분류

(1) 비가역 2단 압연기

가장 간단한 설비로 각종 금속의 열간 및 냉간압연에 이용되고 있다. 크기가 같은 두 개의 롤을 상하로 설치하고 회전방향이 한쪽만으로되어 재료의 한번 왕복으로 압연된다. 이 압연기에서는 롤의 손상을 방지하기 위하여 일반적으로 지름이 큰 것을 사용한다. 얇은 재료는 여러장 겹쳐서 압연한다. 가역 2단 압연기와 같은 구조이지만 롤의 압연방향을 바꾸기 위하여 역전 가능한 원동기 혹은 가역장치가 있는 것으로 이것은 주로 소형 재료의 압연에 사용된다. [그림 4-24의 (a) 참조]

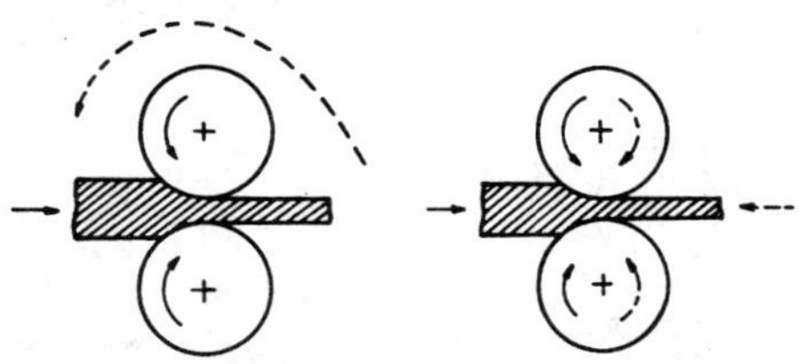

(a) 비가역　(b) 가역

그림 4-24 2단 압연기

(2) 가역 2단 압연기

압연방향을 바꾸기 위하여 롤의 회전방향을 바꿀 수 있도록 원동기 또는 여러 가지 부수 장치가 되어 있는 압연기로서 주로 소형 소재의 압연에 사용된다. [그림 4-24의 (b) 참조]

(3) 2중 2단 압연기

2단 압연기를 겹쳐서 조립한 압연기로서 이것도 역시 소형 재료의 압연에 사용된다.

(4) 3단 압연기

재료를 롤 사이로 왕복시키면서 교대로 압연시킨다. [그림 4-25]와 같이 3개의 롤로 구성되었으며 상단 롤과 하단 롤은 동력으로 구동되고 중앙 롤은 마찰에 의해서 서로 반대 방향으로 회전하므로 롤을 역전시키지 않아도 재료를 왕복시킬 수 있다. 이런 형식의 압연기는 분괴압연에서부터 선재 및 각종 단면의 섹션 바(section bar)의 압연에 사용되며, 특히 얇은 판재의 압연에는 지름이 큰 롤을 사용하면 힘과 동력의 소비가 많아지므로 중간의 작업롤의 지름이 작은 것을 사용한다.

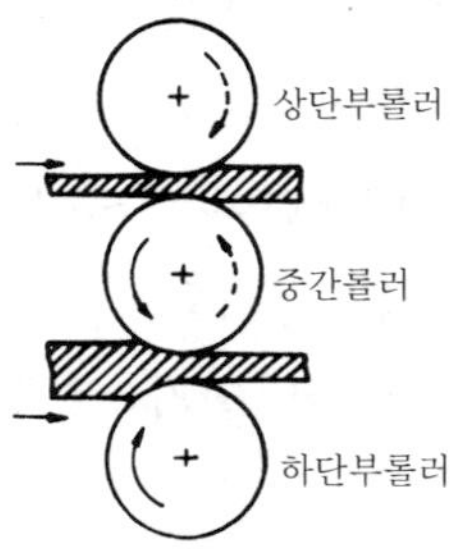

그림 4-25 3단 압연기

재료를 한번 통과시킬 때 마다 상단 롤을 조금씩 내려서 지름이 작은 작업롤의 압연압력으로 인한 재료의 굽힘을 방지 할 수 있다. 또 작업롤을 상하로 이동시켜 왕복운동하는 재료의 패스를 조절한다.

(5) 4단 압연기

지름이 작은 롤은 큰 롤보다 강도와 강성이 작기 때문에 지름이 큰 보조롤(back up roll)로써 받쳐주어야 한다. 또한 상·하에 지름이 큰 보조롤이 있으므로 작업롤의 굽힘을 어느 정도 방지할 수 있다. 이러한 형식의 압연기는 압연롤의 표면이 아름답기 때문에 주로 냉간

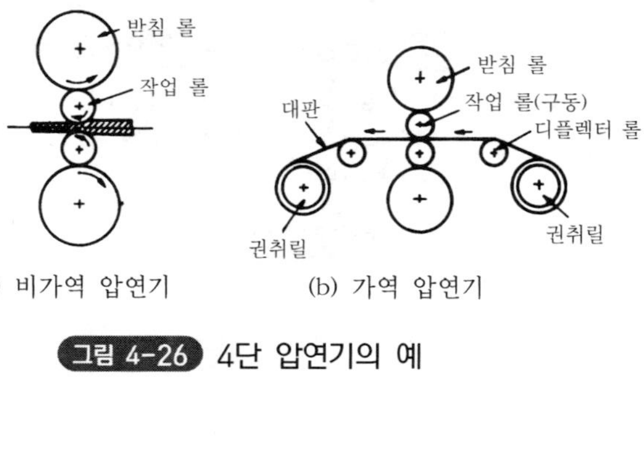

(a) 비가역 압연기 (b) 가역 압연기

그림 4-26 4단 압연기의 예

압연에 많이 쓰이고 [그림 4-26]의 (b)와 같이 코일장치를 하여 스트립에 장력을 주면서 연질의 얇은 판재를 매우 정확한 치수로 압연할 수 있다. 또한 이것은 롤에 동력장치가 없으며 전단면의 장력에 의하여 압연한다. 작업롤의 지름은 작게 할 수 있으나 압하력은 작다.

(6) 다단 압연기

지름이 작은 작업롤의 굴곡을 막기 위하여 [그림 4-27]과 같이 작업롤 중앙선의 반대편 연장선의 중심을 갖고 작업롤과 접촉하는 2개의 받침롤을 들 수 있다. 받침롤의 크기가 일정할 때 작업롤의 크기가 작아지면 각 α는 증가하므로 받침롤의 최소크기가 존재한다. 이와 같은 방법으로 작업롤의 크기가 증가할 때 각 α가 증가하므로 롤의 하중이 증가하여 지름을 증가시켜도 아무런 잇점이 없는 한계점이 존재한다. 롤에 가하여지는 하중으로 인한 제한 뿐 아니라 6단 압연기에서는 작업롤과 받침롤 간의 상대적 크기에 대한 기하학적 한계가 있다. 이러한 이유로 작업롤을 작게 하려면 받침롤도 작아야하므로 작업롤을 받칠 능력이 줄어들게 된다. 이러한 결점을 해결하려면 많은 받침롤을 사용해야 하므로 12단이나 20단식의 다단 압연기가 개발되었다. [그림 4-28]은 여러 가지 다단 압연기를 표시한 것이다.

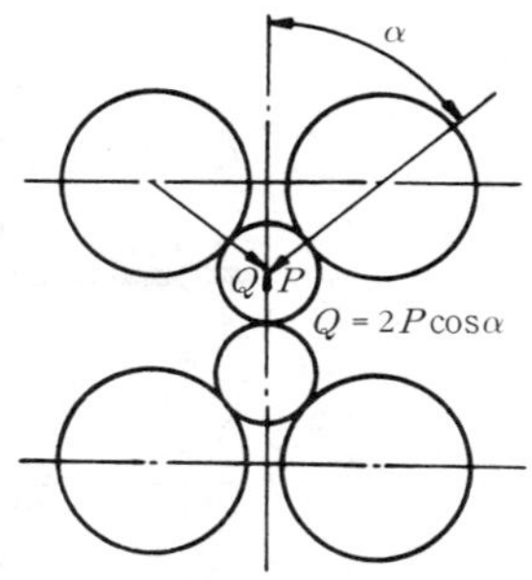

그림 4-27 받침롤의 작용

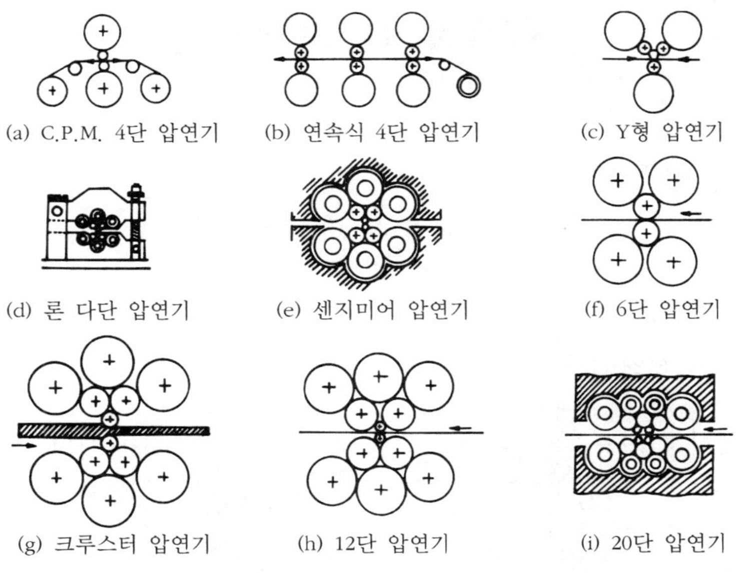

그림 4-28 다단 압연기

(7) 유성압연기(planetery mill)

[그림 4-29]에서 롤의 배치를 나타낸 것과 같은 지름이 큰 상하의 받침롤의 주위에 다수의 지름이 작은 작업롤(working roll)을 베어링 같이 배치해서 작업롤의 공전과 자전에 의해서 판재를 압연하는 구조로 되어 있으며 종래의 압연기와는 근본적으로 다른 구조이며 1패스로써 큰 압연율이 얻어진다.

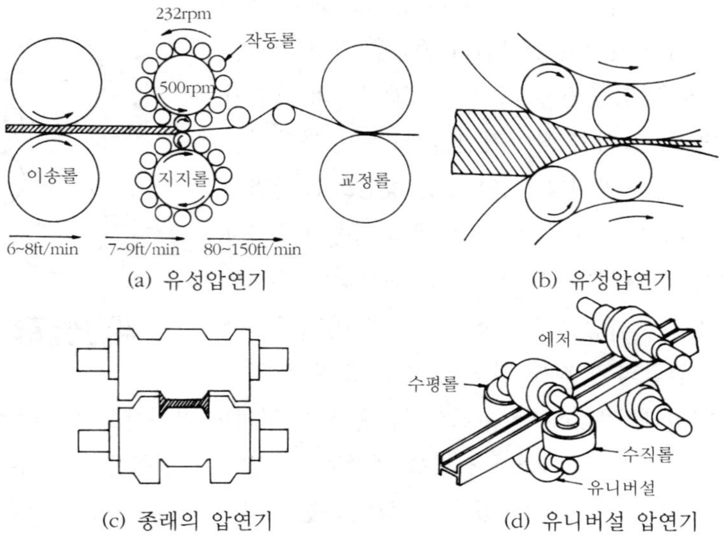

그림 4-29 각종 압연기의 비교

2 압연기의 구조

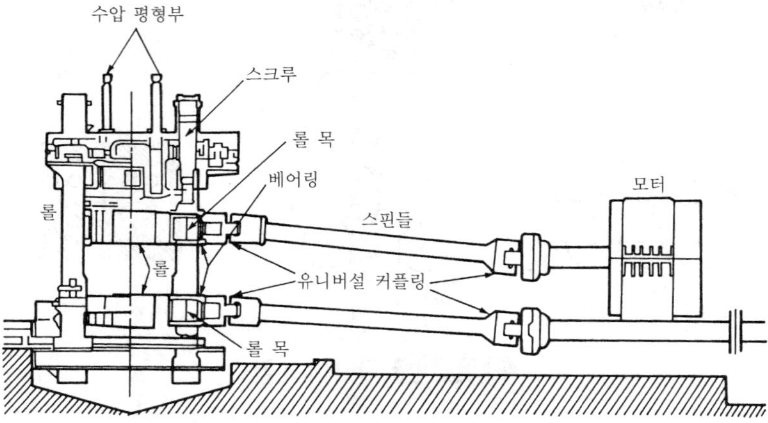

그림 4-30 압연기의 구조

압연기는 롤과 베어링 등을 지지하는 하우징 및 롤의 회전을 전달하는 피니언과 그 스탠드, 원동기 및 이들을 연결하는 스핀들과 커플링 등으로 이루어져 있다. [그림 4-30]

가. 롤

롤은 [그림 4-31]과 같이 롤 몸체, 롤 목, 연결부의 세 부분으로 되어 있다.

롤은 강력한 압연 작업에 견디지 않으면 안 되므로 강도, 내압성, 내마멸성, 내충격성, 표면의 균열에 대한 저항성 등이 우수해야 한다.

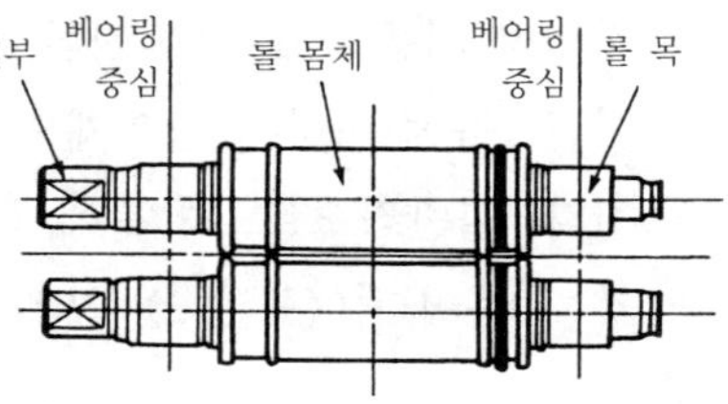

그림 4-31 롤의 각부 명칭

압연에 사용되는 롤은 압연 재료의 재질, 치수, 온도, 압연 공정, 윤활 조건 등에 따라 여러 종류가 있으며, 롤은 표면의 상태 및 모양에 따라 원통형 롤 [그림 4-32]과 공형 홀로 구분한다.

또, 롤의 재료에는 일반적으로 주강, 주철, 단강이 있다. 단강 롤은 비싸지만 주철, 주강 롤보다 강하여, 압연력이 큰데 비하여 지름이 작을 때에 사용한다.(〈표 4-1〉 참조)

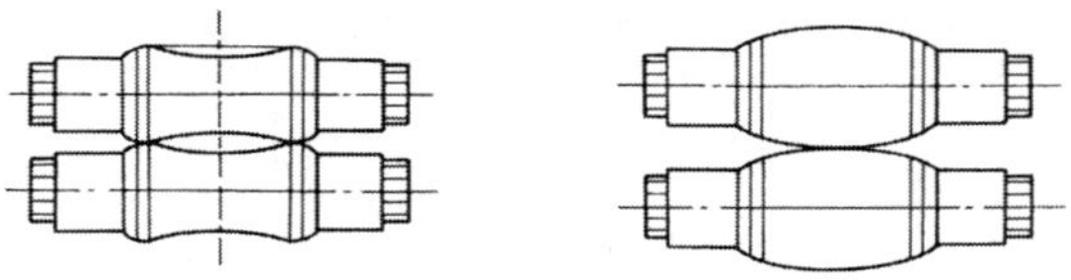

(a) 열간 압연 롤 (b) 냉간 압연 롤

그림 4-32 원통형 롤

표 4-1 롤의 재질

롤 \ 성분	C%	Mn%	Si%	P%	S%
단 조 롤	0.54 0.64	0.65 0.63	0.14 0.24	0.036 0.039	0.016 0.025
세미칠드롤	3.02 2.93	0.62 0.76	0.75 0.42	0.313 0.344	0.05 0.039
칠 드 롤	3.09 3.42	0.60 0.51	0.50 0.60	0.513 0.362	0.039 0.066
주 강 롤	0.59 0.66	0.61 0.62	0.31 0.34	0.44 0.35	0.020 0.027

① **롤의 크기** : 롤의 크기는 압연기의 종류나 재료의 크기에 따라서 다르며 지름 20cm의 조강 롤에서부터 지름 120cm의 분괴 롤까지 여러 가지가 사용되고 있다.

판 두께가 큰 재료일수록 큰 롤을 사용하며, 그 이유는 신속히 판 두께를 줄일 수 있기 때문이다.

또, 롤 지름의 크기는 연신과 폭 늘림에 큰 관계가 있으므로 제품의 치수 형상에 따라 적절한 지름의 롤을 선정할 필요가 있다. 상부 롤과 하부 롤의 지름이 다를 경우 지름이 큰 롤에 접하는 압연재의 부분이 더 많이 늘어나서 지름이 작은 롤 측으로 구부러진다. 일반적으로, 평 롤에서는 이 지름의 차가 10mm 이하, 요철 롤에서는 32 ~ 35mm가 보통이다.(〈표 4-2〉 참조)

표 4-2 각종 롤의 치수(mm)

제품별	압연기의 종류	롤 몸체부		롤 목부		롤 연결부	
		지름	길이	지름	길이	지름	길이
대 형	역전식 분괴롤	900 900	2,500 2,500	480 400	450 400	450 380	290 250
중 형	3단식 조 롤	600	1,800	340	310 및 360	320	200
	연마 롤	470	600	250	250	235	170
	다듬질 롤	470	1,100 1,200 1,250 1,400	250	250	235	170
소 형	3단식 조롤 1	530	1,300	256	250 및 310	235	200
	3단식 조롤 2	400	1,150	220	190	192	130
	연마롤	280	500	156	170	150	120
	다듬질 롤	280	500 800	156	170	150	120

② **롤의 변형** : 롤은 압연 작업 중에 높은 열을 받기 때문에 롤 자체의 표면 온도도 상승되어 열팽창하게 된다. 이 때의 롤 표면 온도는 대체로 양단보다 중앙부가 높게 되는데, 이에 따라 열팽창도 중앙부가 양단보다 커지게 된다. 또, 압연재의 폭은 롤 동부의 길이보다 좁으므로 압연 압력은 롤의 양단에 가깝게 가해져서 롤이 휘게된다. 롤이 휘면 압연재의 중앙부가 두꺼워지고 양단이 얇아진다.

롤 지름이 작을수록 이 경향이 커지므로 작은 지름의 롤을 사용하는 경우에는 큰지름의 보강 롤을 사용하여 이 결점을 방지하고 있다. 평 롤의 경우 균일한 판두께로 압연하기 위해서 중앙부를 양단보다 약간 볼록하게 하고 있다.

③ 롤의 종류

㉠ 주강 롤, 분괴 롤, 공형 롤, 깊게 패인 공형이 있는 롤 등에 사용되는 롤이다. 합금 성분으로는 Cr, Mi, Mo이 있으며, 특히 콤퍼지트(composite) 롤이라는 Cr 1.50 ~ 2.50%, Ni 4.0 ~ 5.0%의 합금 강재 롤이 냉간 압연용으로 많이 사용된다.

㉡ 애더마이트 롤 : 이 롤은 주강 롤과 주철 롤의 중간 것이며 가끔 반강 롤이라 불리어진다. C 함유량은 1.5 ~ 2.5%이다.

이 애더마이트 롤은 전체가 희고 경화되어 있으며, 내열성 및 내마모성을 얻기 위해서 Ni, Cr 혹은 Ni, Cr, Mo를 약간 포함시키고 있다.

조압연 롤 및 중간 롤에 주로 쓰이며 경우에 따라서는 다듬질 롤로도 사용된다.

㉢ 주철 롤 : C 함유량이 2.5 ~ 3.5%이다. 사형 롤과 칠드 롤 등이 있다.

④ **롤의 조정** : 압연기에 짜 넣어진 작업 롤을 목적에 따라서 올렸다내렸다 하면서 작업 롤 사이의 간격을 조정한다.

이 때의 롤 조정은 톱날 모양의 나사를 가지고 있는 압하 스크루로 한다. 이 스크루의 구동 방법에는 전동식과 유압식이 있다.

표 4-3 롤 절손의 종류와 원인

결손의 종류	원인
롤 넥의 결손	주물의 불량 작업 온도 불균일 롤 조절 불량
넥과 롤 몸체 경계의 절손	각종 진동 및 충격 하우징 조절 불량
롤 몸체 절손	비교적 저온 재질 또는 부주의 작업 작업 온도 및 압하율이 클 때 상단 롤 및 하단 롤의 수평이 안맞을 때
롤 표면 거칠기	재료의 과열 롤의 경도 부족

나. 롤 베어링

압연기의 롤 목용 베어링은 스케일, 고하중, 고열 등의 조건에서 작업해야 하므로 보수하기에 편리하도록 설비되어야 한다.

지금까지는 메탈계의 평 베어링이 많이 사용되었으나, 최근의 열간 압연기에서는 [그림 4-33]과 같은 합성수지 베어링이 많이 사용되고 있다.

그 이유는 메탈계 베어링에 비하여 마찰 계수가 작고, 마멸량이 적으며, 취급이 간편하고

물로 윤활할 수 있어 경제적이기 때문이다.

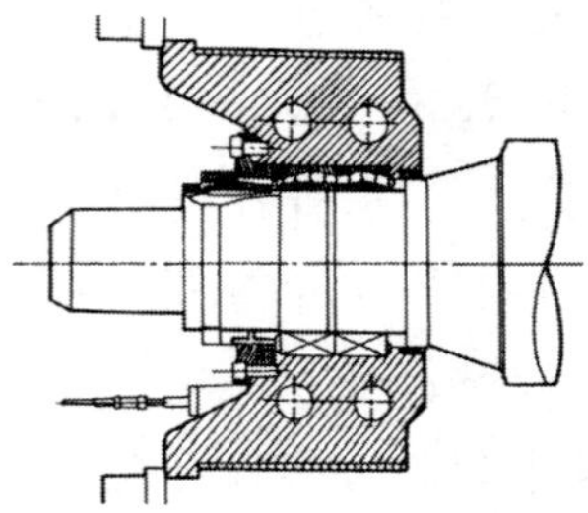

그림 4-33 롤 베어링

표 4-4 롤의 종류와 특성 및 용도

롤의 종류	제조 및 특성	용도
사형 롤	모래 혹은 점통에 주입하여 제조하며 모래에 주입함으로써 높은 인성을 얻게 된다. 반면에 내마모성은 나빠진다.	주로 공형 롤에 사용된다.
세미 칠드 롤	점토를 안쪽에 바른 금형에 주입하여 제조하며 사형 롤로 대체되어 가고 있다.	공형강의 롤 및 강편, 소형가의 조압연 롤에 많이 사용된다.
칠드 롤	용강을 금형에 주입하여 제조한다. 다른 롤에 비해 표면 강도가 특히 높다. 칠층이 확실한 롤과 확실하지 않은 롤로 구변한다.	선재의 다듬질 롤 대형, 중형, 소형의 조압연 롤 등에 사용된다.

다. 하우징

하우징은 롤과 베어링을 수용하여 지지하는 것으로 대개 주강으로 만든다. 하우징은 베어링과 조정 장치에서 전달되는 전 압연력을 지탱할 수 있어야 한다.

하우징에는 밀폐형과 개방형이 있는데, 밀폐형은 롤의 조립을 측면에서 하는 것으로 분괴 압연기와 같은 대형에 사용되고, 개방형은 하우징의 윗부분에 있는 캡을 열고 롤을 집어넣도록 되어 있어 롤을 바꾸는데 편리하다.

라. 베어링 상자

롤 베어링 상자는 하우징 창에 조립되어 있는데, 롤을 지지함과 동시에 압하력을 전달한다.

재료는 하우징과 같은 주강제가 보통이며, 작업 롤 베어링 상자가 들어가는 면과 하우징 내면의 미끄럼부에는 라이너가 있고, 마찰에 대하여 정밀한 조정을 충분히 할 수 있도록 되어 있다.

마. 피니언

동력을 각 롤에 분배하는 기구로, 2단 또는 4단식 압연기에서 2개의 기어, 3단식 압연기에서는 3개의 기어로 되어 있다.

롤의 구동은 일반적으로 2단 및 4단식 압연기에서는 하부 롤을, 3단식 압연기에서는 중간 또는 하부 롤을 구동한다. 최근에는 상·하부의 롤을 개별적으로 구동하는 방식이 널리 쓰고 있다.

바. 스핀들과 커플러

스핀들은 전동기로부터 피니언 또는 피니언과 롤을 연결하여 동력을 전달하는 것으로, 주강제 또는 단강제가 있다. 스핀들의 종류에는 유니버설 스핀들, 연결 스핀들, 기어 스핀들의 세 종류가 있다.([그림 4-34] 참조)

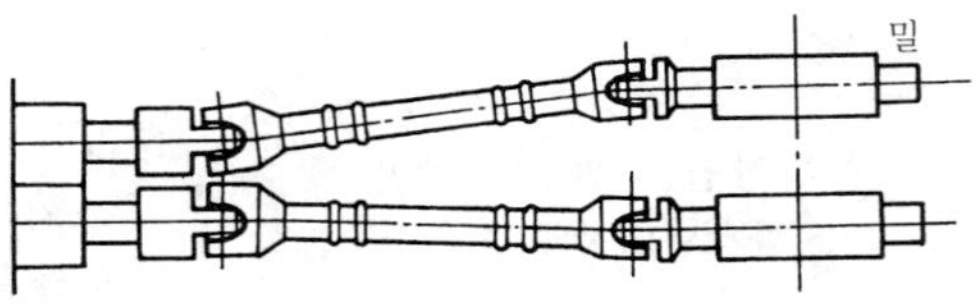

그림 4-34 유니버설 스핀들

사. 구동 설비

압연기는 보통 롤과 커플링 박스를 가진 롤 스탠드, 구동 스핀들, 커플링 박스를 가진 피니언 스탠드, 관성차, 감속 기어 및 모토로 구성된다.

압연기 구동에는 이전에는 주로 수력, 증기, 가스 엔진을 사용하였으나 오늘날에는 전기 모터를 사용하고 있다. 모터는 관성차가 달린 것과 달려 있지 않은 것으로 구별되며, 전자는 항상 돌도 있는 압연기에만 사용한다. 관성차는 패스시에 급격하게 일어나는 단시간 부하에 기인하는 비교적 큰 에너지를 조화시켜서 그 영향을 모터에 직접 미치지 않게 한다. 관성차가 없는 압연기는 분괴 압연기와 같이 역전식 압연기 이외에 연속 압연기나 회전수 범위가 넓은 것에 사용한다. 원동기로부터의 회전 모멘트는 주 커플링을 거쳐서 피니언 스탠드로 전해지든지 아니면 감속 기어를 거쳐서 피니언 스탠드로 전해진다.

3 압연 설비

산업의 급속한 발전에 따른 강판의 수요 증가와 함께 압연 설비는 많은 발전을 해왔으며, 특히 냉간 압연기의 현저한 발전이 이루어졌다.

가. 열간 압연 설비

(1) 열연 설비

① 가열 설비

표 4-5 가열 설비의 개요와 특징

형식	개요	특징
배치(batch)로	1. 재료는 상방에서 장입 2. 피트(pit)식으로 분해 장입 추출 가능	1. 노형의 종류가 많다. 2. 온도의 조정 범위가 넓다. 3. 능률이 낮다.
푸셔(pusher)로	1. 재료 장입은 푸셔로 압입 2. 2,3,5 대식인데 현재 5대식이 많다.	1. 노 구조가 간단하다. 2. 노의 열효율이 높다. 3. 능률은 급속 가열에서 높다.
워킹 빔(walking beam)로	1. 이동 고정의 2가지 스키드(skid)가 있다. 2. 버너는 루프(roof), 사이드 버너가 많다.	1. 노 구조가 복잡하다. 2. 스키드 마크 이면홈에 유리 3. 대용량이 가능하다.

② 조압연기

표 4-6 조압 연기의 형식과 특징

형식	특징
전연속식	1. 건설비, 유지비가 많이 든다. 2. 생산 능력적으로 네크가 걸림이 없다. 3. 상하 입구 온도의 변동이 비교적 적다. 4. 라인 길이가 가장 길다.
반연속식	1. 건설비, 유지비가 적게 든다. 2. 생산 능력에 따라 네크가 걸린다. 3. 상하 입구 온도가 변동된다. 4. 사용 조건이 가혹하여 고장으로 미스 스톱의 빈도가 크다. 5. 라인 길이가 가장 짧다.

$\frac{3}{4}$ 연속식	1. 건설비, 유지비는 전, 반연속식의 중간이다. 2. 생산 능력적도 반연속보다 양호하다. 3. 사용 조건에 있어서도 반연속식보다 개선되었다. 4. 라인 길이는 전, 반연속식의 중간이다.
크로스 커플 (clossed couple)	1. 건설비가 많다. 2. 단시간에 압연되고 온도 강하가 적다. 3. 라인 길이가 연속식에 비해 짧다.

③ **사상 압연기** : 사상 압연기는 규정된 제품의 치수(두께, 폭)으로 압연함은 물론이고, 적절한 온도를 확보하여 재질 특성을 만족해야 하며 아울러 양호한 형상으로 압연해야 한다. 주요 설비로는 크롭 시어(crop shear), 스케일 브레이크, 사상 압연기, 롤 교체 장치가 있다.

④ **권취기** : 사상 압연기에서 압연된 스트립은 권취기에 의하여 고속으로 권취된다. 권취기 입구측에는 상하 롤 지름이 다른 핀치 롤이 있어 스트립의 윗부분을 권취기로 유도한다. 또, 핀치 롤 전면에는 사이드 가이드가 있어 스트립의 중심을 원활히 함으로써 권취 형상을 양호하게 한다.

⑤ **시어 라인** : 시어 라인은 열간압연 코일의 길이 방향에 대하여 직각으로 절단하는 설비로서 언코일러, 사이드 터리머, 레벨러, 업 컷 시어, 플라잉 시어로 구성되어 있다.

⑥ **슬리터** : 라인 슬리터 라인은 열간압연 코일 또는 냉간압연 코일을 길이 방향으로 자르는 설비로서 커터는 둥근 칼로 사용한다.

⑦ **핫 스킨 패스 라인** : 일반적으로 조질 압연 설비라고 하며 열간압연된 코일의 형상을 교정하는 설비이다.

스킨 패스 라인은 압연기를 가지고 있어 일반적으로 1.0 ~ 1.5% 정도의 가벼운 냉간압연을 행하여 형상을 개선하고 미려도를 증가시켜 품질을 향상시킨다.

(2) 교정 설비

압연된 판재나 형강을 바르게 교정하는 교정 설비는 다음과 같이 재료에 회전을 부여하는지의 여하에 따라 크게 회전식과 비회전식으로 분류할 수 있다.

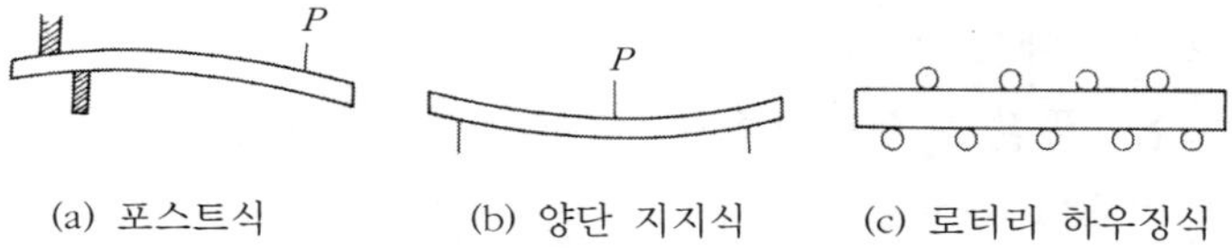

그림 4-35 교정 설비

① 비회전식

㉠ 포스트식 : 비대칭으로 지지되는 재료의지지 반대쪽에 하중을 가하여 교정하는 방식으로 하중은 사람에 의하여 가해진다.

작업자의 눈에 의하여 굽힘을 판단하므로 정밀도 및 능률이 떨어지고 교정 가능 범위도 적다. 주로 소구경관, 얇은 판재 등의 교정에 사용된다.

㉡ 양단 지지식 : 양단 지지축의 중앙에 하중을 가하여 교정하는 방법으로 가장 기본적인 방법이다. 정밀도 및 능률은 포스터식과 동일하게 작업자의 숙련도에 따라 결정된다.

㉢ 롤식 : 다수의 롤을 지그재그로 배치하여 인접하는 롤 간에서 반대되는 굽힘 변형을 주어 교정하는 방식으로 밴딩이 작은 경우는 교정 가능하지만 심할 경우는 밴딩이 남기 쉽다.

㉣ 로터리 하우징식 : 장구형 롤을 패스 라인에 대하여 경사를 주어 하우징에 맞추고 하우징을 간의 주위에 회전시켜 가공하는 방식이다.

㉤ X밴드식 : 관에 내압을 가하여 교정하는 방식으로 대칭인 얇은 관과 UO 프레스 방식의 용접관 등의 교정에 사용한다.

㉥ 스트레치식 : 관의 축 방향에 인장 하중을 주어 교정하는 방식이다. 일반적으로 3%의 소성 변형을 가하므로 관의 기계적 성질이 변한다.

㉦ 가열식 : 관을 아세틸렌 가스 등으로 국부적으로 가열하여 배형을 제거하는 방식이다. 공사 현장에서 재료를 굽힐 때 많이 사용한다.

㉧ 경사 롤식 : 2개 롤식과 다수의 롤식으로 배열된다.

다수의 롤식은 장구형의 롤을 3개 이상월 롤을 조합하는 것으로서 롤을 좌우에 배열하는 횡형, 상하로 배열하는 종형으로 분류되고 롤의 배치는 1조의 롤이 마주보는 대향형과 지그재그로 배열한 천조형, 또는 대향형과 천조형을 조합한 형이 있다.

(3) 전절단 설비

① 전절단의 목적

㉠ 불량부의 절단 : 제품의 톱(top)부, 보텀(bottom)부는 품질적으로 불안정하므로 이를 절단 제거한다.

㉡ 시료의 채취 : 품질 보증을 위하여 각종 시험편을 채취한다.

㉢ 제품 길이의 절단 : 각종 사양, 규격 또는 수요자의 요구에 따라 소요 길이로 절단한다.

㉣ 폭의 절단 : 각종 사양, 규격 또는 용도에 따라 소요폭으로 절단한다.

② 절단기의 종류

㉠ 바이트 : 바이트를 고정하고 재료를 회전시키는 방식과 재료를 고정시키고 바이트를 회전시키는 방식으로 분류된다. 바이트 절단기는 강종 및 치수에 대하여 가장 범용성이 있다. 절단면도 양호하고 공구의 경제적인 면에서도 가장 안정적이므로 널리 사용된다.

㉡ 톱 절단기 : 톱에 의한 재료의 절단에는 일반적으로 원형의 톱이 사용되며 절단 방식으로서는 프리 쿠션(free cushion)식과 세그먼트(segment)식으로 분류된다.

㉢ 저석 절단기(wheel cutter) : 톱 절단기와 구조는 비슷하며 두께 0.7 ~ 4.5mm의 극히 얇은 원주상의 저석을 고속 회전시켜 절단한다.
일반적으로 재료를 고정하여 저석을 상하 작동시키는 방식이다.

㉣ 가스 절단기 : 절단 속도가 다른 절단기에 비하여 아주 늦지만 설비비가 적고, 강종, 치수에 거의 제약이 없는 것이 특징이다.
아세틸렌 가스 절단기가 후물재의 절단과 시료 채취에 널리 사용된다.

(4) 자동 제어 설비

생산 규모가 커지고 품질 정도를 확보하기 위해서 압연 설비에는 계산기 제어가 도입되었다.

특히, 열간 박판압연 설비에는 일찍부터 발달되었는데, 그 이유는 생산성 증대로 작업 능률 향상, 온라인 계측 기기의 발달(X-선 두께계, 온도계, 로드 셀) 및 압연 이론이 잘 적용되기 때문에 널리 활용되고 있다.

[그림 4-36]에 압연 설정의 자동 제어 기본 흐름도를 나타내었다.

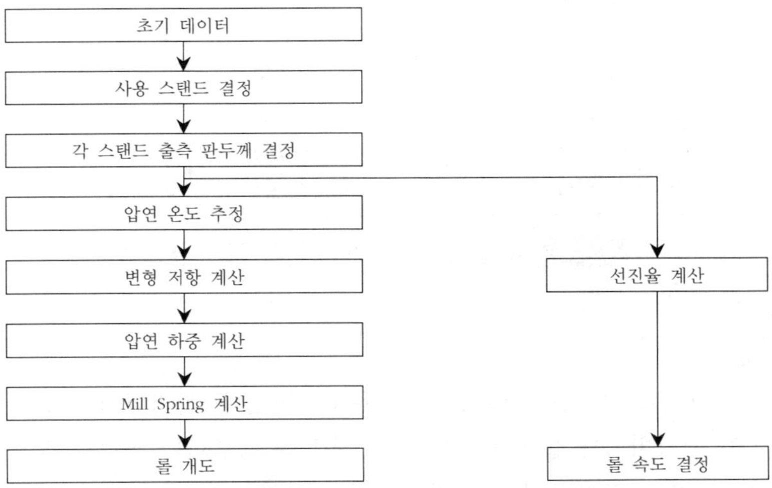

그림 4-36 압연 설정의 기본 흐름도

나. 압연용 가열로

압연용 가열로는 가열 재료의 종류, 사용 연료, 가열 방법, 구조 등에 따라서 세분할 수 있지만, 크게 균열로와 가열로로 양분할 수 있다.

균열로는 강괴를 가열하고 강괴 내외부의 온도를 균일하게 유지하며, 가열로는 주형에서 빼내어 냉각된 강괴 또는 강편 등을 재가열하는데 쓰인다. 이들 노는 어느 것이나 단조 또는 압연용 재료를 균일하게 가열해야 하며, 표면과 내부와의 온도 차를 될 수 있는 대로 작게 해야 한다.

(1) 균열로

균열로의 역할은 강괴를 분괴 압연하기에 알맞은 온도로 균일하게 가열하고, 다음 출강 시까지 제강 공장에서 공급되는 강괴를 잠시 모아 두었다가 계속해서 분괴 압연 공정으로 보내는 것이다.

균열로가 구비해야 할 조건은 열효율이 높을 것, 온도 제어가 용이할 것, 노 내의 온도 분포가 균일 할 것, 수명이 길고 유지 및 수리가 간단해야 할 것 등이다.

균열로의 규모는 하나의 가열실에서 4 ~ 20개의 강괴를 장입할 수 있는 것으로, 공기의 예열 방법에 따라 축열식과 환열식이 있다. 연소 방법으로는 상부 연소식과 하부연소식으로 나눈다.

열효율이 좋지 않은 축열식 균열로는 근래에는 거의 사용하지 않고 대부분 환열식 균열로를 사용하고 있는데, 이 중에서도 특히 상부 1방향 연소 환열식 [그림 4-37]을 사용하고 있다.

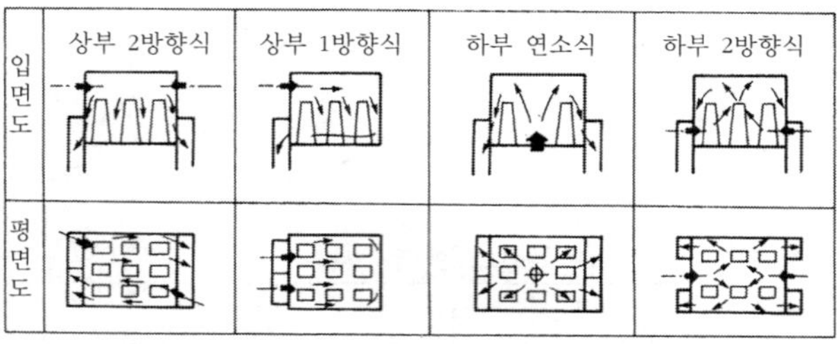

그림 4-37 균열로의 가스 흐름에 따른 분류

(2) 가열로

가열로는 열간 압연할 수 있는 필요한 압연 온도로 균일하게 가열하기 위하여 사용한다. 연료는 주로 혼합 가스와 중유를 사용하며, 가열 온도는 강종이나 제품의 크기에 따라 다르지만 1200 ~ 1300℃이다. 가열로에는 배치식과 연속식이 있다.

① **배치식** : 처리물이 정지 상태에서 가열되는 형이다. 대량 생산에는 부적당하지만, 연

속적으로 처리하기가 곤란한 특수 재질, 대형의 두꺼운 판과 같은 특수한 치수를 가진 재료의 보조적 가열에 사용된다.

② **연속식** : 크기가 비슷한 강편을 이동시키면서 가열하는 가열로로서, 노벽 또는 천장에 부착된 버너에서 나오는 화염에 의해 소재가 장입 쪽으로 추출쪽으로 이동하는 동안 가열된다.

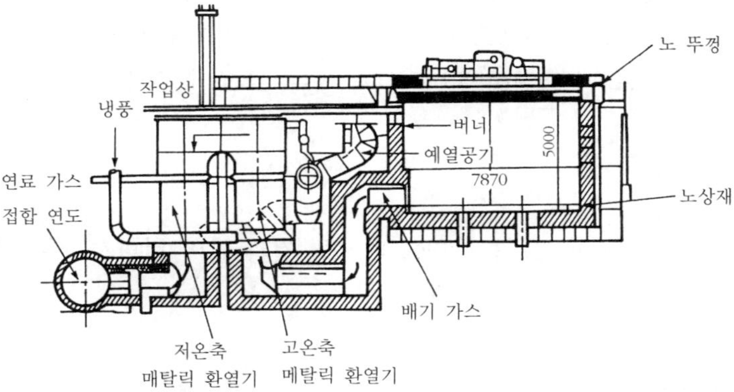

그림 4-38 상부 1방향 연소 환열식 균열로

4 연속 주조 및 압연기

주괴를 주조한 뒤 압연하기 위해 재가열하는 낭비를 없애기 위해 [그림 4-39]와 같이 주조를 연속적으로 하고 바로 분괴 압연을 할 수 있는 방식을 연속 주조접이라 한다.

연속 주조는 고도로 자동화되어 생산성이 높고, 열의 이용률이 높아서 최근에는 많은 압연 공장에서 연속 주조 설비를 이용하고 있다.

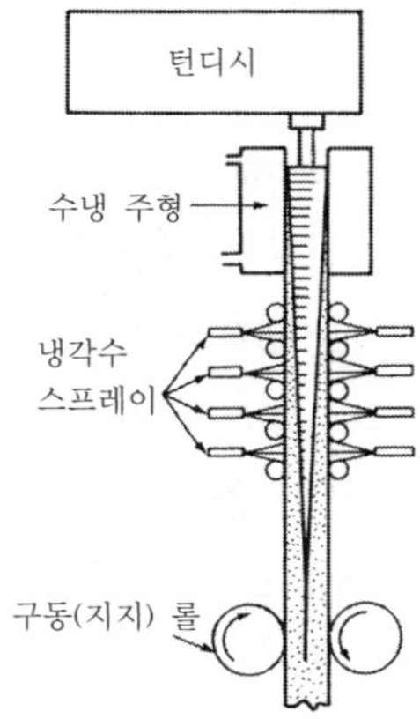

그림 4-39 연속 주조의 구성

가. 연속 주조의 특징

연속 주조법이란, 용강을 일정한 형상의 수냉 주형에 연속하여 주입하고, 반응고된 주편을 주형 하부에서 연속적으로 빼내어 블룸, 슬래브, 빌릿 등을 얻는 주조법이다.

연속 주조 공정에서는 출탕된 금속을 빌릿과 단면 크기가 같은 주물로 직접 주조하기 때문에 주괴 주물, 균열로와 분괴 압연기를 생략할 수 있다.

연속 주조법의 장점은 다음과 같다.

① 단면의 중심부가 액상일 동안 주형 아래에서 냉각을 조절함으로써 열전달이 이상적으로 이루어져 건전한 강을 생산할 수 있다.

② 빠르게 냉각시킴으로써 결함과 편석이 매우 미세하고, 균일한 결정 조직을 얻을 수 있다.

③ 연속 주조 중 사용되는 주형은 그 형태상 최양질의 강을 주조하는데 사용되는 상광형 주형과 비슷하다. 또, 연속으로 용탕이 공급되어 파이프의 발생을 막을 수 있다.

④ 주괴가 작을수록 물리적 성질이 좋아지는데, 연속 주조된 주괴는 대개 단면 크기가 작다.

나. 설비

연속 주조의 기본적 설비는 [그림 4-39]에 나타낸 것과 같이 턴디시, 주입 노즐, 주형 스프레이 냉각대, 핀치롤, 절단 장치로 되어 있다.

(1) 턴디시(turndish)

레이들에서 용강을 받아서 주형으로 분배하는 것으로, 생산성을 향상시키기 위해 점차 대형화되고 있다.

(2) 주입 노즐

턴디시를 통과한 용강을 주형에 공급하는 부분으로 개방형, 침적형 등이 있다.

(3) 스프레이 냉각대

다수의 롤에 의한 롤 열이 내부 미응고의 주편을 지지하고, 용강의 정압에 의한 주편 응고각이 부풀어지는 것을 막고 있으며, 롤 사이에서 냉각수를 분사하여 주편을 냉가시켜 준다.

(4) 핀치 롤

스프레이대의 전방, 후방 또는 중간에서 주편을 뽑아 낸다.

(5) 절단 장치

빌릿에서는 전단기를 사용하는 것도 있지만, 대부분은 가스 토치에 의한 절단을 한다.

5. 윤활

윤활유는 냉간 압연에서 롤과 압연재의 접촉면 사이의 마찰을 감소시켜 낮은 압하력과 압연 동력으로 압연할 수 있게 한다. 또, 제품의 표면을 매끄럽게 하고 마찰열과 변형열을 제거하기 때문에 압연 작업에서 매우 중요한 역할을 한다.

(1) 유체 윤활

완전 윤활이라고도 하는데, 이것은 가장 이상적인 유막에 의해 마찰면이 완전히 분리되어 축수 간극 중에는 수력학적인 유압이 발생해서 하중과의 균형을 이루게 된다 [그림 4-40의 (a)]. 이 때의 마찰은 윤활유의 점도에 관계되고, 마찰 계수는 0.01 ~ 0.005로서 최저이다.

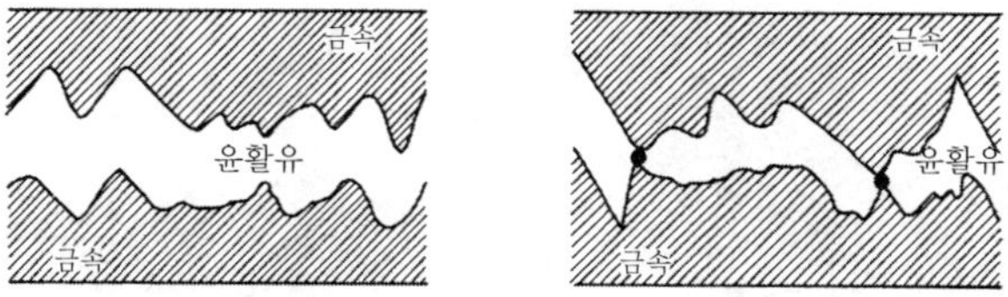

(a) 유체 윤활 상태 (b) 경계 윤활 상태

그림 4-40 윤활 상태

(2) 경계 윤활

불완전 윤활이라고도 하는데, 이것은 완전 윤활 상태에서 하중이 증가하거나 유온이 상승하여 점도가 떨어져 유압만으로는 하중을 지탱할 수 없는 상태를 말한다 [그림 4-40의 (b)].

경계 윤활은 높은 하중의 저속 상태에서 일어나기 쉽고, 시동이나 정지 전후에서 반드시 일어난다. 이 때의 마찰 계수는 0.1 ~ 0.01 정도이다.

[표 4-7]은 각 재료에 따른 윤활제의 종류를 나타낸 것이다.

표 4-7 각 재료에 따른 윤활제

재료	압연 종류	윤활제
알루미늄	냉간 열간	유지산+광유, 광유 유지산+합성유, 유지산+에멀션화제
구 리	냉간 열간	에멀션화제, 광유 에멀션화제
니 켈	냉간 열간	광유+염화파라핀 물, 에멀션화제
강	냉간 열간	에멀션화제, 합성유, 광유 물, 광유, 합성유, 흑연+에멀션화제
스테인리스강	냉간 열간	염화파라핀+광유 물, 에멀션화제

익힘문제

1 압연가공의 의의와 목적을 쓰시오.

2 압연가공의 종류를 들고 설명하시오.

3 다음의 용어를 설명하시오.
① 압연각
② 중립점
③ 물림각
④ 선진율

4. 지름 600mm의 롤을 사용해서 60mm각의 강재를 45mm두께로 압연할 경우
① 압하량, 압하율, 폭확을 구하시오.
② 롤 입구측의 속도가 2.4m/sec 일 때 출구측 속도를 구하시오.

5 판재압연을 할 때 작업롤의 구경을 작게하는 이유를 설명하시오.

6 압연기를 형식에 따라서 분류하시오.

7 롤의 재질을 분류하여 각각 설명하시오.

8 롤의 파손 원인에 대하여 설명하시오.

9 압연기의 구조에 대하여 설명하시오.

10 압연변형 기구(mechanism)에 대하여 쓰시오.

11 압연시 제조되는 반성품에 대하여 설명하시오.

익힘문제

12 특수압연법에 대하여 쓰시오.

13 압연제조공정을 설명하시오.

14 관의 압연에 의한 방법을 쓰시오.

15 가열로를 선택할 때 왜 가열로 능력과 압연 능력을 맞추어야 되는지 설명하시오.

16 압연할 때 강판 코일에 부착되어 있는 압연유를 제거해야 하는 이유를 쓰시오.

17 형강의 압연할 때, 연속 주조 강편을 소재로 할 경우의 장단점에 대하여 쓰시오.

18 품질 관리의 중요성에 대하여 설명하시오.

19 결함의 종류에는 어떠한 것들이 있으며, 각각의 원인에 대하여 쓰시오.

20 압연용 재료를 들고, 각각에 대하여 설명하시오.

21 센지미어 압연기에 대하여 설명하시오.

22 연속 주조의 장점에 대하여 설명하시오.

23 윤활의 역할에 대하여 설명하시오.

memo

금 속 가 공 학

Chapter

05

단조가공

단조가공

제1절 | 단조가공의 개요

1 개요

단조법이란 해머(hammer) 또는 프레스(press) 등을 사용하여 재료에 정적 또는 동적 압력을 가하여 결정립을 미세화하고, 조직을 균일화하여 강화시키는 동시에 여러 가지 필요한 형상으로 성형하는 가공법을 말한다.

일반적으로 쓰이고 있는 금속재료는 다결정질이며 주조된 주괴는 결정립이 큰 수지상결정을 형성하여 내부에는 기공(blow hole), 수축관(shrinkage porosity), 편석(segregation) 등의 결함이 존재하지만 이것을 고온에서 가열 단조하면 결정립을 기계적으로 미세화하고 특히 재결정에 의해서 균등화되며, 여러 가지 결함도 없어지게 되므로 기계적성질은 현저하게 개선된다.

2 단조의 특성

단조법이 다른 가공법에 비하여 우수한 점은 다음과 같다.

가. 재료의 성질

단조한 재료는 주조한 재료나 기계가공, 냉간 프레스 가공한 재료에 비하여 단련하였기 때문에 재료의 입자가 미세화되면 또한 입자의 크기도 균일화되므로 강인한 성질이 얻어진다. 또 주조가공에서는 용해된 금속을 주형에 주입했을 때에 가스의 배출이 나쁘면 기포가 생겨서 재료의 강도를 약하게 하지만 단조가공은 이와 같은 결점이 생기지 않는다.

나. 재료의 조직

단조된 재료의 조직은 흐름이 이상적이고 강도가 크다. 단조한 재료는 제조할 때 힘을 가하는 방법이나 냉각방법에 따라서 재료의 조직을 만들고 있는 입자의 배열이나 결합의 강도 등이 한방향으로 되고 올실의 방향과 같은 흐름이 되는 단류선(flow line)이 생기고, 재료의 조직은 [그림 5-1]과 같다. 기계가공으로써 절삭가공한 재료의 조직흐름은 재료를 제조하였을 때의 압연이나 인발에서 생긴 그대로이다. 절삭에서는 그 부분이 불연속으로 되지만 단조한 성형품의 재료의 조직 흐름은 항상 연속되어 있으므로 가공하여도 재료의 강도를 저하시키지 않는다. [그림 5-2]는 볼트재료 조직의 흐름을 비교하여 나타낸 것이다.

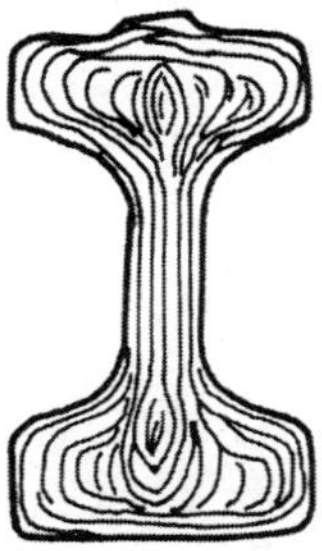

그림 5-1 재료조직의 흐름

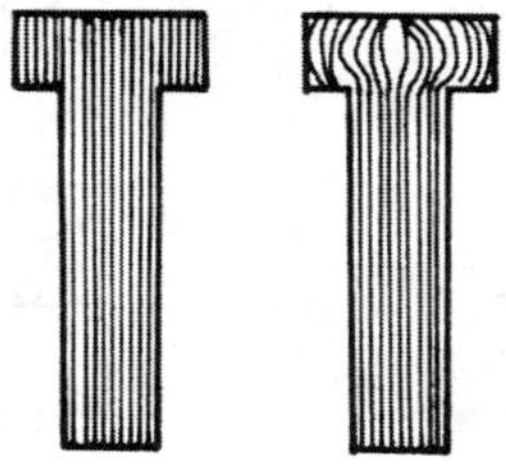

(a) 기계가공 (b) 단조가공

그림 5-2 조직흐름의 비교

다. 재료가 경제적이다.

기계가공은 가공하기 전의 재료를 깎아서 성형하므로 깎아낸 부분만큼 손실이 많다. 단조는 깎는 대신에 두들겨서 늘리므로 소재는 작아도 되기 때문에 경제적이다. [그림 5-3]은 볼트를 성형할 때의 소재를 비교한 것이다.

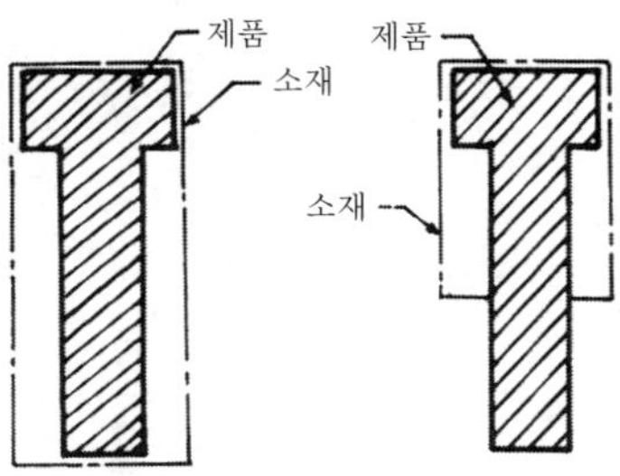

(a) 기계가공 (b) 단조가공

그림 5-3 재료 소재의 비교

라. 재료에 내부 응력이 남지 않고 강도가 크다

주조하여 만든 재료는 용탕이 냉각하여 응고할 때에 재료의 내부와 외부 또는 살두께가 두꺼운 부분과 얇은 부분 등에 따라서 냉각속도가 다르기 때문에 냉각에 따라 재료의 수축에 차가 생긴다. 이 때문에 내부응력이 생긴다.

또 냉간 프레스 가공도 재료를 무리하게 큰 힘으로 가압하여 변형시키기 때문에 재료에 내부응력이 남는다. 이와 같이 내부응력이 남은 재료를 사용하였을 때 재료는 이 재료에 가한 외력 또는 내부응력의 힘의 방향이 일치하였을 때 재료는 매우 약해져 파괴되기 쉽다. 그러나 단조에서는 재료를 소성이 극히 큰 상태에서 가압하므로 내부응력은 남지 않으므로 이와 같은 결점은 생기지 않는다. [그림 5-4]는 주조가공의 제품에 생기 내부응력의 예를 표시한 것이다.

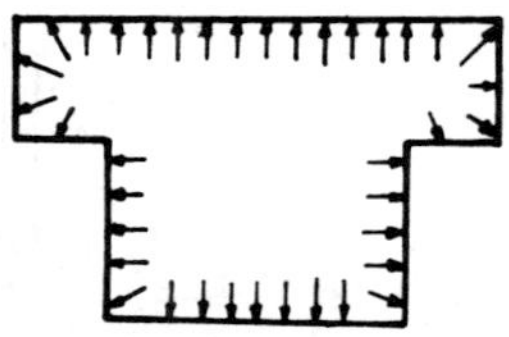

그림 5-4 가공품에 생기 내부응력

제2절 | 단조법의 분류

단조작업은 대부분 열간가공이며 이것은 금속재료가 고온에서 쉽게 늘어나는 성질을 이용한 것이다. 또 가공품을 직접 원하는 모양과 크기로 만들 수 있으며 피단조재의 변형모양에 따라 자유단조(free forging)와 형단조(die forging)의 두 가지로 분류한다.

1 자유단조

일반적으로 자유단조품은 그 종류가 다양하며 다종소량생산하는 경우가 많고 특히 그 중량이 큰 것을 취급하는 경향이 많다. 최근에는 200톤에 달하는 자유단조품을 제조하기도 한다. 자유단조품으로서는 발전기, 디젤엔진, 샤프트류, 화학반응탑, 원자로, 압연롤러 등 중요한 부품으로 사용되고 있다.

자유단조는 상하 2개의 앤빌(anvil) 사이에 피단조재를 끼워넣어 압축성형하는 방법이며, 누르는 방향과 직각으로는 피단조재가 조금도 구속을 받지 않으므로 이것을 자유단조 또는 개방형단조(open die forging)라고도 한다.

이 자유단조는 각종의 기본 단조작업의 조합으로써 이루어지며 각각 그 특징에 따라서 다음과 같은 단조법이 있다.

가. 단신단련(flattening)

이것은 자유단조에 있어서 가장 중요한 작업이며 다음과 같은 두 가지 목적이 있다.

① 강괴에 강한 압하력을 가해서 단신하는 작업으로 큰 단련효과를 얻을 수 있다.

② 완성된 성형작업은 강괴를 강압단신함으로써 내부결함을 단압착 시킬 수 있고 내부의 건전성을 유지할 수 있다. [그림 5-5]에 강재의 지름(D)와 앤빌폭(W)과의 관계를 나타낸 바와 같이 양자의 비가 2.2이상일 때는 오목형(凹)으로 단신되며, 이 비가 1.8 이하일 때는 볼록형(凸)으로 된다. 여기서 凸형으로 단신된 것은 내부의 단련효과

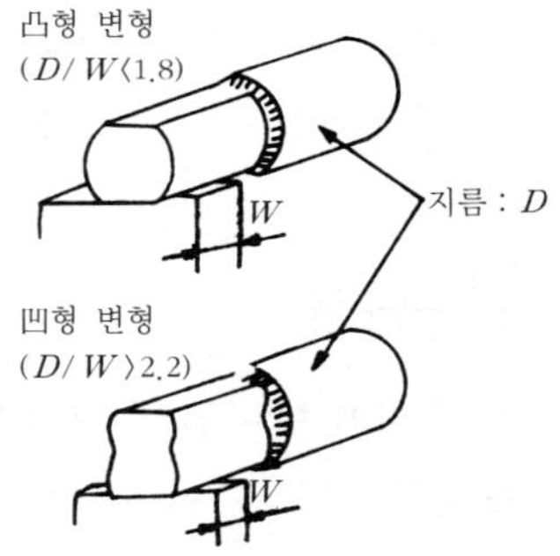

그림 5-5 앤빌 폭과 강재 지름이 단신형상에 미치는 영향

가 있었음을 나타낸 것이다.

강압단신에서는 강재의 지름이 클 경우에는 다음과 같은 온간단련법에 의해 가공한다.

즉, 강재를 약 1,250℃로 균일하게 가열한 후 공기 중에서 냉각시켜 내외의 온도차를 일으켜, 표면온도를 700~800℃까지 강하시켰을 때의 중심온도는 강재의 각이 1,250mm일 때는 약 1,000℃, 1,500mm각 이상일 때는 약 1,250℃이다. 이와 같은 상태에서의 강압은 [그림 5-6]에 표시한 바와 같이 강재내부가 강력하게 단련된다.

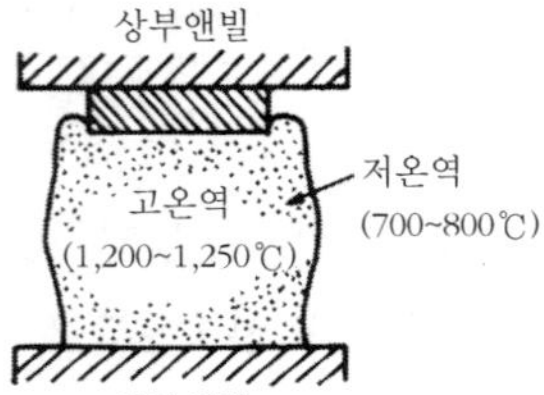

그림 5-6 온간단련법

나. 거입단련(upsetting)

소재를 단조하여 그 단면적을 크게 하고 길이를 감소시키는 것을 말하며, 변형은 높이와 지름과의 비에 의해서 영향을 받는다. [그림 5-7]에서와 같이 강재의 높이와 지름의 비가 2이하이면 내부에 단련효과를 증가시킬 수 있으나 2이상일 경우에는 오히려 내부결함을 확대시킬 우려가 있다.

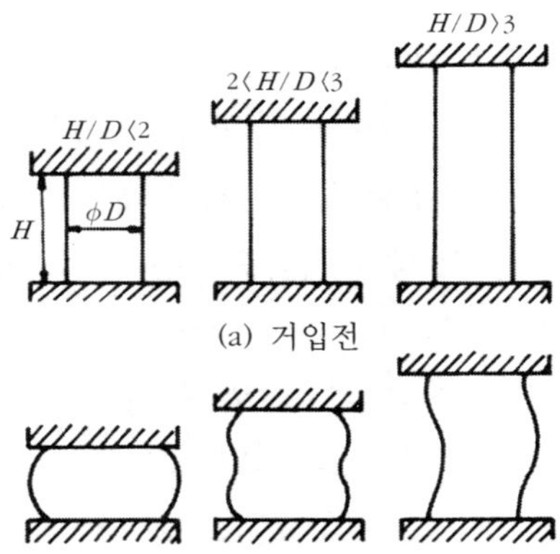

그림 5-7 강재의 높이와 지름과의 비 및 변형과의 관계

다. 전신단련(flattening)

폭이 넓은 공구로 각재를 한쪽 방향으로 압축하고 압축방향에 직각인 두 방향의 변형도에 차이를 생기게 하는 것이다. 원판을 전신할 때에는 [그림 5-8]과 같이 회전대를 하부앤빌에 부착시킨다.

라. 관공단련

[그림 5-9]에 나타난 것과 같이 펀치에 의한 천공작업을 관공단조라 한다. 이 펀치에는 실체펀치와 코어펀치의 두 가지가 있다.

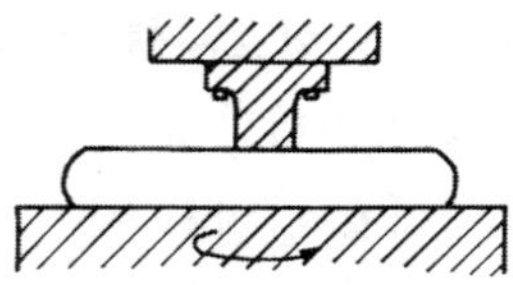

그림 5-8 원판의 전신단련

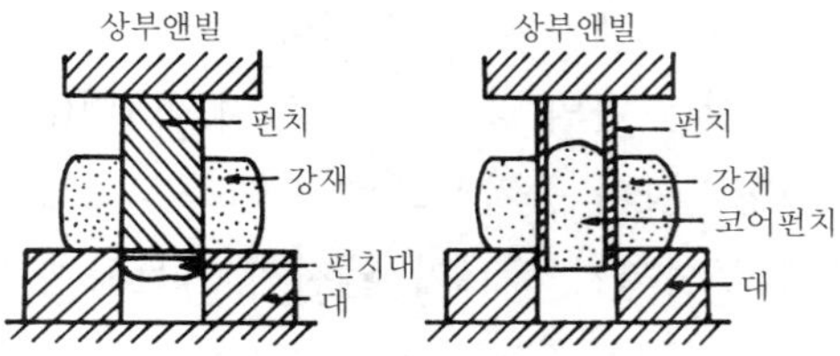

(a) 실제펀치 (b) 코어펀치

그림 5-9 천공작업의 펀치

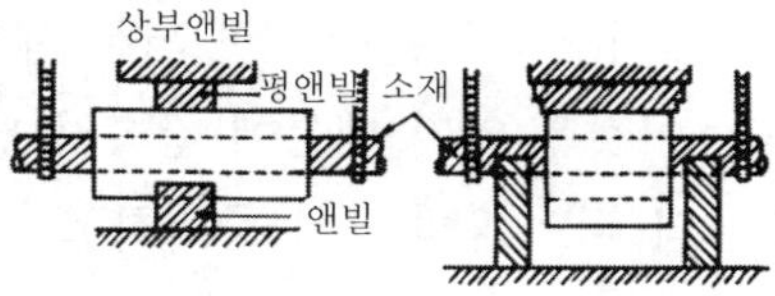

(a) 중공단련 (b) 공광단련

그림 5-10 중공단련과 공광단련

마. 중공단련(mandrel forging)

중공체를 단조하여 중공 그대로의 상태에서 단면적을 감소시키고 길이를 늘이는 것이며 [그림 5-10]과 같다.

바. 공광단련(enlarging forging)

중공체를 단조하여 그 중공부를 넓히는 것이다.

사. 형입단조

대형 자유단조용 프레스를 이용하여 형입단조를 하는 것이다.

2 형단조

두 개의 압축공구면에 오목형(凹)을 조각한 단조형을 단조기계에 설치하고 그 사이에 소재를 넣고 압축 성형하는 방법으로 같은 형태의 제품을 대량생산하는 단조가공법이다.

최근에는 대부분 형단조 가공방식을 이용하며 치수의 정밀도가 높은 성형을 신속하게 단

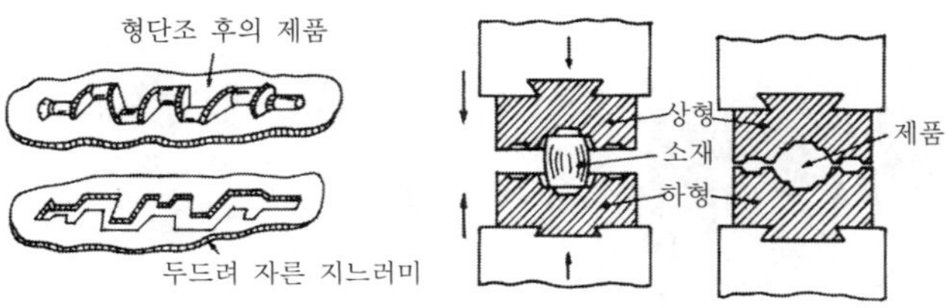

(a) 크랭크축의 형단조품 (b) 형단조 예

그림 5-11 형단조

조할 수 있는 방법으로 생산성이 높다. [그림 5-11]은 소재가 타격에 의하여 밖으로 퍼져서 단조형 내에 가득차는 동시에 남는 재료가 형이 합치는 면의 양쪽 옆으로 지느러미(flash)가 나온다. 이것은 얇기 때문에 급속히 냉각되어 변형저항이 증가하므로 소재가 옆으로 나오기 힘들게 되어 압축력이 증가하고 형내의 구석 구석까지 재료가 완전히 가득차게 된다.

[그림 5-12]의 (a)와 같은 빌릿을 이용하여 복잡한 형상의 것을 형단조할 때는 하나의 큰 형 안에 연신형, 타격형 및 완성형 등을 만들고, 소재를 가열해 차례로 각 형에서 단조해 나가는 방식을 취하게 된다. 이 경우에도 섬유상조직(fiber structure)을 얻을 수 있으므로 단조나 절삭가공에 의한 경우보다 강도가 크다.

형단조품으로서의 형재료에 필요한 조건은 형단조하기 쉬운 형상일 것, 필요한 강도를 가질 것, 기계가공하기 쉬울 것 등의 여러 조건에 적합한 재질을 선택하여야 한다.

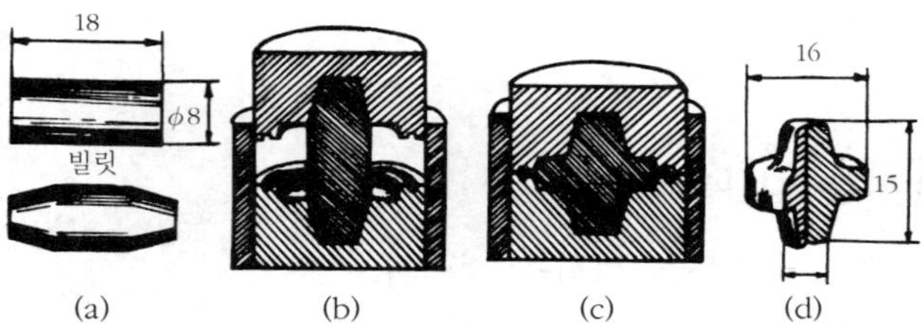

그림 5-12 복잡한 형상의 형단조의 예

제3절 | 단조설비와 공구

1 단조용 가열로

금속을 단련 및 열처리할 때 사용되는 가열로에는 여러 가지가 있으며 가열할 재료에 연료가 직접 접촉되는 직접식 가열로와 간접으로 높은 온도의 공기연소, 가스, 전기저항열 또는 전기유도열을 이용한 간접식 가열로가 있다.

직접가열로에는 고정식 벽돌 화덕(firebed smith hearth), 이동식로 등이 있으며, 간접가열로에는 반사로, 가스 및 중유로, 전기저항로, 염욕로 등이 있다.

단조용 가열로는 다음과 같은 구비조건을 갖추어야 한다.

① 가열재에 대하여 산화나 유해가스의 침입을 받지 않아야 한다.
② 노안의 온도 분포가 균일하고 정연하며, 가열재 전체가 균등하게 가열될 것
③ 노안은 항상 중성을 유지할 것
④ 연료가 적게 들고 열 효율이 높을 것
⑤ 노안의 온도 상승이 빠르고 그 조절이 간편하고 확실할 것
⑥ 하나 하나의 특수 사정에 응할 수 있는 구조일 것

2 단조기계

단조에 사용하는 기계로서는 기계 해머 및 프레스가 있다. 기계 해머는 손 단조를 크게 기계화한 것이며 전력, 증기력, 압축공기 등으로 운전하여 재료에 충격적인 압력을 가하여 단조하는 것이다. 프레스는 해머에 비하여 완만한 속도로 압력을 주어서 단조하는 것이므로 기구에 따라 기계 프레스 및 수압 프레스가 있다.

가. 기계해머

단조용 기계 해머에는 여러 가지가 있지만 보통 낙하 해머(drop hammer), 스프링 해서(spring hammer), 공기 해머(air hammer), 증기 해머(steam hammer)를 많이 사용하고 있다.

(1) 낙하 해머

낙하 해머는 해머 머리를 끌어 올려 이것을 떨어 뜨려, 그때의 타격으로 단조하는 것으로써, 가장 많이 사용하며 보드 드롭 해머, 증기 드롭 해머, 에어 낙하 해머 등이 있다.

① 판 낙하 해머(board drop hammer)

탄력이 있는 널판자의 아래 끝에 해머 머리를 설치하여, 널판자를 두 개의 롤러 사이에 끼우고, 그 마찰로써 해머를 끌어 올렸다가 떨어 뜨리는 것으로, 롤러는 전동이게 의하여 계속하여 회전하고 있다. 해머 머리를 떨어 뜨릴 때는 두 개의 롤러를 지렛대의 작용으로 멀리 하여 널판자와의 마찰력을 없게 함으로써 떨어 뜨리는 것이다. [그림 5-13]은 그 기구를 표시한 것이다. 이 판 낙하 해머는 해머 머리의 무게가 250 ~ 2,000kg_f, 행정 1 ~ 2m의 것이 많이 사용되고 있다. 이 낙하 해머의 타격력 F[$kg_f \cdot m$]는 W : 해머 머리의 무게, H : 행정이라 하면 F = WH로써 표시한다.

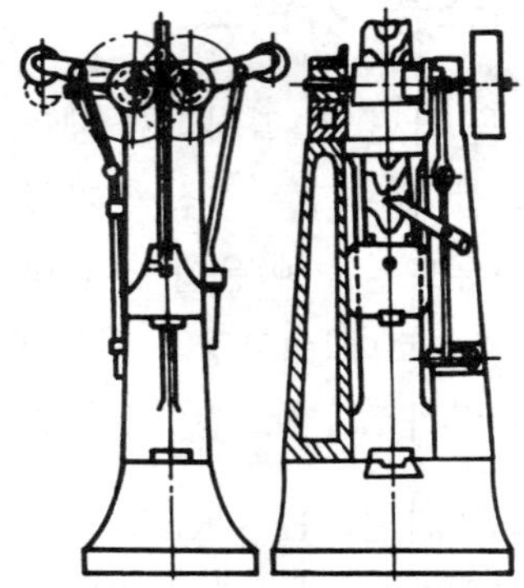

그림 5-13 판 낙하 해머기구

② 증기 낙하 해머 (steam drop hammer)

증기 낙하 해머는 위 부분에 실린더라는 속이 빈 원통과 이 안에 밀착되어 움직이는 원반의 피스톤을 설치하여 증기의 압력으로써 이 피스톤을 작동시켜 피스톤 막대에 고정한 해머 머리를 끌어 올리는 것이며, 해머 머리를 낙하시킬 때는 실린더 안의 증기를 빼내 해머 머리의 자중으로써 낙하시키지만 이것과 반대 방향에서 증기를 보내어 가속시키는 것도 있다. [그림 5-14]는 증기 낙하 해머의 외관을 나타낸 것이다.

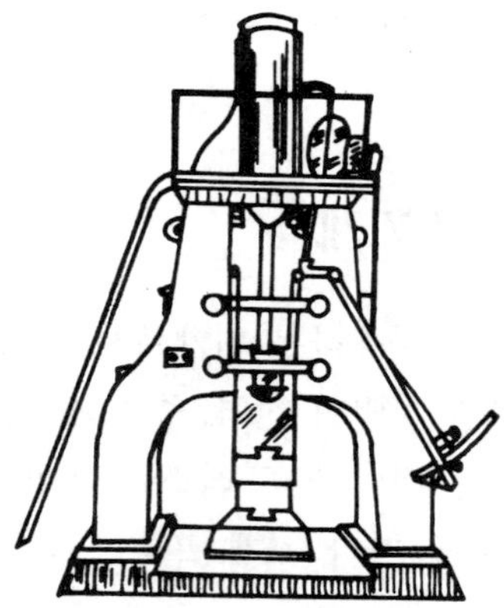

그림 5-14 증기 낙하 해머

증기 낙하 해머는 낙하부의 중량(해머 머리 피스톤 및 피스톤 로드의 무게의 합계)이 3,000 ~ 160,000kg_f, 행정 3.5m정도의 것을 보통 사용하고 있다.

③ 공기 낙하 해머 (air drop hammer)

구조나 작동이 증기 낙하 해머와 거의 비슷하지만, 피스톤을 작동시키기 위하여, 증기 대신에 5 ~ 7기압의 압축공기를 사용하는 점이 다르다. 공기 낙하 해머 머리의 무게는

1,000 ~ 45,000kgf의 것을 보통 사용하고 있다.

또 공기 낙하 해머는 상하에 해머 머리를 설치하고 위쪽의 해머 머리가 떨어지고 아래쪽의 해머 머리는 상승하여 양쪽의 해머 머리로써 재료를 타격하게 되어 있는 상격 공기 해머(blow drop hammer)도 있다. 이 상격 공기 해머는 [그림 5-15]와 같이 위쪽의 해머 머리 a가 떨어지므로써 아래쪽의 해머 머리 b가 로드 c에 의하여 올라 간다. 이 상하의 해머 머리로써 재료를 타격할 수 있다.

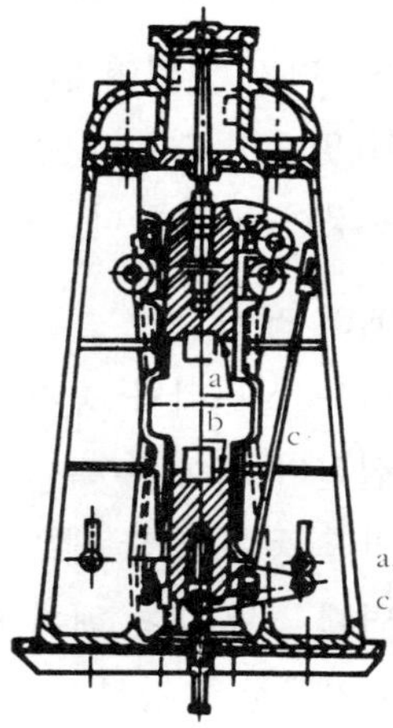

그림 5-15 상격 공기 해머

(2) 스프링 해머(spring hammer)

크랭크축 또는 편심 바퀴로써 운동하는 연결봉의 아래 끝에 판스프링을 설치하고 이것에 해머 머리를 설치한 것이다. [그림 5-16]은 작동상태를 나타낸 것이다. 이 작동은 크랭크축이 회전하여 연결봉이 끌여 올라갔을 때, 해머 머리는 일시 정지하고 있고 판 스프링이 아래 쪽에 굽혀져 스프링의 강도가 해머 머리와 같게 되었을 때 해머 머리는 튀어 올라 그 관성으로써 해머 머리는 스프링을 위쪽에 굽힐 때까지 상승한다. 크랭크축이 회전하여 아랫방향으로 되면 해머 머리의 낙하력과 스프링력이 합하여져 큰 힘으로 되어 재료를 타격하는 것이다.

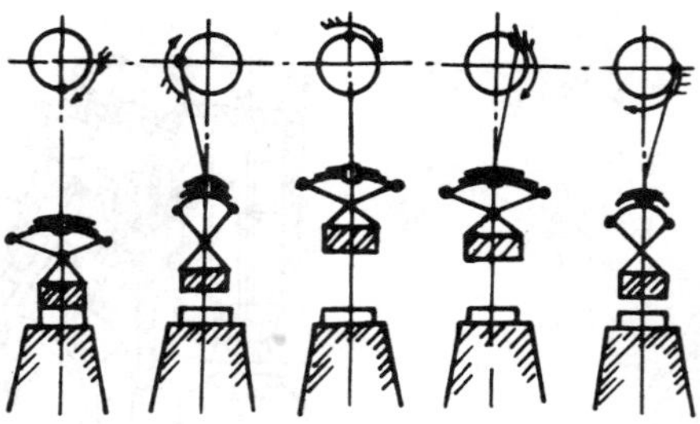

그림 5-16 스프링 해머의 작동상태

(3) 공기 해머(air hammer)

공기 압축기를 가지고 있어 압축공기를 자급하는 것과 별도로 압축 공기실에서 송풍하는 것의 두 종류가 있으며 다리에는 단각식과 쌍각식이 있다. 단각식은 자유단조용에, 쌍각식은 골박기 단조용에 사용한다.

① 벳헤식 에어 레버

해머 머리용 실린더와 공기 압축용 실린더가 수직으로 나란히 설치되어 있다. 해머 머리용 실린더 안에는 속이 빈 램이 있고 이 아래 끝에 머리가 설치되어 있다.

이 해머의 작동은 조작 레버에 의하여 밸브가 열리고 공기는 실린더 안으로 들어가서 램의 윗면에 작용하여 해머 머리를 낙하시키고, 다음에 램의 속이 빈 공간에 공기가 들어가서 가공품을 강하게 압축하게 되어 있다. 따라서 비교적 작은 해머 머리로서도 가공품에 큰 압력을 가할 수 있는 특징이 있다. 이 해머는 해머 머리의 중량이 100 ~ 2,000kg$_f$, 행정 350 ~ 500mm, 소요동력이 15 ~ 200HP의 것을 사용한다.

② 맛세식 공기 해머

왕복운동 엔진과 비슷하고 피스톤 로드의 아래 끝에 해머 머리가 설치되어 있다. [그림 5-17]은 그 단면을 표시한 것이다.

맛세식 해머의 해머 머리 무게는 2,500kg$_f$까지이고, 행정은 1,200mm, 타격 횟수는 매분 최고 70회, 소요 동력은 250HP까지의 것을 사용한다.

③ 에크레이식 공기 해머

공기 실린더와 해머 머리 실린더가 있으며, [그림 5-18]은 그 단면을 표시한 것이다. 해머 머리 D안에는 각형의 램 *E*가 있고, 이 램의 아래 끝에 해머 머리가 설치되어 있다. 주로 자유단조용으로 사용한다.

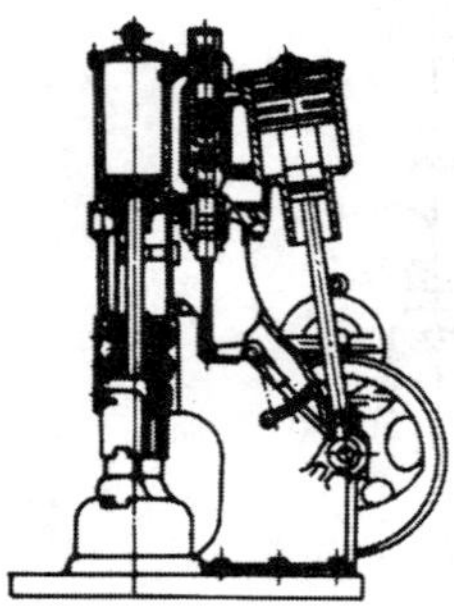

그림 5-17 맛세식 공기 해머

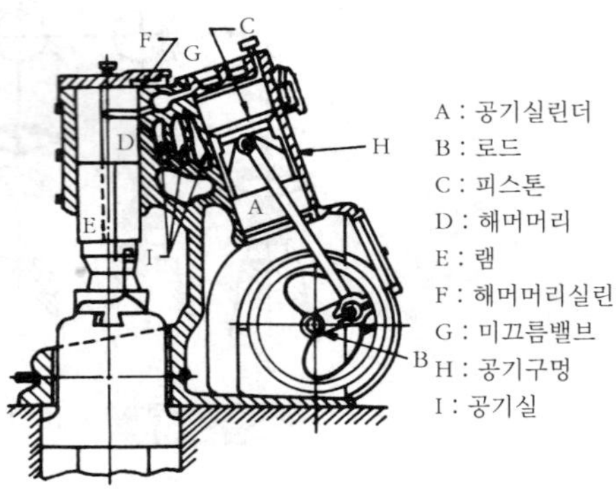

그림 5-18 에크레이식 공기 해머

(4) 증기 해머(steam hammer)

해머 머리의 상승 또는 낙하할 때에 증기압을 이용하는 복동식의 증기 해머가 많이 사용된다. 또 증기 해머에는 다리가 단각식, 쌍각식, 빔식의 세 종류가 있으며, 단각식은 자유단조용 쌍각식과 빔식은 일반적으로 골박기 단조용으로 사용한다.

① 단각식 증기 해머

프레임과 앤빌이 한 몸체로 되어 있는 것과 별도로 되어 있는 것이 있다. 프레임과 앤빌이 별도로 되어 있는 것은 해머 머리의 중량이 25 ~ 600kg$_f$, 행정 150 ~ 600mm, 타격횟수는 매분 200 ~ 500회이며, 한번의 타격도 된다. 또한 몸체형은 해머 머리의 중량 600 ~ 2,000kg$_f$, 행정 600 ~ 1,500mm, 타격 횟수는 매분 30 ~ 200회 정도이다.

② 쌍각식 증기 해머

프레임과 앤빌은 별도로 되어 있다. 이 해머는 특히 골박기 단조용에 적합한 것이며, 큰 것은 해머 머리의 중량이 500 ~ 7,500kg$_f$, 행정 500 ~ 1,800mm, 타격 횟수 매분 80 ~ 150회 정도의 것이다.

③ 빔 프레임 증기 해머

강철재의 빔 위에 실린더를 설치한 것이며 [그림 5-19]는 빔 프레임 증기 해머의 단면도이다. 크기는 해머 머리의 중량 1,500 ~ 20,000kg$_f$, 행정 1,500 ~ 3,000mm, 타격 횟수 60 ~ 80회 정도의 것을 사용하고 있다. 증기 해머는 위와 같은 종류의 것이 있지만 보통 단조공장에서 사용하는 것은 해머 머리의 중량 2,000kg$_f$까지의 것이며 이보다 대형의 것은 주로 제강 공장에서 주괴를 단련하는데 사용한다.

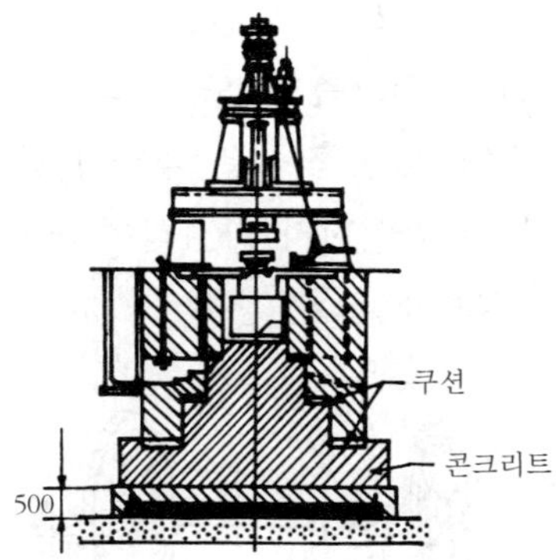

그림 5-9 빔 프레밍 증기 해머

나. 단조용 프레스

단조용 프레스에는 기계 프레스와 수압 프레스 두 종류가 있다.

(1) 기계 프레스

이것은 전동기의 회전으로 무거운 플라이 휠(fly wheel)을 회전시켜 놓고, 이 플라이 휠에 저축한 회전력(회전에너지)을 크랭크축과 연결봉 또는 나사축 등에 전달하여 양측 압력을 발생시키게 한 것이다.

이 프레스힘의 작용은 단조용 기계해머와 같이 순간적으로 작용하는 것이 아니라 중간적인 속도로 재료에 압축 압력을 가하는 것이다.

① **마찰 프레스**

스핀들 프레스라고 하며 [그림 5-20]은 그 외관을 나타낸 것이다. 동력은 벨트 풀리→회전판 C, C' → 마찰차 D에 전하여, 마찰차의 축으로 되어 있는 나사축 E가 회전하여 상승한다. 핸들 G를 위쪽에 떨밀어 올리면, 풀리와 회전판 C, C'의 접촉이 떨어지므로 나사축 E는 마찰차 D의 자중으로 낙하하여 재료를 가압한다. 따라서 하강이 끝날 순간에 압축력은 최대로 된다. 그러나 이 프레스는 하강할 때 그 에너지를 모두 소비하지 않으면 상승을 할 수 없으므로 정밀 가공에는 적당하지 못하고, 보통 골박기 단조할 때에 생기는 지느러미를 따내는데 많이 사용한다. 이 프레스의 압축력은 30 ~ 3,000 ton, 나사축의 지름 70 ~ 500mm, 행정 200 ~ 1,000mm, 압축 회수는 2 ~ 25회 정도이다.

② **크랭크 프레스(krank press)**

[그림 5-21]은 외관을, [그림 5-22]는 작동 원리를 나타낸 것이다. 이 프레스는 플라이 휠, 크랭크축, 로드, 슬라이더가 있고 슬라이더는 프레임의 안쪽에서 상하로 움직이게 되어 있다. 작동은 플라이 휠의 동력이 크랭크 축에 전달하고, 로드와 이것에 붙어 있는 슬라이더가 하강하여 재료를 가압하는 것이다. 크랭크 프레스의 크기는 압축력 2 ~ 2,000ton, 행정 8 ~ 200mm,, 매분 압축 횟수 15 ~ 30회 정도이다.

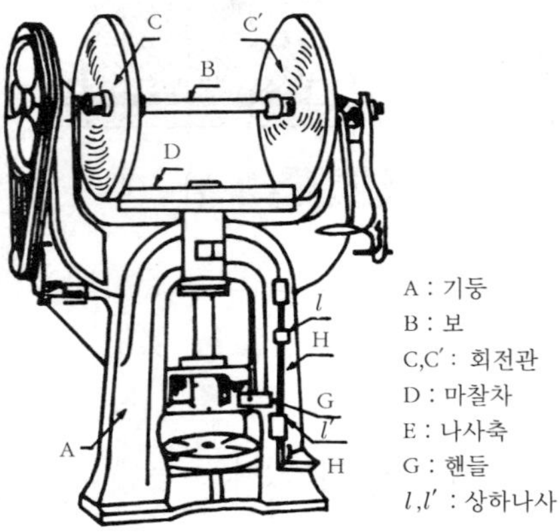

그림 5-20 마찰 프레스

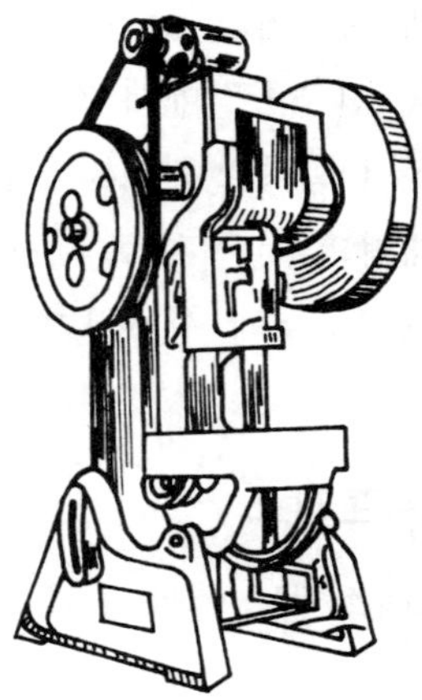

그림 5-21 크랭크 프레스

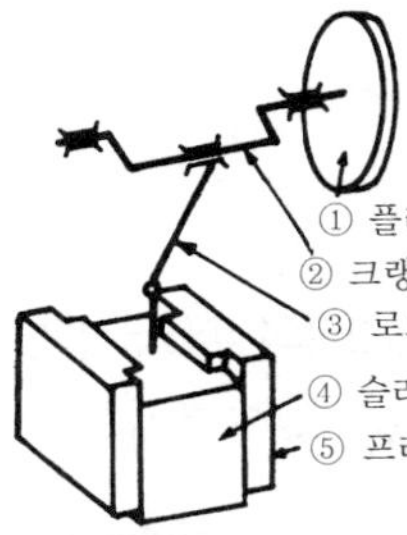

그림 5-22 작동 원리

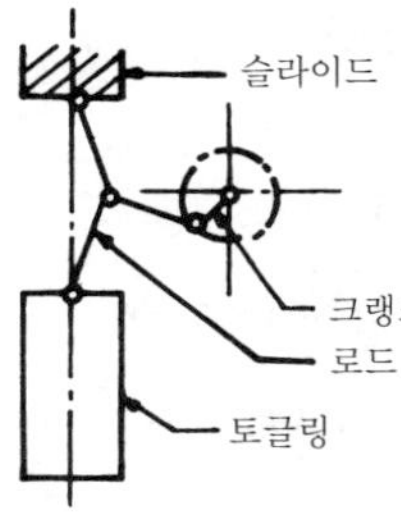

그림 5-23 토글 기구

③ 토글 프레스(toggle press)

이 프레스는 크랭크 프레스를 개량한 것으로 크랭크의 회전을 로드로 [그림 5-23]과 같이 토글 기구에 전달하여 수직운동으로 바꾸어 작용시키는 것이다. 이 프레스는 크랭크가 회전하므로써 토글링이 수직으로 뻗어짐에 따라 힘이 증대하고 행정이 끝날 무렵에 최대 압력으로 된다.

(2) 수압 프레스(hydraulic press)

수압 프레스는 기계 해머처럼 충격적인 힘의 작용으로써 재료를 변형시키는 것이 아니고 조용히 강한 압축력을 주어서 변형시키는 것이다. 이 때문에 압축력이 커져도 앤빌은 비교적 작아도 되는 특징이 있다. 또 압력은 최초부터 최후까지 같은 크기로 가하며 다른 해머에 비하여 매우 긴 시간을 가압할 수 있으므로 힘을 재료 내부까지 전달할 수 있고, 단면적이 큰 단조품이나 주괴의 단련, 드로잉, 펀칭, 벤딩 등의 작업에 사용한다.

수압 프레스는 수압의 작용 방법에 따라 분류하면 다음과 같다.

첫째, 펌프로써 수압을 직접 사용하는 것

둘째, 증기 또는 공기식 증기압을 설치하고 이것으로서 압력을 증가하는 것.

셋째, 공기 또는 추를 단 축세기를 설치하고 이것으로 압력을 증가시키는 것.

또, 수압 프레스를 프레임의 구조로 분류하면 단각식과 4주식이 있다.

첫째, 단각식 수압 프레스는 증기 또는 공기에 의한 증압기를 설치한 것이 많다. 이 프레스에는 두 개의 실린더가 있고, 주 실린더는 압축할 때 작용하고, 크로스 헤드를 끌어 올리려면 끌어 올리는 실린더를 사용한다. 이 프레스 크기는 능력 50 ~ 1,200ton, 행정 300 ~ 750mm, 수압 80 ~ 100기압 정도이다.

둘째, 4주식 수압 프레스는 4개의 기둥을 앤빌 위에 설치하고 크로스 헤드 승강의 안내로써 위쪽에 실린더를 설치한 것이다. 이 프레스의 크기는 크로스 헤드에 가하는 압력 350 ~ 450기압, 능력 500 ~ 33,000ton, 행정 700 ~ 3,500mm의 것이 있다.

3 단조용 공구

가. 앤빌(anvil)

앤빌은 단조작업의 가공대이며, 손 단조용 앤빌은 [그림 5-24]의 영국식과 [그림 5-25]의 (a)의 프랑스식이 있다. 우리 나라에서는 주로 영국식을 많이 사용한다.

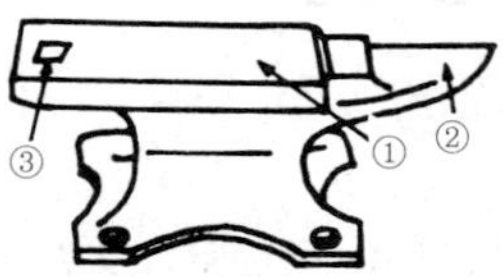

그림 5-24 영국식 앤빌

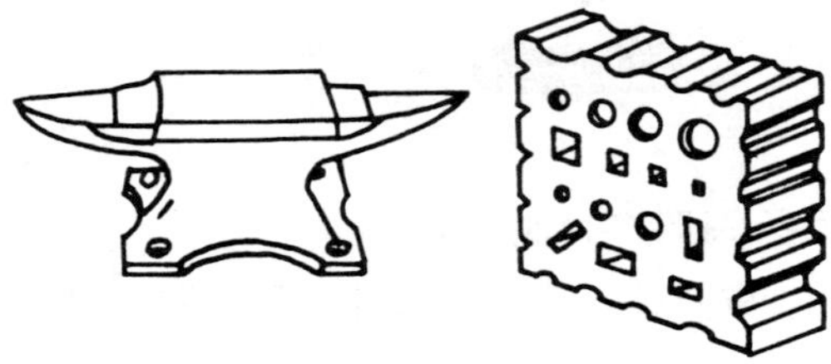

(a) (b)

그림 5-25 프랑스식 앤빌

영국식에서 ①의 평면 부분은 재료를 늘리거나 넓이거나 평면을 정형할 때에 사용한다.

②의 부분은 재료를 굽히는데 사용하며, ③은 탭이라 하여 4각 구멍이다. 주로 하형을 넣는데 사용한다. 앤빌은 보통 30 ~ 350kg_f의 것을 사용한다. 앤빌의 재질은 주강 또는 연강의 위에 경강을 단접하고 열처리 한 것이다.

나. 이형 공대(swage block)

주위에 둥근 홈, V홈, 각홈 등으로 파여져 있고 중앙부에는 크고 작은 각 구멍, 둥근 구멍, 타원 구멍 등이 뚫려 있다. [그림 5-25의 (b) 참조]

다. 정반

재질은 주철제의 것이며, 단조품의 휘어진 것의 수정이나, 평면검사, 또는 얇은 판의 변형을 교정하는데 사용한다. 단조용으로 보통 사용하는 것은 폭(600 ~ 1,000mm, 길이 1,000 ~ 1,800mm, 두께 40 ~ 50mm이며 뒷면에는 25 ~ 30mm 리브(rib)가 붙어 있다.

라. 단조용 불집게

재료를 화덕에 넣을 때나 화덕에서 꺼내어 앤빌 위에서 가공할 때에 재료의 한쪽 끝을 잡고 자유로이 움직이기 위한 공구이다.

마. 탭(swage)

둥근 부분을 가공할 때에 사용하는 공구이며 윗탭과 아래탭이 있다. 윗탭은 세트 해머와 같은 것이며 아래탭은 앤빌의 각 구멍에 다리를 꽂아 넣고서 사용한다. [그림 5-26 참조] 이 외에 망치, 정, 펀치 등이 있다.

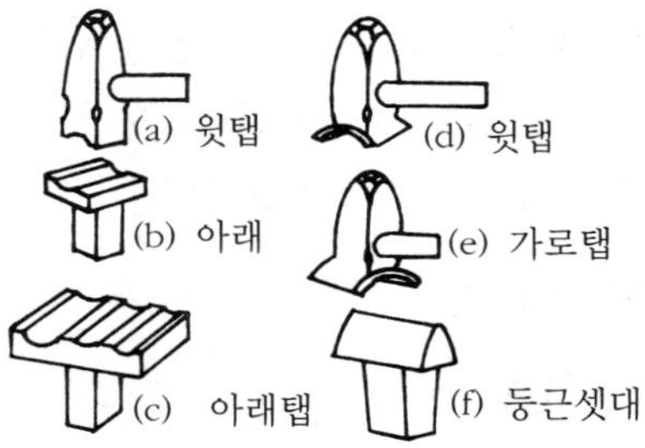

그림 5-26 각종 탭 종류

제4절 | 단조에 따른 열적 취급

1 가열온도

가열온도가 너무 낮을 경우 단조가능 시간이 짧아지므로 재가열을 되풀이하게 되어 단조능률이 떨어진다. 또한 가열온도가 높을 경우 즉, 과열상태가 되면 조직이 조대화하게 되고 노가 손상하기 쉬우며, 스케일(scale)손실도 많아진다. 따라서 적절한 최고 가열온도의 선정이 요구된다. 〈표 5-1〉은 각종 단조용 강의 최고가열온도를 나타낸 것이다.

표 5-1 각종 단조용 강의 최고 가열온도

재질	최고가열온도(℃)	재질	최고가열온도(℃)
1.5% C 탄소강	1,050	Si - Mn 강	1,250
1.1% 〃 〃	1,080	3% Ni 강	1,250
0.9% 〃 〃	1,120	3%Ni-Cr 강	1,250
0.7% 〃 〃	1,180	Ni-Cr 자경강	1,250
0.5% 〃 〃	1,250	5% Ni 강	1,270
0.4% 〃 〃	1,271	Cr-V	1,250
0.3% 〃 〃	1,293	고속도강	1,300
0.2% 〃 〃	1,320	스텐인리스강	1,280
0.1% 〃 〃	1,350	Cr-Ni 내열강	1,300
알루미늄	350 ~ 500	알루미늄합금	200 ~ 400
아연합금	220 ~ 300	황동(brass)	650 ~ 800

2 가열시간

응고완료 후의 강괴는 내부응력이 축적되어 있으므로 취급에 주의하여야 한다. 스텐필드(G.stanfield)는 강재를 상온에서 1,200℃로 가열하는 과정을 3단계로 구분하여 다음과 같은 계산식으로 표시하였다.

$$t = d^2/169 + d^2/8 + d^2/285$$

- t : 전 가열시간(hr)
- d : 강재의 지름(in)
- 우변의 첫째항 : 상온에서 550℃까지의 가열시간
- 우변의 둘째항 : 표면온도가 550 ~ 1,250℃에 도달할 때 까지의 소요시간
- 우변의 셋째항 : 중심온도가 1,200℃에 도달할 때 까지의 소요시간

단조용 대형강괴를 주입 후 상온에 이르기까지 급냉시키는 것은 대단히 위험한 일이기 때문에 강괴는 응고종료 후 적열 상태일 때 단조가열로에 장입하여 단조가열온도로 가열하여야 한다. [그림 5-27]은 대형 강괴를 350 ~ 760℃의 예열 후 가열 및 균열시간을 나타낸 것이다.

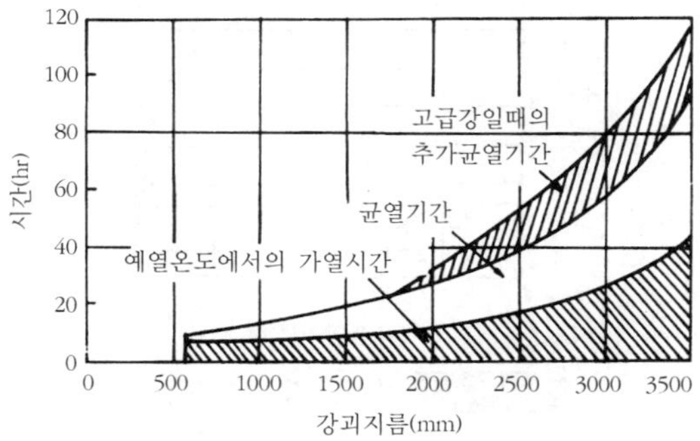

그림 5-27 대형 강괴의 가열 및 균열시간

3 단조중의 온도저하와 단조종료온도

가열 도중에서 가열된 강괴 또는 강재는 단조 중에 표면에서의 복사 또는 상·하 금형에의 전도에 의해서 냉각된다. 소형강재를 해머로 급속히 단조하여 1회의 가열에서의 단조작업량을 증가시켜야 한다. 대형단조품에서는 냉각속도가 느리므로 단조 중 강재표면에 산화층이 두꺼워져서 냉각속도를 감소시킨다. 단조종료온도는 결정립의 미세화의 목적으로 변태 점의 직상을 목표로 하지만(750 ~ 800℃) 단조성이 양호하지 않는 강종에서는 이 온도보다 약간 높게 하여야 한다. 또 노의 분위기, 온도의 불균일 표면의 상태 단조기술 등을 고려하여 온도를 설정하여야 한다.

4 단조 후의 서냉

단조종료 후의 대형단강품의 열적 취급은 제품의 품질을 좌우할 정도로 중요하다. 타격 후의 냉각속도가 어떤 한계를 넘으면 역V편석선 또는 V편석부에 고스트라인(ghost line)이 나타나기도 한다. 그 원인은 강괴의 취약부에 열응력, 국부적 편석과 불균일한 변태의 진행에 따른 국부적 열응력 또는 함유수소에 의한 취화작용과 부가응력 등이 작용하기 때문이다.

서냉방안은 열처리와 관계를 고려하여 결정 한다. 예를 들면 단조중량과 제품의 지름을 함수로하여 [그림 5-28]과 같이 단조 후 서냉방안을 기준으로 한다. [그림 5-28] 중의 A, B, C, D는 서냉의 등급을 표시하고 풀림법, 강종, 강괴의 치수와 건조도 등에 의해서 서냉의 방법과 속도를 적당히 하여야 한다. 또한 공기중에 방냉하여 불림을 실시하기도 한다.

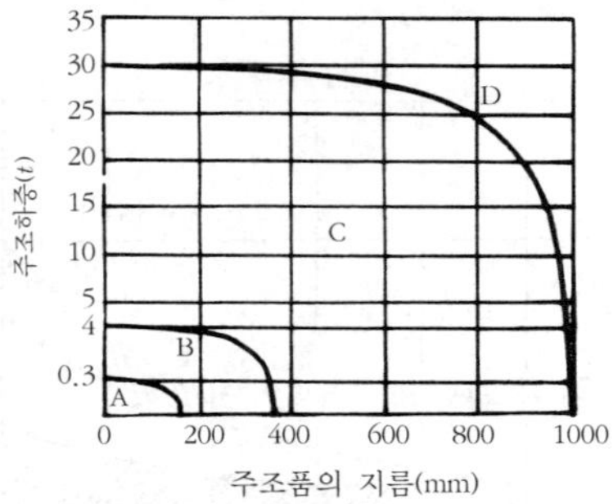

그림 5-28 단조 후 서냉방안

제5절 | 단조작업의 실제

단조의 기본작업을 분류하면 단신작업, 거입작업, 배절작업. 굽힘작업, 절단작업, 관공작업 등이 있다. 이러한 작업 중 어떤 것은 단독으로 작업하기도 하며 또 어떤 경우에는 이들을 조합하여 작업하기도 한다. 여기서 분류한 것은 실제의 변형과정에 대한 것이다.

일반적으로 단조작업은 작은소재에서는 80%, 대형소재에서는 60 ~ 70% 정도가 보통이다.

1 단신작업

단신작업이란 피단조재를 압축하여 그 단면적을 감소시키고, 길이를 늘이는 작업이다.

재료를 금형에서 압축하여 폭 및 길이방향으로 늘이지만, 이것을 연속하여 진행하면 [그림 5-29]와 같이 길이 방향으로 늘어난다. 이때 늘어나는 방향을 단조방향이라 한다.

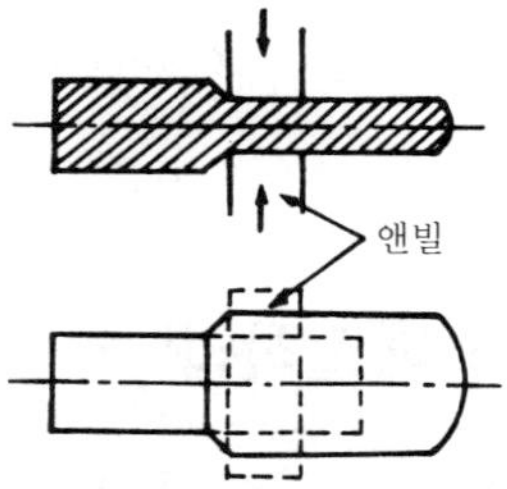

그림 5-29 단신 작업

단면형상이 구형의 경우에는 [그림 5-30]의 (a) 참조 재료를 90°회전시켜 행한다. [그림 5-30의 (a) 참조]

8각형인 경우에도 이에 준하여 행하며 원형단면의 경우에는 8각형으로 한 후 환형에서 성형하든가 [그림 5-30]의 (b)와 같은 금형을 이용한다.

중공원통재의 경우는 심봉을 이용하여 행한다. 이러한 경우에 두께를 감소시키고 길이를 증가시키려면 중공단련, 또 길이가 변하여 지름이 증가하고 두께를 감소시키려면 공광단련을 하여야 한다.

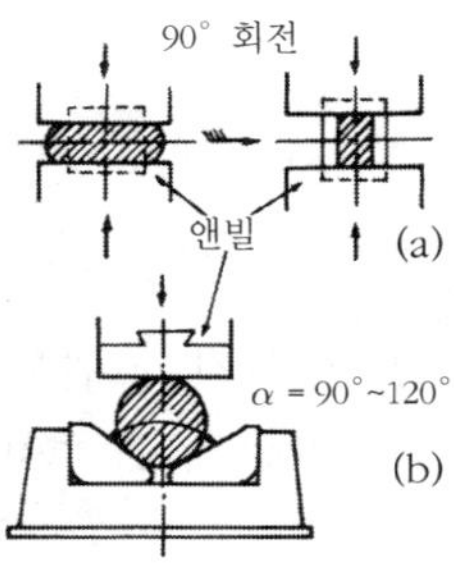

그림 5-30 각형 및 환형 재료의 단신작업

2 거입작업(업세팅작업)

피단조재를 축방향으로 압축하여 작업하는 것으로 다음의 경우에 이용된다.

첫째, 처음의 강괴 또는 강재보다도 지름이 큰 제품을 단조하는 경우

둘째, 단련효과를 얻기 위해서 일단 지름을 크게 하고, 그후 충분히 단조하는 경우

이렇게 하면 종·횡 방향의 기계적 성질의 차이를 감소시킬 수 있게 된다. 대형 단조품의 경우 거입작업의 목적은 거의 둘째 경우에 한정된다. [그림 5-31]에 표시한 바와 같이 길이와 지름의 비가 3이상으로 되면 굽힘이 생기므로 작업이 곤란하게 된다.

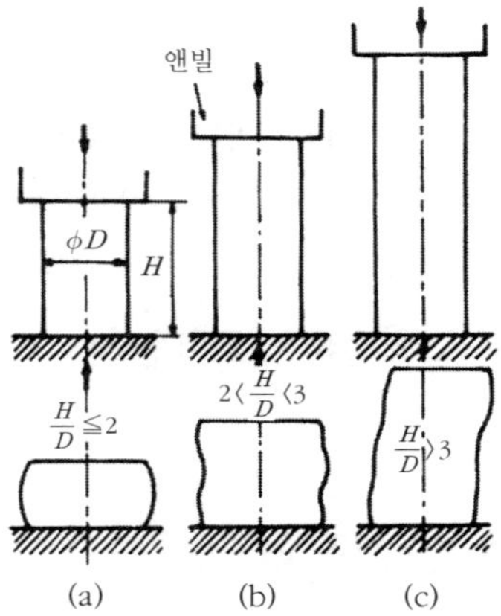

그림 5-31 거입작업

3 배절작업

단신작업에서 단부부를 만들 필요가 있을 경우에는 일반적인 금형에서 단조하면 [그림 5-32]의 (a)와 같이 단상이 되므로 이것을 피하기 위하여 3각형의 끌로써 소정의 깊이까지 절입을 하면, 예리한 현상으로 된다. 이와 같은 작업을 배절작업이라 한다. [그림 5-32]의 (b)에 나타난 바와 같다.

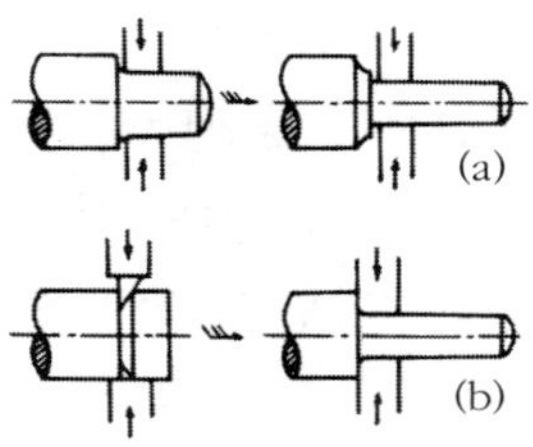

그림 5-32 배절작업

4 굽힘작업

굽힘작업을 할 때에는 굽힘부의 내면측은 압축응력으로 주름이 생기기 쉽고 또한 외측에서는 인장응력 때문에 절단되거나 균열이 생기기 쉬우므로 주의하여야 한다.

실제의 작업에서는 [그림 5-33]의 (a)와 같이 미리 단면을 크게하여 굽힘작업을 실시하면 바르게 이루어진다.

같은 모양의 물건을 대량 굽힘작업을 할 경우에는 [그림 5-33]의 (b)와 같이 굽힘 다이(die)를 이용하면 편리하다.

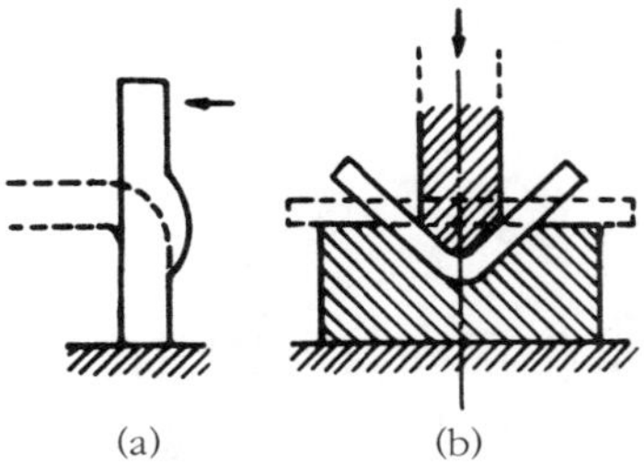

그림 5-33 굽힘작업

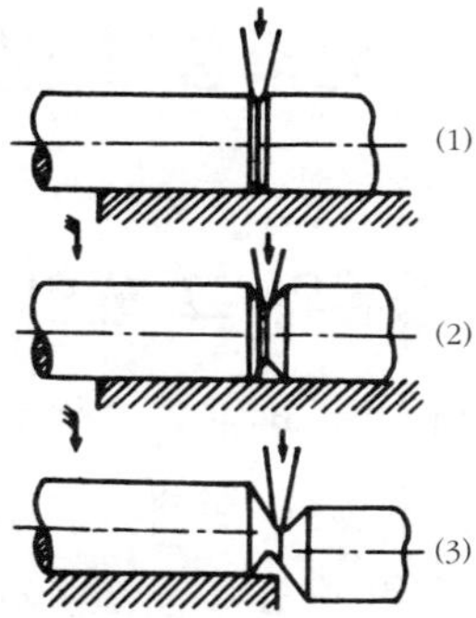

그림 5-34 절단작업

5 절단작업

열간 절단작업에서는 재료를 회전시켜 [그림 5-34]와 같이 끌을 넣어서 절단하게 된다. 구형단면의 경우에는 한쪽 방향에서 깊이 끌을 넣고, 반대측에서 절단하면 절단면이 깨끗하게된다. 배절 및 절단작업에서는 끌을 지지하는 것이 대형 제품의 경우에는 어려우므로 전용 지지기구를 사용하여야 한다.

6 관공작업

펀치를 삽입하여 [그림 5-35]의 (b)와 같이 최초재료의 일부가 외측으로 밀려나게 되어 어느 정도 없어지고, 펀치는 축 중심부를 배제하여 관공을 끝맺는다.

높이와 지름의 비가 어떤 값보다도 작으면 재료의 외주부가 자기 자신의 컨테이너(container)역할을 하게 되므로 자유단조에서도 이와 같이 관공작업이 가능하다. 실제작업에서는 균일한 가열에 특히 주의하여야 하며, 또 펀치의 형상에도 연구 개선할 필요가 있다.

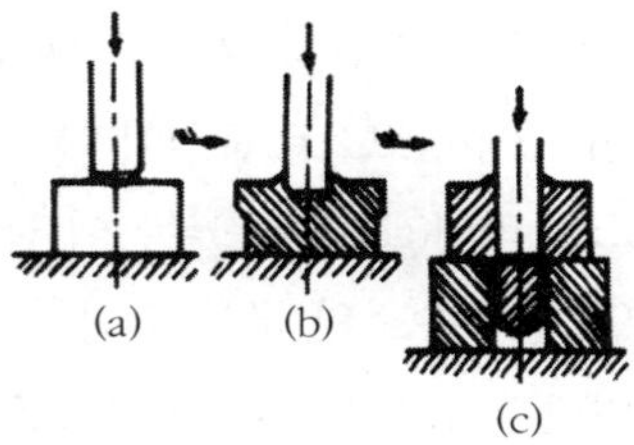

그림 5-35 관공작업

제6절 | 단조품의 결함과 대책

1 결함의 종류와 그 원인

대형단조품에서는 여러 가지의 결함이 발생하기 쉽고, 국부적인 결함이 한 개의 단조품을 폐각시킬 때가 많다. 본래의 결함에는 강괴의 응고시에 생기는 것이 많으므로 단조품의 결함을 강괴본래의 결함과 구별하기란 곤란하다. 여기서는 단조품의 결함을 표면적인 것과 내부적인 것으로 구분하여 설명한다.

가. 표면결함

단조 중 흔한 결함은 단조품의 표면에 나타나는 균열이 주된 것으로, 이 경우에는 그 후의 처리가 적절하지 않으면 치명적인 큰 균열로 강괴주조의 불량, 표면층 직하의 기공(blow hole)과 모래흠, 가열 중의 산화, 과열 또는 무리한 압력이 원인이다.

나. 내부결함

강괴 응고시에 생긴 각종 기공의 미압착의 것, 백점 및 백점상결함, 모래흠, 고스트 균열(ghost crack) 등이 주 원인이 되며, 초음파탐상시험, 축심내공검사 등으로 알 수 있다. 이것의 원인은 강괴의 건전성의 부족에 있고, 단조는 이러한 결함을 개선하는 데 효과가 없다.

이 중에서 고스트 균열이라는 것을 유화물이 많이 존재하거나 고스트 라인(ghost line)부분이 급냉되면 국부적 열응력, 변태의 지연, 함유수소의 국부적 집적 등에 의해서 국소적인 균열을 의미한다. [그림 5-36]은 고스트 균열의 예를 나타낸 것이다.

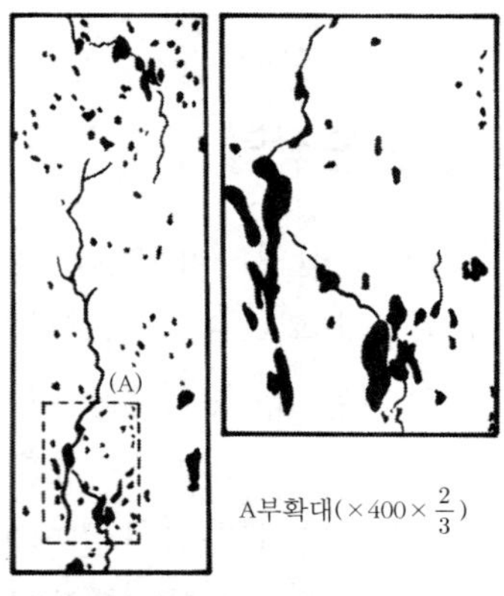

그림 5-36 고스트 균열의 예

2 대책

가. 강괴

단조품의 결함은 표면이든 내부이든 원강괴에서 기인하는 것이 과반수를 차지하고 있다. 그러므로 무엇보다도 건전한 강괴를 얻는 것이 중요하다.

나. 단조 전의 처리

강괴표면은 충분히 육안검사하여 작은 균열 등은 스캐브(scab)상태로 깊은 곳에 도달되어 있지 않는가를 확인하여 가열한다.

다. 단조 중의 처리

단조 중에 결함이 발견되면 곧 작업을 중지하여 열간에서 제거하고 발생한 결함을 녹여서 제거한 뒤에 다시 단조를 계속한다. 단조의 공정에 있어서 단조종료 온도가 낮지 않도록 작업에 주의하여야 한다.

스캐브(scab) 등의 결함제거를 더욱 철저히 하려면 특수한 재질에서는 강괴의 전면을 스캐핑(scabing) 또는 기계절삭하여 단조전에 표면층의 불건전부를 제거한다.

라. 단조 후의 처리

열적 취급에 주의하며 후속열처리와의 관계를 조정하여 급냉에 의한 내부결함의 조장을 방지하여야 한다.

3 단조시의 변형 대책

단조시의 변형에 관한 실제적 문제는 강재의 크기와 프레스의 용량과의 관계를 고려해야 한다. [그림 5-37]에 있어서 (a)는 프레스용량이 불충분한 경우이며, (b)의 경우에는 단조가 축 중심부까지 충분히 작용하고 있다. 또 축 중심부에 직각인 단면에 대해서는 (c)와 같이 압력하의 작용범위에 주의해야 된다.

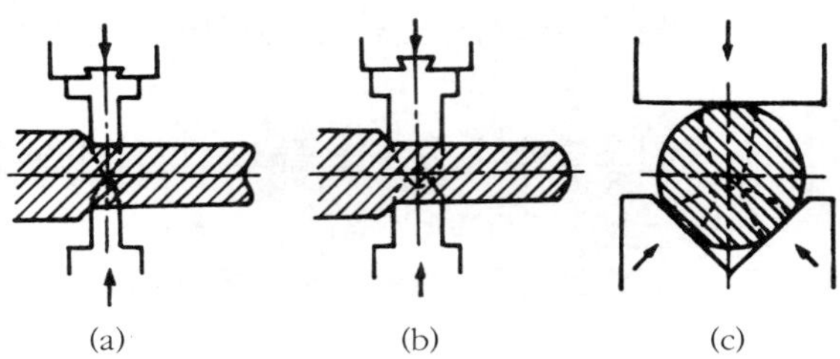

그림 5-37 앤빌폭과 단조의 사용방법

단조작업에서는 비교적 적은 변형이 되기 위해서는 재질의 개선을 목표로 하고 있으므로 강재의 지름, 단조방안 등과 프레스의 용량이 부족하게 되지 않도록 특히 유의해야 된다. 또 대형단조에서는 압하비만이 아니라 압하량의 절대 값에도 유의하여, 이것이 과대하게 되어 서로 뒤얽힌 균열과 같은 표층부의 결함이 생기지 않도록 해야 한다.

익힘문제

1 단조가공의 개요와 특성에 관해 쓰시오.

2 단조법을 변형모양에 따라 분류하고 설명하시오.

3 자유단조에 대하여 설명하시오.

4 형단조에 대하여 설명하시오.

5 단조에 있어서 변형기구를 설명하시오.

6 단조기의 종류를 들고 특성을 쓰시오.

7 단조가열로의 구비조건을 쓰시오.

8 단조용 공구에 대하여 설명하시오.

9 단조에 따른 가열온도와 가열시간에 대하여 쓰시오.

10 단조 후 서냉방안에 대하여 설명하시오.

11 단조결함의 종류를 들고 그 원인을 설명하시오.

12 고스트균열(ghost crack)에 대하여 설명하시오.

13 단조결함의 대책을 쓰시오.

Chapter 06

인발가공

Chapter 06 금속가공학

인발가공

제1절 | 인발가공의 기초

1 개요

인발가공(drawing)은 금속재료를 [그림 6-1]에 나타낸 것과 같이 다이스(dies)를 통과해서 다이스구멍의 형상과 같은 단면의 봉재, 관재, 선재를 제조하는 가공법이다.

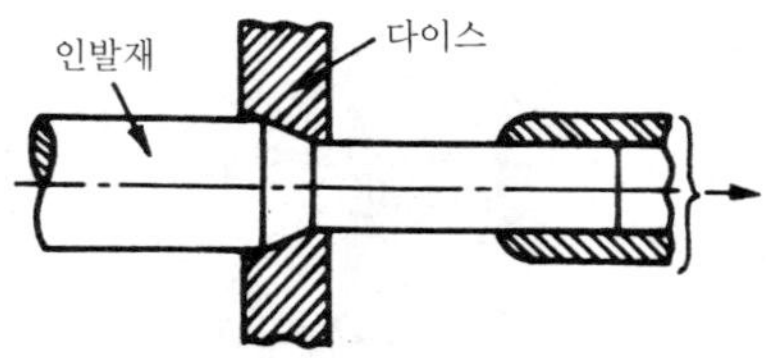

그림 6-1 봉의 인발

일반적으로 상온으로 가공하나 텅스텐이나 몰리브덴 등은 고온으로 가공한다. 전자를 냉간인발, 후자를 열간인발이라고 한다.

인발 중에서 지름이 가는 것의 가공을 와이어드로잉(wire drawing)이라고 한다.

선재 및 봉재는 다이스를 통해서 인발 하며 소요치수의 단면형상으로 다듬질 할 수 없지만 관재일 때에는 외경만이 아니라 내경 또는 살두께를 소요치수로 다듬질할 수 있다. 관의 인발에는 [그림 6-2]와 같이 심봉(mandrel)을 사용하지 않을 때와 심봉 또는 플러그(plug)를 사용할 때가 있다.

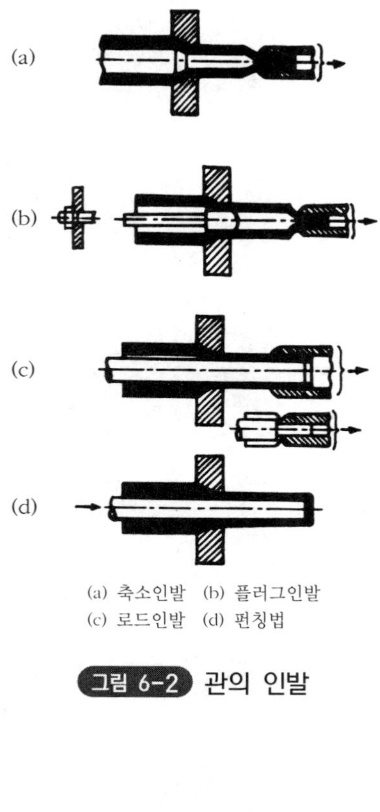

(a) 축소인발 (b) 플러그인발
(c) 로드인발 (d) 펀칭법

그림 6-2 관의 인발

[그림 6-2]의 (a)는 축소인발(hollow sinking)이라고 하며 외경을 감소시킬 것을 목적으로 하는 방법이다. 인발 후의 관내면이 매끈하지 않고 또 치수, 재질 기타의 조건에 따라서 살두께가 감소할 때와 증가할 때가 있다. [그림 6-2]의 (b)는 플러그인발이라고 하면 플러그를 지지봉으로 고정하고 이것에 소재의 관을 넣어 인발한다. 정밀한 관의 인발은 불

가능하나 관의 내·외면을 모두 아름답게 다듬질할 수 있다. [그림 6-2]의 (c)관의 가공에 사용된다. [그림 6-2]의 (d)는 펀칭법(ehrhardt process)이라고 하며 밑붙이 소재의 관에 심봉을 통해서 다이스에 삽입하여 내·외경을 소요치수로 다듬질한다.

2 인발가공의 기초

가. 인발변형의 기구

다이스는 인발재에 가해진 인발력의 일부를 압축력으로 바꿔서 인발재의 단면적을 감소시키는 작용을 한다. 즉, 다이스에서 받는 압축력에 의해서 재료는 축방향으로 인장될 경우 잘 늘어난다. 예를 들면 인장시험에 의할 때에는 3%의 신장으로 절단되는 강선은 다이스를 통해서 인장하면 30%까지 증가한다.

인발재는 다이스에서 압축력을 받는 것 외에 인발과 반대방향의 마찰에 의한 전단력도 받고 있다. 인발의 변형기구를 조사하기 위해 축을 포함한 면에서 2개로 분할한 시험편을 만들어서 그 한쪽의 종단면에 직교하는 그물눈을 그리고, 또 양쪽을 합쳐서 분할면이 미끄러지지 않게 적당한 방법으로 고정하여 일정한 길이로 인발한 뒤 다이스에서 빼내어 분할면에 그린 그물눈의 가로선을 조사하면 [그림 6-3]과 같이 된다. 이것은 인발재가 다이스를 통과할 때의 변형상태를 표시한 것으로 처음 정방형을 하고 있던 그물눈은 다이스를 통과함으로써 늘어나 장방형이 되는데 이 변형의 과정은 인발재의 중심부와 외층부에서는 달라진다. 즉, 중심부에서는 [그림 6-3]의 (a)와 같이 주로 인장력과 압축응력에 의해서 변형이 되나 외층부에서는 [그림 6-3]의 (b)와 같이 재차 전단응력의 작용이 가해진다. 이와 같이 중심부와 외층부에서는 변형의 상태가 다른 데 이것은 다이스의 형상에 관계된다.

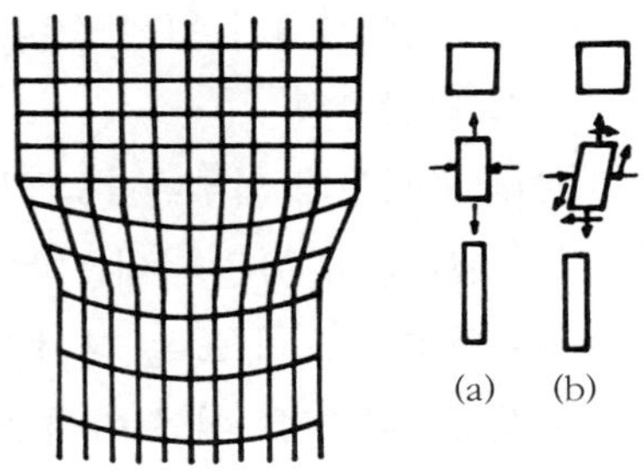

그림 6-3 인발에 의한 재료의 변형

나. 인발력

인발력 또는 인발응력의 산정은 실제의 인발작업을 할 때와 인발에 사용하는 기계를 설계하는 데 있어서도 필요하다. 그러나 봉, 선 및 관의 인발응력에는 다이스의 형상, 가공도, 인발면의 마찰계수, 인발재의 변형저항 등 많은 요소를 포함하여 매우 복잡하다. 그래서 환봉을 원뿔형 다이스로 인발할 때의 인발력을 가장 기본적인 조건만으로 구해 보면 다음과 같이 된다.

[그림 6-4]는 지름 D_0(단면적A_0)의 환봉을 다이스각 2α의 원뿔형 다이스를 통해서 지름 D_1(단면적A_1)의 봉으로 인발할 때의 과정을 표시한 것이다. 다이스에 의해서 변형을 받고 있는 부분 abcd속의 얇은 원판부분 ghnm에 작용하는 힘을 생각한다면 봉의 축방향으로 인장응력 , 다이스벽면에서 압력 P와 마찰력 μP가 작용한다. 단, μ는 마찰계수이다. 이와 같은 힘에 의해서 얇은 원판 ghnm의 지름은 [그림 6-5]와 같이 작아지며 다이스의 출구에 있어서 지름 D_1인 봉으로 된다.

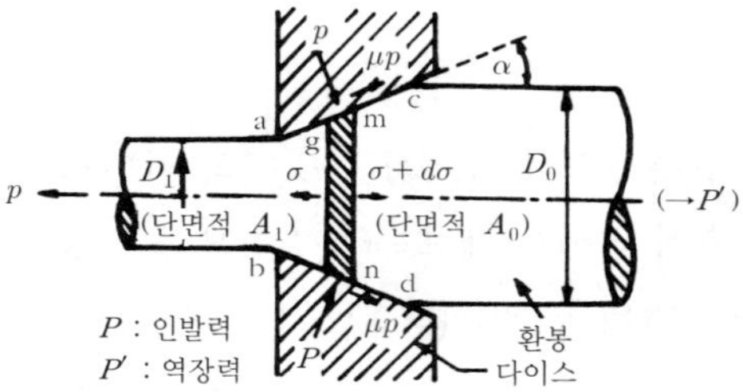

그림 6-4 원뿔형 인발다이스에 의한 인발가공의 과정

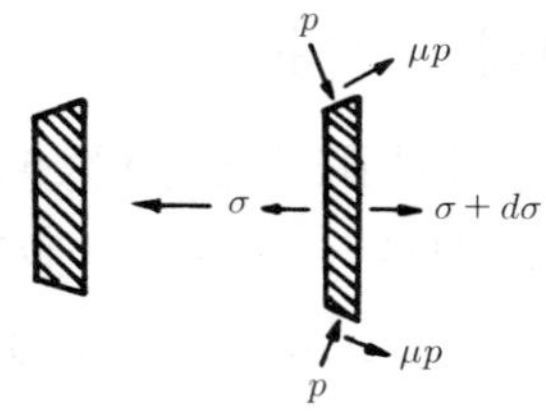

그림 6-5 다이스에 의한 가공재의 변형

이때 인발가공에 소요되는 인발력은 다음의 3가지 성분으로 되어 있다.

① 환봉의 지름을 작게 하는 순수한 변형이에 소요되는 힘

② 다이스의 입구와 출구에서 환봉 조직의 흐름을 급변화시키기 위해 소비되는 내부마찰에 소요되는 힘

③ 다이스벽에서의 외부마찰을 극복하는 힘 [그림 6-6]과 같이 ①은 다이스각에 의해서 변화하는 일이 없으나 ②는 다이스 각이 커질수록 작아지며 ③은 이와 반대로 증가한다. 그래서 3성분의 합계인 인발력은 특정한 다이스각일 때 최소값을 취하는 것이 된다.

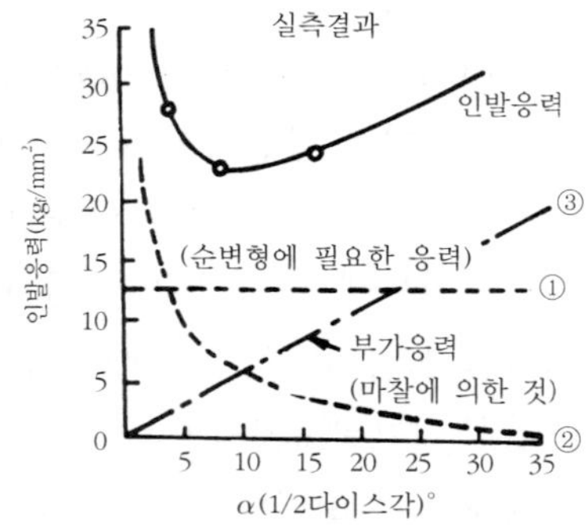

그림 6-6 황동의 인발응력과 다이스 각도와의 관계

이론계산에 의한 P의 값은 역장력을 가하지 않은 경우 다음 식으로 구한다.

$$P = KA_1\left\{\left(1+\frac{1}{\mu\cot\alpha}\right)1-\frac{A_1^{\mu\cot\alpha}}{A_0}\right\}+\frac{4\alpha}{3\sqrt{3}}$$

단. 이런 경우 다이스각 α는 라디안으로 표시한다. 식 중 K는 인발재료의 항복응력으로 인발전후의 값의 평균값을 사용한다. 마찰계수 μ가 작아지면 인장력도 감소하는데 그 크기

는 다이스의 표면상태나 사용하는 윤활제 등에 따라서 다르다. 조건이 극히 양호할 때의 μ는 0.08 ~ 0.13 정도이며, 표면 상태가 나쁘고 윤활제가 부적당할 때에는 0.2 ~ 0.25 정도이다.

다. 인발력에 미치는 가공조건의 영향

인발가공의 조건이 바뀌면 인발력은 광범위하게 변화한다. 인발력에 영향을 미치는 요소로서는 인발속도, 다이스의 형상, 단면수축률, 윤활제, 다이스 및 인발재의 표면상태, 인발재의 성질, 인발시의 열 등이 있다.

(1) 인발속도의 영향

저속 또는 고속일 때에는 인발속도에 따라서 인발력은 변화하는데 1 ~ 180m/min의 범위에 있어서는 인발력이 속도에 관계 없이 거의 일정하다.

(2) 다이스형상의 영향

[그림 6-7]은 인발력에 미치는 다이스형상의 영향을 나타낸 것이다 그림속의 ϕ는 단면수축률이다. 인발 전의 반지름 r_1, 인발 후의 반지름을 r_2로 하며 $\phi = (1 - r_2/r_1) \times 100$이다. 이 그림에서 인발력은 다이스각이 어떤 특정시에 최소값을 취하고, 또 인발력을 최소로 하는 다이스각은 단면수축률이 증가함에 따라서 커지는 것을 알 수 있다.

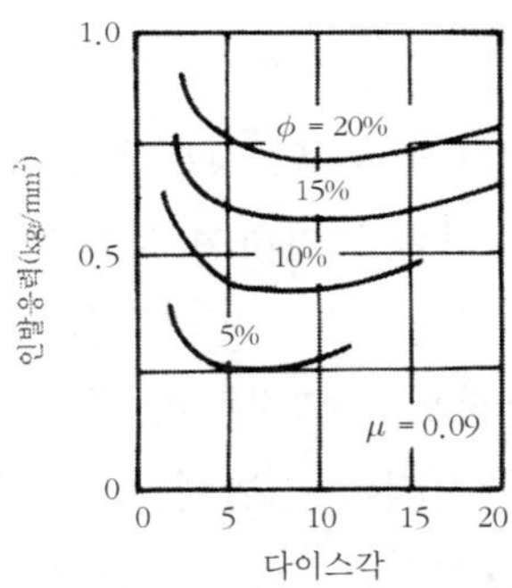

그림 6-7 인발응력과 다이스각의 관계

(3) 단면수축률의 영향

[그림 6-8]은 황동선을 여러 가지 각도의 원뿔형다이스로 인발할 때의 인발응력 $\sigma = \dfrac{P}{A_1}$를 측정한 결과를 나타낸 것이다. 어떤 경우이든 단면수축률이 증가함에 따라서 인발응력이 증가하고 있는 것을 알 수 있다. 단면수축률을 크게하면 목적하는 지름까지의 인발 횟수를 적게 할 수가 있어서 능률도 오르므로 단면수축률은 허용되는한 크게 한다. 그러나 그와 동시에 인발응력은 증가하여 결국에는 단선되어 인발이 불가능하게 된다. 또는 단선되지 않을 때에는 균일한 가공을 하기 어렵다.

보통 사용되고 있는 단면수축률은 경강철선에서는 20 ~ 25%, 연강철선은 28 ~ 35%, 피아노선(piano sire)은 10 ~ 15%, 강철파이프는 15 ~ 20%, 비철금속선은 15 ~ 30% 범위이다.

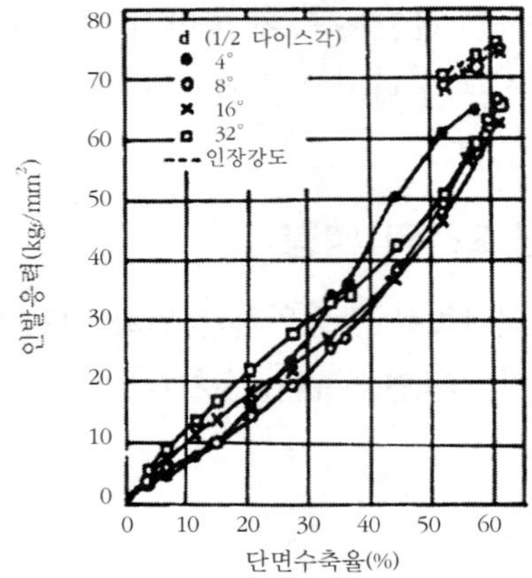

그림 6-8 인발응력과 단면수축률

(4) 역장력의 영향

인발재가 다이스에 들어가기 전에 인발방향과는 반대의 장력, 즉 역장력(back tention)을 가하면서 인발가공을 할 때가 많다. [그림 6-9]는 탄소량이 0.44%의 강선에 대해서 여러 가지 크기의 역장력을 가하여 지름 5.2mm에서 2.03mm로 인발했을 때의 인발력을 구한 것이다.

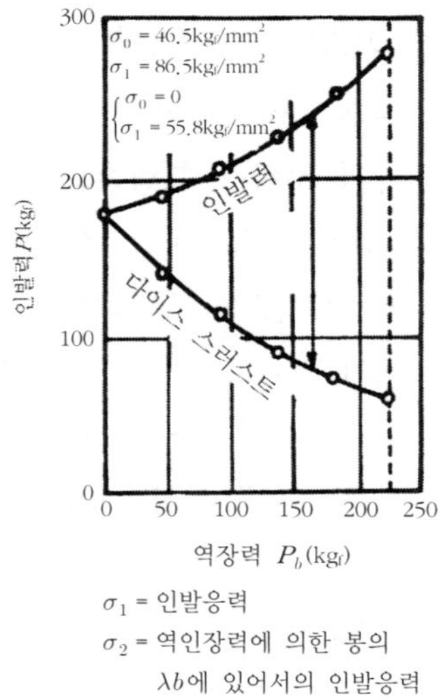

그림 6-9 인발력에 미치는 역장력의 영향

일반적으로 역장력이 증가됨에 따라서 인발력도 증가되나 인발력에서 역장력을 감소시킨 값이 다이스 스러스트(dies thrust)는 상당히 감소된다. 그것은 다이스 벽면에 작용하는 접촉압력 P가 감소되기 때문이다. 이와 같은 역장력 인발법을 사용하면 다이스 내부면에 작용하는 압력 P가 감소되므로 다이스 구멍의 확대 변형이 적고 다이스 구멍에 가까운 지름의 제품이 된다. 그러므로 다이스의 수명은 길어지고, 다이스의 온도도 크게 올라가지 않는다.

라. 인발재의 성질에 미치는 가공조건의 영향

(1) 굵은 인발과 가는 인발

다이스는 인발력의 일부를 압축력으로 바꿔서 인발재의 소성변형을 용이하게 하는 것으로 인발 후의 재료의 단면형상 및 치수는 다이스구멍에 의해서 정해지는데, 커질 때와 작아질 때가 있다. 이것을 굵은 인발 또는 가는 인발이라고 하며 일반적으로 단단한 재료, 예를 들면 강 등은 굵은 인발을 일으키고, 구리 등은 가는 인발을 일으키는 경향이 있다. 또한 이것은 다이스의 형상이나 가공도에도 영향을 미치며 6각형이나 장방형 등의 단면재인 인발이나 관의 인발인 경우에는 문제가 된다.

(2) 잔류응력

재료가 다이스를 통과할 때 불균일한 변형을 일으키므로 인발재에는 잔류응력이 생기고 이것이 피로강도에 영향을 준다. 인발에 의한 잔류응력의 분포는 단면수축률이 매우 작을 때에는 외층부에 압축응력, 중심부는 인장응력이 작용되지만 일반적으로는 외층부 인장, 중심부 압축의 단조로운 분포로 될 때가 많다.

(3) 기계적성질에 미치는 영향

단면수축률이 증가함에 따라서 가공경화로 인해 인발재의 경도, 인장강도, 피로강도는 증가하고 연신율과 수축은 감소한다. 단, 가공도가 80%가 되면 과잉 인발이 되며 강도가 감소하게 된다. 관의 인장강도는 다이스의 형상이나 인발의 방법에는 별로 관계가 없으며 가공도의 영향을 받는다.

제2절 | 인발용 기계

봉이나 관 등과 같이 단면적이 크며 감아낼 수가 없는 것은 인발기로 인발하고 선과 같이 감아낼 수 있는 것은 신선기를 사용한다.

1 인발기

일정한 치수의 다이스를 사용하고, 또한 가공심봉을 사용하여 관재를 인발하는 시설로 봉재도 인발된다. [그림 6-10]은 인발기의 구조를 나타낸 것으로 베드(bed) 위를 이동하는 인발차(plyer)로써 재료를 인발한다. 보통 인발차의 이동은 체인(chain)을 사용한다. 보통 벤치(bench)의 길이는 20 ~ 30m 가량 되고, 인발력은 50,000 ~ 300,000lbs 정도이며, 체인의 속도는 10 ~ 20m/min이나 처음에는 저속으로 움직인다. [그림 6-11]은 인발대와 클램프를 나타낸 것이다.

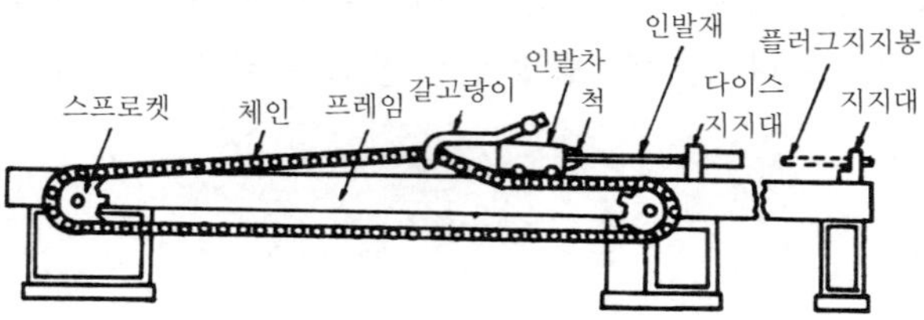

그림 6-10 인발기

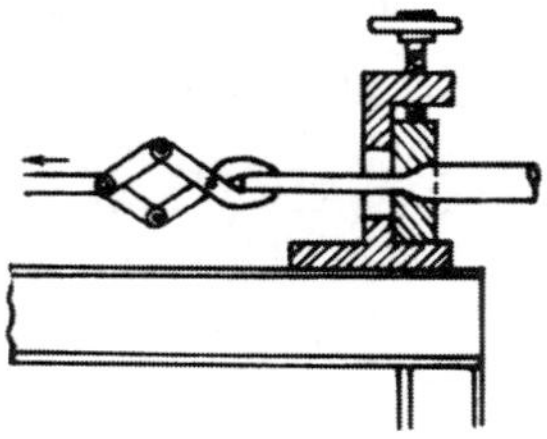

그림 6-11 인발대와 클램프

2 신선기

[그림 6-12]와 같이 신선기(wire drawing machine)는 인발력 전달용의 드럼과 다이스가 가장 중요한 요소이다. 실제로 사용되고 있는 신선기에는 대부분이 요소로만 된 간단한 구조인 것부터 많은 부속장치가 붙은 복잡한 구조의 정밀급인 것까지 그 종류는 매우 많다.

그러나 일반적으로 단식 신선기와 연속식 신선기 2종류로 구분한다.

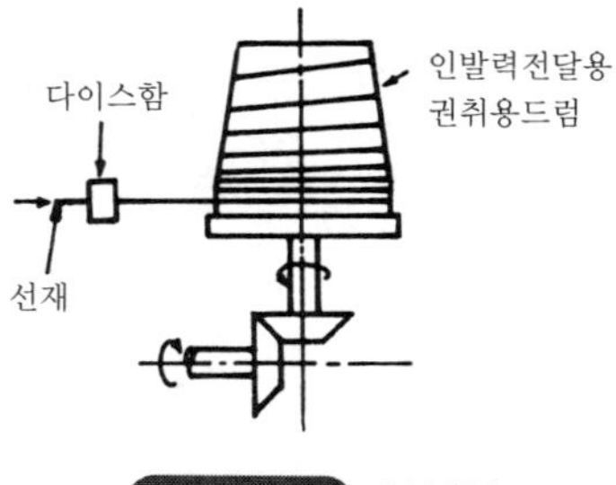

그림 6-12 신선기

가. 단식 신선기

단식 신선기(single head wire drawing machine)는 다이스를 통해서 1회 인발하여 감아내는 형식의 신선기로서 권취용 드럼이 수평으로 배치된 수평형과 수직형이 있다. [그림 6-13]은 단식 신선기의 종류를 나타낸 것으로 주로 굵은선이나 이형선의 인발에 사용되며 저속이다.

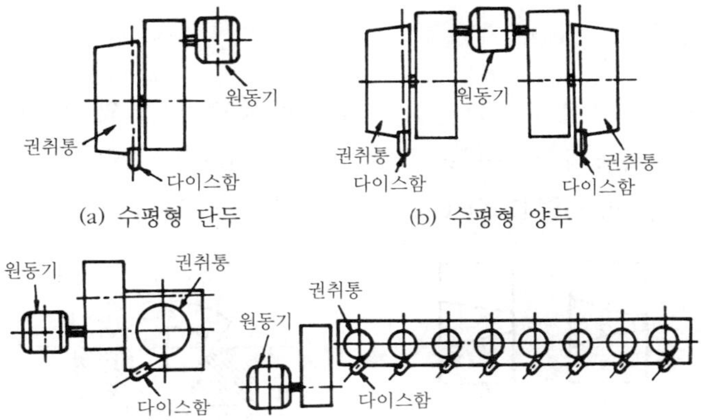

그림 6-13 단식 신선기

나. 연속식 신선기

연속식 신선기는 1대의 신선기에 2개 이상의 다이스와 같은 수의 권취용의 동력구동의 바퀴 즉, 캡스턴(capstan)을 갖추고 있어 선재가 연속해서 인발될 수 있는 구조를 가진 신선기이다. 캡스턴의 배치에 따라서 수직형과 수평형으로 구분하며, 수평형에는 캡스턴이 원뿔단차 상으로 된 것도 있다. 캡스턴이 인발력을 전달할 경우 그 주속과 선속이 동일하고 선과 캡스턴간에 미끄름이 없는 것을 논슬립식(non slip type), 양자간의 속도가 다르며 미끄름이 있는 것을 슬립식(slip type)이라고 한다.

[그림 6-14]는 슬립식 수평형 연속신선기의 구조를 나타낸 것이다. 캡스턴의 하부가 윤활제 속에 담겨져 있으며 윤활제는 윤활과 동시에 냉각 작용도 하고 있다. 캡스턴의 주속은 그 표면에 감겨져 있는 선의 속도보다 다소 빠르게 하여 미끄러지면서 인발력을 전달한다.

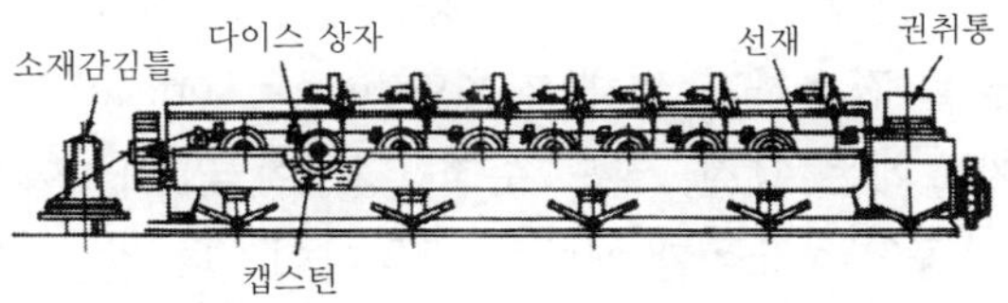

그림 6-14 슬립식 수평형 연속신선기의 구조

슬립식에서는 선재와 캡스턴간의 마찰로 인한 열 때문에 냉각의 방법을 고려하지 않으면 선재의 온도가 상승하여 선재의 성질에 나쁜 영향을 미친다. 특히 강도를 요구하는 피아노선이나 경강선에는 부적당하며 구리 또는 연강선의 인발에 널리 채용되고 있다.

3 인발다이스

다이스(dies)는 인발가공에서 가장 중요한 것이며, 구멍다이스와 롤러다이스로 구분된다. 구멍다이스는 선단이 가늘게 된 구멍이 뚫린 것으로서 [그림 6-15]와 같이 여러 가지 형상이 있으며 다이스의 각부 명칭은 [그림 6-16]에 나타난 바와 같다.

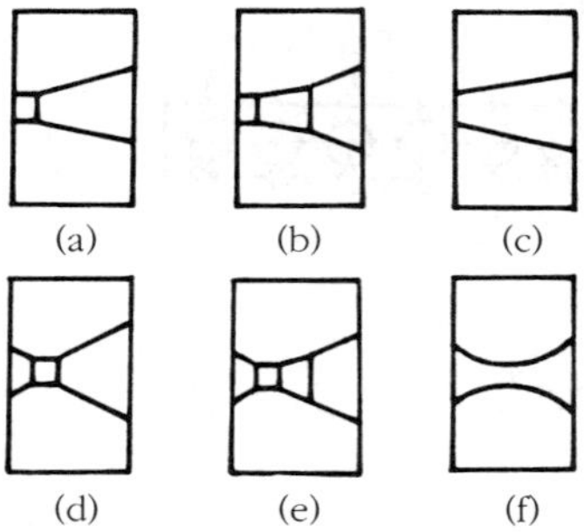

그림 6-15 각종 형상의 인발다이스

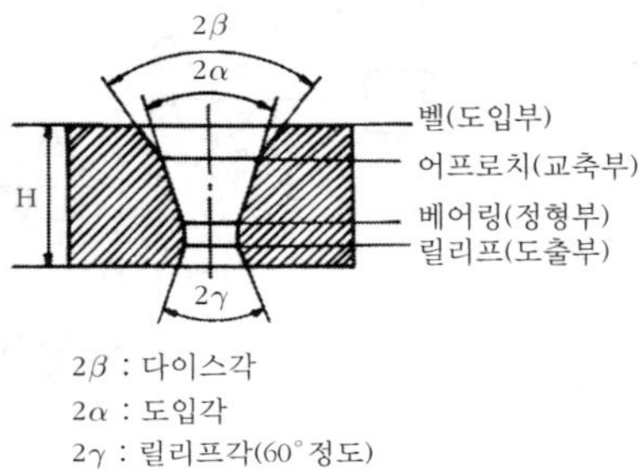

그림 6-16 다이스의 각부 명칭

벨(bell)은 윤화제와 선재의 도입을 위한 부분, 어프로치(approach)는 선재가 교축되는 원뿔형의 부분, 베어링(bearing)은 원기둥 상이며 선재의 치수를 결정하는 부분, 릴리프(relief)는 인발된 선재가 원활하게 다이스에서 떨어져 흠이 나지 않게 하는 것이다. 어프로치에서 주된 변형이 이루어지는데 이것에는 직선인 것과 곡선인 것이 있다. 전자를 직선다이스(원구멍일 때는 원뿔다이스)라고 하고 후자를 곡면다이스(원호인 것을 원호다이스)라고 한다. 직선다이스는 그 형상을 꼭지각 2α로 표시하고 곡면다이스는 곡률반지름 R로 표시한다.

일반적으로 부드러운 재료를 높은 단면수축률로 인발가공을 할 때에는 α가 큰 것이나 또는 곡률반지름이 작은 형상의 다이스를 사용한다. 또 단단한 재료를 낮은 가공도로 인발할 때에는 α가 작은 것이나 또는 곡률반지름이 큰 형상의 다이스를 사용한다. 예를 들면 동선용에는 α가 12~16°정도, 황동, 청동은 9~12°, 강선용은 6~11° 원뿔형다이스가 많이 사용된다.

다이스의 구멍은 마찰을 감소하기 위해 거울면(mirror surface)과 같이 연마 다듬질하여 사용하며 다이스용의 재료에는 강철, 칠드 주철, 경질합금, 다이아몬드 등이 있다.

지름이 큰 것을 인발가공(drawing)할 때에는 강철다이스나 칠드 주철다이스를 사용하고, 가는 선재에는 경질합금다이스를 사용한다. 또한 0.5mm이하의 특히 가는 선재 및 정밀한 인발을 할 때에는 다이아몬드다이스가 사용되는데, 비싸긴 하지만 다른 다이스에 비해서 수명이 상당히 길다.

최근에는 다이스가 회전하면서 신선하여 다이스의 수명을 길게 하는 동시에 선재의 품질을 높이는 방법도 이용되고 있다. 이 장치는 케이스에 다이스를 넣고 바깥쪽 케이스와의 사이에 롤러베어링을 넣을 뒤, 안쪽 케이스만을 회전시키면서 신선하는 방법으로써 신선력이 감소하여 고능률의 작업이 가능하다. 소결합금다이스의 구멍은 다듬질 연마에 의한 방법을 실시하여 왔지만 최근에는 스파크 침식(spark erosion)에 의한 방전가공이나 초음파에 의한 연마기를 사용해서 상당히 정밀도가 높은 구멍을 뚫을 수 있게 되었다.

4 윤활제

인발시 다이스와 인발재간에 상당히 큰 압력이 작용하므로 적당한 윤활제를 사용하지 않으면 마모나 소착을 일으키게 된다. 일반적으로 인발속도가 빠르고 연질재를 인발할 때에는 점성이 낮은 윤활제를, 인발속도가 늦고 경질재를 인발할 때에는 점성이 높은 윤활제를 사용해야 한다. 윤활방식에는 건식(dry method)과 습식(wet method)의 두 가지 방식이 있다.

강선, 스테인리스강, 니켈 및 그 합금선 등은 대부분 건식이며 봉재나 가는 것에는 습식으로 인발할 때도 있고, 구리 및 구리 합금, 알루미늄 및 알루미늄합금은 습식으로 인발된다. 강봉 또는 강선을 건식으로 인발할 때에는 표면에 석회, 인산염, 붕사 등의 피막을 입혀 인발할 때도 있으나 윤활효과를 개선하기 위한 표면처리이며, 다시 비누 또는 분말 상의 윤활제를 병용할 때가 많다. 또 연질의 금속비누나 그리스 등을 사용할 때도 있는데 가는선에는 비눗물과 기름의 에멀션을 사용하여 습식으로 인발할 때도 있다.

구리 및 구리합금은 비누와 기름의 에멀션(emulsion) 특히, 이형다이스를 사용할 때에는 식물유가 사용되며 알루미늄에는 실린더유가 사용된다.

최근에는 신선속도가 고속화되어 다이스의 마모가 크게 문제되고 있다. 다이스의 수명이 짧으면 다이스 교환에 소요되는 시간과 노력이 증가하여 이것이 고속 연속신선에 큰 지장을 초래하는 원인이 된다. 그러므로 윤활제를 강제적으로 다이스에 삽입해서 윤활을 좋게하기 위하여 [그림 6-17]과 같은 강제윤활 장치를 사용한다. 다이스 앞에 있는 노즐의 길이는 50mm 정도이며 노즐의 원통부와 선재의 간격은 약 1mm이다. 이 장치로 신선하면 노즐은 윤활제를 삽입하는 작용을 하므로 다이스에서 압출되는 윤활제는 지금까지의 5 ~ 25배 정도가 되며 그 90%가 신선의 윤활을 좋게한다. 그 결과 다이스의 수명은 2 ~ 20배로 된다.

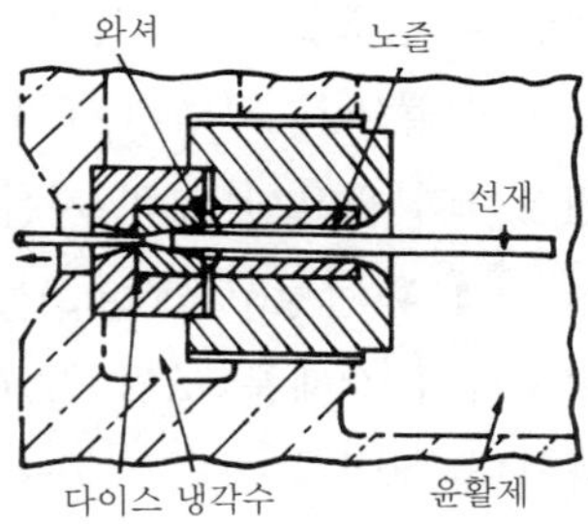

그림 6-17 강제윤활 다이스

제3절 | 인발작업의 실제

1 본재 및 관재의 인발

봉재 및 관재의 인발은 보통 상온으로 가공하므로 가공 원가가 높아지게 되며 따라서 압연이나 압출과 같은 값싼 가공법으로 충족되지 않을 때, 예를 들면 횡단면의 치수가 너무 작아서 소재가 쉽게 냉각되거나 변형에 필요한 힘이 없을 때, 또는 치수정밀도나 표면의 성질 등에 대한 요구도가 다른 가공법으로는 만족시킬 수 없을 때에 인발이 채용된다.

봉재 및 관재의 인발제품이 비싸게 되는 이유는 다음과 같다. ① 가공속도가 느리다 ② 손 작업의 부분이 많다 ③ 재료의 절단 손실이 많은 것 등이다. 따라서 융점이 높지 않은 비철금속일 때에는 되도록 압출로 성형하고 이것이 불가능할 때만 인발을 행한다. 예를 들면 살두께 1 ~ 1.5mm의 박판관은 압출에 의한 성형이 곤란하므로 인발기로 몇 번이라도 인발해서 제작한다.

최근에는 유연성이 있는 동관일 때에는 코일 상으로 감아서 연속적으로 인발하거나 또는 인발교정, 절단의 작업을 연속적, 자동적으로 행하는 콤바인드 머신(combined machine)이 채용되는 등 인발가공을 합리적으로 작업할 수 있게 개발되어 있다.

2 강선의 제조

강선(steel wire)의 소재는 선재(wire rod)이다. 일반적으로 선재는 60 ~ 70℃로 가열한 묽은 황산수 또는 염산수에 담그고 산세척(pickling)하여 표면의 스케일을 제거해서 깨끗하게 한다. 그 후 소다수 또는 물로 잘 씻고 석탄수에 담그어서 산을 중화한 뒤 건조한다.

그림 6-18 와이어드로잉

중화 건조를 끝낸 선재는 선단을 가늘게 하기 위하여 마우드붙이 롤기로 교축한 뒤 [그림 6-18]과 같이 다이스를 통해서 인장하여 필요한 선의 지름까지 와이어드로잉(wire drawing)을 행한다. 이 때 필요하면 신선 전에 패턴팅(patenting)등의 열처리를 할 때도 있고 또 신선의 도중 또는 그 후에 풀림을 실시하여 강재를 조질 할 때도 있다. [그림 6-19]는 경강선이나 피아노선 등의 제조공정을 나타낸 것이다.

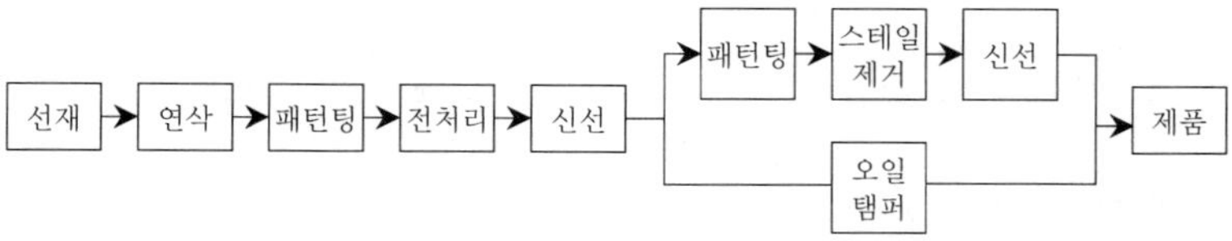

그림 6-19 강선의 제조 공정

가. 강선의 종류

강선을 성분적으로 분류하면 탄소강선과 특수강선으로 대별한다. 탄소강선은 탄소함유량에 따라 0.25%C 이하를 연강선, 그 이상을 경강선으로 구분한다.(〈표 6-1〉, 〈표 6-2〉 참조)

피아노선은 원래 고급 피아노선을 만들기 위해 연구된 선재이며, 현재에는 고급 선재인 것을 뜻하고 있다. 피아노선의 용도는 악기에 사용될 뿐만 아니라 일반스프링재, 바인드선, 와이어로프, 밸브스프링 등에 이용되고 있다. 이와 같은 선재는 5.0 ~ 25.0mm 지름인 것이 제조되고 있는데 일반적으로 5.0 ~ 9.5mm인 것이 많이 사용되고 있다. 스테인리스강선은 사용조건에 따라서 여러 종류가 있으며 가장 많이 사용되는 것은 〈표 6-3〉과 같다.

표 6-1 연강선재의 규격

종류	기호	화학성분(%)					용도
		C	Si	Mn	P	S	
연강선재 1종	MSWR 1	0.06 ~ 0.09	0.30 이하	0.50 이하	0.045 이하	0.045 이하	득장선
연강선재 2종	MSWR 2	0.09 이하	0.30 이하	0.50 이하	0.040 이하	0.040 이하	전신선
연강선재 3종	MSWR 3	0.15 이하	0.30 이하	0.60 이하	0.060 이하	0.060 이하	철선, 아연도금철선, 철망, 리벳, 못, 나사류
연강선재 4종	MSWR 4	0.15 ~ 0.25	0.30 이하	0.60 이하	0.060 이하	0.060 이하	

표 6-2 경강선재의 규격

종류	기호	화학성분(%)					용도
		C	Si	Mn	P	S	
경강선재 1 종	HSWR 1	0.25 ~ 0.35	0.15 ~ 0.35	0.60 이하	0.045 이하	0.045 이하	나사류, 강연선, 스포크
경강선재 2 종	HSWR 2	0.35 ~ 0.45	0.15 ~ 0.35	0.60 이하	0.045 이하	0.045 이하	

<table>
<tr><td colspan="2">경강선재 3 종</td><td>HSWR 3</td><td>0.45 ~ 0.55</td><td>0.15 ~ 0.35</td><td>0.60 이하</td><td>0.040 이하</td><td>0.040 이하</td><td rowspan="3">강연선, 와이어로프, 스프링, 스포크, 양산살</td></tr>
<tr><td rowspan="2">경강선재 4 종</td><td>갑</td><td>HSWR 4A</td><td>0.55 ~ 0.65</td><td>0.15 ~ 0.35</td><td>0.30 ~ 0.60</td><td>0.040 이하</td><td>0.040 이하</td></tr>
<tr><td>을</td><td>HSWR 4B</td><td>0.55 ~ 0.65</td><td>0.15 ~ 0.35</td><td>0.60 ~ 0.90</td><td>0.040 이하</td><td>0.040 이하</td></tr>
<tr><td rowspan="2">경강선재 5 종</td><td>갑</td><td>HSWR 5A</td><td>0.65 ~ 0.75</td><td>0.15 ~ 0.35</td><td>0.30 ~ 0.60</td><td>0.030 이하</td><td>0.030 이하</td><td rowspan="2">와이어로프, 스프링, 타이어심</td></tr>
<tr><td>을</td><td>HSWR 5B</td><td>0.65 ~ 0.75</td><td>0.15 ~ 0.35</td><td>0.60 ~ 0.90</td><td>0.030 이하</td><td>0.030 이하</td></tr>
<tr><td rowspan="2">경강선재 6 종</td><td>갑</td><td>HSWR 6A</td><td>0.75 ~ 0.85</td><td>0.15 ~ 0.35</td><td>0.30 ~ 0.60</td><td>0.030 이하</td><td>0.030 이하</td><td rowspan="2">스프링, 방직원침, 와이어로프 메리야스침</td></tr>
<tr><td>을</td><td>HSWR 6B</td><td>0.75 ~ 0.85</td><td>0.15 ~ 0.35</td><td>0.60 ~ 0.90</td><td>0.030 이하</td><td>0.030 이하</td></tr>
<tr><td colspan="2">경강선재 7 종</td><td>HSWR 7</td><td>0.50 ~ 0.60</td><td>0.15 ~ 0.35</td><td>0.70 ~ 0.90</td><td>0.040 이하</td><td>0.040 이하</td><td>침포</td></tr>
</table>

표 6-3 프테인리스강선의 성분

강종	기호	화학성분(%)							
		C	Si	Mn	P	S	Ni	Cr	Mo
16 Cr	STS 4	0.12 이하	0.75 이하	1.00 이하	0.04 이하	0.03 이하	-	16.00 ~ 18.00	-
18-8	STS 7	0.08 이하	1.00 이하	2.00 이하	0.04 이하	0.03 이하	8.00 ~ 11.00	18.00 ~ 20.00	-
18-10-Mo	STS 12	0.08 이하	1.00 이하	2.00 이하	0.04 이하	0.03 이하	10.00 ~ 14.00	17.00 ~ 19.00	1.75 ~ 2.75

나. 연삭

선재의 표면에는 약간의 표면흠이 남을 때가 있다. 특히 고급강선의 표면은 탈탄이나 흠이 있어서는 안되므로 선재의 표면을 연삭해서 제거해야 한다. 이 연삭은 소재로서 실시할 때와 신선공정의 중간에서 실시할 때가 있는데 모두 지름의 약 0.1 ~ 0.5mm정도를 연삭해서 표면의 결함을 제거해야 한다.

다. 열처리

강선을 제조하기 위해서는 소재를 소정의 선지름으로 신선한 뒤 열처리할 때와 열처리

신선하여 다듬질할 때가 있다. 열처리의 방법은 선재의 성분, 다듬질 선재의 가공방법 또는 요구되는 강선의 재질에 따라서 결정된다.

(1) 풀림(annealing)

연강선의 풀림에는 완전풀림(full annealing)과 중간풀림(process annealing)이 있다.

완전풀림은 변태점 이상으로 가열하여 서냉하는 방법으로 매우 부드러운 선이 만들어지며, 심한 성형가공을 하는 선재나 다듬질 선재를 풀림할 때에 사용된다. 중간풀림은 550 ~ 700℃로 가열해서 재결정을 일으키게 하는 연화법이며 주로 신선공정에서 가공경화한 선재의 가공선을 회복시키기 위하여 실시한다.

(2) 패턴팅(patenting)

경강선의 제조에서 가장 많이 실시하는 열처리로서 패턴팅이 있다. 이 열처리는 연속적으로 900 ~ 1000℃로 가열하여 공기 중 또는 용융된 납(400 ~ 500℃) 속을 지나 냉각하는 방법이다. 이 처리에 의해서 선재의 조직은 [그림 6-20]에 나타낸 것과 같이 담금질 소르바이트가 되며 강인한 성질이 얻어진다. 현재 가장 많이 사용되는 방법은 납패턴팅(lead patenting)이며 이것에는 [그림 6-21]에 표시하는 바와 같은 전기직열식과 복사식의 2종류가 있다. 전자는 선재와 직접 전류를 통해서 가열하는 방법이며, 후자는 노를 가열해 놓고 그 복사열로 가열하는 방식이다.

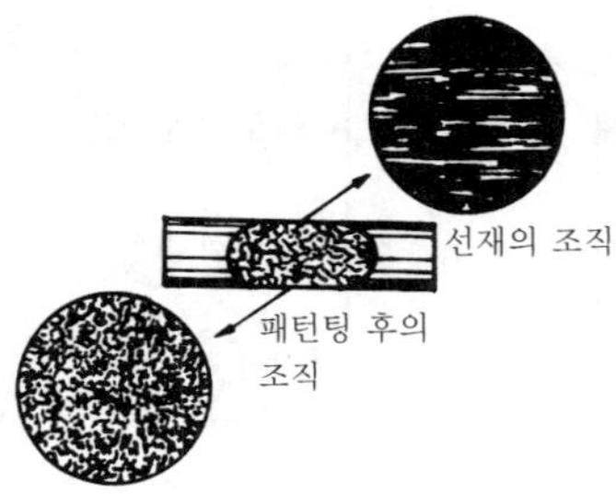

그림 6-20 선재의 조직과 패턴팅 후의 조직

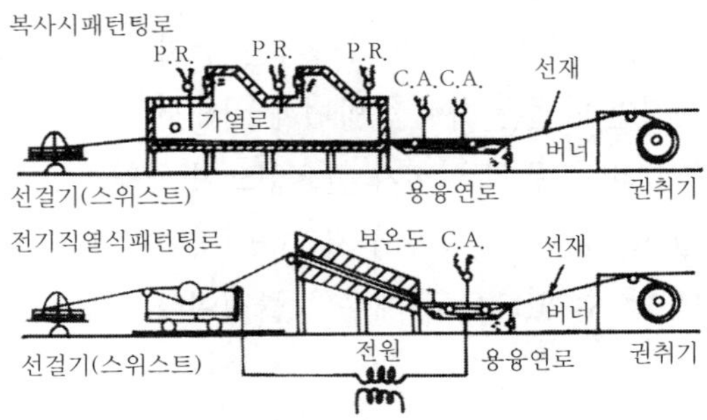

그림 6-21 패턴팅 설비

(3) 오일템퍼링(oil tempering)

A_3변태보다 20 ~ 30℃ 높은 온도에서 상온의 기름(oil) 중에 담금질한 다음 200 ~ 550℃로 뜨임하는 열처리를 오일템퍼링이라 한다. 이 처리에 의해서 선재의 조직은 뜨임 소르바이트가 되며 상당히 탄성한도가 높아진다. 따라서 스프링이나 PC선 등에 사용되는 강선은 [그림 6-22]에 나타난 바와 같이 연속식의 담금질, 뜨임장치에 의해서 처리된다.

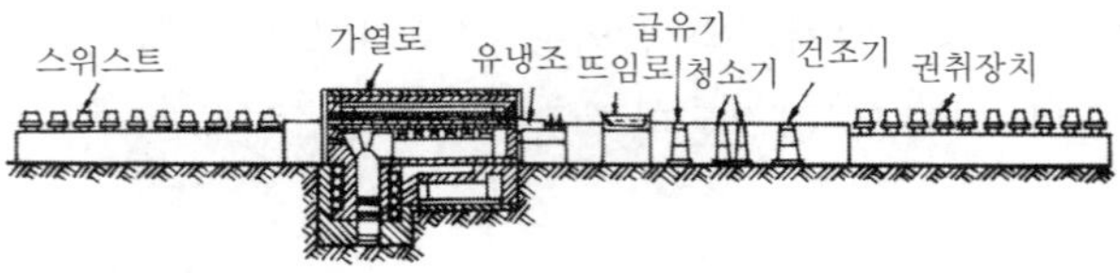

그림 6-22 강선의 연속식 담금질 및 뜨임로

라. 신선의 전처리

열간압연 선재 및 산화방지를 실시하지 않고 열처리한 선재는 그 표면에 산화막(scale)이 부착되어 있다. 이 스케일은 외측부터 Fe_2O_3, Fe_3O_4, FeO의 순으로 층을 이루고 있어 표면이 딱딱해서 가공하기 어려우므로 신선 전에 제거해야 한다. 또 와이어드로잉 가공을 용이하게 하기 위하여 선재의 표면에 윤활제의 막을 피막해야 한다. 신선에 앞서 이와 같은 처리를 실시하는 데는 화학적인 방법과 기계적인 방법이 있다.

화학적인 스케일 제거방법은 황산 또는 염산 속에서 산세척한 뒤 물로 세척하고, 석회침적, 건조의 공정이 보통이다. 기계적인 스케일 제거방법에는 숏블라스트법이나 와이어브러시법 등 여러 가지가 있으며 가장 많이 사용하고 있는 것은 디스켈러(cescaler)가 있다. 이것은 선재가 롤간을 통과하는 동안에 상하·좌우로 흔들려 와이어브러시 사이를 빠져나갈 때에 스케일을 분리시키는 장치이다.

기계적인 방법은 화학적 방법에 비해서 산세척, 중화, 배수 등의 설비가 필요없으며 처리시간이 짧고 신선기의 앞에서 처리하여 연속적으로 신선할 수 있으므로 매우 능률적이다.

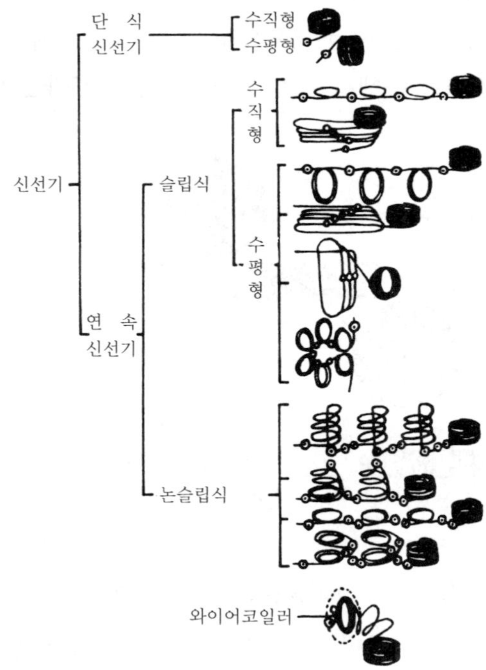

그림 6-23 신선기의 분류

마. 신선기

강선의 와이어드로잉에는 선재의 종류에 따라서 다르나 매회 10 ~ 45%의 감소율(단면수축률)로 여러 차례 다이스를 통해서 진행된다. 신선방법은 건식윤활제를 사용하는 건식신선과 액체윤활제를 사용하는 습식신선으로 분류한다.

일반적으로 강선의 와이어드로잉에 사용

되는 신선기를 분류하면 [그림 6-23]과 같다.

연속 신선기는 슬립식과 논슬립식으로 분류된다. 슬립식은 와이어의 저장이 최후의 블록뿐이며 도중의 블록은 와이어에 인발력을 전달하는데 필요한 횟수만큼 감아 붙이고 신선한다. 논슬립식은 각 캡스턴의 속도를 바꾸는 방식으로써 각 캡스턴마다 속도를 조절할 수 있는 것과 선이 꼬이면 캡스턴을 일시 정지하는 방식이 있는데 거의 수직형이다.

와이어코일러(wire coiler)는 다이스가 블록 주위를 회전하면서 다량의 선을 감아내는데 적합하며 운전 중이라도 선을 떼어낼 수 있는 신선기이다.

릴감기는 연속신선기의 최후의 블록에 이어서 장착되며 다량으로 신선된 선을 감아내는데 사용된다.

다이스구멍의 형상은 신선되는 성질, 신선속도, 냉각방법 등에 따라서 균일하지 않으나 보통 도입각 6 ~ 18° 이며, 베어링의 구멍지름을 D로 하면 어프로치의 길이는 $\frac{1}{2}$D ~ $\frac{2}{3}$D, 베어링의 길이는 $\frac{3}{4}$D 이하이다.

바. 특수 신선법

(1) 열간신선(hot drawing)

쾌삭강, 특수공구강, 고속도강 등의 특수강선에 대해서는 열간신선 작업을 해야 한다. 즉, 특수강선을 무산화 풀림한 뒤 [그림 6-24]와 같은 신선장치로 다이스와 다이스 앞에 놓여진 카본 전극사이에서 선재에 전류를 통해서 600℃정도로 가열한다. 그 후 다이스를 통해서 신선하여 필요한 치수로 다듬질한다.

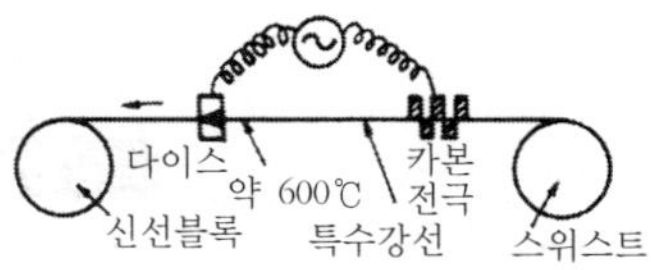

그림 6-24 열간신선

(2) 롤러다이스 신선법(roller dies drawing)

강선제조법의 한 방법으로써 다이스를 통해서 신선하는 대신에 롤러를 사용해서 냉간압연하는 방법이 연구되어 주로 이형강선의 제조에 사용되고 있다. 이 방법에는 롤러를 구동하는 방법과 롤러를 구동하지 않고 선을 인장롤러 사이를 통과하는 방법이 있으며 전자는 신선속도가 빠르다.

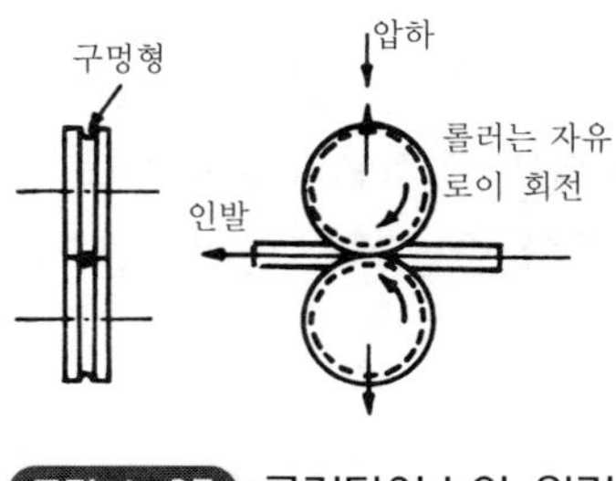

그림 6-25 롤러다이스의 원리

예를 들면 10mm의 경강선재를 350m/min의 속도로 5mm로 할 수가 있다. 이 방법으로 만들어진 강선은 일반적으로 탄성한도가 높은 것이 특징이다.

후자의 방법은 롤러다이스 신선법이라고 한다. 이 방법은 마찰이 작고 선재의 내·외를 균일하게 변형할 수 있는 특징이 있다. [그림 6-25]는 이 방법의 원리를 나타낸 것으로서 한쌍의 롤러에 구멍형을 선삭하여 이것에 다이스 역할을 시키고 있다. 롤러는 구름베어링으로 지지되며 선이 인발됨에 따라서 원활하게 회전한다.

이 장치도 구멍다이스와 같이 신선기에 장착해서 사용한다. 구멍형의 형상을 바꾸면서 여러 가지 이형선을 성형할 수 있다.

[그림 6-26]은 롤러다이스로 제조한 이형선의 예를 나타낸 것이다.

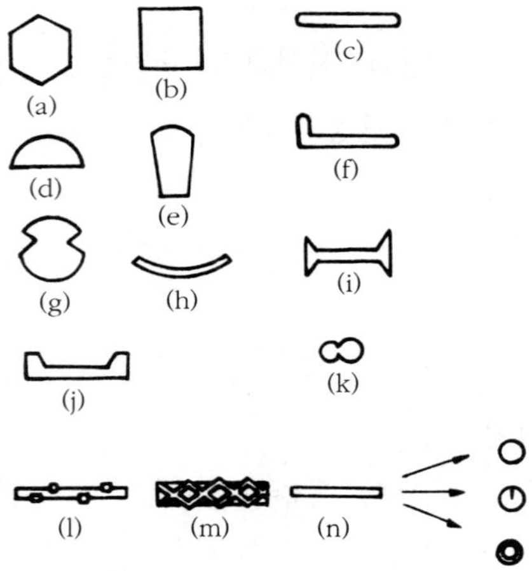

그림 6-26 롤러다이스로 제조한 이형선의 예

(3) 다일레스 신선(dieless wire drawing)

이 방법은 다이스를 사용하지 않고 가는 선을 제조하는 방법을 말한다. 이 방법에서는 전해연마식(electro polishing type)과 열간식 연식(hot stretching type)이 있다. 전해연마식은 연속적으로 전해조를 통해서 가늘게 하는 방법으로 0.01mm이하의 극히 가는 스테인리스강선 등의 제조에 사용된다.

열간식연식은 선을 감고 있는 두 개의 캡스턴사이에서 전기저항렬로 가열하는 동시에 양쪽의 캡스턴의 주속차를 이용하여 연신하는 방법이다. 신선 속도는 별로 빠르지 않으나 1회의 단면적을 경강선일 때라도 50%이상 가늘게 할 수가 있는 특징이 있다.

익힘문제

1 인발가공의 특징에 대하여 설명하시오.

2 관재 인발 종류를 쓰시오.

3 철심을 사용하는 관재 인발을 설명하시오.

4 인발 변형기구에 대하여 설명하시오.

5 단면수축률이 동일한 경우 어떤 다이스각에서 인발응력이 최소값을 취하는 이유를 설명하시오.

6 인발가공에 있어서 역장력을 가할 때 장점을 설명하시오.

7 인발용의 윤활제 종류와 윤활기구에 대하여 설명하시오.

8 신선기의 종류를 쓰시오.

9 인발다이스의 형상과 재질에 대하여 설명하시오.

10 경강선의 신선공정을 설명하시오.

11 인발가공된 재료는 재질적으로 어떠한 변화를 받고 있는가 설명하시오.

12 패턴팅(patenting)처리에 대하여 설명하시오.

memo

금 속 가 공 학

Chapter 07

압출가공

Chapter 07 금 속 가 공 학

압출가공

제1절 | 개요 및 종류

1 개요

강괴, 알루미늄, 구리, 아연 등의 합금으로 각종 형상의 단면재, 관재 및 선재를 제작할 때 소성이 큰 재료에 강한 압력으로 다이스를 통과시켜 그 재료의 단면적을 작게 하고 원하는 치수와 형태로 만드는 방법을 압출가공(extrusion)이라 한다.

압출가공은 소재를 컨테이너(container) 속에 넣은 뒤 주위에서 높은 압력을 가하면서 변형시키므로, 재료에 가해지는 압력은 다른 가공법에 비해서 상당히 높고, 또한 재료의 연성을 향상시키기 때문에 1회 공정으로 매우 큰 변형을 부여할 수가 있으며 변형 중에 균열 등의 결함이 재료 내부에 생기는 경우가 아주 적다. 또 다른 가공법으로는 제조하기 힘든 중공품 또는 단면이 불규칙하며 비대칭적인 형상의 것이라도 비교적 간단히 말들 수가 있는 등의 장점이 있다. 그러나 압출재의 단면치수는 컨테이너의 안지름에 의해서, 또 길이는 압출압력에 의해서 제한을 받는 등의 결점이 있다.

2 압출가공의 종류

압출가공에는 직접압출법과 간접압출법의 2가지 기본 형태가 있다. [그림 7-1]의 (a)와 같이 압출할 때 소재를 가압하는 램(ram)의 방향과 제품이 압출되어 나오는 방향이 같을 때 직접압출(direct extrusion)또는 전방압출(forward extrusion)이라 하며 [그림 7-1]의 (b)와 같이 제품이 램(ram)의 진행 방향과 반대 방향으로 압출되는 방법을 간접압출(indirect extrusion), 또는 후방압출(backward extrusion), 역압출(reverse extrusion)이라 한다.

직접압출은 [그림 7-1]의 (a)와 같은 평평한 직각 다이를 사용하면 가장자리에 데드 메탈(dead matal)이 생기고, 소재의 산화된 표면층이 안쪽에 감겨 들어가 제품의 안쪽 또는 표면에 나타나므로 산화층이 감겨 들어가지 않도록 작은 가압판으로 표면층을 벗기면서 가공하든지 직접압출을 하면 된다.

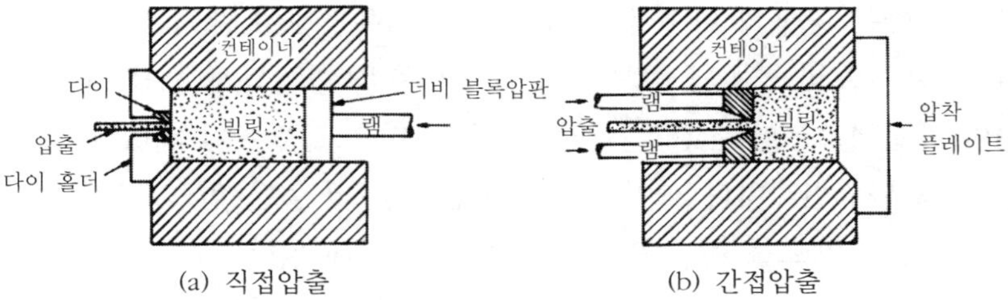

그림 7-1 직접 및 간접 압출법

치약튜브와 같이 길이가 짧은 중공관을 만들기 위해서는 직접 또는 간접적인 충격 압출(inpact extrusion)가 공법을 이용한다. 이와 같은 충격압출법은 고속의 기계 프레스로써 냉간가공하는 경우가 많으며 [그림 7-2]에서와 같이 전기케이블에 납을 피복하는 것도 이러한 압출법을 이용하여 가공한다. 컨테이너를 가열하여 소재와의 온도차를 작게 하든가, 또는 데드 메탈(dead metal)을 따라서 테이퍼(taper)다이를 사용하여 윤활을 충분히 하면서 압출가공하여야 한다. 빌릿(billet)의 길이는 지름의 5배 정도까지의 것을 사용하지만 20 ~ 30%가 파괴되므로 비경제적이다.

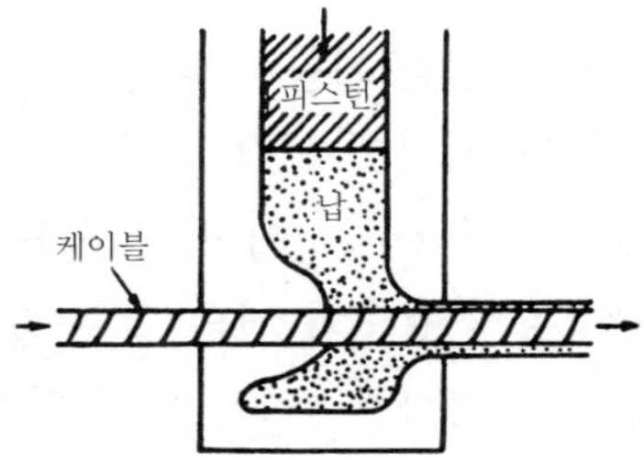

그림 7-2 압출법에 의한 피복

가. 열간압출

열간가공을 하면 소재의 연성은 증가하고 변형 저항은 감소된다. 따라서 상온에서 부스러지기 쉬운 강괴를 고온에서 직접 가공하며, 또한 한 번에 굵은 소재로부터 가는 제품을 압출하거나, 복잡한 단면 형상의 것을 압출할 수가 있다. 그런, 압출용 공구는 가공에 의하여 변형되는 재료의 표면과 접촉되므로 재질상 어려운 문제점들이 많다. 따라서 압출용 공구는 내열성, 내마모성 등을 갖추어야 하며, 윤활제도 고온 고압에 견디어야 한다.

열간압출 가공되는 재료나 제품 및 그 용도는 항공기용 부품에서부터 가전제품, 수도, 차량, 선박용 부품에 이르기까지 다양하며 이들 중 특히 구리, 납, β청동 등은 가장 쉽게 가공되는 것들이며 압출 단면의 최소 두께는 1mm이하까지 가능하며, 단면 감소비는 구리에서는 0.9975까지 되고 알루미늄 합금에서의 횡단면의 높이가 40cm되는 형재까지도 가공된다.

열간압출 가공에서는 대부분 직접압출이 많이 이용되며 가공에는 가로형 수압프레스가 사용되고 있다. 구리합금, 아연, 납 등의 압출에는 윤활제가 사용되지 않으나 강철과 같이 단단한 재료일 때에는 공구의 마모를 줄이기 위하여 윤활제는 반드시 필요하다. 윤활제로서 최근까지는 흑연, 그리스나 납 등으로 얇은 표면층을 형성하게 하였으나 유리분말을 사용하는 방법이 개발되고부터는 강철의 압출가공이 더욱 활발하게 되었다. 이것은 1,200℃ 정도로 가열된 소재가 컨테이너 사이에서 2,500톤 정도의 높은 압력으로 압출되면 유리는 유동상태가 되어 압출 재료를 빠른 속도로 압출할 수 있게 된다. 그러나 열간압출 가공에서는 특히 높은 압력과 온도에 견딜 수 있는 내열성의 금형과 심봉(mandrel)으로 하여야 하며 조업 중 계속해서 냉각하여야 한다.

나. 냉간압출

4냉간압출 가공은 열간압출에 비하여 가공압력이 대단히 높으며 따라서 공구에 가해지는 압력도 커지게 된다. 예를 들면 0.1%C의 연강에서는 냉간가공 중의 평균변형저항 2km의 값은 $700kg_f/mm^2$이며 천공가공(piercing)에서의 펀치(punch) 압력도 $P_1 ≒ 250kg_f/mm^2$로써 공구강의 강도와 거의 같은 값이다. 따라서 냉간압출가공의 기술적인 한계는 주로 공구의 강도로 결정지어지게 되며 단면적 감소비도 순 알루미늄에서는 0.98, 연강에서는 0.8 정도로 열간압출 가공에서 보다는 다소 떨어진다.

냉간압출에서는 선재, 봉재 및 판재를 사용한 소형의 기계부품 등의 제조는 물론 알루미늄, 구리 및 구리합금, 마그네슘 등도 냉간압출된다. 이 경우에도 [그림 7-3]과 같이 여러 방법이 있다.

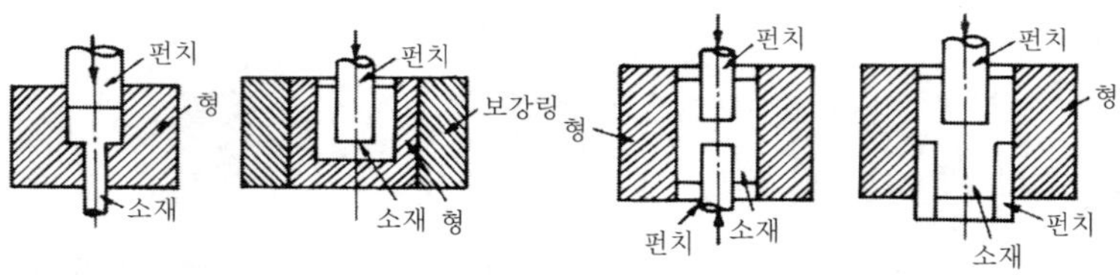

(a) 직접압출 (b) 간접압출 (c) 직접 및 간접압출

그림 7-3 냉간압출 방법

다. 충격압출

특수 압출방법으로써 알루미늄, 아연, 납, 주석, 구리 및 그 합금 등으로부터 치약 튜브, 전기기기, 카메라 부품, 화장품 갑, 약품 갑 등의 가정용품 및 아연 건전지 케이스 등과 같이 속이 빈 짧은 제품을 만드는데 사용하는 가공 방법이다.

충격압출 가공법은 [그림 7-4], [그림 7-5], [그림 7-6]과 같이 짧은 시간 이내에 압출가공하는 방법으로써 보통 크랭크 프레스가 사용되면 냉간가공의 일종으로서 디프드로잉(deep drawing)에 비하여 공정이 짧고 빠르며 치수 정밀도가 좋고 표면도 깨끗하게 이루어진다.

[그림 7-6]의 (a), (b)는 튜브를 압출가공하는 공정을 나타낸 것으로 금속재료를 튜브 바깥지름과 똑같은 크기의 다이(die) 안에 놓고 튜브의 안지름과 같은 크기의 펀치로 빠른 속도로 때리면서 가공하는 충격압출법이다. 이 때 펀치는 금속을 다이안으로 재빨리 압출시키고, 동시에 금속의 펀치 주위로 튜브가 만들어지면서 펴져 올라온다. 또 [그림 7-6]의 (b)와 같이 후커공정(hooker process)은 충격압출의 다른 방법으로 펀치의 방향과 같은 방향으로 압출되는 것으로 소재는 컵 모양의 금속을 다이 안에 넣고 이 컵에 꼭 맞는 크기의 심축을 가진 펀치로 금속 컵을 세게 내려친다. 이 때 펀치의 어깨 부분에 의하여 컵에 압력이 가해지고 금속은 관 형태로 압출된다. 이와 같은 가공법을 직접(전방)압출이라 한다.

충격압출에는 펀치와 다이의 간격이 작기 때문에 중심이 잘 맞지 않으면 한 쪽이 두꺼워져 재료가 위로 올라가는 것이 불충분하게 되어 불균일하게 된다. 그러나, 중심을 잘 맞추어 가공하면 표면이 깨끗하고 치수가 정확한 제품이 만들어진다.

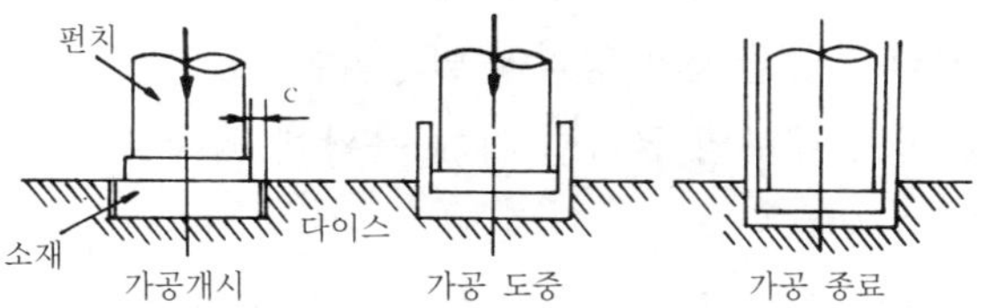

그림 7-4 충격압출시의 변형과정

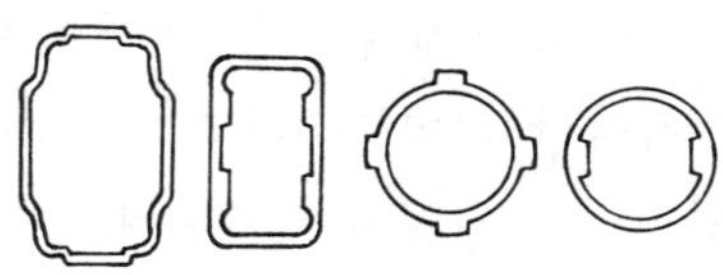

그림 7-5 충격압출 제품의 단면형상

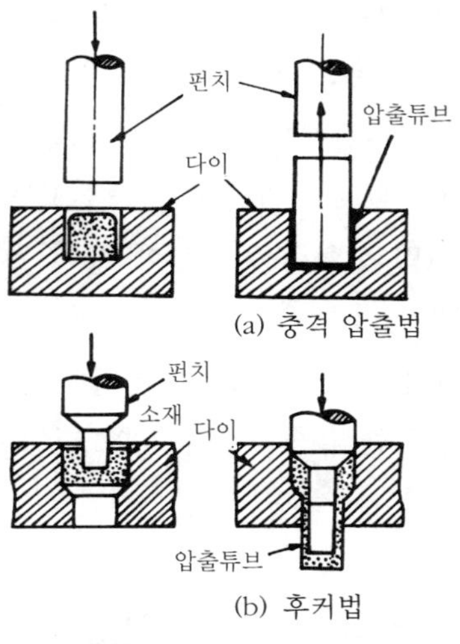

그림 7-6 충격압출

제2절 | 압출가공의 기초

1 무윤활압출법

알루미늄 및 알루미늄합금의 압출에는 윤활제(lubricant)를 사용하지 않는 것이 보통이며 이 방법은 자체 윤활 압출법 또는 난류압출법이라고도 한다. 일반적으로 가공성이 매우 좋고 가공온도에서 윤활성이 좋은 표면 산화막이 생기는 일이 없으며 또한 컨테이너나 다이스 등의 공구에 대하여 높은 점착성을 가진 재료의 압출에 적용된다. 현재에는 알루미늄, 납, 아연 등과 같은 저융점금속 및 구리합금에 한정된다.

무윤활압출법의 원리는 [그림 7-7]에 나타낸 바와 같이 구멍의 모서리가 날카롭고 뾰족한 평면다이스를 사용하여 빌릿과 공구 간에 윤활제를 전혀 공급하지 않고 압출한다. 이 때 빌릿 전면의 어깨 부분에 3각형의 단면을 지닌 부동금속의 영역이 발생하여 이 영역의 경계면을 따라서 [그림 7-7]의 화살표 선과 같이 빌릿 내부의 금속이 자체 윤활에 의해서 유동하여 다이스 구멍에서 압출된다.

무윤활압출법에 있어서 금속의 흐름을 명확하게 알기 위해 [그림 7-8]의 (a)와 같은 등간격으로 세로선과 가로선을 붙인 빌릿을 압출하여 각 표선의 형상 변화를 나타낸 것이 [그림 7-8]의 (b)와 같다. 이것에서 부동 영역의 발생과 표면의 마찰에 의해서 금속의 흐름이 압출 초기부터 난류가 되며 그 정도는 압출의 진행과 더불어 점차로 심해지는 것을 알 수 있다. [그림 7-8]의 (b)에서 부동 영역과의 경계부분A 및 빌릿의 말단 부근의 표면층이 압입되는 부분B에 있어서는 금속의 흐름이 빠르고 가공도가 국부적으로 높아지며 빌릿의 표면이 어느 정도 미끄러지므로 빌릿의 표면 산화층을 내부에 끌어 들여서 결함 발생의 원인으로 되어 있다. 또한 표면산화물의 윤활성이 높을 경우 혹은 공구면을 따라서 윤활성 물질이 도포되었을 때에는 [그림 7-9]에 표시한 A 및 B와 같이 균열이 생긴다. 그리고, 압판의 표면에서도 미끄름이 일어나면 빌릿의 말단면의 중심부가 앞쪽으로 끌려 들어가서 중앙부에 C와 같은 오목(凹)부가 발생한다.

그림 7-7 무윤활압출법

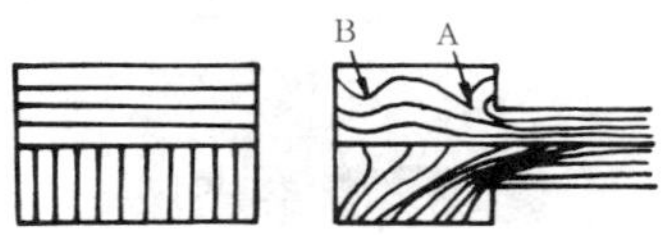

(a) 압출 전 (b) 압출 중

그림 7-8 금속의 흐름

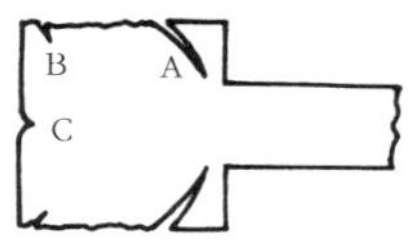

그림 7-9 발생 결함

이와 같은 결함은 압출의 진행과 더불어 점점 성장하여 압출 말기가 되면 [그림 7-10]의 (a)에 표시하는 바와 같이 결함이 다이스 구멍을 통해서 압출 후의 재료 내부에까지 신장하여 그 가로단면(X-X′)에는 [그림 7-10]의 (b)와 같은 결함이 생기게 된다.

이 때 다이스의 형상, 윤활조건, 부동영역의 발생 등은 직접압출법과 동일하나 빌릿 내부의 금속의 흐름은 어느 정도 달라지게 된다. 간접압출법일 때는 빌릿 전체의 이동이 없으므로 표면의 마찰에 기인하는 변형이 전혀 없으며 재료는 다이스 출구 부근에서 변형할 뿐이다. 따라서 얻어지는 재료는 균일하며 결함이 적다.

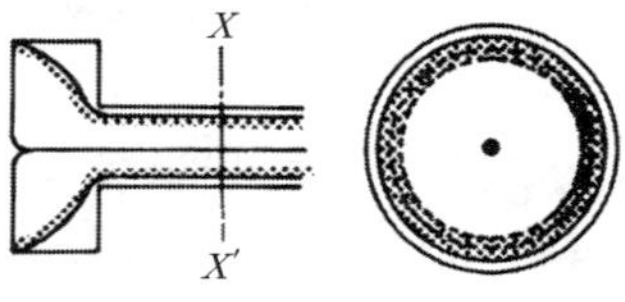

그림 7-10 압출 말기의 재료 결함

2 윤활압출법

알루미늄이나 황동 등을 제외한 모든 금속 재료의 압출은 윤활압출법에 의해서 행하여진다. 이 압출법은 일명 층류압출법이라고도 하고 변형시의 흐름이 균일하며 국부적인 응력 집중이 없으므로 마그네슘합금과 같은 저온 가공재료는 물론, 철강, 티타늄합금, 지르코늄합금, 니켈합금, 베릴륨, 텅스텐 등의 고온 가공 재료에 이르기까지 광범위하게 적용된다.

[그림 7-11]은 이 압출법의 원리를 나타낸 것으로 압출 방향에 대해서 적당한 경사를 가진 곡면다이스를 사용하여 경사를 붙인 빌릿을 장입하고 빌릿과 공구면 사이에 충분한 양의 윤활제를 공급한 뒤 압출한다. 이 때 빌릿과 공구 사이에 항상 윤활제의 막이 존재하는 것이 기본조건이며 압출되는 재료도 윤활제의 얇은 막으로 덮여져 있다.

윤활압출법에 있어서의 금속 흐름을 조사하기 위하여 [그림 7-12]의 (a)에 나타난 바와 같은 빌릿을 사용하여 이상적인 조건하에서 압출했을 때 표선의 모양은 [그림 7-12]의 (b)와 같다. 압출 중 빌릿과 컨테이너 사이의 마찰이 전혀 없고 이상적인 상태에서는 컨테이너 속을 전진하는 동안에 빌릿의 내부는 전혀 변형을 일으키지 않고 경사진 다이스면을 따라서 재료의 단면감소가 시작될 때에 빌릿 내부의 각 점이 변형을 시작한다. 각 점이 등거리를 이동할 때 축방향으로 투영한 거리의 차이에서 가로방향의 표선은 그 중심부가 어느 정도 부풀어 오르는데 이 형상은 압출재료가 처음부터 끝까지 변화하지 않고 따라서 압출된 재료의 성질은 아주 균일하다. 실제로는 윤활제의 윤활성에 한도가 있으며 또 압출 중에 재료 각 부의 온도가 변화하여 재료 내부에 온도구배가 생기므로 이상 상태의 압출이 불가능하다. 그러나 다이스면의 형상이나 적당한 윤활재를 사용하여야 이상적인 압출을 할 수 있게 된다.

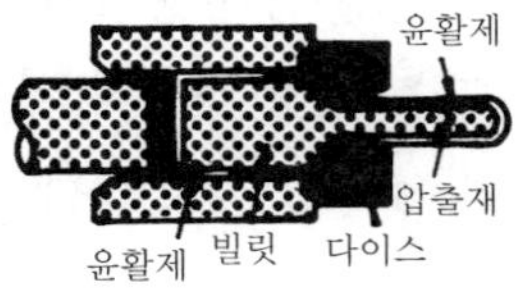

그림 7-11 윤활압출법

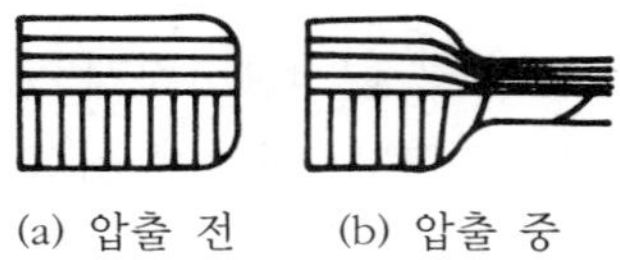

그림 7-12 완전 윤활압출의 금속 흐름

[그림 7-13]은 다이스면 각도와 결함의 관계를 나타낸 것이다. 다이스면 각도 θ는 일반적으로 30~60°이며 보통 45°로 하면 가장 좋다. 다이스 각도가 적당하지 않을 경우, 특히 각도가 너무 작을 때에는 물어 뜯김 또는 쥐어 뜯김 등의 결함이 생긴다. 이와 같은 결함이 생기는 과정은 [그림 7-13]의 (a), (b), (c)와 같이 빌릿에 부동 영역이 생긴 뒤 부동 영역의 경계에 균열이 생기고 그 속에 윤활제가 침입한다. 그러므로, 빌릿 내부의 재료는 침입한 윤활제에 의해서 미끄러지고 부동영역을 따라서 변형하여 다이스 구멍에서 압출된다. 그런, 압출의 후반에서는 압출의 진행과 더불어 부동 영역도 서서히 변형해서 편평화하여 체적이 감소한 만큼 최외부로 압출되므로 이 부분이 물어 뜯기거나 또는 쥐어 뜯기게 된다.

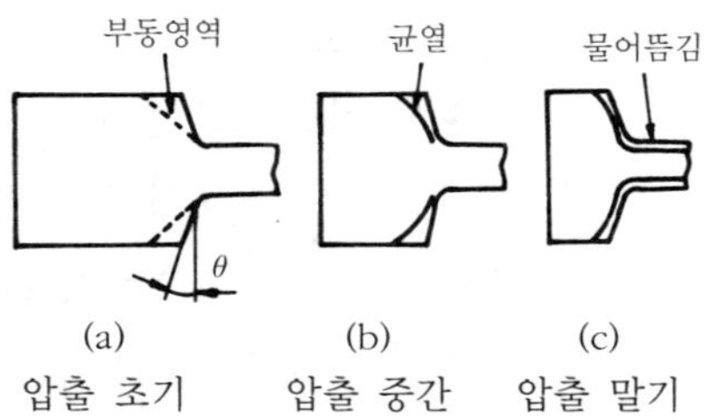

그림 7-13 부적당한 다이스면 각도에 의한 결함 곡선

3 압출에 필요한 힘

단면적A의 빌릿을 다이스를 통해 압출하여 단면적a의 재료로 가공할 경우 그 온도에 있어서의 재료의 변형저항을 K로 하면 단위 단면적에 대한 압출변형압력 P는 다음 식으로 표시된다.

$$P = \mathrm{AK} \log \frac{A}{a} \qquad \text{(7-1)}$$

실제의 압출 가공시에는 변형으로 인한 압출압력 P이외에 빌릿의 표면에 있어서의 마찰력을 고려해야 한다. 컨테이너 내벽 둘레의 길이를 C, 빌릿의 유효길이 즉, 다이스면 부근에서 실제로 변형이 시작되는 위치에서 압판에 닿는 말단면까지의 길이를 L, 마찰계수를 μ로 하면 마찰력 R은

$$R = CL\mu K \quad \cdots\cdots (7\text{-}2)$$

압출에 필요한 힘 F는 이와 같은 두 종류의 힘의 합계이므로

$$F = P + R \quad \cdots\cdots (7\text{-}3)$$

변형에 필요한 힘 P는 온도변화가 없는 한 압출의 과정은 거의 일정하나 마찰력 R은 빌릿의 유효길이에 관계하므로 압출 중에 변화한다.

무윤활압출인 경우 길이 L의 빌릿을 압출할 때의 램의 행정과 압출력의 관계는 일반적으로 [그림 7-14]에 나타낸 바와 같다. 압출 초기에 압출력 F는 높은 값을 표시하나 마찰력의 저하와 더불어 점차로 저하하여 압출 말기에는 마찰력 R이 0에 접근함에 따라서 변형력 P에 가까워진다. 최후에는 램의 선단이 부동 영역에 도달하여 이 부분도 변형하는 것이 되므로 또 다시 압출력F는 상승한다. 그러나, 실제의 압출 작업에서는 L'까지 압출한 곳에서 중지하며 $L-L'$는 잘라 버린다.

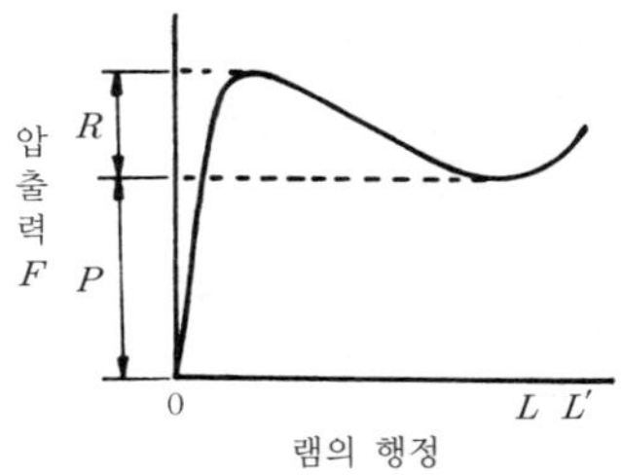

그림 7-14 무윤활압출의 압출곡선

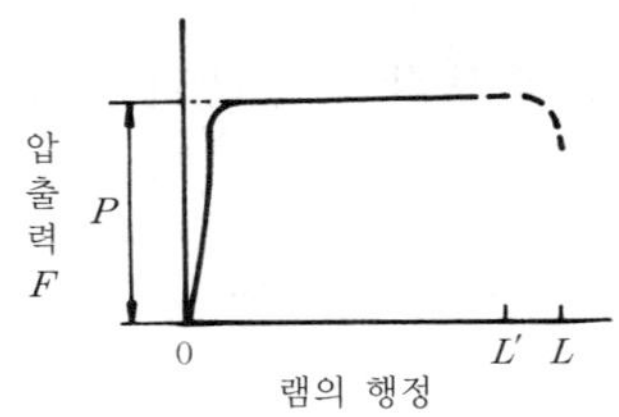

그림 7-15 윤활압출의 압출 곡선

윤활압출인 경우에는 램의 행정과 압출력의 관계는 일반적으로 [그림 7-15]와 같이 변화한다. 이 때의 마찰력 R은 윤활제에 의해서 좌우되는데 유효한 윤활제를 사용할 때에는 변형력P에 비해서 훨씬 작으므로 마찰력 R을 무시할 수가 있다. 따라서, 압출력 F는 항상 변형소요력 P와 거의 동일하고 압출곡선은 압축의 각 시기를 통해서 수평하게 된다.

실제의 압출에 있어서는 빌릿의 열이 점차로 공구에 뺏겨서 온도가 점점 떨어지거나 또는 반대로 변형시에 발생하는 열로 인해 빌릿의 온도가 상승한다. 그래서 이와 같은 효과의 총합으로써 가공 중의 온도는 계속해서 변화한다. 가공온도는 변형저항 K와 마찰계수 μ의 쌍방에 영향을 지니므로 온도변화로 인해 압출변형압력P 및 마찰력 R이 변화하고 따라서, 압출의 소요력 F가 변동한다.

4 압출속도와 압출온도

[그림 7-16]은 황동을 650℃ 및 700℃로 압출하여 각 온도에 있어서의 압출속도와 압출압력과의 관계를 표시한 것이다. 소재의 예열온도가 높을수록 압출압력은 떨어지고 있다. 또 압출속도가 느릴수록 최초의 압력은 떨어지고 있는데 마지막 압력은 소재가 컨테이너에 의해서 냉각되므로 오히려 상승하고 있다. 압출속도가 높아지면 변형 및 마찰에 의해서 생긴 열도 발산될 시간이 없고 온도는 갑자기 상승한다. 그래서 고온취성을 표시하는 재료나 강력 알루미늄합금과 같은 융점이 낮은 재료에서는 표면에 균열이 생기기 쉽다. 압출 가공에 있어서는 균질한 제품을 얻기 위하여 되도록 신속히 압축하려고 하지만 실제 작업에서 봉을 너무 빠르게 압출하면 이의 처리가 곤란하므로 자연히 속도의 제한을 받는다. 압출온도가 높아지면 압출에 소요되는 힘은 감소하나 과열에 의한 열간취성으로 인해 소재에 균열이 생길 때가 있다. 따라서 너무 높은 온도에서는 압출을 하지 않는다. 또한 압출속도가 너무 빠를 때도 동일한 결함이 생길 수가 있다. 〈표 7-1〉은 각종 금속 재료에 사용되고 있는 압출 조건을 나타낸 것이다.

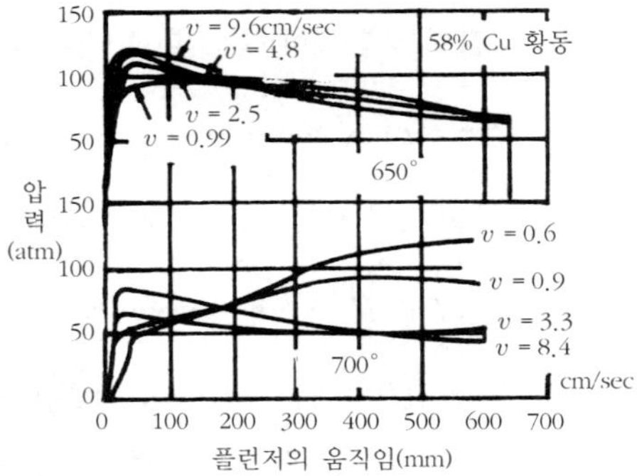

그림 7-16 압출속도와 압출압력의 관계

표 7-1 각종 금속의 압출조건

	압출온도 (℃)	압출속도 (m/min)	평균압력 (kg_f/mm^2)
구리 및 구리합금	625 ~ 900	6 ~ 150	2,000 ~ 8,500
알루미늄 및 그 합금	375 ~ 500	1.5 ~ 90	3,150 ~ 10,500
마그네슘 및 그 합금	325 ~ 425	0.6 ~ 4	2,800 ~ 4,200
아연 및 그 합금	250 ~ 350	2 ~ 23	7,000 ~ 8,500
주석 및 그 합금	〈 65	3 ~ 10	2,800 ~ 7,000
납 및 그 합금	175 ~ 225	6 ~ 60	2,800 ~ 6,300

제3절 | 압출기계 및 공구

1 압출기

압출 가공은 압출기(extruding machine)에 의해서 행하여진다. 열간압출 가공에는 힘과 더불어 큰 에너지가 요구되며, 또한 속도의 제어가 중요하므로 유압프레스가 적합하며 프레스의 용량은 1,000톤에서 15,000톤 정도의 힘을 내는 것도 있다. 압출기의 중요한 부분은 컨테이너, 램 및 다이스로 되어 있으며, 현재 사용되고 있는 압출기를 분류하면 다음과 같다.

가. 작업 형식에 의한 분류

① 형재 압출기 : 봉재, 형재의 압출에 사용된다.
② 관재 압출기 : 철심을 사용해서 관재를 압출한다.
③ 직접 압출기 : 고정된 다이스에 빌릿을 밀어 붙여서 압출한다.
④ 간접 압출기 : 빌릿을 고정하고 다이스를 플런저에 밀어 붙여서 압출한다. 직접법보다 소용압력이 작으며 플런저는 중공이므로 가공율이 큰 것은 적당하지 않다.

나. 설비 형식에 의한 분류

① 수평형 압출기(horizontal extrusion presses) : 수평되게 설치하여 수평으로 압출한다. 일반적인 형으로서는 큰 용량의 것을 압출하는데 적합하며, 심봉으로 관을 압출할 때는 편심이 생기기 쉽다.
② 수직형 압출기(vertical extrusion presses) : 수직되게 설치하여 수직으로 압출한다. 비교적 작은 용량인 것이 많으며, 바닥 면적이 작고 관압출에는 편심이 없어서 편리하다.

2 압출기의 구조와 기능

[그림 7-17]은 유압식 압출 프레스의 구조를 나타낸 것이다. 이 압출기는 최대 압출능력 1,400톤, 행정 1,535mm, 전진속도 330mm/sec, 압출속도 40mm/sec, 후진속도 375mm/sec이다. 그리고, 피어싱실린더, 메인실린더, 플래턴, 컨테이너, 다이 슬라이드, 쉬어, 타이 로드 및 베이스 등으로 구성되어 있다.

메인실린더 윗부분에는 기름탱크가 설치되어 있고 펌프, 모터, 밸브류가 부착되어 있다. 플래턴은 메인실린더에서 가해지는 압출력을 다이스 및 다이 배커를 사이에 두고 받고 있다. 플래턴과 메인실린더는 4개의 타이 로드로 결합되며 타이 로드의 신축에 대해서 자유로이 움직일 수 있게 지지되어 있으며 메인실린더의 양쪽에 사이드실린더를 설치하여 고속으로 전진, 후퇴를 할 수 있게 되어 있다. 메인램에 결합된 램서포트는 스템을 유지하여 2개의 안내면 위를 운동한다. 다이스를 플래턴에 고정하므로 플래턴면을 프레스의 축에 직각으로 운동하는 다이슬라이드를 부착하여 다이스의 교환 또는 손질을 용이하게 할 수 있게 되어 있다. 또 스템의 중심에 대하여 다이스의 좌우·상하로 중심을 조정할 수 있도록 되어 있다. 컨테이너 하우징은 양 사이드를 실링 및 스트리핑을 겸용하는 피스톤 램으로 결합하여 2개의 안내면 위를 프레스의 축 방향으로 운동한다. 또 컨테이너 부분은 가열된 빌릿의 열영향을 상당히 받으므로 열팽창에 의한 정도의 저하를 충분히 고려하고 있다. 플래턴 상부에 쉬어장치가 있으며 압출 완료 후의 빌릿의 압출 나머지를 절단한다.

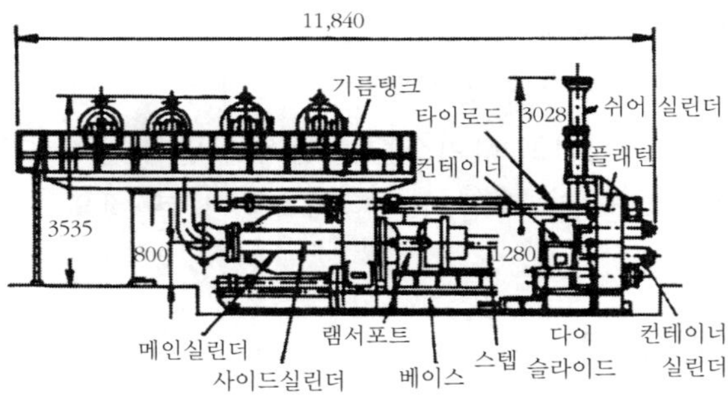

그림 7-17 압출프레스의 구조

3 압출용 공구

압출기에 부착되어 있는 컨테이너, 다이스, 플런저, 맨드릴 및 압판 등을 압출공구라 한다. [그림 7-18]은 압출기의 일부와 공구의 명칭을 나타낸 것이다. 일반적으로 각종 금속 재료의 압출온도는 상당히 고온이다. 따라서 압출공구는 가열된 빌릿에 직접 접촉하므로 내열성이 우수한 것이 요구된다. 특히 높은 압력과 열에 닿는 다이스나 심봉은 작업 중에 연속적으로 또는 작업 도중에 냉각시켜야 한다.

열간압출에 사용되는 공구 재료는 다음과 같은 성질을 구비해야 한다.

① 고온에서 강도, 인성, 내마모성이 클 것

② 반복가열에 의한 풀림 연화저항이 크고 변형이 적을 것

③ 내산화성이 클 것

④ 균질하며 내부에 결함이 적을 것 등이다.

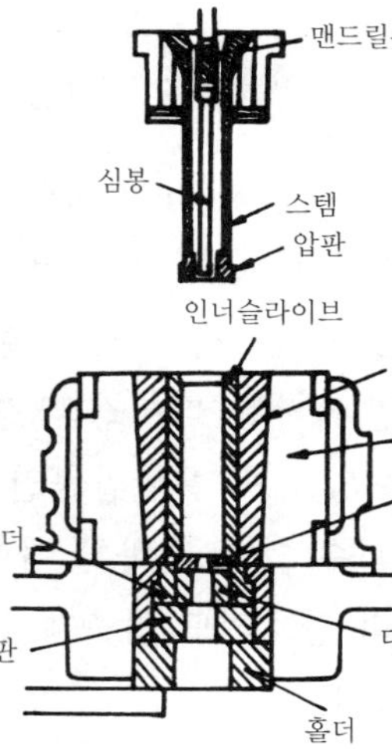

그림 7-18 열간압출기의 공구

공구 재료에는 탄소공구강, 다이스강이 가장 많이 사용되며, 특히 마모해서는 안될 부분에는 고속도강, 초경합금 등이 사용된다.

특히, 빌릿과 접촉하는 슬리브나 심봉 등은 구리합금에서는 텅스텐을 다량 함유한 강종이 사용되며 알루미늄합금에서는 몰리브덴계가 사용되고 있다.

제4절 | 압출의 실제 작업

1 봉재 및 형재의 압출법

압출가공 중에서 가장 많이 이용하는 것은 여러 가지의 봉재 및 형재의 제조이다. 이런 경우에는 제품의 횡단면과 비슷한 형상으로 압출 후의 열수축 여유만큼 치수의 구멍을 다이스에 뚫고 이것을 통해서 재료를 압출하는 것이다. 기본적으로는 중앙에 1개의 구멍을 지닌 다이스를 사용한다. 무윤활압출일 때에는 다이스의 강도에 있어서 문제가 없다면 어떠한 형상의 재료라도 쉽게 압출할 수 있으며, 윤활압출일 때에는 변형 중의 재료 표면의 각 점에 항상 충분한 윤활제가 공급될 수 있게 올바른 다이스형상 및 윤활제를 선택해야 한다. 그러나, 이와 같은 조건이 아무리 양호해도 압출재의 형상에는 제한이 있으며, 특히 여러 가지 형상인 것에는 적당하지 않다.

빌릿의 지름에 비해서 압출재의 단면치수가 매우 작을 때에는 여러 구멍 다이스에 의한 압출을 할 수 있다. 여러 구멍 다이스는 [그림 7-19]에 표시한 바와 같이 다이스면에 여러 개의 구멍을 지니는 것이며 그 수는 압출비(빌릿과 다이스 구멍의 단면적의 비율), 다이스 구멍의 길이, 압출 후의 소요길이 등에 의해서 결정된다.

다이스에 복수구멍을 뚫었을 때의 표준은 우선 다이스면을 중심에서 보아 대칭적인 여러 개의 영역으로 나눈 뒤 각 부분의 중심위치에 구멍의 중심을 일치시키도록한다. 또 빌릿의 중심부분은 재료의 흐름이 빠르므로 중앙에 가까운 구멍일수록 [그림 7-20]과 같이 다이스 구멍의 벽면길이를 길게 하여 재료에 브레이크를 걸도록 한다. 그러나 여러 구멍 다이스의 사용은 무윤활압출일 때에 한정되며 각 구명에 균일하게 윤활제를 공급하기 어려우므로 윤활압출시에 사용하기 곤란하다.

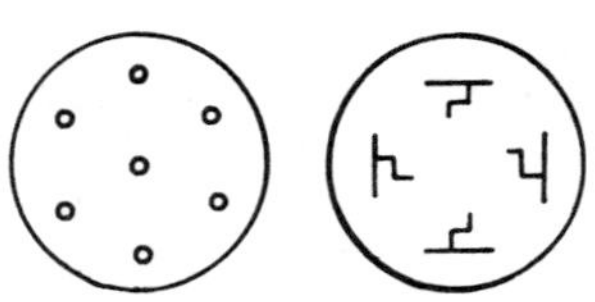

그림 7-19 여러 구멍의 압출다이스

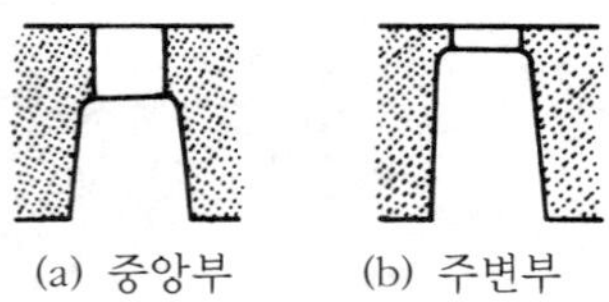

그림 7-20 여러 구멍 다이스의 구멍벽의 길이

2 관의 압출법

가. 심봉에 의한 관의 압출법

일반적으로 심봉(mandrel)에 의한 관의 압출은 심봉 보다 어느 정도 큰 지름의 관통구멍을 중앙에 뚫은 중공원통 빌릿을 사용하거나 또는 중실원통 빌릿을 소재로 사용하여 [그림 7-21]과 같은 복동압출방식(daplex extruding method)에 의해서 관을 압출한다. 후자일 경우에는 먼저 심봉의 끝을 빌릿에 압입한 뒤 중심부 만을 압축 천공하고 그 후 계속해서 관을 압출하는 방법이다. 어떤 것을 사용하든 관의 압출이 시작되기 직전의 빌릿은 중공 원통형이다.

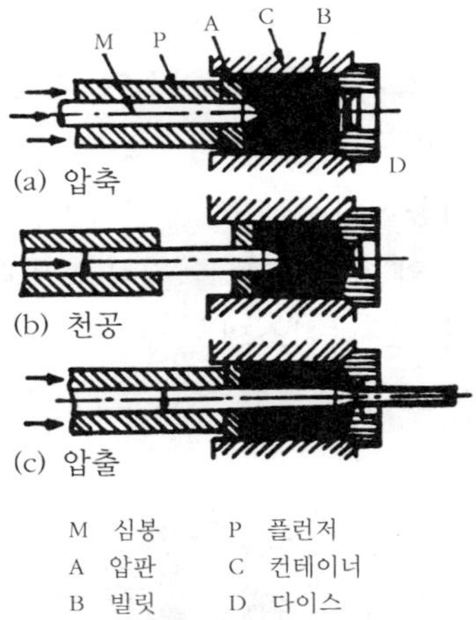

그림 7-21 복동압출

무윤활압출법에 의해서 관을 제조할 때에는 [그림 7-22]에 나타낸 바와 같이 압출한다. 즉 중공 빌릿을 컨테이너에 장입하고 이것에 윤활제를 바른 심봉붙이의 램으로 압축하면 심봉과 다이스 구멍 사이에 형성되는 둥근상태의 구멍을 통해서 관이 압출된다. 이 때 심봉의 표면에만 윤활제를 바르고 기타의 공구면, 특히 다이스면이나 컨테이너 내벽에는 절대로 윤활제를 공급하지 않아야 된다. 만일에 이와 같은 윤활제에 의한 표면 미끄름이 생기면 압출제의 결함으로 나타나게 된다. 관 압출시 가장 중요한 문제는 관의 살두께의 변통을 적게 하는 것이기 때문에 심봉은 항상 다이스구멍의 중심에 유지해야 하며 정도가 높은 압출기를 사용해서 다이스와 심봉의 중심이 완전히 맞도록 하고, 심봉을 램에 부착해서 압출하는 것이 좋다.

윤활압출법으로 관을 제조할 때에는 [그림 7-23]에 나타나는 바와 같이 압출하며, 재료의 표피를 남길 필요가 없으므로 심봉붙이 압판을 컨테이너 내벽에 끼워 맞추고, 또한 편심이 없는 빌릿을 압출함으로써 살두께 변동이 매우 적은 양질의 관을 만들 수 있다.

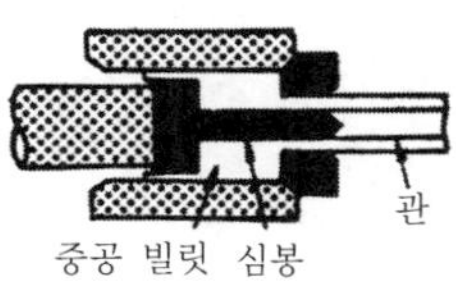

그림 7-22 윤활 압출

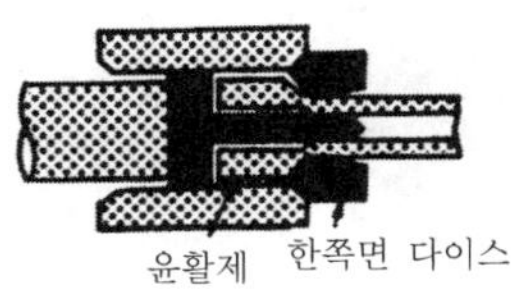

그림 7-23 윤활 압출

나. 복합다이스에 의한 관의 압출법

심봉에 의한 관의 압출은 소재로서 중공 빌릿을 사용하므로 사전에 절삭 또는 압축 등에 의한 천공이 필요하나 실효율이 나빠지거나 살두께가 편심이 생기 위험도 있다. 중실 빌릿을 소재로 하여 이것에 직접 관을 압출하고, 또한 살두께가 편심을 일으킬 염려가 없는 방식으로는 복합다이스에 의한 방법이 있다.

이 원리는 [그림 7-24]에 나타낸 바와 같이 A 및 B의 두 부분으로 구성되는 복합다이스를 사용해서 압출하는 것이며 A는 심봉 및 그 지지대이다. 지지대의 형상은 [그림 7-25]의 (a), (b)와 같은 통로를 지니고 있다. (a)는 앤티 체임버 다이스, (b)는 스파이더 다이스라고 불린다. 또 다이스의 출구는 (c)와 같은 형상으로써 심봉과 다이스 간에 둥근 형태의 구멍을 지니고 있다.

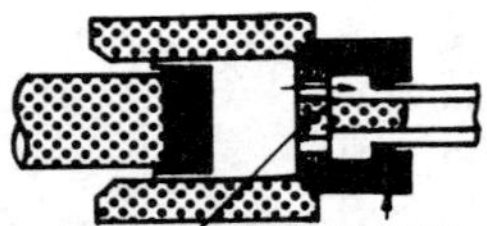

그림 7-24 복합다이스

그림 7-25 복합다이스의 입구 및 출구 형태

압출시에 빌릿은 먼저 심봉지지대의 구멍을 여러 개의 봉으로 나뉘어서 통과하여 다음 방에 들고, 여기서 다시 접착하여 중공 원통이 되며 최후에 다이스 출구의 둥근 상태의 구멍에서 관으로써 압출된다.

이 제관법은 기구상 윤활압출이 불가능하며 무윤활압출에 적합한 금속에만 적용되는데 연속해서 빌릿을 장입하여 압출을 계속하면 앞뒤의 빌릿의 경계가 접합하여 연속된 긴 관을 제작할 수가 있다. 또 다이스 출구의 구멍의 형상을 교체하면 관상부분을 지닌 복잡한 형상의 형재를 제작할 수도 있다.

익힘문제

1 압출가공의 특징을 설명하시오.

2 압출가공에서 직접법과 간접법을 설명하시오.

3 열간 및 냉간압출에 대하여 설명하시오.

4 충격압출에 대하여 설명하시오.

5 윤활압출법과 무윤활압출법의 차이점을 설명하고 금속의 흐름을 비교하시오.

6 압출에 필요한 힘에 대하여 설명하시오.

7 압출속도와 압출온도에 대하여 설명하시오.

8 압출기를 작업형식에 의하여 분류하고 간단히 설명하시오.

9 압출용 공구의 재질에 대하여 설명하시오.

10 관의 압출에서 복동압출법을 설명하시오.

11 복합 다이스에 의한 관의 압출법에 대하여 설명하시오.

memo

금 속 가 공 학

Chapter 08

프레스 가공

제1절 프레스 가공의 종류 | 제2절 판의 성형성 시험 | 제3절 프레스기 | 제4절 프레스 금형

Chapter 08

금속가공학

프레스 가공

프레스가공이란 프레스의 램에 의한 직선 왕복운동의 압축행정을 이용하여 형공구에 의해서 금속판을 인장, 압축, 전단, 굽힘 등의 응력상태를 일으켜서 원하는 형상치수로 소성변형을 부여하는 가공법이다. 압연법이 개발된 후 기계프레스가 발명됨에 따라서 점차로 발전하여 자동차산업, 항공기산업, 전기산업 등에서 널리 이용됨에 따라서 많은 발전을 이루게 되었다.

최근에는 산업계에서 경량화, 소형화, 고속화라고 하는 목표에 대하여 프레스가공은 상당한 적응성을 표시하고 생산분야에 차지하는 역할은 비약적으로 증대하고 있다. 또 프레스나 금형의 발달로 인해 정밀도도 고도화하여 생산성이나 경제성과 어울려서 종래 절삭가공이나 주조가공에 의해서 만들어지고 있던 제품도 프레스가공에 의한 것도 많으며, 그 응용범위도 급속히 확대되고 있다.

제1절 | 프레스 가공의 종류

1 전단가공

적당한 공구를 사용해서 필요한 형상으로 절단하는 가공법을 전단가공(shearing)이라고 한다. 이 가공법은 한 쌍의 날끝이 붙은 공구사이에 소재를 끼우고 소재에 전단응력이 생기게 하여 파괴해서 분리하는 특징이 있다. 따라서 재료를 파단하지 않고 소성변형시켜 필요한 형상으로 성형하는 굽힘이나 압축 등의 가공법에 비해서 크게 다르다. 그러나 전단가공은 가공한 것이 그대로 제품이 될 뿐만 아니라 다른 프레스가공을 행할 때의 소재뜨기나 가장자리 다듬질 등에 많이 이용되므로 프레스가공에서는 매우 중요한 비중을 차지하고 있다.

전단가공에 있어서의 기구는 단순한 것처럼 생각되며, 또 작업 그 자체도 상당히 간단한 것같이 보이지만 높은 정밀도의 제품을 대량 또는 경제적으로 생산하다고 하는 요구에 대해서 이것을 사용하는 공구의 설계 및 가공방법이 적당하지 않으면 만족할 만한 결과를 얻기 힘들다.

가. 전단가공의 종류

전단가공은 프레스기계에 펀치와 다이스를 부착하고 행할 경우와 전단기를 사용하는 경우로 구분되며 그 목적에 따라서 타발, 천공, 절단, 분단, 노칭, 트리밍 등으로 분류한다.

(1) 타발(blanking)

[그림 8-1]과 같이 판상의 재료에서 필요한 형상의 제품을 잘라내는 작업을 타발이라고 한다. 타발된 평판은 보통 블랭크라라고 하여 그대로 완성품으로 할 때도 있으나 재차 굽히거나 드로잉하여 성형할 때도 많다.

타발에 사용하는 공구는 [그림 8-2]와 같은 구조이며 프레스기에 부착해서 사용한다. 공구의 주요부분은 펀치와 다이스이며 밑면의 주위와 다이스 구멍 입구의 주위에는 모두 날끝을 갖추고 있으며, 이 두 개의 날끝 나사에 소재를 물려서 절단한다.

타발시에는 다이스 구멍을 필요한 치수, 형상으로 다듬질하고 펀치는 그것보다 어느 정도 틈새량을 작게 하는데 이 틈새량을 클리어런스(clearance)라고 한다. 또 스트리퍼(stripper)는 소재를 타발한 펀치에 부착하려고 하는 스크랩(scrap)을 제거하는 역할을 하는 것으로써 스크랩제거판이라고도 부른다.

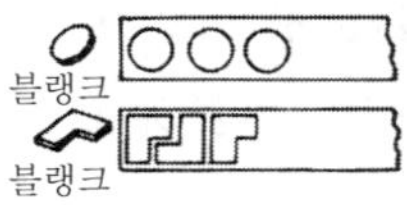

그림 8-1 타발

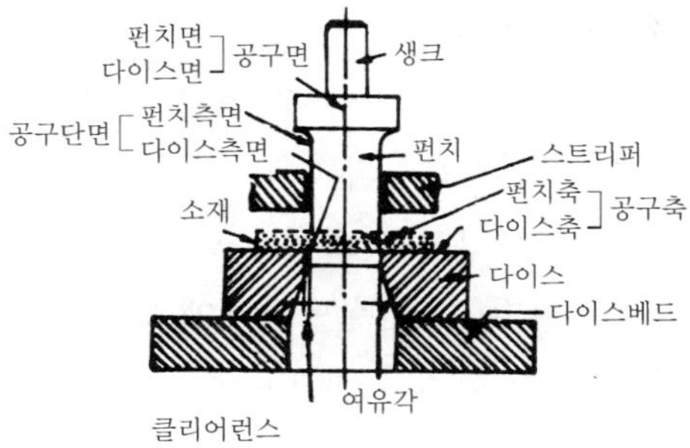

그림 8-2 전단공구의 각부 명칭

(2) 천공(punching)

[그림 8-3]과 같이 판재에 필요한 구멍을 뚫은 작업을 천공이라고 한다. 이 작업에서는 타발시와는 반대로 타발된 편이 스크랩이고 남은 편이 제품이다. 이런 경우에는 펀치를 필요한 치수로 하고 다이스 구멍은 클리어런스만큼 크게 한다. [그림 8-4]와 같이 집단적으로 다수의 구멍을 뚫는 작업을 퍼포레이팅(perforrating)이라고 하며 본질적으로는 천공과 다름없다. 일반적으로 천공은 판두께보다 작은 구멍일 때에는 행하여지지 않는다.

(3) 절단(cut off)

판재를 [그림 8-5]와 같이 스크랩을 남기지 않고 절단하는 작업을 말한다. 타발이나 천공은 절단부분이 폐곡선이지만 절단일 때는 끝부분부터 직선상 또는 곡선상으로 절단한다.

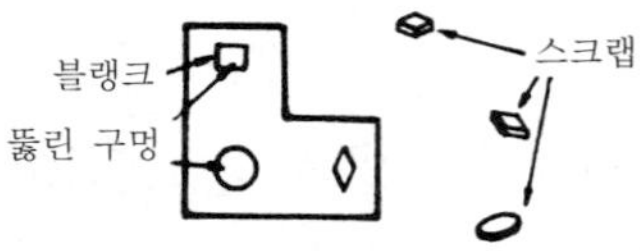

그림 8-3 천공

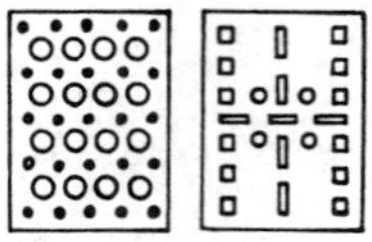

그림 8-4 퍼포레이팅

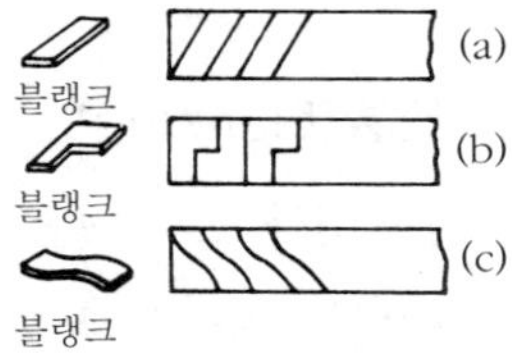

그림 8-5 절단

(4) 분단(parting)

[그림 8-6]과 같이 제품을 두 개로 분리하는 작업을 분단이라고 한다. 분단은 폐곡선이 아닌 상태로 절단하는 것은 절단작업과 비슷하나 스크랩을 남기는 점이 다르다. 분단일 때는 대개 절단하고자 하는 피스(piece)의 형상이 복잡하여 이것들을 소재인 것으로 인접하게 조합해도 일치하는 공통선을 얻지 못할 때가 많다.

(5) 노칭(notching)

소재의 일부를 오려내듯이 절단하는 작업을 노칭이라고 한다. 오려낸 부분이 스크랩이고 남은 소재가 제품이 되는데 여러 가지 용도에 응용된다. [그림 8-7]의 (a)는 정상이송형에 있어서의 연속드로잉이며 소재가 드로잉되기 쉽도록 판뜨기를 노칭에 의하여 만드는 경우이고 [그림 8-7]의 (b)는 정상이송형에 있어서의 연속 굽힘가공이며 원활하게 굽힘이 진행할 수 있도록 노칭을 하였을 때이다.

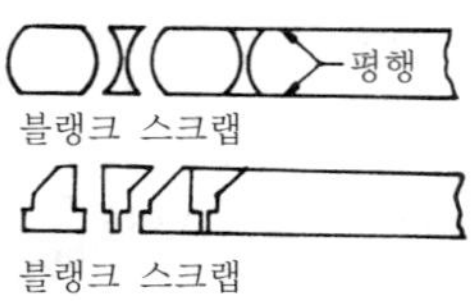

그림 8-6 분단

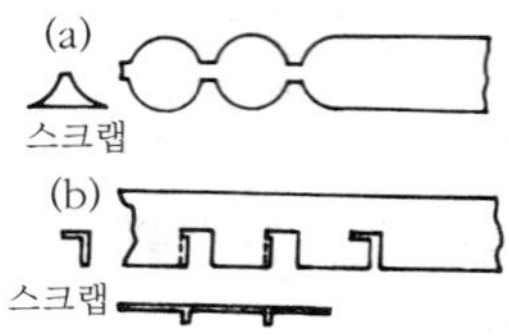

그림 8-7 노칭

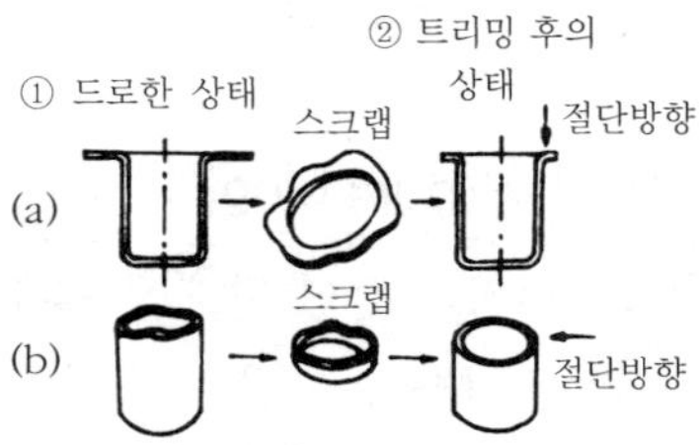

그림 8-8 트리밍

(6) 트리밍(trimming)

[그림 8-8]과 같이 드로잉 제품의 높이나 플랜지의 폭 등을 소정의 치수로 하거나 형단조

로 플래시를 절단하는 작업을 트리밍이라고 한다. [그림 8-8]의 (a)는 가장 간단한 트리밍의 예이다. [그림 8-8]의 (b)는 수평트리밍(horizontal trimming)이라 불리는 작업으로써 때에 따라서는 선반을 이용할 때도 있다.

(7) 슬리팅(slitting)

[그림 8-9]에서와 같이 한 개의 선에 다른 전단가공으로 넓은 폭의 코일로 좁은 폭의 코일을 만들 경우, 또는 주어진 길이나 윤곽의 선에 따라 판의 일부를 절단할 때에 사용한다.

그림 8-9 슬리팅

(8) 피어싱(piercing)

[그림 8-10]에서와 같이 판재에 형을 사용하여 구멍을 뚫는 가공을 말하며, 또 [그림 8-11]과 같이 치수의 구멍을 미리 정해져 있는 배열에 따라 순차적으로 많은 구멍을 뚫어나가는 가공을 퍼포레이팅(perforating)이라 한다.

(9) 셰이빙(shaving)

전단한 면을 바른 치수로 다듬질하거나 또는 매끈하게 하기 위하여 실시하는 미소량의 전단 또는 깎아내는 가공이며 [그림 8-12]와 같다.

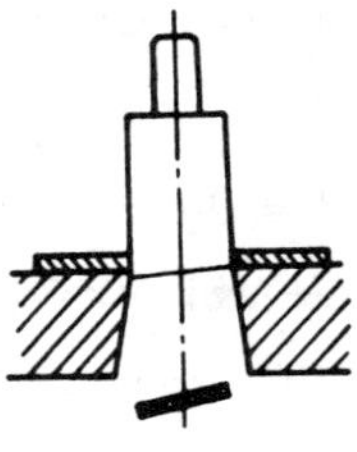

그림 8-10 피어싱

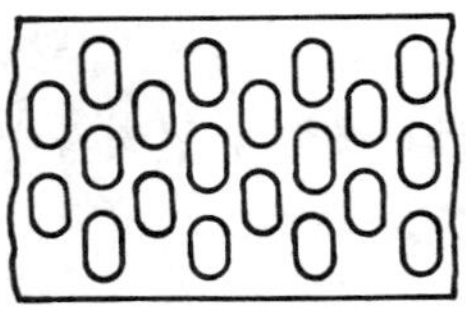

그림 8-11 퍼포레이팅

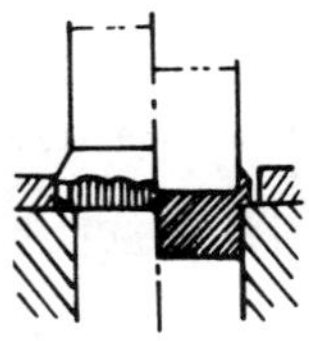

그림 8-12 셰이빙

나. 전단기구

펀치와 다이스로 금속을 전단할 경우 가압된 펀치가 하강하여 소재의 표면에 접촉하면, 먼저 표면의 요철을 없애는 작업이 행하여진다. 계속해서 펀치가 하강하면 재료는 압축을 받아서 날 끝부근에 압축응력이 집중하여 부분적으로 변형한다. 이 상태를 나타낸 것이 [그림 8-13]의 (a)이며 초기의 압축이라고 볼 수 있는 단계이다. 재차 펀치가 하강하면 펀치 및 다이스의 날끝이 판에 먹혀 들어가 압축응력은 증가한다. 이 때의 펀치의 하강력을 P로 하면 P는 재료의 선단이 오르는 것과 같은 회전모멘트로써 작용한다. 즉 [그림 8-13]의 (b)에 있어서 펀치와 다이스의 틈새를 C로 하면 PC(kgf·mm)가 회전모멘트가 된다. 그러나, 재료는 펀치 측면에 방해되거나 펀치 밑면의 재료의 저항과 부딪치거나, 또는 판누름이 작용하거나 하여 실제로는 회전하지 못하고 굽힘작용을 받게된다. 즉, 소재에는 회전시키려고 하는 모멘트에 저항하는 힘이 생기게 되며, 이 힘을 P′로 하면 P′는 날끝의 측면에서 수평압력이 작용하는 것으로 생각할 수 있다.

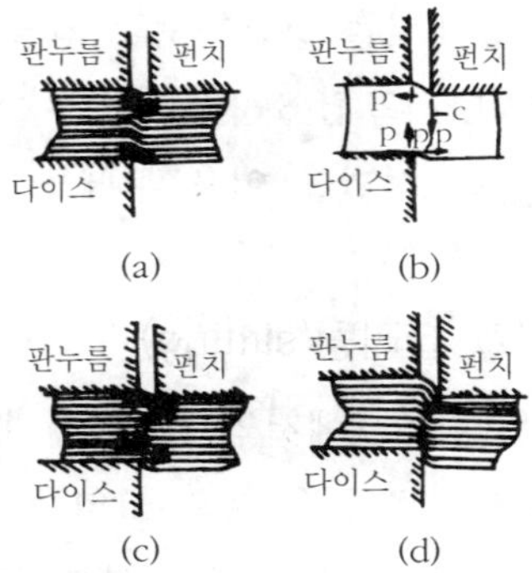

그림 8-13 전단과정

P 및 P′의 힘은 펀치 및 다이스에서 재료에 대하여 쐐기의 작용으로써 작용하고 재료는 강한 압축력과 동시에 강한 인장력을 받아서 [그림 8-13]의 (c)와 같이 변형해 나간다. 이 시점에서는 이미 항복점을 통과해서 소성구역에 들고 바로 파괴를 일으키려고 하고 있으므로 [그림 8-14]에 나타낸 조직과 같이 펀치측면에 닿는 부분의 결정립이 가느다란 배열로 변화하고 있는 모양을 볼 수 있다.

한편, 가압된 펀치가 하강하면 P 및 P′는 더욱 더 증가하여 펀치가 받는 저항력은 최대가 되며 결국에는 쐐기효과가 재료의 파단력을 초과하여 [그림 8-13]의(d)와 같이 재료에 어떤 각도를 지닌 균열(crack)이 생긴다. 이 부분을 확대한 것이 [그림 8-15]이며 균열은 펀치의 하강에 따라서 점차로 크게 발달한다. 이 균열이 발생되는 시기 및 펀치측과 다이스측의 어느쪽에서 먼저 발생되는 가는 가공조건에 따라서 다르며, 보통의 타발에서는 먼저 다이스측에서 생기고 이어서 펀치측에 균열이 발생한다. 이와 같이 펀치 및 다이스의 양쪽에서 발달한 균열은 어떤 곳에서 적당히 서로 만나서 절단은 완료된다.

이상의 전단과정에 있어서의 펀치의 행정과 펀치가 받는 하중의 관계를 나타낸 것이 [그림 8-16]이다. 그림 속의 a점은 초기의 압축단계이며 그 때부터 하중은 급격히 상승해서 b점에 도달한다. 이 부근이 [그림 8-13]의 (c)에 나타난 섬유조직이 절단되려고 하는 단계이다. 여기서 판의 표면이 절단되기 시작하면 펀치가 받는 하중의 상승은 지금까지 보다 둔화하여 c점에 도달한다. 이 c점이 균열의 발생단계이다. 일단 균열이 발생하면 급격히 저항이 약해져서 펀치의 진행에 따라서 균열도 급격히 확대하여 결국에 가공은 끝난다.

그림 8-14 펀치의 언더컷량과 결정립관계(No.1)

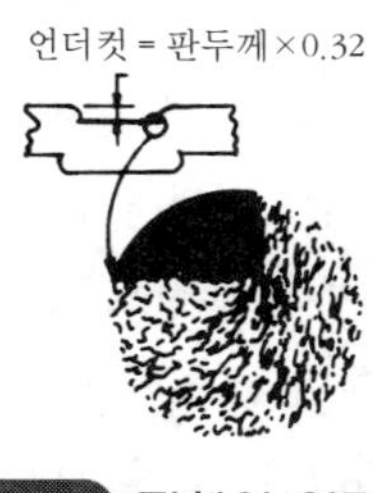

그림 8-15 펀치의 언더컷량과 결정립관계(No.2)

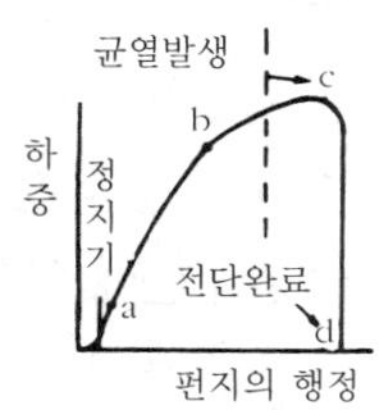

그림 8-16 펀치의 행정과 펀치가 받는 하중의 관계

이 균열은 항상 어떤 각도를 갖고 발생하므로 상하 날끝의 틈새와 판두께와의 관계가 적당하지 않으면 균열이 서로 만나는데, 엇갈림이 생길 때가 있으며 또 이상적인 전단면을 얻지 못하게 된다. 따라서 전단가공에 있어서는 적당한 틈새를 선정하는 것이 중요한 요소이다.

전단과정에 있어서의 전단하중의 최대값은 절단구 총단면적으로 나눈 값, 즉 절단구 단위면적에 대한 최대하중을 전단저항 또는 전단강도라고 한다. 전단저항은 재료의 종류나 가공조건 등에 따라 다르며 보통 인장강도의 75 ~ 80%이다.

다. 전단특성

(1) 전단 절단구의 형상

펀치와 다이스에 의해서 소재를 전단할 때에는 쉽게 절단되는 것은 아니고 압연 등에 의해서 섬유조직으로 되어 있는 소재에 상하의 날끝을 무리하게 먹혀들어 가게 해서 섬유조직에 균열이 생기게 하여 잡아 찢듯이 하므로써 절단한다. 따라서 소재도 어느 정도 변형하며, 절단구의 단면도 균일한 상태가 아닌 것이 보통이다.

[그림 8-17]은 전단된 절단구 단면을 확대한 것이며 보통 이완 부분, 광휘면, 파단면 및 젖힘부분의 네 가지로 구분할 수 있다.

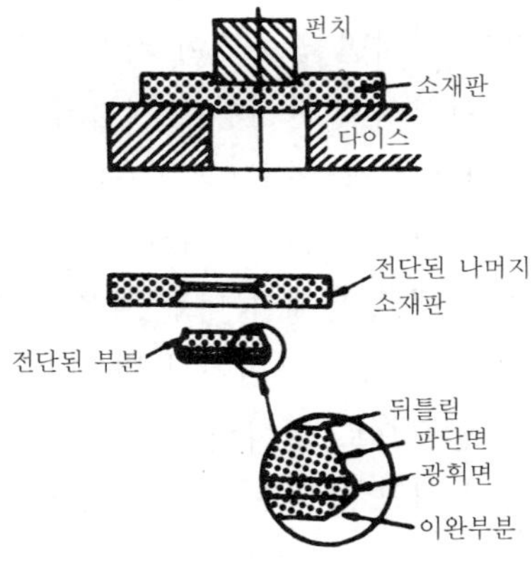

그림 8-17 전단의 절단구

① **이완**(plastic deformation) : 공구가 소재에 먹혀 들어갈 때에 공구의 언더컷에 의해서 재료가 잡아 늘어진 부분이다. 이완부분은 되도록 작은 편이 좋은데 소재가 늘어나도 굽힘이 없는 경질의 재료가 아닌 이상 다소 나타나는 것이며 이 양을 적게 하기 위해서는 틈새를 작게 해야 한다.

② **광휘면**(burnish) : 공구측면에 수평압력으로 상대적인 미끄름을 행한 부분이다. 이 부분은 광택이 있는 평활한 아름다운 면이므로 광휘다듬질이라고 하는 뜻으로 버니싱(burnishing)이라고도 불린다. 광휘면은 크고 넓을수록 바람직한 것이지만 틈새의 양에 따라서 반비례적으로 증감하는 경향이 있다.

③ **파단면**(fracture) : 균열에 의해서 파단하여 결정립이 나타난 부분이다. 파단면은 광휘면과는 양적으로 반비례하는 것이며 광휘면이 감소하면 증가하게 된다. 그러나 절단구의 상태에서 말한다면 파단면은 되도록 작은편이 바람직하다.

④ **젖힘(burr)부분** : 젖힘부분은 없는 것이 바람직하나 틈새가 어떤 양 이상이 되면 급격히 또는 공구의 날끝이 둔화하는데 따라서 점차로 증가하는 것이다.

일반적으로 전단 절단구의 상태에서 말한다면 파단면은 되도록 작은 것이 바람직하다.

(2) 틈새(clearance)

전단가공에 있어서 틈새가 가장 중요한 인자의 하나이며 틈새의 적부는 전단제품의 정밀도나 공구의 수명에 크게 영향을 준다.

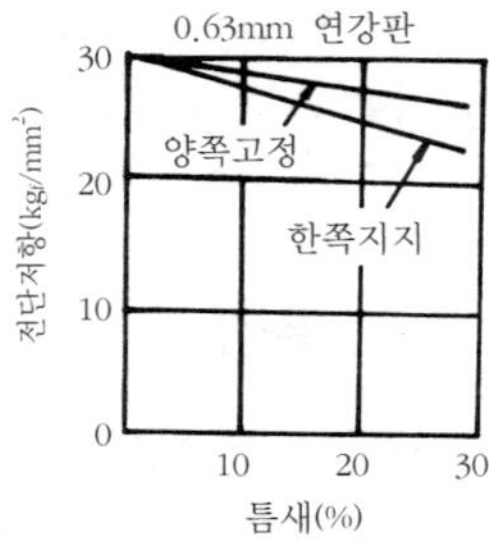

그림 8-18 틈새와 전단저항

[그림 8-18]은 틈새와 전단저항의 관계를 나타낸 것이며, 틈새의 증가와 더불어 전단 저항은 감소한다. 전단저항의 크기를 정하는 것은 날끝으로 부터의 균열이 드는 시기이며 틈새가 커지면 압축력이 커지므로 균열이 생기는 쐐기효과가 증가하여 전단저항이 저하하는 현상이 나타난다 그러나 틈새가 너무 크면 [그림 8-19]의 (d)에 나타난 바와 같이 상하의 균열이 일치하지 않게 되며 소재의 섬유조직이 무리하게 찢겨져서 전단 절단구는 조잡하게 되며 젖힘도 많아지게 된다.

또 반대로 틈새가 너무 작을 때는 [그림 8-19]의 (a)와 같이 상하의 균열이 엇갈려서 사선을 친 부분이 공구면에서 튀어나온 상태가 된다. 그리고 다시 날끝이 먹혀 들어가면 사선부분은 날끝으로 절삭된다. 2회째의 전단현상을 2차전단(secondary shearing)이라고 하며 그 형상이 혀끝 상이므로 텅(tongue)이라고도 한다. 이런 경우의 절단구도 균열의 엇갈림에 의해서 보기 싫은 외관이 된다.

따라서 실제작업에 있어서는 항상 전단하중이 작고 절단구가 깨끗하며 정밀도의 최고가 될 수 있는 틈새를 선정해야 한다. 〈표 8-1〉은 보통 작업용으로 사용되는 각종 재료의 적절한 틈새를 표시하고 있는데 주로 판두께 3mm이하에 적용되고 있다. 3mm이상에서 절단구에 특별한 요구가 없을 때에는 이것들은 수치의 1.5 ~ 2.0배가 사용된다.

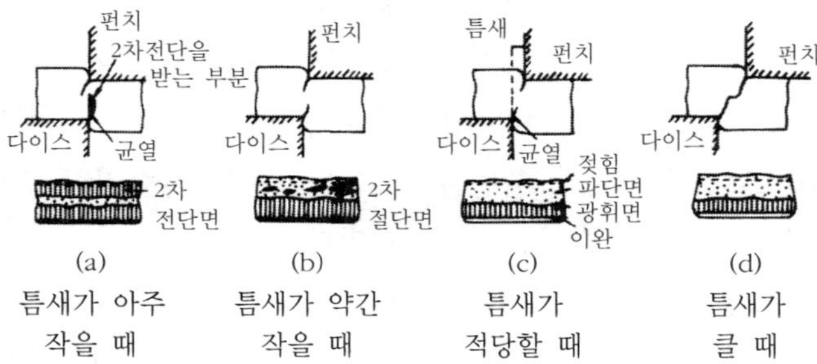

그림 8-19 틈새의 크기와 전단 절구의 형상

표 8-1 일반적인 틈새(t는 판의 두께)

순철	6 ~ 9%t	황동(연질)	6 ~ 10%t
연강	6 ~ 9%t	인청동	6 ~ 10%t
경강	8 ~ 12%t	양은	6 ~ 10%t
규소강	7 ~ 11%t	알루미늄(경질)	6 ~ 10%t
스테인리스강	7 ~ 11%t	알루미늄(연질)	5 ~ 8%t
구리(경질)	6 ~ 10%t	알루미늄합금(경질)	6 ~ 10%t
구리(연질)	6 ~ 10%t	알루미늄합금(연질)	6 ~ 10%t
황동(경질)	6 ~ 10%t	납	6 ~ 9%t

2 굽힘가공

가. 개요

소재를 굽혀서 필요한 형상으로 영구 변형시키는 작업을 굽힘가공이라고 하며 [그림 8-20]과 같이 굽힘가공은 형굽힘, 굴곡, 롤굽힘으로 대별할 수 있다.

형굽힘(die bending)은 펀치와 다이스를 보통의 프레스에 장착하고 행하는데 큰 판재를 폭 넓게 동시에 굽힐 때에는 가느다란 작업면을 지닌 프레스 브레이커가 사용된다. 굴곡(folding)은 판재의 한쪽을 고정하고 자유단을 밑으로 눌러서 굴곡하는 작업인데 플랜지가 붙은 폭 넓은 판 등은 탄젠트벤더에 의해서 굴곡한다. 롤굽힘은 형재, 판재 등을 3 ~ 4개의 롤을 한조로 한 롤 등으로 굽히는 가공법이다. 이와 같은 가공법은 제품의 형상, 정밀도, 생산량 등에 따라서 선정되는데 실제로는 단순한 굽힘만으로 성형할 경우 각종의 단순 굽힘을 조합할 경우, 또는 굽힘과 압축, 굽힘과 교축 등을 조합해서 성형해서 성형하는 등 적절한 방법이 채용되고 있다.

(a) 형굽힘 (b) 구부림 (c) 롤굽힘

그림 8-20 굽힘가공의 방식

나. 굽힘가공의 종류

(1) 굽힘(bending)

일반적으로 평평한 판이나 스트립 재료에 대하여 판재를 그 중립면에 있는 직선축 주위로 움직임으로써 재료에 변형을 주는 가공이며 [그림 8-21]과 같다.

(2) 성형(forming)

여기서 말하는 성형은 좁은 의미의 것으로 판두께의 축소를 고의로 행하지 않고 금속재의 모양을 여러 가지로 변형시키는 가공이며 [그림 8-22]와 같다. 넓은 의미의 성형은 전단 이외의 모든 소성가공을 말한다.

(3) 플랜징(flanging)

용기 또는 관 모양의 부품 끝 부분에 형(die)에 의해서 가장자리를 만드는 가공을 말한다. [그림 8-23]은 플랜징을 나타낸 것이다. 또 [그림 8-24]와 같이 미리 뚫려 있는 구멍에 그 안지름보다 큰 지름의 펀치를 눌러 박음으로써 구멍의 가장자리를 판재면과 직각으로 블라인드 구멍 둘레에 테를 만드는 가공을 버링(burring)이라고 한다.

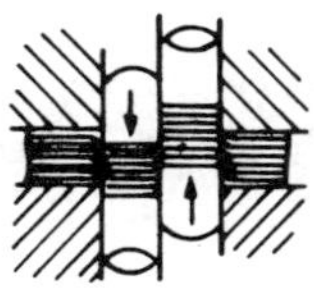

그림 8-21 굽힘

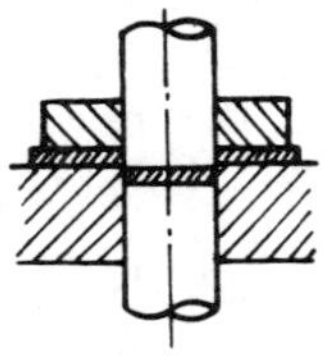

그림 8-22 성형

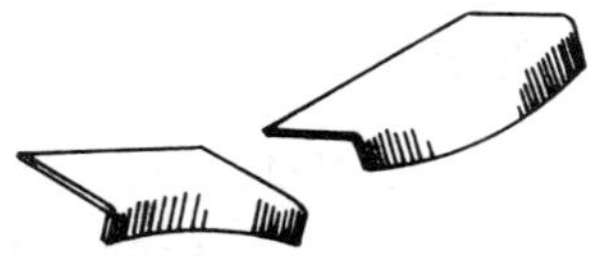

그림 8-23 플랜징

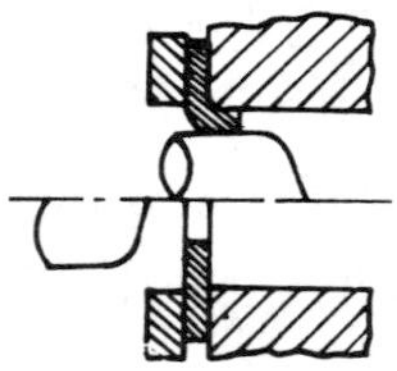

그림 8-24 버링

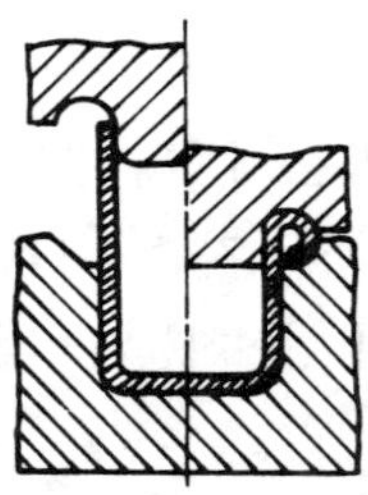

그림 8-25 컬링

그림 8-26 시밍

(4) 컬링(culing)

[그림 8-25]와 같이 판, 원통 또는 원형용기의 끝부분에 원형단면의 테두리를 만드는 가공이다.

(5) 시밍(seaming)

여러 겹으로 구부려서 두 장의 판을 결합시키는 가공이며, [그림 8-26]의 (a)와 같이 굽은 부분이 한 쪽의 것을 단일시밍이라 하며 [그림 8-26]의 (b)와 같이 두 쪽의 것을 이중시밍이라 한다.

(6) 비딩(beading)

판금 또는 그 가공품에 [그림 8-27]과 같은 방법으로 특히 좁은 돌출선을 말한다.

(7) 엠보싱(embossing)

금속판에 이론적으로 두께의 변화를 일으키지 않고 여러 가지 모양의 얇은 피트 또는 돌출을 만드는 가공이며 [그림 8-28]과 같다.

(8) 네킹(necking)

[그림 8-29]와 같이 원통 또는 원형용기 끝 부근의 지름을 감소시키는 가공법을 말한다.

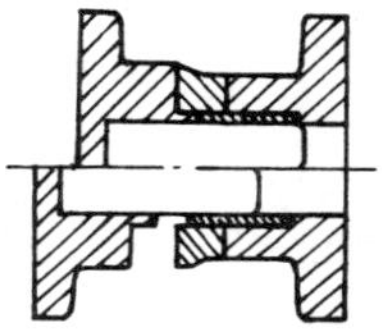

그림 8-27 비딩

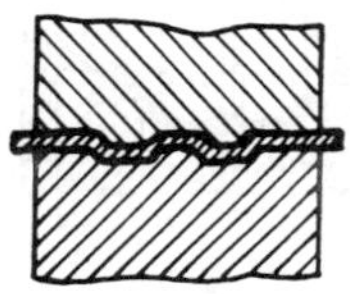

그림 8-28 엠보싱

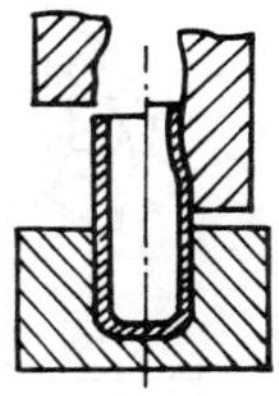

그림 8-29 네킹

3 디프드로잉 가공

가. 개요

평평한 판금에서 이음매 없는 밑붙이 용기를 성형하는 방법을 디프드로잉(deep drawing) 가공이라고 한다. 이 가공법에 의한 제품으로서는 사용하고 있는 포트나 프라이팬과 같은 가정용품에서 전화제품, 자동차, 항공기의 몸체 등 넓은 범위에 걸쳐서 이용되고 있다.

판재의 디프드로잉 가공에는 망치드로잉법, 스피닝법, 프레스 드로잉법과 같은 종류가 있다.

망치드로잉법은 망치 등으로 드로잉하는 방법이며 현재도 구갑모양의 아름다운 망치결을 남긴 각족의 귀금속 미술공예품의 제작에 이용되고 있다.

스피닝법도 오래전부터 행해졌으며, 이것은 형과 더불어 소재를 회전시켜 주걱 또는 롤러로 판을 형에 눌러서 드로잉하는 방법으로써 수량이 적은 임의 단면의 회전체를 성형하는데 적합하다.

프레스와 금형을 사용하는 프레스드로잉은 그 역사가 얼마되지 않음에도 불구하고 프레스, 형설계, 형제작 및 성형성이 높은 재료의 개발 등에서 급격한 발전을 하므로써 디프드로잉 가공에 가장 적합한 대량 생산방식으로써 널리 이용되고 있다. 따라서 여기서는 주로 이 프레스드로잉법에 대하여 기술한다.

나. 디프드로잉 가공의 종류

(1) 컵핑(cupping)

[그림 8-30]과 같이 단일공정에서 제작되는 제품인 컵모양으로 만드는 과정을 컵핑이라고 한다. 이것으로 직접 제품이 되는 것이 있으며 이것을 다시 길게 만들려면 디프드로잉 공정에 넣는다.

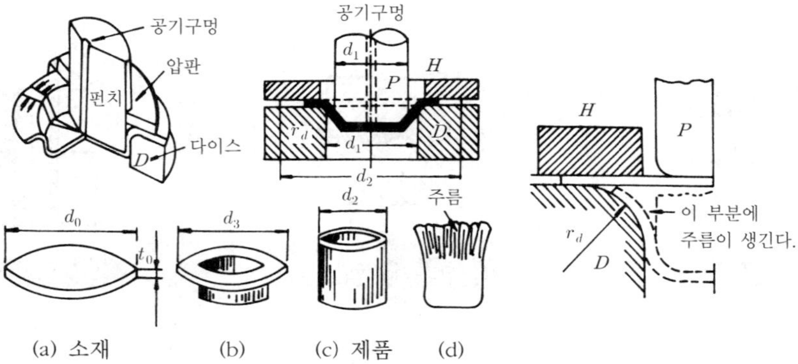

그림 8-30 컵핑 공정도

(2) 디프드로잉(deep drawing)

① 직접 디프드로잉(direct deep drawing)

[그림 8-31]의 (a)와 같이 가공된 반제품을 뜨임하여 직접 디프드로잉하는 것과 [그림 8-31]의 (b)와 같이 연속 디프드로잉하는 두 가지 방식이 있다.

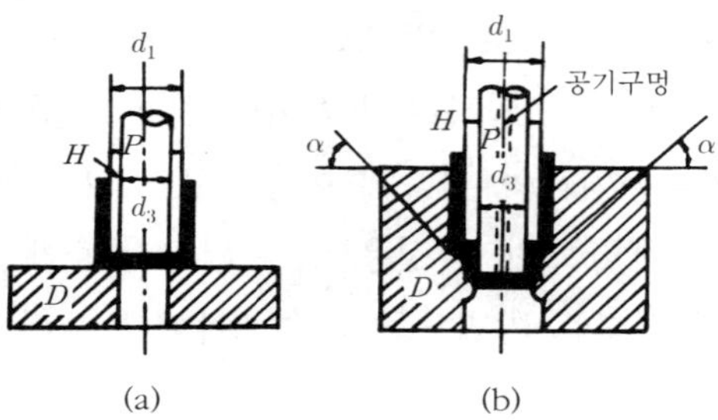

그림 8-31 직접 디프드로잉

② 역식 디프드로잉(inverse deep drawing)

[그림 8-32]는 일단 디프드로잉된 것을 용기의 하부에서 반대로 펀치를 압입하여 용기의 내·외면이 반대가 되면서 디프드로잉 하는 방식이다. 일반적으로 역식 디프드로잉보다는 직접 디프드로잉이 많이 사용된다. [그림 8-33]은 디프드로잉 제품의 보기이다.

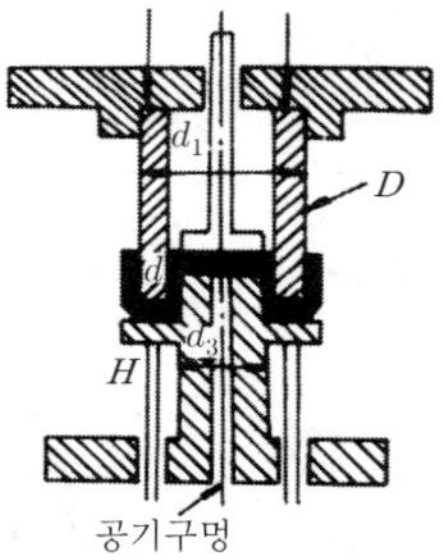

그림 8-32 역식 디프드로잉

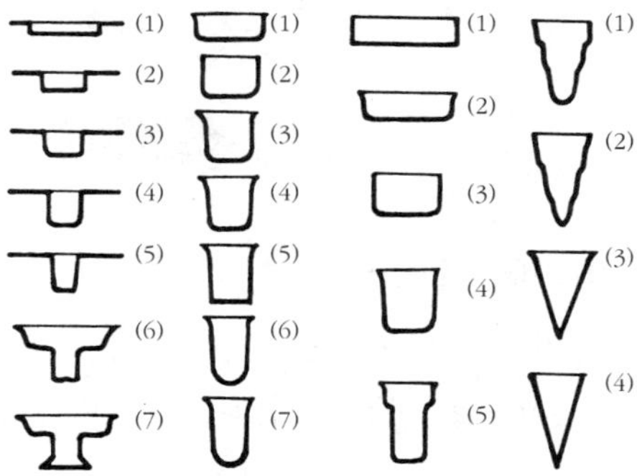

그림 8-33 디프드로잉 제품

(3) 벌징(bulging)

[그림 8-34]은 벌징방법을 나타낸 것이다. 그림에서 1은 유압용 램이고, 4는 그 하단부이다. 2는 원통상으로부터 벌징방법으로 만든 제품 8의 상부이고 5는 보호용 밴드로서 원통내에는 기름이 채워진다. 램을 압입하면 유압이 전달되어 원통체는 부풀어 제품이 된다. 램의 하단부 4는 4′까지 이동되는 사이에 제품은 8에서 8′로 되고 플라스크형 금속 용기로 된다.

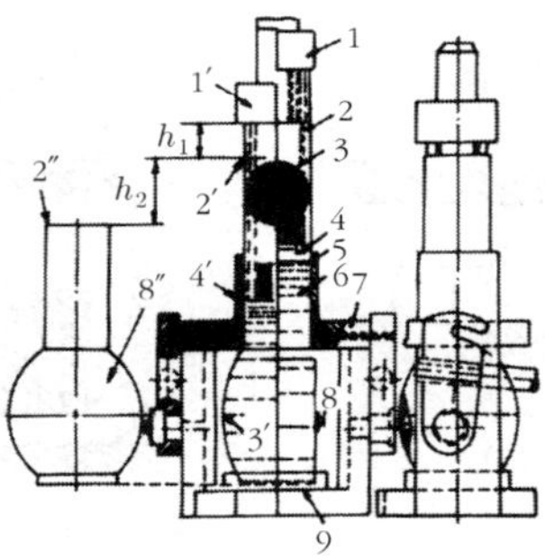

그림 8-34 벌징 방법

(4) 마르폼 방법(marform process)

다이스 대신에 고무를 사용하는 성형법의 일종으로 [그림 8-35]에 나타나 있다.

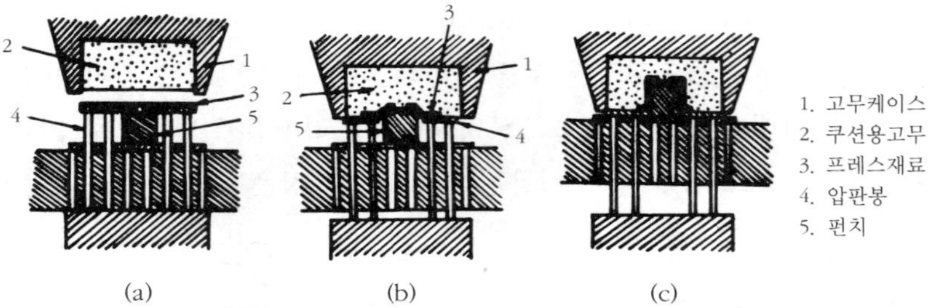

그림 8-35 마르폼 방법

(5) 아이어닝(ironing)

가공용기의 바깥지름보다 조금 작은 안지름을 가진 다이 속에 펀치로 가공품을 밀어 넣어서 밑바닥이 달린 원통용기의 벽두께를 얇게 하고, 고르게하여 원통도를 향상시키고 그 표면을 매끈하게 하는 가공이다. [그림 8-36]은 아이어닝 가공을 나타낸 것이다.

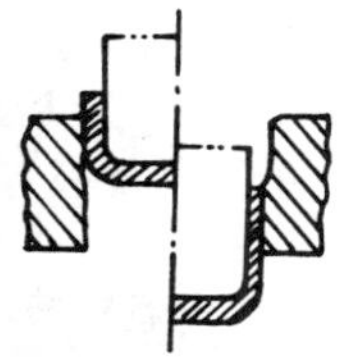

그림 8-36 아이어닝

4 압축가공

가. 개요

일반적으로 [그림 8-37]과 같은 원형 소재를 상·하면에서 압축하면 변형이 생긴다.

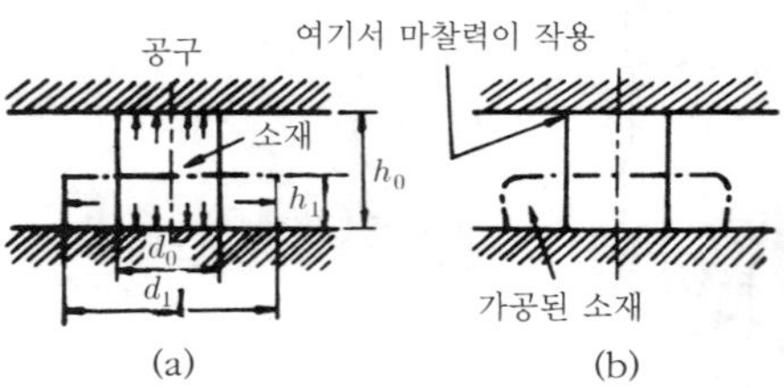

그림 8-37 압축가공

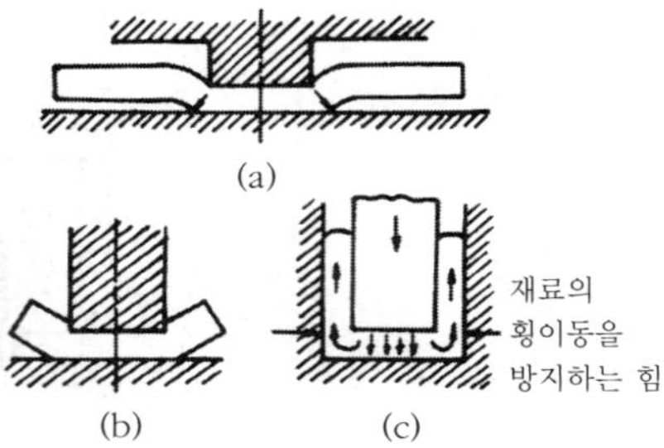

그림 8-38 압축가공 방식

이때 압축 P는

$$P = K_f A \quad \cdots\cdots (8\text{-}1)$$

여기서 K_f는 압력스트레인($(h-h_1)/h_0 \times 100$의 함수로써 재질에 따라 다르다. 이것은 보통 압축변형저항이라 하며 $A = \frac{\pi}{4}d^2$으로 소재의 단면적(mm^2)이다. [그림 8-38]은 압축가공으로 인한 변형을 나타낸 것이다.

나. 압축가공의 종류

(1) 압인가공(coining)

[그림 8-39]는 압인가공의 원리를 나타낸 것이다.

이 방법은 상하에서 압축하여 가공물에 압인가공하기 위해서는 비교적 큰 힘이 필요하다. 용도는 화폐, 메달, 빼치, 각종 장식품, 가정용 기구 및 그림 등을 압인가공할 수 있다.

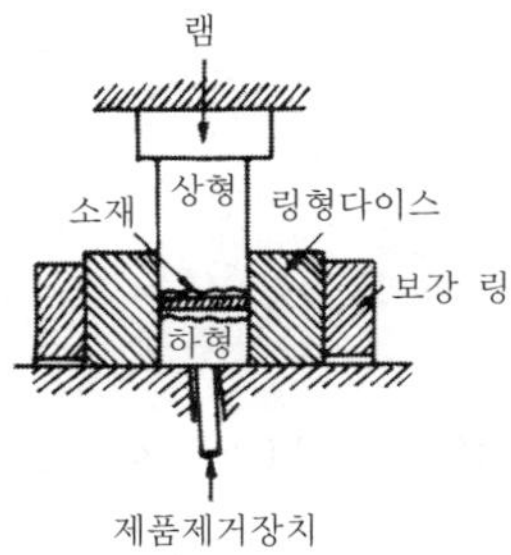

그림 8-39 압인가공

(2) 업세팅(upsetting)

소재를 길이 방향으로 압축시킴으로써 길이와 수직방향으로 재료를 유동시켜서 큰 단면을 만드는 가공을 말하며 [그림 8-40]과 같다.

(3) 사이징(sizing)

형에 의해 가공부분품의 전체 또는 일부에 강한 압력을 가하여 그것에 의해 재료의 유동을 일으켜 가공품의 치수정도를 향상시키는 압축가공의 일종이며 [그림 8-41]과 같다.

(4) 헤딩(heading)

봉상재의 끝을 업세팅하여 리벳, 볼트 등과 같은 부품의 머리를 만드는 가공으로 [그림 8-42]와 같다.

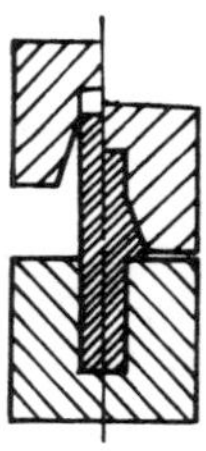
그림 8-40 업세팅

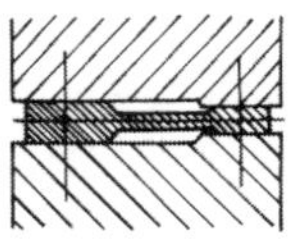
그림 8-41 사이징

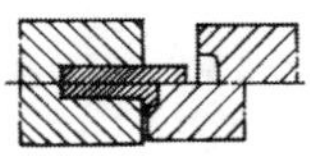
그림 8-42 헤딩

(5) 엠보싱(embossing)

압인가공의 특수한 예로서 엠보싱 가공방식이 있다. [그림 8-43]과 같이 상형과 하형이 있어 소재에 돌출된 모양을 압인한다.

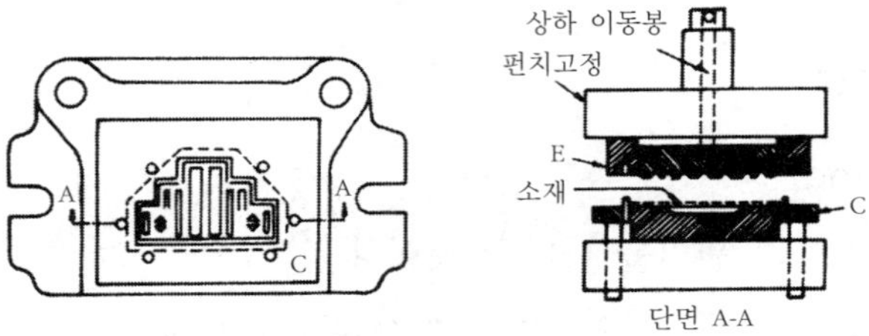

그림 8-43 엠보싱의 상형과 하형

(6) 스웨이징(swaging)

재료의 두께를 감소시키는 작업이다. [그림 8-44]는 소재의 면적에 비하여 압입하는 공구의 접촉면적이 대단히 작은 경우로써 이 때 재료는 압축에 의해 화살표 방향으로 이동하며, 보통 재료의 평균변형저항 K_{fm}, 공구의 압축면적을 A라하면 작업에 필요한 힘 P는 $P > 3A \cdot K_{fm}$가 요구된다.

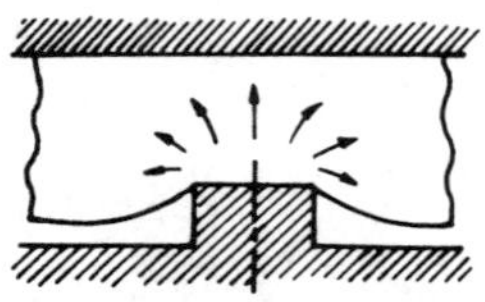

그림 8-44 스웨이징

제2절 | 판의 성형성 시험

앞에서 열거한 여러 가지 가공방법에 있어서는 판의 성형이 대부분이므로, 판의 성형능력을 미리 아는 모양이 다른 성형 또는 새로운 재료에 의한 성형을 할 경우에 중요하며, 또 그 능력을 가진 가공재료의 제조에도 도움이 된다.

성형성을 알기 위한 시험방법에는, 실제의 가공에서 판이 받는 것과 동일한 변형을 주어서 그 특성치를 비교하는 방법과 가장 일반적인 인장시험의 특성치로써 판단하는 방법이 있다.

1 디프드로잉 시험

이것은 여러 가지 지름의 소재에 대하여 디프드로잉을 실시하여 한계 디프드로잉 비를 구하여, 재료의 디프드로잉성을 비교하는 것으로써 공구치수나 디프드로잉 조건이 규정되어 있다.

2 에릭센 시험(Erichsen test)

에릭센 시험은 [그림 8-45]에서 보는 바와 같이 소재를 고정하고, 펀치로 장출가공(stretch forming)을 실시하여 판이 파단할 때 펀치의 장출되는 깊이 h를 mm로 나타내어 에릭센 값으로 하여 서로 비교하는 것이다. 드로잉은 없으므로, 재료의 장출성 만을 알기 위해 사용된다. 판의 두께, 열처리조건, 표면상태, 펀치의 삽입속도 등에 따라 에릭센 값이 달라진다.

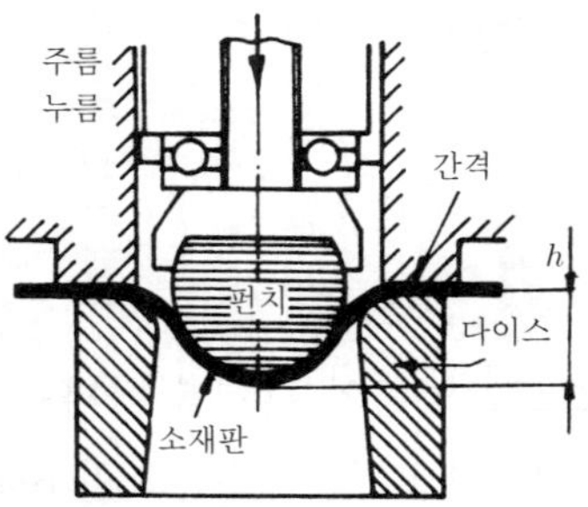

그림 8-45 에릭센 시험

3 코니컬 컵 시험(Conical cup test)

디프드로잉 시험에서는 다이프로필부에 굽힘이나 마찰의 영향을 받기 때문에, [그림 8-46]과 같이 원추다이스로써 디프드로잉 하면, 아무런 영향없이 실시할 수 있다.

이 때 재료가 파단된 바깥지름의 치수를 코니컬 컵 값(conical cup value)이라고 한다. 이 코니컬 컵 시험에서 하고 있는 시편의 지름이 디프드로잉 한계보다 크기 때문에 장출성도 가미할 수가 있어서 디프드로잉과 장출의 복합된 일반의 성형성을 비교적 잘 나타낼 수 있다.

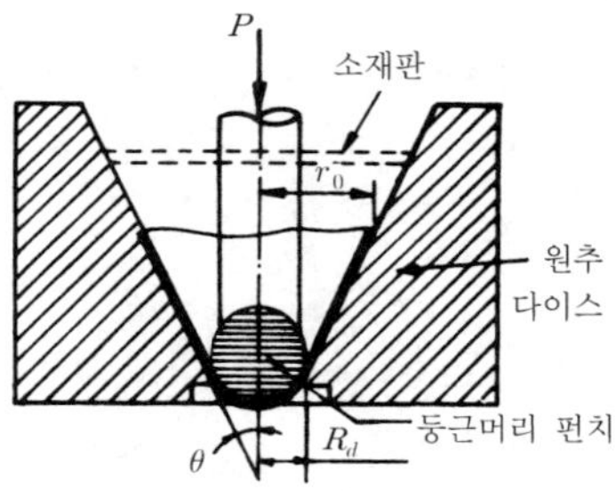

그림 8-46 코니컬 컵 시험

4 인장시험

인장시험에는 강도특성치로써 항복응력 σ_s, 인장강도σ_b, 항복비 σ_s/σ_b 등이 성형성이 결부되며, σ_s가 낮고 σ_b는 그것에 의해서 연신도는 감소하지 않는 판이 요구되는데, 변형 특성치로서는 전 연신도, 균일연신도 등이 큰 것이 가장 좋다. 그 중에서도 재료의 수직이방성이 디프드로잉성을 나타내는 한계드로잉비에 영향이 있다는 것이 지적되어 인장시편의 폭방향의 스트레인과 판두께 방향의 스트레인의 비를 취하여 소성스트레인(plastic strain ratio, 또는 랑크퓌어드값) 또는 간단히 γ값이라고도 하며,

$$\gamma = \frac{1_n(w_n/w)}{1_n(t_0/t)}$$

으로 표시한다.

[그림 8-47]은 γ값과 한계 디프드로잉비의 관계를 나타낸 것이다. [그림 8-47]에서 γ값이 클수록 디프드로잉성이 좋음을 나타내고 있다. 또 [그림 8-48]은 에릭센값과 γ값의 관계를 나타내고 있는데 γ값은 장출성과도 깊은 상호관계가 있음을 나타내고 있다. 또 코니컬 컵 값과 γ값의 상호 관계를 구하면 [그림 8-49]와 같으므로 코니컬 컵 시험은 대단히 좋은 직접 시험이라고 할 수 있다.

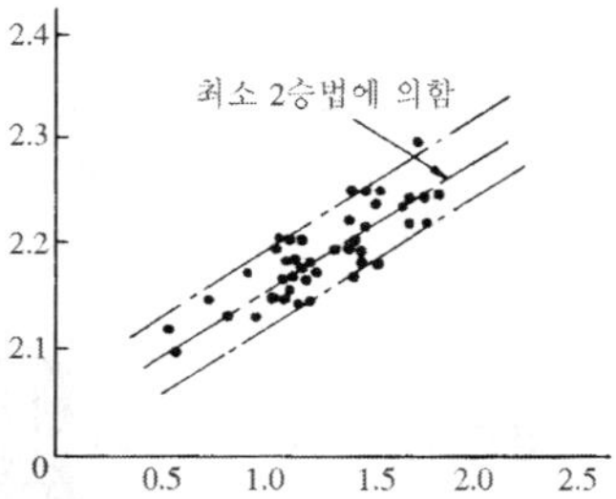

그림 8-47 γ값과 한계오므림 비의 관계

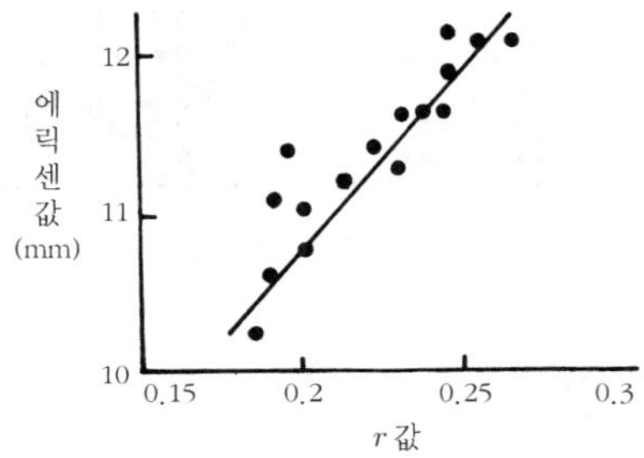

그림 8-48 γ값과 에릭센 값과의 관계

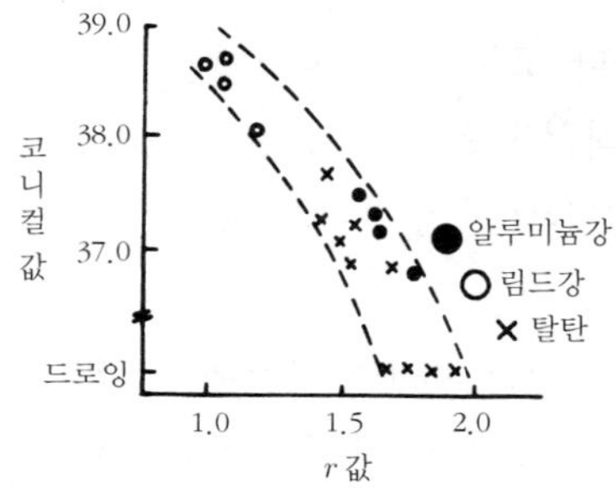

그림 8-49 γ값과 코니컬 컵 값과의 관계

제3절 | 프레스기

1 프레스의 종류

프레스는 판재를 가공하는데 사용하면 능률적인 대량생산을 할 수 있으므로 널리 사용된다. 판금 가공에 사용하는 프레스는 주로 기계프레스나 유압프레스이며 그 종류는 대단히 많다. 그러나 모두 그 기본형체는 고정한 베드에 대하여 직선적으로 왕복 운동하는 슬라이드와 올바르게 안내하는 프레임 및 원동기와 전동창지로 되어 있다.

[그림 8-50]은 프레스 중에서 가장 많이 사용되고 있는 파워프레스의 구조를 나타낸 것이다. 프레스의 분류는 동력원, 작동기구, 프레임

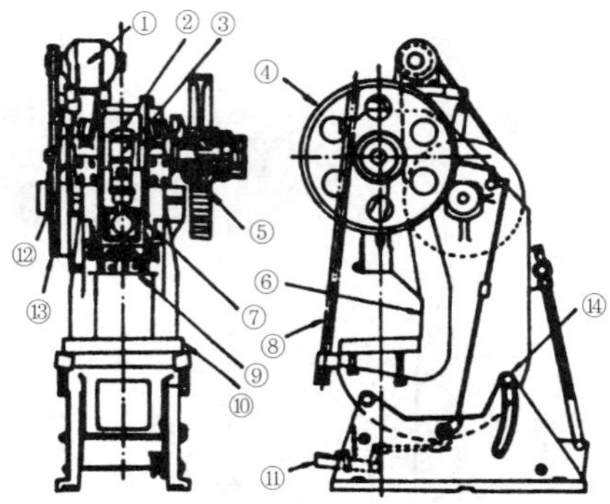

① 모터 ⑥ 프레임 ⑪ 페달
② 커넥팅로드 ⑦ 램조절나사 ⑫ 브레이크
③ 크랭크축 ⑧ 타이로드 ⑬ 플라이휠
④ 큰기어 ⑨ 램 ⑭ 프레임경사
⑤ 클러치 ⑩ 볼스터 조절볼트

그림 8-50 파워프레스의 기구

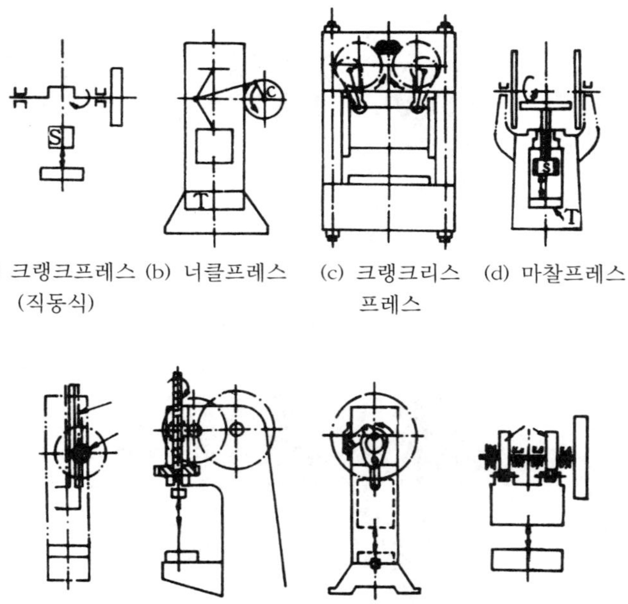

(a) 크랭크프레스 (직동식) (b) 너클프레스 (c) 크랭크리스 프레스 (d) 마찰프레스

(e) 랙피니언 프레스 (f) 나사프레스 (g) 링크프레스 (h) 캠프레스

그림 8-51 슬라이드 구동기구의 형식

형상, 또는 전체적인 구조 등에 따라서 다음과 같이 구분된다.

동력원이나 작동기구에서는 [그림 8-51]에서와 같이 분류된다.

또 프레스능력에 영향이 큰 강성이나 작업성에 관계되는 프레임 형식에서는 [그림 8-52]와 같다.

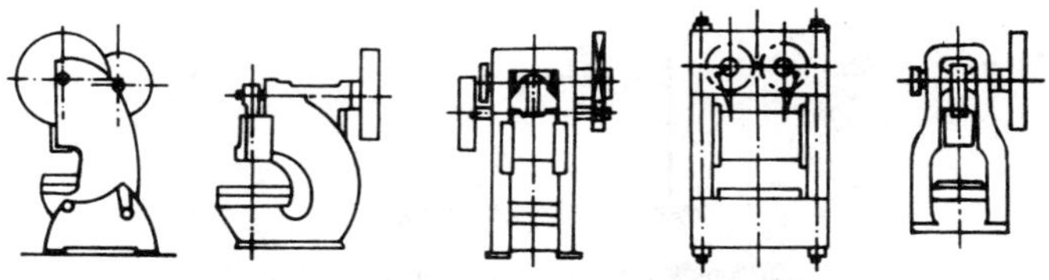

(a) C형프레임 프레스 (b) 솔리드백 C프레임 (익센형) (c) 스트레이트 사이드형 프레스(1본식) (d) 스트레이트 사이드형 프레스(조립식) (e) 아치형

그림 8-52 프레임의 형식

프레스는 또 작동하는 슬라이드 수에 따라서 단동식, 복동식, 3동식으로 분류할 수가 있다.

단동식(single action type)은 크라운 또는 베드에 설치된 기구에 의해 슬라이드가 움직이게 되는 것이다.

복동식(double action type)은 [그림 8-53]과 같이 프레임에 안내된 바깥쪽 슬라이드 속을 좀 늦게 안쪽 슬라이드가 바깥쪽 슬라이드에 안내되어서 움직이는 구조인 것으로써 모두 크라운 또는 헤드에 짝지워진 기구이며 작업시에 크라운에서 헤드를 향하여 작동한다.

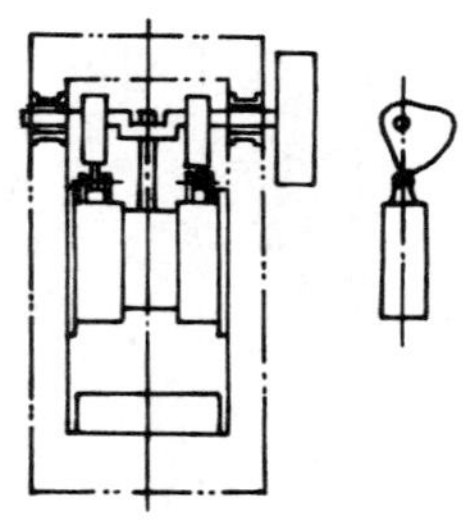

그림 8-53 캠식 복동프레스

3동식(three action type)은 베드 속에 제 3의 슬라이드를 설치한 복동프레스로써 상부에 한 개의 슬라이드가 아래쪽으로 움직인 직후 제3의 슬라이드가 위쪽을 향해서 이동을 개시하는 기구로 되어 있다. 프레스작업을 실시할 때에는 그 가공법에 따른 프레스를 선정해야 하며, 또 제품정밀도를 충분히 만족시킬 수 있는 안전성이나 능률적으로 작업할 수 있는 생산성 등을 고려하여 적당한 프레스기를 선택해야 한다.

가. 크랭크프레스

크랭크기구에 의해서 관성바퀴의 회전에너지의 일부를 압축가공에 사용하고 나머지 에너지로 램 또는 슬라이드를 상승시키는 장치를 크랭크프레스(crank press)라고 한다. 그 기구는 [그림 8-54]와 같이 크랭크의 회전에 의해서 프레임의 안쪽 슬라이드를 상하시켜 이것에 금형 또는 펀치를 부착하여 작용시킨다. 크랭크프레스는 프레임의 형상, 크랭크 축의 위치, 크랭크수 등의 조합에 따라서 많은 형식이 있다.

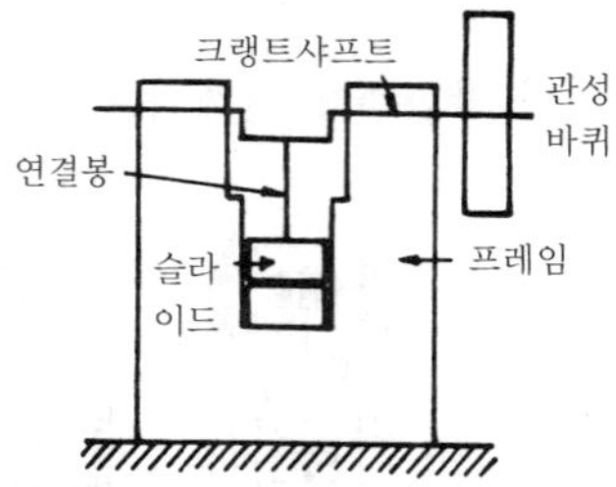

그림 8-54 크랭크프레스의 기구

(1) 파워프레스

파워프레스(power press)는 C형 프레임 단동 크랭크프레스(C frame single action crank press)라고도 하며 그 측면형상에서 C형 프레임이라고 이름 붙인 것이다. [그림 8-55]는 이 프레스의 구조를 나타낸 것으로 작업부의 앞 및 좌우가 개방되어 있으므로 작업하기 쉽고 또 자동이송장치의 선택을 자유로이 할 수 있는 등의 장점이 있다. 또 이 프레스는 타발, 굽힘, 기타의 가공에도 이용할 수 있으므로 현재에는 소형 프레스에서 150톤 정도까지의 중형프레스까지 널리 이용되고 있다.

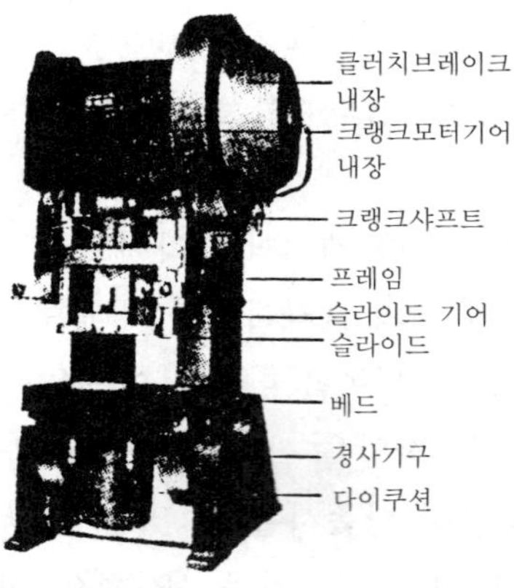

그림 8-55 C형 프레임단동 크랭크프레스

(2) 스트레이트사이드형 크랭크프레스

프레임의 형상이 틀형이며, 양측의 주상부분이 곧바른 프레스를 스트레이트사이드프레스(straight side press)라고 한다. 이 형식의 프레스는 베드 면적이나 슬라이드의 행정을 크게 취할 수가 있으므로 비교적 대형의 프레스에 채용되며 일반적으로 강도, 강성도 크다. C형 프레스와 구별하는 이유는 프레임의 형식이 다르므로 가압력에 의해서 일어나는 프레임의 내부응력의 분포가 다르다는 점이다.

단동스트레이트사이드형 크랭크프레스의 특징을 열거하며 다음과 같다.

① 프레임의 형상에서 프레스 압력에 대한 응력지지 방법이 매우 안정되어 있다.

② 구조가 극히 단순하며 작업이 용이하다.

③ 적당한 부속장치를 붙이면 매우 광범위한 종류의 소성가공이 용이하다.

(3) 복동크랭크프레스

크랭크기구 등에 의해서 별개로 작동하는 두 개의 슬라이드를 지닌 크랭크프레스를 복동크랭크프레스라고 한다. 이러한 종류의 프레스는 [그림 8-56]과 같이 안쪽의 슬라이드와 바깥쪽의 슬라이드를 지니고 안쪽 슬라이드는 보통 크랭크기구에 의해서 구동되는데, 바깥쪽 슬라이드는 하사점에서의 정체시간이 필요하므로 링크나 캠기구를 사용해서 안쪽 슬라이드와는 별개로 작동할 수 있도록 되어 있다. 구조는 비교적 복잡하나 블랭크홀더용의 슬라이드를 갖고 있으므로 중형 및 대형물의 드로잉가공에 적합하다.

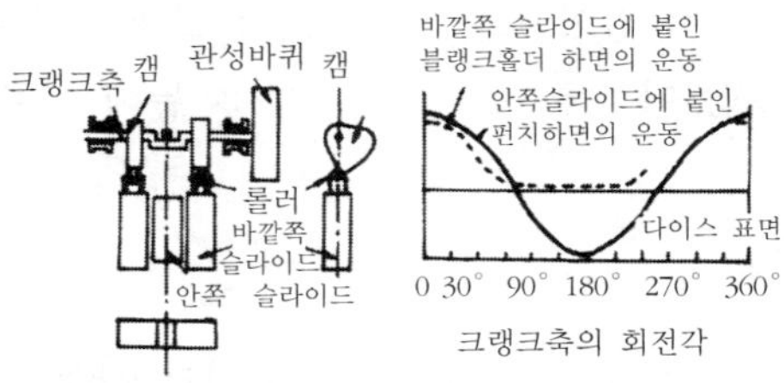

그림 8-56 캠식 복동크랭크프레스

나. 크랭크리스프레스

보통의 크랭크프레스에서는 전단가공을 행할 경우 등에 램 행정의 하사점 부근에서 하중이 걸리므로 크랭크축에 걸리는 토크는 비교적 작으나 같은 가압력이라도 디프드로잉가공 등과 같이 행정의 중간정도에서 작업이 시작되어 긴 행정동안 큰 가압력이 계속되는 가공에서는 크랭크축에 걸리는 토크는 상당히 커진다. 이것을 보통형식의 크랭크축으로 지탱하는데는 큰 것이 필요하며 가격면에서도 고가인 것이 된다. 그래서 [그림 8-57]의 (a)와 같이 크랭크부에 직접 나열해서 기어를 부착하는 구조를 생각하게 되었다. 이와 같이 하면 저널부에 토크는 전혀 걸리지 않으므로 저널부를 작게 할 수 있는 장점이 있다. 이 형식을 기어드크랭크기구라고 한다. 이 형식을 발전시킨 것이 [그림 8-57]의 (b)의 크랭크리스기구이다. 이 기구는 축에 고정되어 회전하는 기어의 보수부가 편심판이 되며, 기어와 크랭크부가 일체로 되어서 익센축에 가까운 구조로 되어 있다. 이와 같이 편심판과 일체로 된 주 기어에 의해 슬라이드에 동력을 전달하는 형식으로서 회전운동부분이 크랭크내에 있는 기계프레스를 크랭크리스프레스(crankless press)라고 한다.

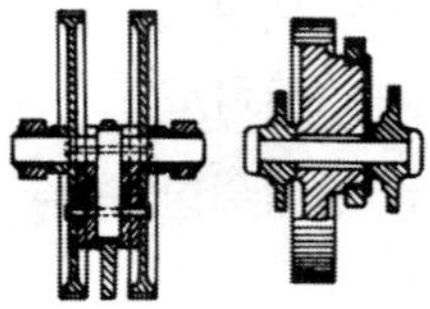
(a) (b)

그림 8-57 크랭크리스기구

다. 너클조인트프레스(토글프레스)

[그림 8-58]에 나타난 바와 같이 모터의 회전운동을 크랭크와 연결봉을 사이에 두고 왕복운동으로 바꿔 토글기구를 이용해서 그 힘을 증대시켜 램의 상하운동을 하게 하는 프레스를 너크조인트프레스(knuckl joint press) 또는 토글프레스(toggle press)라고 한다. 이 프레스는 제품의 두께가 정확해야 하는 점이 요구되는 가공으로써 압축속도가 작고 최후에 큰 압력을 필요로 하는 단조, 충격, 엠보스, 압인, 커핑가공 등에 사용된다.

라. 마찰프레스

[그림 8-59]에 나타난 바와 같이 마찰프레스는 전동기로 상부 좌우의 마찰바퀴를 돌려서 램의 상부에 있는 수평의 관성바퀴에 한쪽의 마찰바퀴를 밀어 붙여서 마찰력에 의하여 이 관성바퀴를 구동하여 관성바퀴의 회전운동을 나사기구에 의해서 램의 직선왕복운동으로 바꾸는 기구를 지닌 프레스로써, 정확하게 말해서 마찰나사프레스(friction screw press)라고 해야 한다.

램의 상승과 하강을 할 수 있도록 되어 있으며 관성바퀴와 램은 직결되어 있으므로 관성바퀴의 회전운동에너지는 1회의 작업마다 전부 소비되고 만다. 따라서 해머와 비슷한 성격을 지닌 프레스이며 램의 행정길이를 자유로이 선택할 수 있는 장점이 있다. 주로 단조, 굽힘 등의 작업에 적합하며 특히 소재 두께가 달라도 자유로이 적응할 수 있는 점은 다른 기계프레스보다 우수하다.

마. 유압프레스

유압프레스는 큰 실린더와 피스톤을 지니고 램은 피스톤과 일체로 되어 있다.

[그림 8-60]에 나타난 바와 같이 펌프에 의해서 고압의 기름이 실린더에 송입되면 램은 하강하고, 반대로 실린더의 아래쪽에 기름이 들어가면 램은 상승하는 기구로 되어 있다.

종래 유압프레스는 기계프레스에 비해 형의 부착이 용이하며 가압력, 가압속도 및 행정의 조정이 자유롭고 가압시간 또는 가압행정을 길게 할 수 있는 점 등의 많은 장점을 지니고 있는데도 불구하고 속도가 느린 것이 최대의 결점이었다. 최근에는 작업능률의 향상화에 따라서 유압프레스에 레이디얼펌프를 병용함으로써 고속자동화가 이루어져 유압프레스의 이용이 더욱 더 증가하고 있다.

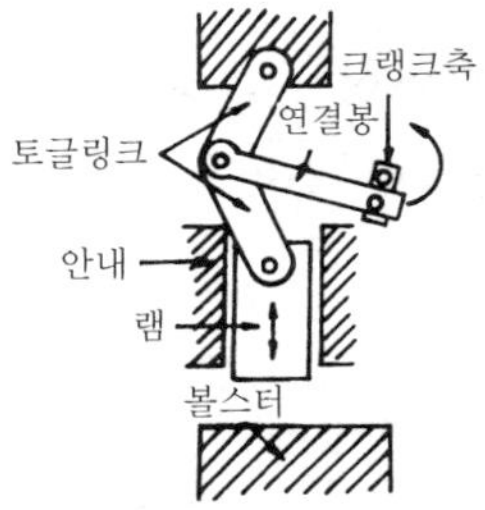

그림 8-58 토글기구

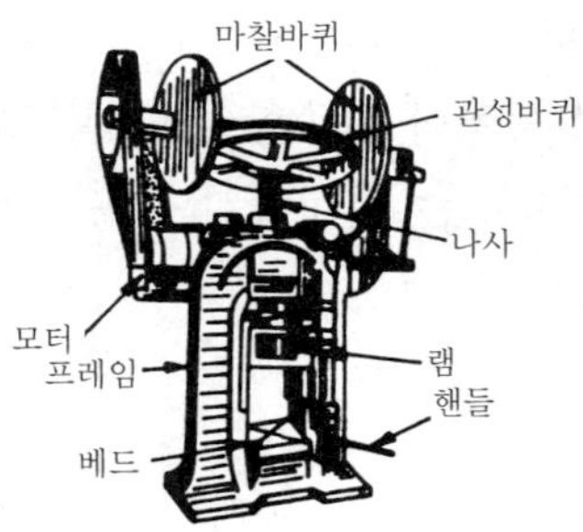

그림 8-59 마찰프레스

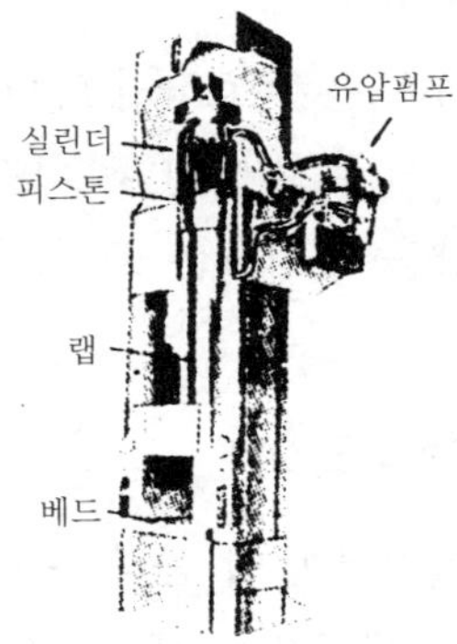

그림 8-60 유압프레스

2 프레스의 성능

프레스 작업을 할 경우에는 제품의 크기, 가공의 종류, 금형의 크기, 가공에 소요되는 일의 양 등에 따라서 적응할 수 있는 능력의 프레스를 선정하는 일이 중요하다. 부적당한 능력의 프레스를 선정하면 금형이 커서 부착할 수 없게 되거나 행정이나 일의 양이 부족해서 가공할 수 없을 경우도 생긴다. 따라서 프레스의 능력이나 기능을 충분히 알아 둘 필요가 있다.

가. 가압능력

프레스의 작업능력은 보통 가압능력(또는 공칭압력)으로 표시된다. 이것은 프레스의 프레임, 램, 크랭크축 및 연결봉 등 작업의 힘을 받는 부분이 안전하게 견딜 수 있는 압력이다. 즉, 프레스자체는 이 가압능력 이상의 압력발생이 가능하나 이 이상의 압력으로 작업하며 위험이 발생할 염려가 있다.

프레스의 가압능력은 톤(ton)수로 표시하는 것이 보통이며 크랭크프레스의 경우는 크랭크 축의 지름 d(in)와 가압능력 P(t)사이에는 다음 식이 사용되고 있다.

$$P = Cd_2 \quad \cdots\cdots (8\text{-}2)$$

단, C는 비례상수로서 보통 1.6 ~ 4.4의 값이 채용되는데 행정이 짧고 고속인 것일수록 큰 값을 취한다.

나. 일용량

이 능력은 유효작업 에너지에 관한 것으로써 1회의 작업에 사용할 수 있는 일량의 크기이며 kgf·m로 나타낸다. 따라서, 이 능력이 부족할 때에는 프레스가 작업 도중에 정지한다. 일용량을 결정하는 프레스의 구성요소는 관성바퀴의 용량과 전동기의 출력이다.

다. 행정길이

프레스의 램이 움직이는 거리를 표시하는 것이다. [그림 8-61]과 같이 크랭크프레스의 행정길이는 그 프레스마다 일정하다. 그러나, 특수 프레스는 이 길이를 변경할 수 있는 가변행정인 것도 있다. 일반적으로 타발프레스의 행정은 짧고 10 ~ 20mm정도이며 드로잉 프레스는 길게 되어 있다.

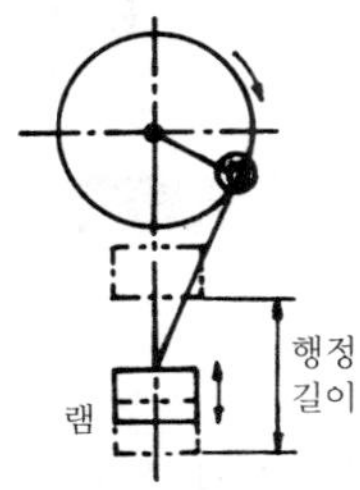

그림 8-61 행정길이

라. 행정수

램이 매분 상하로 움직이는 횟수를 램행정 수라고 하고 그 프레스의 작업속도를 나타내며 보통 S.P.M(Stroke Per Minute)을 단위로 한다. 일반적으로 소형 프레스일수록 빠르고, 대형프레스일수록 느리다. 또 자동프레스는 손 작업인 것보다 빠르고 타발용은 그 가공의 특징에서 드로잉용보다 빠르다.

마. 볼스터면

볼스터(bloster)의 면적은 보통베드의 면적과 동일하고 볼스터 위에 금형을 부착하므로 이 치수에 따라서 사용하는 금형의 크기가 제한된다.

제4절 | 프레스 금형

1 뽑기금형

뽑기금형은 펀치와 다이를 사용하여 작업하는 것으로써 그 사이의 간격인 클리어런스는 연강 및 황동에 대하여는 재료 두께의 0.05 ~ 0.06배, 경강에는 0.07배를 기준으로 한다.

가. 단일뽑기금형(plain blankin die)

판금소재를 적당한 형상으로 뽑기하는 금형으로 보통 많이 사용한다. [그림 8-62]는 단일 뽑기 금형의 예이다.

나. 다열금형(follow die)

한 개의 금형에 여러 개의 공구를 설치하여 프레스가 한 번 작동함에 따라 같은 제품을 여러개 만드는 것을 다열금형이라고 하며 [그림 8-63]과 같다.

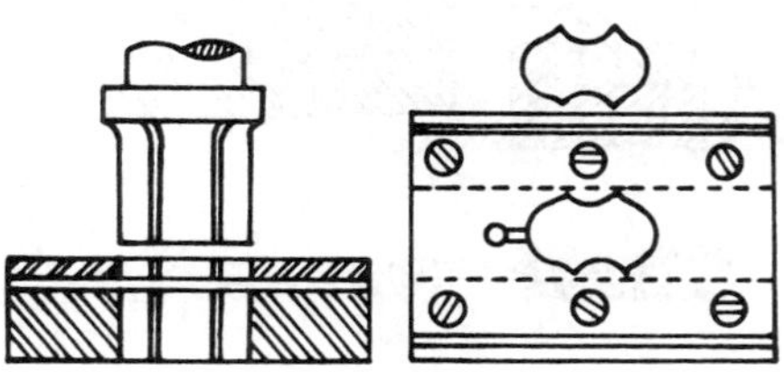

그림 8-62 단일뽑기금형

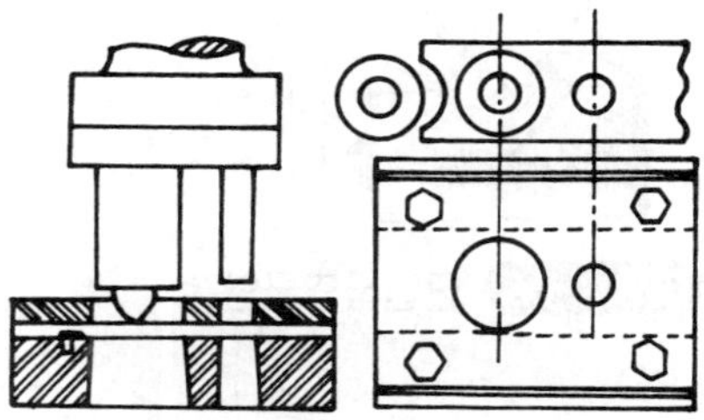

그림 8-63 다열뽑기금형

다. 다단뽑기금형(multiple die)

한 개의 제품을 만들 때 재료가 순차적으로 이동되면서 차례로 다른 형의 가공을 받아서 제품이 완성되는 방법으로 [그림 8-64]에 간단한 다단뽑기금형을 나타낸 것이다.

라. 복식뽑기금형(compound die)

상·하형이 각각 펀치와 다이스를 가지고 있어 외형 및 구멍들을 한꺼번에 뽑을 수 있다. 그 구조는 여러 가지가 있으며 [그림 8-65]는 그 한 예이다.

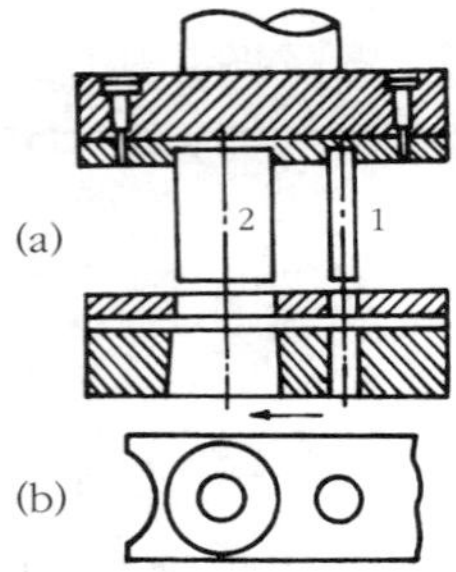

그림 8-64 다단뽑기금형

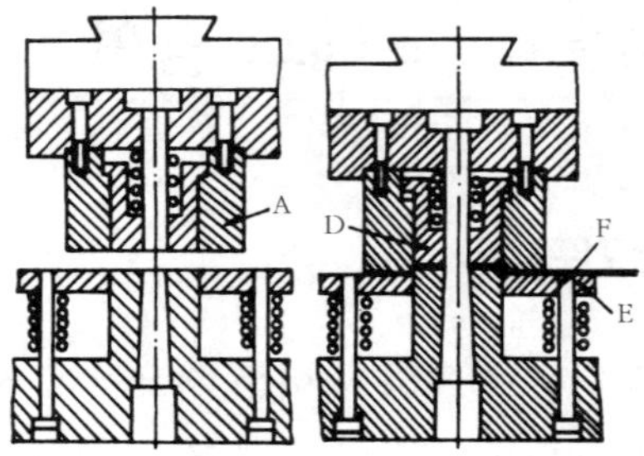

그림 8-65 복식뽑기

2 굽힘금형(bending die)

굽힘금형에는 [그림 8-66]의 단일굽힘금형, [그림 8-67]의 복합굽힘금형, [그림 8-68]의 원추굽힘금형 등이 있다.

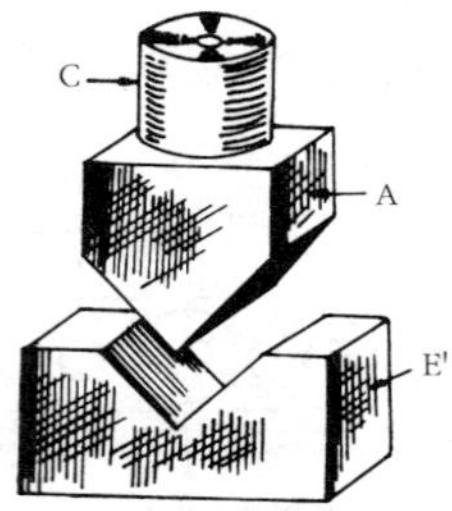

그림 8-66 단일굽힘금형

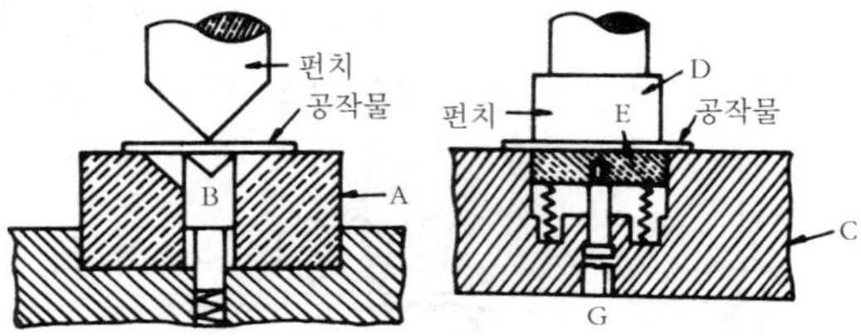

그림 8-67 복합굽힘금형

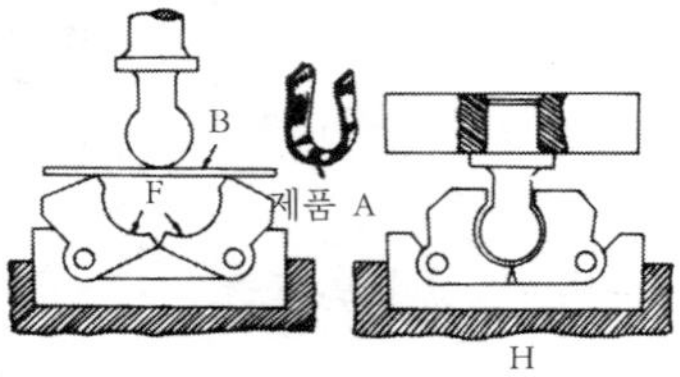

그림 8-68 원추굽힘금형

3 드로잉금형(drawing die)

가. 단동식금형(single action die)

단동식은 준비된 소재를 펀치로 눌러서 성형한다. [그림 8-69]는 단동식금형이고 그림에서 (a)는 준비완료 상태이며, (b)는 단독작용으로 제작된 제품이며, (c)는 컵형을 다시 드로잉하는 단동식 방식이다.

나. 복동식금형(double action die)

[그림 8-70]과 같이 B 및 C의 형틀이 1차 작동으로 가공물 D를 고정하고 2차 작동으로 펀치 A가 작용하여 성형한다.

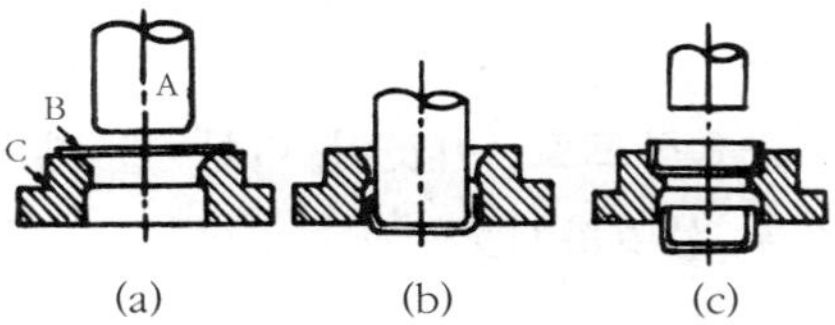

그림 8-69 단동식금형

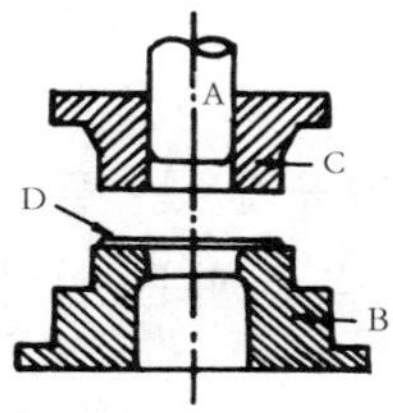

그림 8-70 복동식금형

익힘문제

1 프레스가공의 특징에 대하여 설명하시오.

2 프레스가공의 종류를 열거하고 설명하시오.

3 전단가공의 종류를 열거하고 설명하시오.

4 전단기구와 전단특성에 대하여 설명하시오.

5 판금을 펀치와 다이스로 전단가공할 경우 가공되는 재료에 어떠한 응력이 작용하는가를 설명하시오.

6 전단가공에서는 클리어런스의 크기가 중요하므로, 이것이 너무 클 때와 너무 작을 때는 어떠한 불편이 있는가를 설명하시오.

7 굽힘가공의 종류를 열거하고 설명하시오.

8 굽힘가공에서 스프링백량을 되도록 적게 하기 위해서는 어떤 점을 유의하면 되는가를 설명하시오.

9 최소굽힘반지름에 영향을 주는 인자를 들고 설명하시오.

10 디프드로잉가공의 종류를 열거하고 설명하시오.

11 압축가공의 종류를 열거하고 설명하시오.

12 판의 성형성 시험의 종류를 들고 설명하시오.

13 프레스를 동력원 및 작동기구에서 분류하시오.

익힘문제

14 프레스의 성능에 대하여 설명하시오.

15 프레스가공에서 사용하는 자동이송장치의 종류를 들고 설명하시오.

16 프레스 금형에 대하여 종류를 열거하고 설명하시오.

memo

Chapter 09

전조가공

Chapter 09

금속가공학

전조가공

제1절 | 전조가공의 개요 및 방법

1 개요

재료를 전동시키면서 성형하는 특수한 가공법을 전조라고 한다. 전조는 재료를 회전시키면서 성형하므로 일반적인 압연에 사용하는 롤을 사용할 뿐만 아니라 평행한 평판상의 다이스나 부채꼴의 다이스가 사용된다.

과거에는 나사나 기어 등을 절삭가공에 의해서 생산되었지만 최근에는 비교적 작은 치수일 때는 전조에 의해서 가공되는 경우가 많다. 전조에 의하면 나사밑 또는 기어의 보스(boss) 등에 사용시 높은 응력을 받는 부분이 가공경화되고 또한 금속조직이 절단되지 않고 치밀한 흐름선이되므로 정적강도, 충격강도, 피로강도 등이 모두 높다. 또 칩(chip)을 내지 않는 관계로 소재도 절약되며 비교적 정밀도가 높은 균일한 제품을 대량 생산하는데 적합하며 기계의 자동화가 쉽다.

2 전조가공의 방법

전조가공은 봉재 또는 관재의 비교적 표면층에서만 변형을 일으키고 평균지름이 거의 변화하지않은 나사, 기어, 핀(fin)의 전조 또는 회전가공(tube spinning)외에 소재의 지름을 축소해서 소재 내부까지 변형이 미치는 볼(ball)의 전조나 헬리컬 롤가공(helical rolling) 등이 있다.

[그림 9-1]에서와 같이 소재에 공구를 밀어붙이기만 하는 나사, 기어의 전조하는 방법 등을 이용하면 여러 가지 모양의 각인을 할 수 있으므로 톱니모양(serration)이나 스플라인(spline)등도 똑같이 가공할 수 있다.

이에 대해 [그림 9-2]의 볼의 전조에서 보는 바와 같이 렐리컬 홈을 가진 2 ~ 3개의 롤 표면에서 소재를 적극적으로 이동시키면서 회전체를 형성하면 재료의 이송이 연속적으로 한 방향에 진행되어 대량 생산할 수 있다.

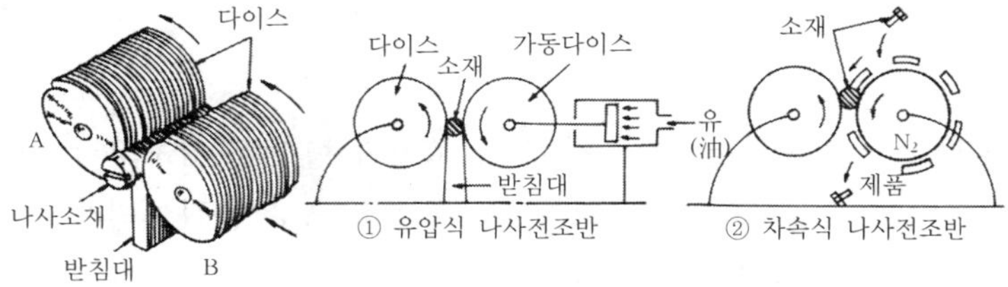

(a) 2개의 공구에 의한 나사전조 (b) 나사전조판의 종류

그림 9-1 나사전조

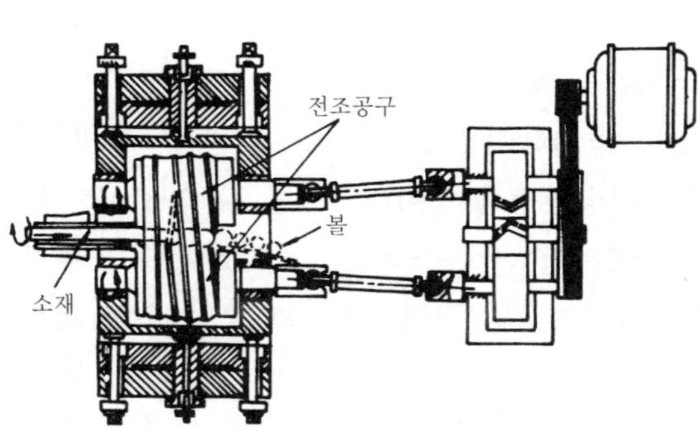

그림 9-2 볼의 전조

이 방법을 이용하면 보통의 나사보다 피치(pitch)가 큰 나사라든가 [그림 9-3]에서와 같이 프로필(profile)이 붙은 부시(bush)와 같은관재(자전거, 자동차 등의 부품)의 전조도 가능하다.

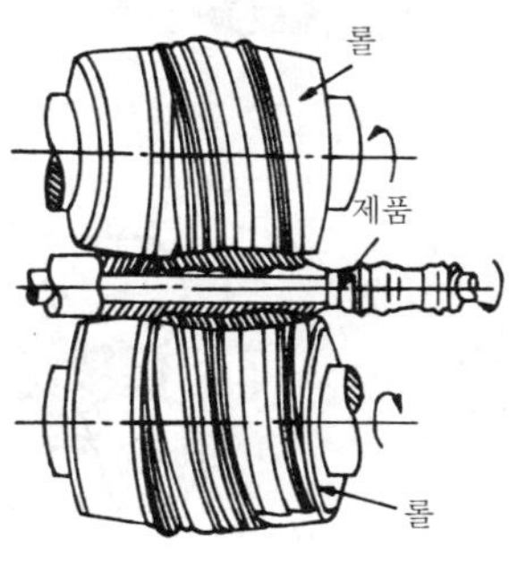

그림 9-3 관재의 전조

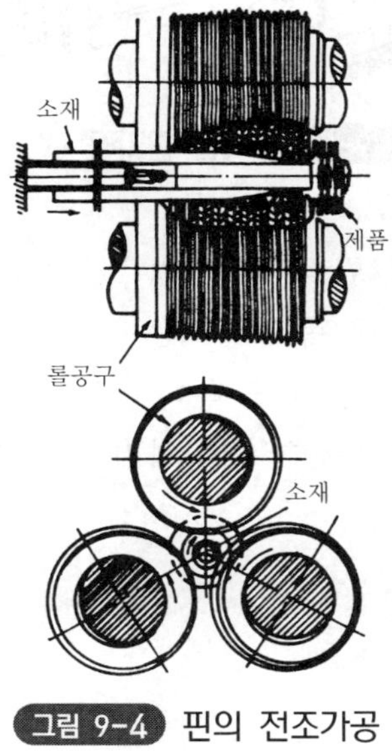

그림 9-4 핀의 전조가공

이 경우에는 소재를 윗부분 롤과 밑부분 롤은 만네스만(Mannesmann) 압연과 같이 경사되어 있다.

[그림 9-4]는 3개의 롤을 사용한 관의 핀(fin)전조이며 나사의 경우보다 위로 밀려 올라오는 것이 크므로 한번에 성형되지 않고 왼쪽에서 오른쪽으로 움직이면서 핀이 완성되어 간다. 이와 같이 해서 전조된 핀을 붙인 관재는 열교환 효율을 갖고 또한 고강도, 치수 정밀도가 우수하며 경량화도 가능하다는 등의 잇점이 있다.

만일에 롤 쪽을 축방향으로 이동시키면 [그림 9-5]와 같은 헬리컬 롤가공이 되는 것이다. 모방장치로서 버섯모양의 원추롤 3개를 조절하면 형판(template)와 똑같은 모양의 단층이 있는 봉재의 단조품을 만들 수 있다.

[그림 9-6]은 관 스피닝(tube spinning)이며, 재료는 관의 축 방향으로 진행하면서 얇아진다. [그림 9-6]의 (a)에서는 전방관 스피닝이며, [그림 9-6]의 (b)는 후방관 스피닝으로 소재의 이동이 서로 다르다. 롤 밑에서만 변형구역이 있으므로 관재의 두께 수출율은 80% 이상 얻을 수 있고, 또 내면이 성형형의 표면처럼 매끈하므로 거울면 정도의 다듬질까지도 할 수 있다.

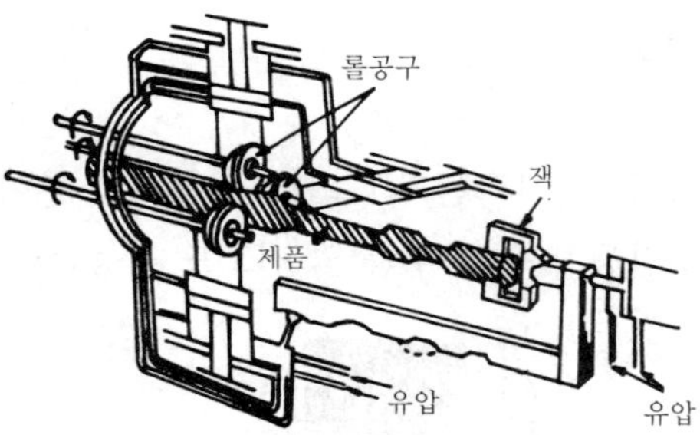

그림 9-5 헬리컬 롤가공

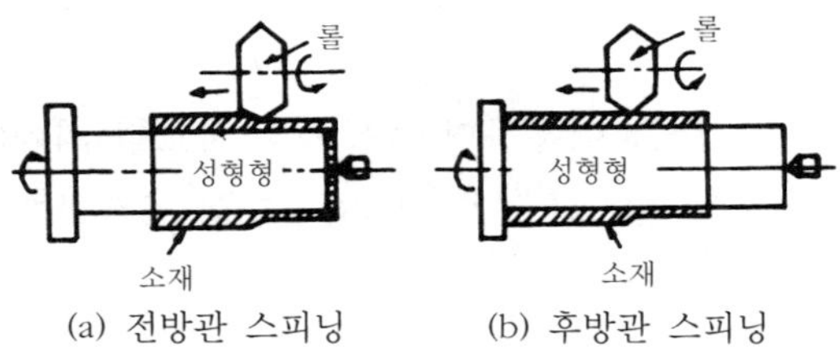

그림 9-6 관스피닝

이 밖에 [그림 9-7]과 같이 대항하는 두 개의 긴 롤의 주위에 점차로 큰 폭으로 되는 형을 붙여서 1회전이 끝날 때 소요의 단층봉을 얻도록 하는 크로스 롤가공(cross rolling)이 개발되어 복잡한 모양까지도 전조가공이 가능하게 되었다.

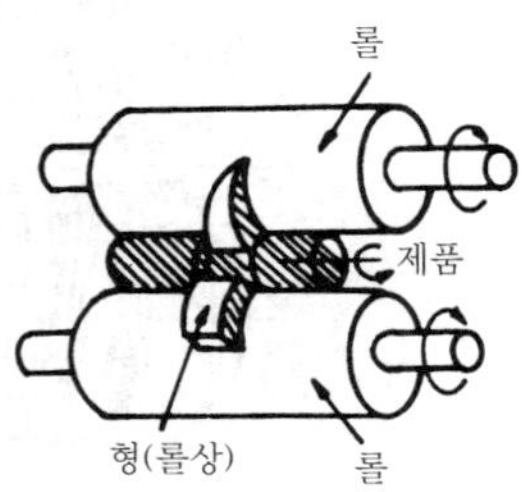

그림 9-7 크로스 롤가공

제2절 | 나사의 전조가공

1 나사의 전조방식

전조 중에서 가장 널리 사용되는 것은 나사의 전조이다. [그림 9-8]은 평형다이스에 의한 나사의 전조를 표시한 것이며, 작은 나사, 볼트 등 범용나사의 대량생산에 이용되고 있다. 한 쌍의 평형단조다이스의 한 쪽을 고정하고 다른 쪽을 왕복운동시켜 1회의 왕복으로써 소재의 나사성형까지 끝나는 형식이 많다.

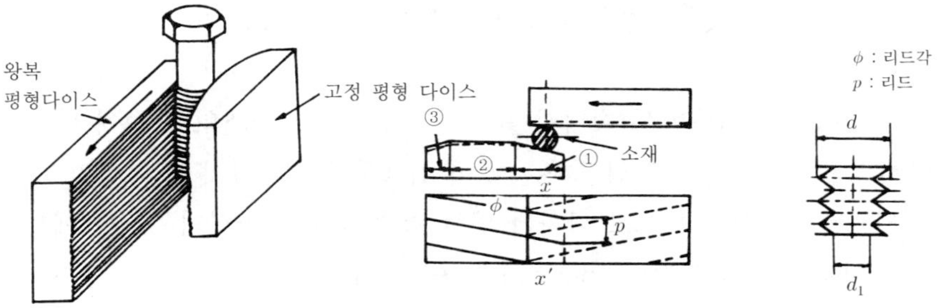

(a) $\tan\phi = \dfrac{p}{\pi \dfrac{d+d_1}{2}}$ (b) (c) $x-x'$ 단면

그림 9-8 평형다이스에 의한 나사전조

이 방식에는 소재가 고정다이스의 도입부 ①에서 진입, 규정치수의 끝 다듬질성형부 ②에서 5~6회 회전하여 정확한 모양, 치수로 전조된 후, ③을 거쳐 배제되므로 자동화에 적합하고 생산능률도 높다. 이에 대하여 [그림 9-9]는 2개의 환형다이스에 의한 전조방식을 나타낸 것이다.

양 다이스의 축은 평행이고 어느 것이나 같은 방향에 같은 속도로 회전하나, 한 쪽의 다이스축은 고정되고 다른 쪽의 다이스 축은 고정 다이스축에 접근하다가 떨어질 수 있으며 받침대(rest)위에 놓인 소재를 가압한다. 가압에는 유압, 캠(cam), 리드 스크루(lead screw)에 의하는 것, 다이스를 편심부시에 끼워서 가압하는 여러 가지의 방식이 있다.

만약에 한 쌍의 원형 전조다이스를 동일 방향에 다른 속도로 회전시켜 소재를 두 다이스의 주 속도차의 1/2의 속도로 접선방향으로 보내는 방식을 취하면 두 다이스의 최협부 통과시에 전조할 수 있게 될 것이다. 이것을 차속식 나사전조반이라고 한다.

두 원형다이스의 한쪽 또는 양쪽 축에 편심부시를 끼워 다이스의 접근을 주기적으로 진행시키는 방식을 공구편심식 나사전조반이라고 한다.

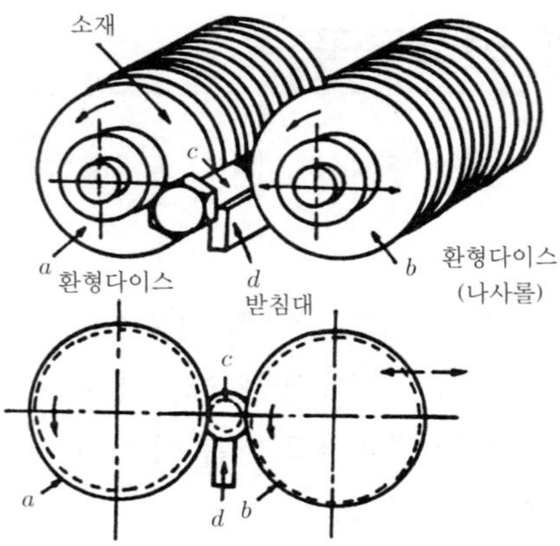

그림 9-9 환형다이스에 의한 나사전조

유성식(planetary) 나사전조반은 속나사를 가진 전조다이스 2개의 안쪽에 바깥나사를 가진 4개의 다이스를 가진 원판이 회전하는 것이며, 1회전 마다 8개의 나사가 전조된다.

자동선반, 터릿(turret)선반 등으로 나사가 있는 특수 부품을 양산하는 경우에는 나사전조 장치를 칼날대 위에 장치하고 널링(knurling)과 동일하게 단조할 수 있다. 2환형 다이스식에서는 전조압력이 선반주축에 걸려 휨으로써 제품 정밀도가 떨어진다.

2환형 다이스로서 소재의 축에 직각으로 보내면 두 다이스의 전조압력은 균형을 잡으므로 선반주축에는 큰 힘이 걸리지 않아 정밀도가 상승한다.

다이헤드(die head)와 동일한 사용법의 나사전조헤드도 있다. 3환형 다이스식이 많으며 하쪽에 지지되는 소재의 끝에서부터 물려서 필요한 길이의 전조가 끝나면 다이스의 중심거리를 열어서 제품을 꺼낸다. 전조헤드를 고정하고 소재를 회전시키는 것과 소재를 고정시켜 헤드를 회전하는 것도 있다.

전조할 수 있는 나사지름은 2환형 다이스식 공구에서 약 $\frac{1}{2}''$, 1환형 공구에서는 $\frac{3}{4}''$, 전조헤드에서는 2″ 정도이다. 이상의 각종 전조방식을 종합하여 〈표 9-1〉에 표시하였다.

표 9-1 나사전조방식의 분류

다이스의모양 / 기계의구분 / 다이스의 수	환형		평형	특수형
	나사전조장치	나사전조반		
1	i) 1환형 다이스식 공구 	–	–	–
2	ii) 2환형 다이스식 공구 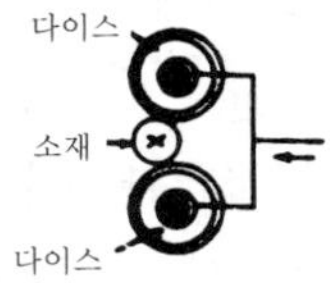	iv) 2환형 다이스압착식  v) 연속식 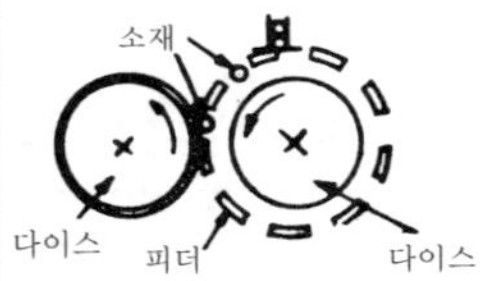	vii) 평형다이스식 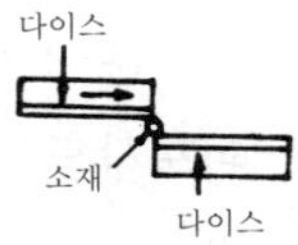	viii) 공구편심식 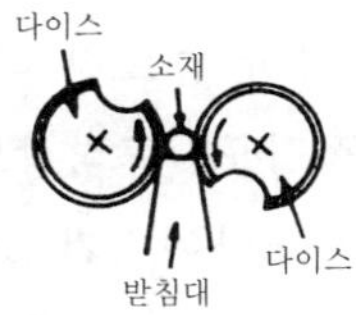
3	iii) 3환형 다이스식 헤드 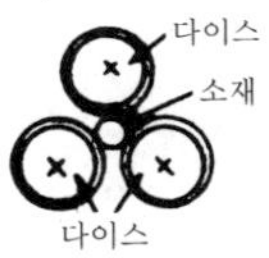	vi) 3환형 다이스 압착식 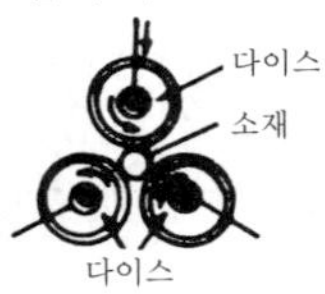	–	–
다수	–	–	–	ix) 유성식 

범례 : ×은 고정축, ●은 이동축을 표시

2 나사의 전조기구

전조에 의한 나사산의 성형은 연속적으로 이루어지는 것이 아니고 다이스를 2개 사용할 때에는 소재가 반 회전할 때마다 다이스가 돌아와서 조금씩 골바닥을 누르는 동시에 나사산을 부풀게하여 이것을 몇 번 반복하면서 완성한다.

[그림 9-10]은 풀림한 강재를 소재로 해서 유압식 나사 전조기로 나사를 성형하고, 이것을 절단하여 경도의 분포를 나타낸 것이다. 나사의 축심부에서 반지름 2mm정도까지는 거의 경화하지 않고 나사산의 부근, 즉 골바닥에서 깊이 1.5mm정도까지의 범위 내에서 소성변형이 이루어져서 그 부분에 가공경화를 볼 수 있다. 나사산 중에서도 나사의 표면 특히 골바닥에 있어서 경화가 심하며, 비커스경도로 소재경도의 2배이상의 값까지 도달하고 있다. 이와 같이 전조나사는 강도상 가장 중요한 나사바닥이 큰 소성변형을 받아서 경화하고 또 미세한 결정조직이 되므로 정적강도, 충격강도 및 피로강도 등이 모두 향상되고 있다.

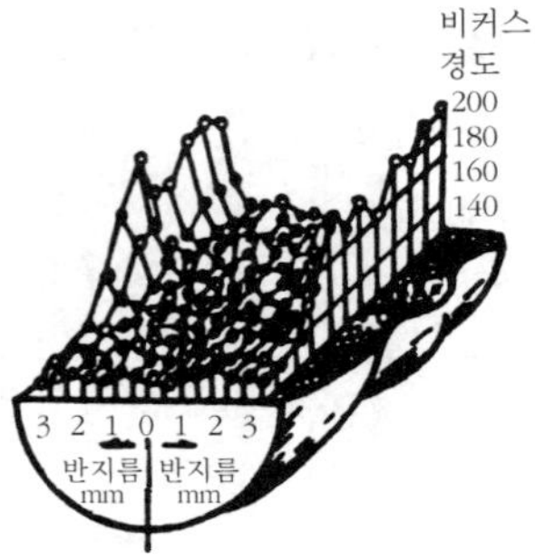

그림 9-10 단조나사 각부의 경도

전조다이스가 소재에 미치는 압력을 전조압력이라고 한다. 지금 2환형다이스로 나사전조를 행할 경우 소재가 다이스와 임의의 접촉행정에 있다고 생각할 때 [그림 9-11]에 표시하는 바와 같이 접촉면적 A는

$$A = \ell \cdot b \quad \cdots\cdots (9\text{-}1)$$

로 표시된다. 단. ℓ은 소재와 전조다이스와의 접촉 길이($\ell = \ell_1 + \ell_2 + \ell_3 + \cdots$)이며 그림에 표시하는 바와 같이 축선에서 투영거리를 취하고, b는 접촉폭(다이스가 소재에 물린 깊이)이다. 여기서 전조 압력 P는 접촉면적 A에 비례한다고 한다면

$$P = K\ell b \quad \cdots\cdots (9\text{-}2)$$

로 놓을 수 있다. 단, 비례계수 K는 주로 재료에 의거한 것이며, 일종의 변형저항으로 볼 수 있다. 대표적인 재료의 변형저항 K의 실험값을 〈표 9-2〉에 표시한 것이다.

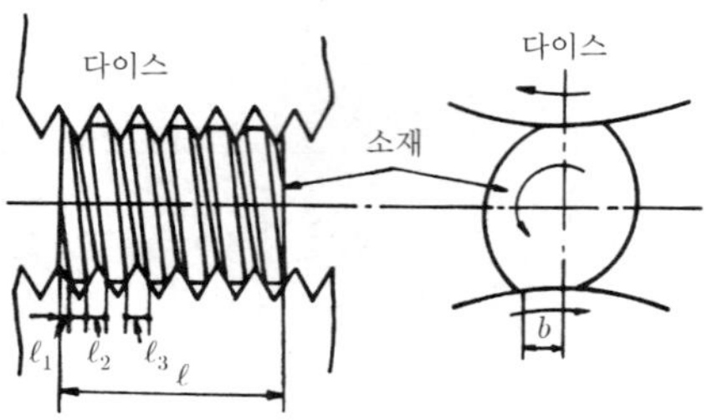

그림 9-11 소재와 전조다이스의 접촉

표 9-2 나사전조에 있어서의 변형저항 K의 값

재료	처리	비커스 경 도	변형저항 (kg_f/mm^2)	재료	처리	비커스 경 도	변형저항 (kg_f/mm^2)
NiCr 강	조질	320	720	35C 강	조질	225	470
〃	풀림	275	540	〃	불림	175	410
Mo	조질	325	700	〃	인발	260	480
〃	풀림	190	440	〃	풀림	160	380
SKS3	풀림	240	610	17C 강	인발	225	400
55C강	조질	250	660	〃	풀림	155	350
〃	불질	215	560	08C 강	인발	220	330
〃	풀림	185	510	〃	풀림	110	300
				황동	인발	150	360

3 나사전조 작업의 유의점

전조나사에 사용하는 소재에는 연강, 반경강, Ni-Cr강, Cr-Mo강 등 외에 황동, 경합금 등 대부분의 연성 재료가 사용된다. 그러나 마그네슘을 함유한 경합금에서는 나사부의 조직에 입계파괴가 생겨서 제품의 강도를 저하하는 것이 많다. 또한 경질재료에서는 다이스의 수명을 저하시키므로 로크웰경도(HRC) 33이하 정도로 풀림해 둘 필요가 있다.

소재의 전조성(rollability)은 변형저항, 나사산의 부풀음법 및 전조나사 표면의 평활도 등에 따라서 정해진다. 변형저항은 전조성에 영향을 주는 가장 중요한 요소이며 이것이 전조 압력, 접선력(소재를 전동시킬 수 있게 그 외주에 미치는 힘) 및 다이스의 수명을 결정한다. 전조나사에서는 재료가 다이스의 나사면을 따라서 흐르므로 그 부분의 흐름조직은 나사표면을 따라서 이어지는 섬유상의 것이 된다. 그러나 절삭가공한 나사에서는 인발재의 축방향의 섬유조직을 공구로 절단하게 된다.

[그림 9-12]는 절삭나사와 전조나사의 차이를 나타낸 것이다.

또 나사산의 부풀음법은 일반적으로 [그림 9-13]의 (a)에 표시한 바와 같이 균일하게 부풀어 오르는 것이 좋고 [그림 9-13]의 (b)와 같은 단계로 변형이 진행하면 나사산의 꼭지부에

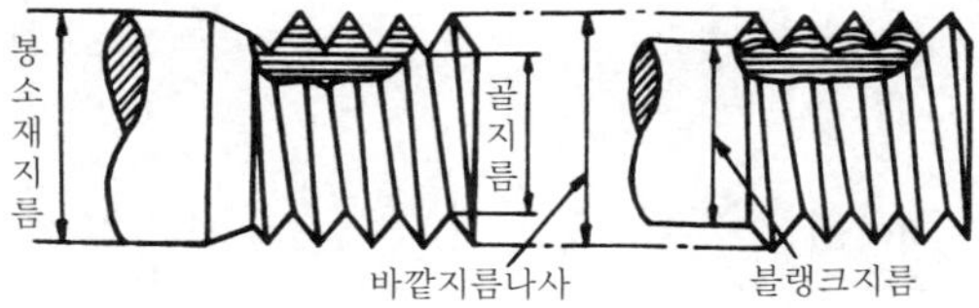

(a) 절삭나사 (b) 전조나사

그림 9-12 절삭과 전조의 비교

절삭자국 ④가 생기기 쉽다. 절삭자국은 재질이나 전조 조건에도 따르지만 환형 다이스식과 같이 언더컷 속도가 작을 때 생기기 쉽다.

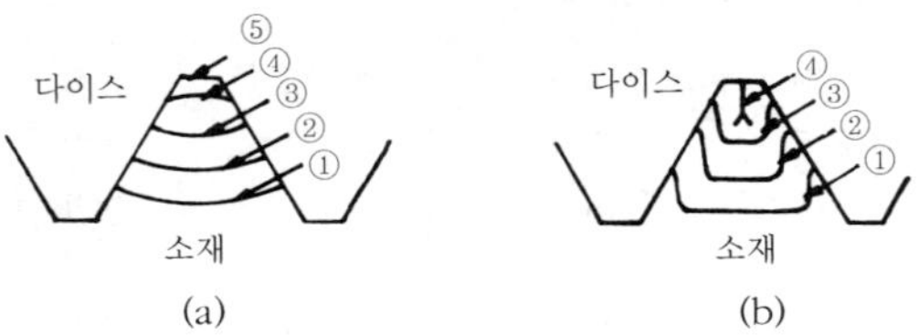

그림 9-13 나사산의 부풀음의 상태

제3절 | 기어의 전조가공

기어의 전조(gear rolling)는 [그림 9-14]에 나타난 바와 같이 기어소재 또는 전조 공구의 어느 한쪽, 또는 양쪽에 강제로 회전하면서 전조공구를 소재에 밀어 붙여 소재외 주의 재료에 소성변형을 일으켜서 부풀게 한다. 부풀게 된 재료는 공구와 소재의 상호회전 사이에 일어나는 성형운동에 의해서 기어형으로 다듬질된다.

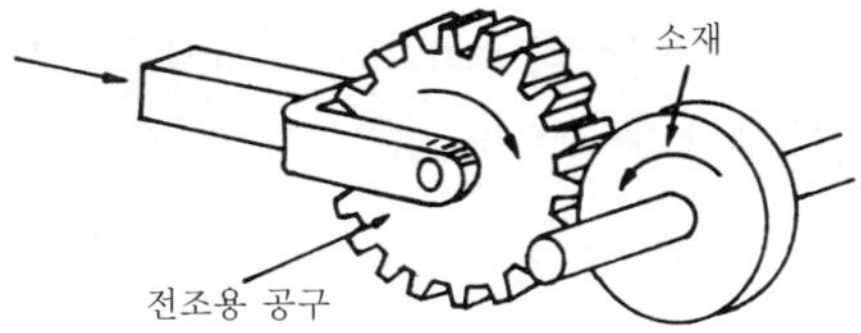

그림 9-14 기어의 전조

헬리컬기어의 전조는 나사전조일 때의 리드각 이 90° 에 가깝고 다종나사의 축 길이가 비교적 짧은 경우 스퍼기어는 리드각이 90° 일 때에 상당하므로 전조 방법이 나사의 경우와 비슷하다. 그러나 나사전조일 때에는 만들어내는 나사산이 전조공구에 의해서 둘러 쌓인데 비해 기어의 전조에서는 리드각이 큰 관계로 성형되는 기어형의 특정한 곳만이 공구와 접촉하여 불연속적인 접촉이 된다. 그래서 기어의 전조는 나사의 전조에 비해서 재료의 흐름이 불균일하게 되기 쉽기 때문에 기어형의 성형에 곤란한 점이 있다.

1 기어의 전조방식

기어의 전조법은 2개의 기어를 맞물림을 이용하여 전조공구와 기어소재 사이에서 행하여 지는 성형운동에 의해서 기어형으로 다듬질한다. 따라서 전조법에는 [그림 9-15]와 같이 4종류의 방식이 있다.

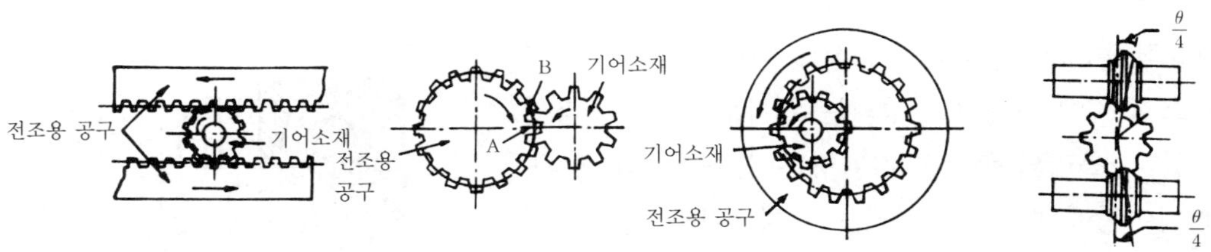

그림 9-15 기어의 전조방식

가. 랙(rack)형 공구에 의한 방식

서로 평행하게 대향한 1조의 랙을 전조공구로 하여 이것에 왕복운동을 부여하면서 소재에 압력을 가한다. 소재는 [그림 9-15]의 (a)와 같이 양 공구 사이에서 전동하면서 소성변형을 일으켜 랙형공구와 맞물리는 피니언이 전조된다. 이 방법은 스플라인축(spline shaft)이나 세레이션축(serration shaft)과 같은 작은 제품을 제작할 때에 편리하다. 그러나 지름이 큰 기어링 때에는 랙 공구가 길어져서 공작이 힘들게 된다. 그와 동시에 랙형 공구가 왕복운동하는 행정도 길어지므로 전조장치가 대형이 된다.

나. 피니언(pinion)형 공구에 의한 방식

피니언기어와의 맞물림에 의해서 기어형을 전조하는 방식이다. 피니언형 공구는 보통 사용되고 있는 기어와 같은 형상이며 따라서 그 공작은 용이하다. 또한 취급도 용이하므로 기어의 전조에서는 비교적 많이 사용된다. [그림 9-15의 (b) 참조]

다. 내기어형 공구에 의한 방식

내기어와 피니언의 맞물림을 이용하는 것이며 내기어형 공구에 의해서 외기어를 전조하는데 사용된다. 내기어형 공구에 의하면 공구의 언더컷이 용이하며 재료의 부풀음도 양호하다. 또 공구와 소재와의 접촉부분이 피니언형 공구에 의할 때보다도 크고 공구의 기어형과 전조기어형 사이의 큼새가 작아지므로 기어형의 성형이 좋고 정밀도가 높은 기어가 얻어진다. 전조법으로서는 우수한 방법이지만 내기어형 공구가 크며 이것을 정밀도가 좋게 만드는데는 난점이 있다. [그림 9-15의 (c) 참조]

라. 성형 공구에 의한 방식

[그림 9-16]은 성형 전조방식의 원리를 나타낸 것으로 소재 ④에 대해서 대칭되는 위치로 2개의 롤러 ①이 있다. 롤러의 축단면 기어형은 전조기어의 직각단면 기어형에 대응해서 만들어진다. 이와 같은 롤은 각각 로터라고 불리는 원판 ②의 외주부에 자유로이 회전할 수 있게 부착되어 있다. 로터는 롤헤드 ③에 지지되어 전동기에 의해서 구동된다. 2개의 로터는 각각 롤러가 동시에 소재에 가공을 시작할 수 있도록

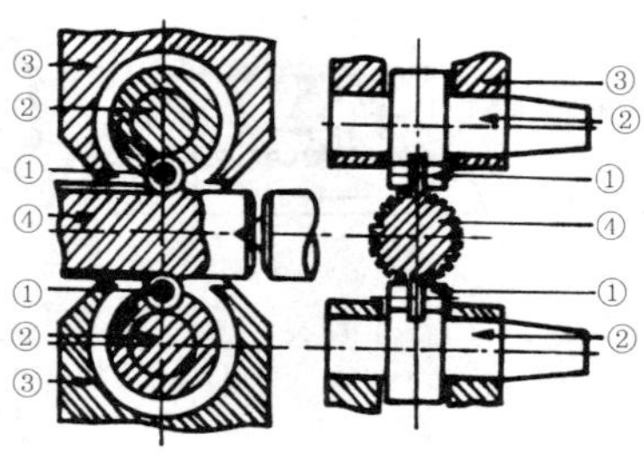

그림 9-16 성형전조의 원리

하고 동시에 언더컷이 끝날 수 있게 상당한 회전속도로 반대방향의 회전이 부여된다. 롤러가 소재를 가공하는 동안은 소재가 회전을 정지하여 롤러가 공전하고 있을 때에 소재가 1피치(분당)씩 회전할 수 있도록 로터와 소재는 기어분할 변환기어 및 간헐분할 기구에 의해서 연결되어 있다. 로터와 소재를 회전하면서 소재에 축방향의 이송을 부여하게 되면 롤러가 소재를 가공할 때마다 전조가공이 이루어져서 재료 외주의 축을 따라서 점차로 기어가 성형되어 진다.

성형공구를 사용하는 전조법은 전조가공시에 재료의 유동이 양호하며 롤러에 무리한 힘이 작용하지 않는다. 따라서 롤러의 수명이 길고 가공 정밀도가 높다. 특히 다른 전조법에서 비교적 가공이 곤란한 스퍼기어나 축방향으로 긴 스플라인축 등을 전조할 때에는 가장 좋은 성형전조법이다.

2 기어전조용 소재

기어의 전조는 소성변형에 의해서 기어를 성형하는 가공법이므로 사용소재에는 전조하기 쉬운 재료와 전조하기 곤란한 재료가 있다. 일반적으로 항복응력, 가공경화성 및 내부마찰이 모두 작고 연신율이 큰 재료는 전조성이 양호하다. 실제로는 0.4%C 까지의 탄소강이나 합금강 또는 표면경화강 등이며 그 경도는 HB 200 ~ 230 이하인 것이 사용되고 있다. 쾌삭강이나 황동 등은 절삭성은 양호하나 전조가공에 사용하면 기어면에 박리현상 및 평활한 면을 얻을 수 없다.

3 기어전조용 공구

전조공구는 전조가공시에 큰 압축력과 굽힘모멘트를 받는다. 또 기어형의 표면은 회전에 의해서 생기는 슬립으로 인해 마찰력을 받는다. 이와 같은 작용에 견딜 수 있게 하기 위해 공구의 재료는 인성이 크며 내마모성도 큰 것이 요구된다.

현재 사용되고 있는 공구의 재료는 고 탄소-고 크롬의 다이스강이나 고속도강이 주가 된다. 이와 같은 재료를 열처리 할 때에는 담금질 후, 뜨임을 충분히 하여 경도를 낮게 하고 인성을 증가시켜야 한다. 전조공구로써 적당한 경도는 HRC 58 ~ 60 정도이다.

익힘문제

1 전조의 개요와 그 특징을 쓰시오.

2 나사전조법의 종류를 들고 설명하시오.

3 나사의 전조기구에 대하여 설명하시오.

4 수나사를 전조로 만들 때의 장점을 쓰시오.

5 나사전조에서 나사산이 성형되는 기구를 설명하시오.

6 기어전조법의 종류를 들고 설명하시오.

7 기어용소재에 대하여 설명하시오.

8 기어전조용 공구에 대하여 설명하시오.

Chapter 10

용 접

Chapter 10

금속가공학

용 접

제1절 | 용접의 개요 및 종류

1 용접의 개요

용접이란 접합하고자 하는 두 물질을 어떠한 방법인 가에 의하여 가열 용융시켜 외력을 가하거나 또는 가하지 않고 한 덩어리로 뭉치게하는 방법을 말하며, 때에 따라서는 접합하고자 하는 두 재료에 열을 가하지 않고 접근시킨 후, 그 사이에 제3의 물질을 녹여서 흘려 넣어 한 덩어리로 뭉치게 하는 방법까지도 넓은 의미의 용접에 포함시키고 있다.

일반적으로 용접에 사용되는 물질(재료)은 금속이라 하겠으나 최근의 용접은 플라스틱(plastic), 세라믹(ceramic) 등의 비금속 재료에 이르기까지 광범위하다.

또한, 용접법은 야금적 접합법이라고도 하며 야금적 접합은 금속과 금속을 충분히 접근시켰을 때 생기는 원자와 원자 사이의 인력으로 접합되는 것으로 이들 사이에는 뉴톤(newton)의 만유인력의 법칙에 따라서 금속원자들 사이의 인력에 의해 두 금속은 굳게 결합된다. 이 때에 원자들을 어느 정도 가까이 하여야 인력이 작용되는가 하면 1cm의 1억분의 1정도(1Å = 10^{-8}cm)의 거리이다. 이렇게 이룩된 결합을 넓은 의미에서 용접이라 한다. 그러나, 실제로 두 금속을 충분히 가까이 하여도 결합되지 않는 이유는 첫째, 금속 표면에 매우 얇은 산화막이 덮혀 있어서 금속의 원자들이 완전하게 접촉되지 못하며 둘째, 금속 표면이 평활하게 보이지만 실제로는 초현미경으로 확대하여 보면 요철이 있어서 그대로는 넓은 면적의 금속이 원자 사이의 인력으로 결합되기 어렵기 때문이다.

그러므로, 용접의 목적을 달성하기 위해서는 첫째, 금속의 산화막을 제거하고 산화되는 것을 방지해야 하며 둘째, 금속을 녹여 표면 원자를 서로 충분히 접근시켜야 한다.

일반적으로 용접에서는 금속 결합부를 가열하여 소성변형이나 용융상태로 만들어, 가스나 슬래그(slag)로 가열부를 보호하면서 금속 원자간의 인력작용을 돕는다.

2 용접법의 종류

금속 및 비금속을 접합하는 방법에는 기계적 접합법(mechanical jointing)과 용접법(welding) 즉, 야금적 접합법의 두 종류가 있다. 용접법은 그 접합하는 방법에 따라서 〈표 10-1〉에서 보는 바와 같이 용접법(fusion welding), 압접법(pressure welding), 단접법(forge welding), 납접법(soldering welding)의 네 종류로 크게 나눌 수 있다.

표 10-1 용접법의 분류

- 용접법
  - 용접
    - 아크 용접
      - 소모
        - 비피복 아크
          - 비피복 금속 아크 용접
          - 스터드 용접
        - 피복(실드) 아크
          - 실드스터드 용접
          - 피복 금속 아크 용접
          - 서브머지드 아크 용접
          - 불활성 가스 아크 용접(MIG)
          - 탄산가스 아크 용접
      - 비소모
        - 비피복 아크
          - 탄소 아크 용접
        - 피복(실드) 아크
          - 불활성 가스 아크 용접(TIG)
          - 원자 수소 용접
    - 가스 용접
      - 산소 수소 용접
      - 산소 아세틸렌 용접
      - 공기 아세틸렌 용접
    - 테르밋 용접
      - 용융 테르밋 용접
      - 가압 테르밋 용접
    - 일렉트로 슬래그 용접
    - 일렉트로 가스 용접
    - 전자 빔 용접
    - 플라스마 젯트 용접
  - 압접
    - 비가열
      - 냉간 압접
      - 초음파 용접
      - 마찰 용접
    - 가열
      - 압접
        - 가스 압접
        - 유도 가열 압접
      - 저항 용접
        - 겹치기
          - 스폿 용접
          - 심 용접
          - 프로젝션 용접
        - 맞대기
          - 플래시 버트 용접
          - 엡셋 버트 용접
          - 충격 용접
      - 단접
        - 해머 용접
        - 다이 용접
  - 납접
    - 연납
    - 경납
      - 노내 납땜
      - 가스 납땜
      - 저항 납땜
      - 담금 납땜

제2절 | 가스 용접(gas welding)

가스 용접(gas welding)은 가연성 가스와 산소로 연소열을 발생시켜 금속을 용접하는 방법으로, 가장 많이 쓰이는 것이 산소-아세틸렌 가스 용접(oxy-acetylene gas welding)이며, 얇은 연강판, 두께가 얇은 파이프, 비철 금속 및 융점이 낮은 금속을 용접하는 데 적합하다. [그림 10-1]과 같이, 산소와 아세틸렌 가스와의 혼합 가스를 토치의 노즐에서 분출, 연소시켜서 고온(약 3000℃)의 가스 불꽃으로 모재와 용접봉을 녹여 용접을 한다.

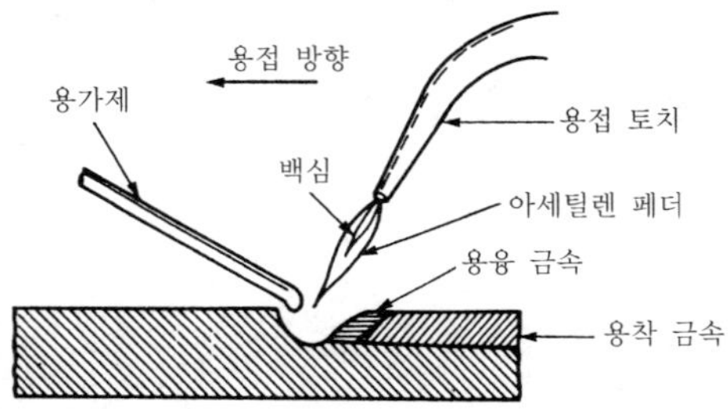

그림 10-1 산소-아세틸렌 가스 용접

1 용접용 가스

가스 용접에 사용되는 가연성 가스는 연소시 불꽃의 온도가 높고, 발열량이 크며, 용융 금속과 화학 반응을 일으키지 않는 성질을 가져야 한다. 이런 성질을 만족하는 것은 아세틸렌(C_2H_2)과 수소(H_2)이고, 그 중에서도 아세틸렌 가스가 가장 우수하기 때문에 용접용 가스로 널리 사용된다. 그러나 가스 절단이나 납땜 등에는 프로판, 부탄, 천연 가스, 도시 가스 등도 사용된다.

가. 아세틸렌

아세틸렌 가스는 수소와 탄소가 화합된 매우 불안정한 기체이고, 연소가 잘 된다. 보통 아세틸렌 가스는 불순물이 포함되어 있기 때문에 매우 불쾌한 악취가 발생하나, 순수한 것은 향기가 난다. 아세틸렌 가스의 비중은 0.905이고, 1L의 무게는 1기압 15℃에서 1.176g이며, 산소나 공기보다 가볍다.

아세틸렌 가스는 폭발 위험성이 매우 높으므로, 항상 주의를 해야 한다. 〈표 10-2〉는 공기 중에서의 가연성 가스의 발화점과 폭발 범위를 나타낸다.

용해 아세틸렌은 발생기에서 발생된 아세틸렌 가스를 청정기를 통하여 화학적인 불순물을 제거하고, 건조기를 통하여 수분을 제거한 다음, 25기압 이하의 압력으로 압축하여 철제 용기 속의 아세톤에 용해시킨다. 이 충전된 압력은 15℃에서 15.5kgf/cm^2 이하로 규정한다.

표 10-2 공기 중에서의 가연성 가스의 발화점과 폭발 범위

가스의 종류	대기압에서의 발화 온도(℃)	폭발 범위(용량%)
아세틸렌	305	2.5 ~ 100
수소	400	4.0 ~ 75
프로판	450	2.2 ~ 9.5
부탄	405	1.9 ~ 8.5
에틸렌	490	3.1 ~ 32

나. 산소

산소는 공기와 물의 주성분으로 지구상에 광범위하게 존재한다.

산소의 성질은 무색, 무취, 무미이고, 비중은 1.105이므로, 공기보다 약간 무겁다. 산소 자체는 타지 않고 다른 물질의 연소를 돕는 힘이 강한 조연성 기체이다. 이와 같은 성질을 이용하여 아세틸렌과 혼합하여 연소시켜 용접이나 가스 절단에 널리 사용하고 있다.

2 산소-아세틸렌 불꽃

가. 불꽃의 구성

산소와 아세틸렌을 1 : 1로 혼합하여 연소시키면 그로부터 생성되는 불꽃은 [그림 10-2]와 같이 다음의 세 부분으로 구성된다.

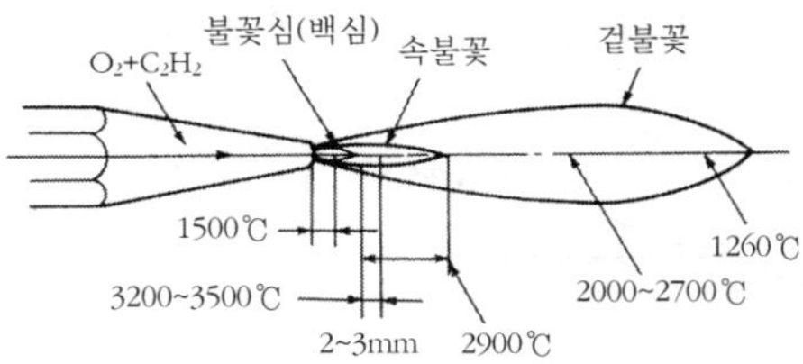

그림 10-2 산소-아세틸렌 불꽃의 구성

(1) 불꽃심(백심, flame core)

이 부분은 팁에서 나오는 혼합 가스가 연소 화합하여 일산화탄소 2분자, 수소 1분자를 형성하며, 환원성의 백색 불꽃이다.

$$C_2H_2+O_2 = 2CO+H_2+107.7(kcal)$$

(2) 속불꽃(내염, inner flame)

속불꽃은 백심 부분에서 생성된 일산화탄소와 수소가 공기 중의 산소와 결합 연소되어 고열(3200 ~ 3500℃)을 발생하는 부분으로 무색에 가깝고 약간의 환원성을 띠게 된다. 따라서, 열은 이 부분에서 주로 공급되며, 속불꽃으로 용접하면 용접부의 산화를 방지할 수 있다.

(3) 겉불꽃(외염, outer flame)

이 불꽃은 연소 가스가 다시 주위 공기의 산소와 결합하여 완전 연소되는 부분으로 불꽃의 가장자리를 이루며, 약 2000℃의 열을 내게 된다.

나. 불꽃의 성질

(1) 탄화 불꽃(carbonizing flame)

토치에서 아세틸렌만을 분출시키면서 점화하면, [그림 10-3]의 (a)와 같이 아세틸렌 과잉으로 적황색의 불꽃이 생기며, 산소량이 적어 불꽃 끝에서 연기가 난다. 이것에 산소를 공급시키면 [그림 10-3]의 (b)와 같이 불꽃의 매연은 없어지고, 불꽃은 푸르스름하게 되어 가며, 백심의 끝에 아세틸렌 불꽃이 생긴다. 이 불꽃을 탄화 불꽃이라 한다.

이 탄화 불꽃은 산화 작용이 일어나지 않기 때문에, 산화를 방지할 필요가 있는 스테인리스강, 니켈강, 모넬 메탈 등의 용접에 이용되며, 금속 표면에 침탄 작용을 일으키기 쉽다.

(2) 중성 불꽃(neutral flame)

다시 산소를 더 많이 공급하면 [그림 10-3]의 (c)와 같이 백색만이 남을 때의 불꽃을 중성 불꽃이라 하며, 불꽃의 끝은 투명한 청색을 띠고 있다.

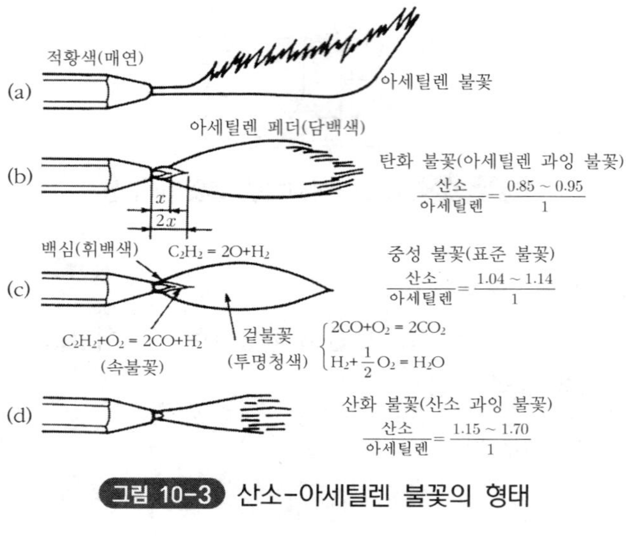

그림 10-3 산소-아세틸렌 불꽃의 형태

이 불꽃은 용접에 미치는 불꽃의 화학적 영향이 중성이기 때문에 중성 불꽃이라 하며, 용접에 가장 적합하므로 표준 불꽃이라 한다. 산소와 아세틸렌의 혼합 비율이 1 : 1이지만, 아세틸렌에 불순물이 있기 때문에 실제로는 1.1 ~ 1.2 : 1의 비율로 혼합된다.

이 불꽃은 [그림 10-2]와 같이 백심에서 약간 떨어진 곳(약 2 ~ 3mm)이 가장 온도가 높으므로, 이 부분으로 모재를 가열하여 용접하는 것이 좋다.

(3) 산화 불꽃(oxidizing flame)

산소를 더 많이 공급하면 [그림 10-3]의 (d)와 같이 백심이 짧게 되고, 속불꽃이 없어져 백심과 겉불꽃만이 남게 된다. 이 불꽃을 산화 불꽃이라 한다.

이 불꽃은 산소의 양이 아세틸렌보다 많기 때문에, 금속을 산화시키는 성질이 있으므로 구리, 황동 용접에 이용된다. 이 불꽃은 산소의 공급량이 많을수록 온도가 높다.

3 가스 용접 장치

산소-아세틸렌 용접 장치(oxy-acetylene welding outfit)는 [그림 10-4]와 같이 산소-아세틸렌 가스 용접을 할 때에 필요한 용접 장치로, 용해 아세틸렌 용기(또는 아세틸렌 발생기), 산소 용기 및 가스관, 용접할 때에 불꽃을 분출하는 토치 등이다.

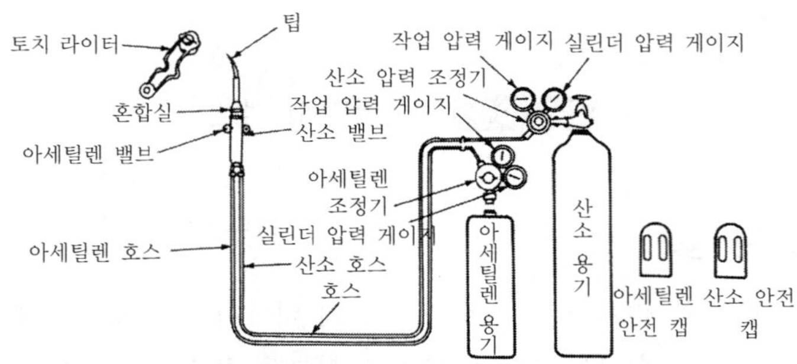

그림 10-4 산소-아세틸렌 용접 장치

가. 산소 용기

산소는 원통형의 산소 용기(oxygen cylinder)에 35℃에서 150kg$_f$/cm^{2}로 충전되어 있다. 산소 용기는 [그림 10-5]의 (a)와 같이 본체, 밸브, 캡의 세 부분으로 되어 있다.

표 10-3 산소 용기의 크기

호 칭(L)	내용적(L)	바깥 지름(mm)	안지름(mm)	높이(mm)	중량(kg_f)
5000	33.7	205	187	1,825	61
6000	40.7	235	216.5	1,230	71
7000	46.7	235	218.5	1,400	74.5

산소 용기의 크기는 〈표 10-3〉과 같으며, 가장 많이 사용되는 것은 내용적 33.7L, 산소 용기 호칭 5000L(33.7×150 = 5055L)의 것이다.

산소 출구에는 산소 압력 조정기를 연결하는 나사부가 있고, 산소 용기 밸브를 운반 중에 보호하기 위하여 안전 캡(safety cap)을 씌운다.

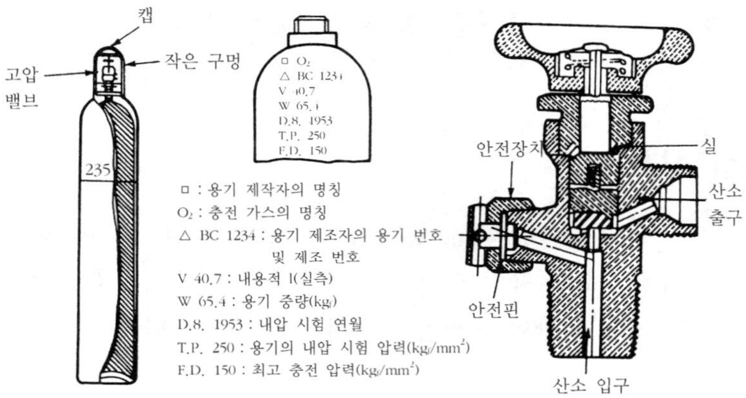

(a) 산소 용기 (b) 밸브

그림 10-5 산소 용기와 밸브

나. 용해 아세틸렌 용기

용해 아세틸렌은 산소와 같이 고압 가스 단속법에 의하여 그 제조, 판매, 저장, 취급 등이 엄격히 규정되어 있다. 아세틸렌 용기 속에는 아세톤을 흡수하는 목탄 또는 규조토 등과 같은 다공성 물질이 충전되어 있고, 아세톤에 아세틸렌 가스를 용해하였다.

[그림 10-6]의 (a)는 용해 아세틸렌 용기의 외관과 절단면을 나타낸 것으로서, 외관은 황색으로 칠해져 있다. 그림 (b)는 아세틸렌 용기의 밸브를 나타낸 것이다.

용해 아세틸렌 용기의 크기는 15, 30, 50L 등이 있으며, 보통 30L의 것이 사용된다. 30L의 용기에는 보통 $5kg_f$의 아세틸렌이 용해되어 있으므로, 가스의 용량은 약 4500L이다.

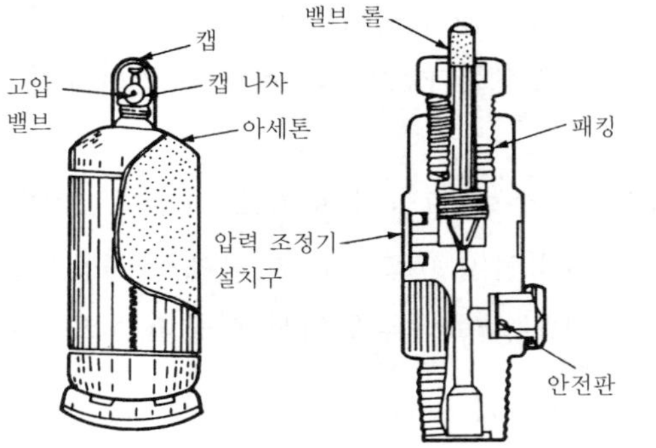

(a) 아세틸렌 용기 (b) 밸브

그림 10-6 아세틸렌 용기와 밸브

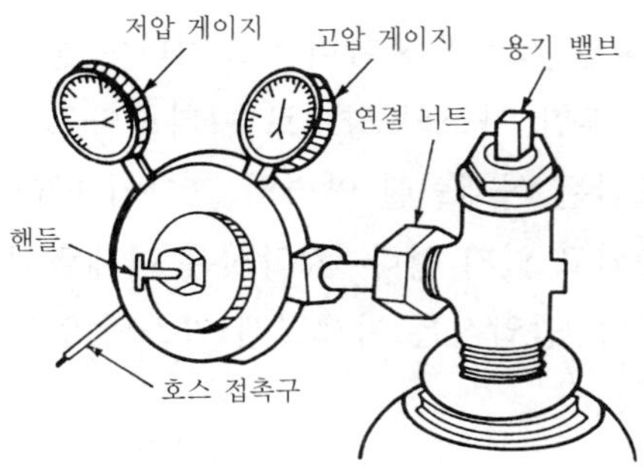

그림 10-7 압력 조정기의 설치 상태

다. 압력 조정기

산소 용기나 아세틸렌 용기 내의 압력은 고압이므로, 용접할 때에는 작업에 필요한 압력으로 감압시켜야 사용할 수 있다. 보통 작업에서 산소 용기의 압력이 35℃에서 150kg$_f$/cm^{2}이므로 이 압력을 3 ~ 4kg$_f$/cm^{2}이하, 아세틸렌의 압력을 0.1 ~ 0.3kg$_f$/cm^{2}의 정도로 감압한다.

이와 같이, 높은 압력의 가스를 임의의 압력으로 감압하고, 용기 내의 압력 변화에 따라 조정 압력을 일정하게 유지하여, 필요한 양의 가스를 공급하는 역할을 하는 것이 압력 조정기(pressure regulator)이다.

압력 조정기는 용기의 내압을 재는 고압 게이지와 용접에 필요한 압력으로 감압한 압력을 재는 저압 게이지가 있으며, [그림 10-7]은 압력 조정기가 설치된 상태를 나타낸다.

라. 가스관

가스관은 산소 또는 아세틸렌 용기나 발생기에서 토치까지 가스를 보내는 데 사용되는 파이프나 고무 호스를 말한다.

산소용 고무 호스의 인장 강도는 아세틸렌용 고무 호스의 약 10배가 되며, 호스를 색으로 구별하기 위하여 산소용은 흑색 또는 녹색, 아세틸렌용은 적색으로 표시한다.

마. 용접 토치

산소 용기 및 아세틸렌 용기(또는 아세틸렌 발생기)에서 보내온 두 가지 가스를 적당한 비율로 혼합시켜, 용접 불꽃을 만드는 기구를 용접 토치(welding torch)라 한다. 토치의 구조는 [그림 10-8]과 같이 손잡이(torch body), 혼합실(mixing chamber), 팁(tip)의 세 부분으로 되어 있다.

토치는 가스 불꽃을 만드는 동시에 혼합 가스의 유량을 조절하여 불꽃의 크기를 결정하고, 혼합 가스의 혼합비를 조정하여 불꽃의 종류를 결정한다. 토치의 용량은 한시간에 소비하는 혼합 가스의 양으로 나타낸다.

토치는 아세틸렌 압력의 크기에 따라 저압식, 중압식, 고압식 토치로 나누며, 고압식은 사용되고 있지 않다. 저압식은 아세틸렌 가스의 압력이 0.07kg$_f$/cm^2 이하에서 사용하는 토치이며, 중압식은 아세틸렌 가스의 압력이 0.07 ~ 1.3kg$_f$/cm^2 범위에서 사용하는 토치이다.

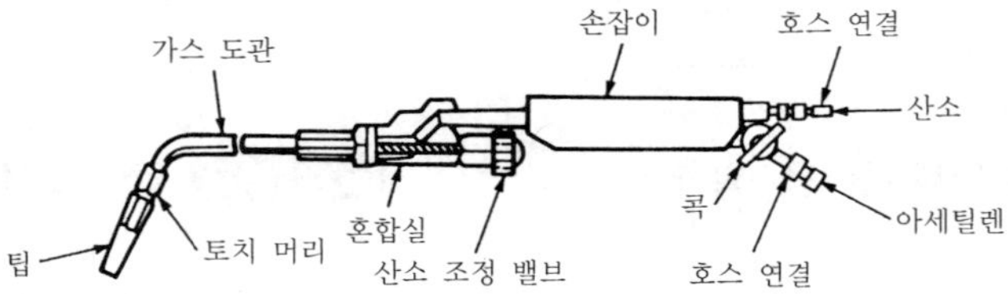

그림 10-8 용접 토치

4 가스 용접봉과 용제

가. 가스 용접봉

가스 용접에서 용접봉을 용가재(filler metal)라 하며, 보통 비피복봉이지만 피복 아크 용접봉과 같이 피복된 용접봉도 있고, 때로는 용제(flux)를 심선내부에 넣은 복합 심선도 있다.

용접봉의 성분은 보통 모재와 같거나 또는 용접 중에 산화 소실되기 쉬운 원소를 보충하고, 용융 금속의 유동성을 양호하게 하며, 작업을 용이하도록 한다.

〈표 10-4〉와 같이 가스 용접에 사용되는 용접봉의 표준 지름은 1 ~ 6mm이며, 판의 두께와 토치의 용량에 따라 알맞은 지름의 것을 선택해야 한다.

표 10-4 연강의 판 두께와 용접봉의 지름 (단위 : mm)

모재의 두께	2.5이하	2.5 ~ 6.0	5 ~ 8	7 ~ 10	9 ~ 15
용접봉의 지름	1.0 ~ 1.6	1.6 ~ 3.2	3.2 ~ 4.0	4 ~ 5	4 ~ 6

나. 용 제

금속을 가열하게 되면 공기 중의 산소나 질소로 산화나 질화 작용이 일어나, 산화물이 생겨서 모재와 용착 금속과의 융합을 방해하게 된다. 또, 금속은 항상 공기와 접하므로 표면에 산화 피막이 생기게 된다.

알루미늄, 스테인리스강에 있는 산화물은 모재보다 용융점이 높기 때문에, 가열했을 때 모재는 용융되지만 산화물은 용융되지 않는다. 이 산화물로 인해서 모재와 용착 금속과의 융합이 되지 않는다.

그러므로 용접 중에 생성된 산화물과 유해물을 용융시켜 슬래그로 만들거나, 산화물의 용융 온도를 낮게 하기 위하여 용제(flux)를 사용한다.

용제에는 분말, 페이스트(paste) 또는 용접봉 표면에 피복한 것도 있다. 분말로 된 것은 물이나 알코올에 개어서 용접봉이나 용접 홈에 그대로 칠해서 사용하고, 액체는 용접봉에 묻혀서 사용한다.

가스 용접에서, 연강 용접할 때에는 용제를 필요로 하지 않는다. 그 이유는 표준 불꽃을 사용하면 환원성 분위기가 되어 산화철 자신이 어느 정도 용제의 작용을 하기 때문이다.

〈표 10-5〉는 각종 가스 용접에 사용되는 용제를 나타낸 것이다.

표 10-5 각종 금속 용접에 사용되는 용제

용접 금속	용 제
연강	사용하지 않는다.
주철	탄산나트륨 15%, 붕사 5%, 중탄산나트륨 70%
구리 합금	붕사 75%, 염화리듐 25%
알루미늄	염화나트륨 30%, 염화칼륨 45%, 염화리듐 15%, 플루오르화칼륨 7%, 황산칼륨 3%

5 산소-아세틸렌 용접법

가. 불꽃과 용접법

불꽃을 중성 불꽃으로 조정하고, [그림 10-9]와 같이 백심의 끝을 모재에서 2~3mm 떨어지게 하며, 표면이 용융되어 용융풀(molten pool)이 생기면 천천히 토치를 이동한다. 용융풀의 폭이 일정하게 되도록 토치를 전진한다. 폭이 넓은 비드를 만들려면 토치를 좌우로, 또는 원형으로 움직인다.

나. 전진 용접법과 후진 용접법

산소-아세틸렌 가스 용접은, 용접 진행 방향과 토치의 팁이 향하는 방향에 따라, 전진 용접법(forehand welding)과 후진 용접법(backhand welding)으로 나눈다.

보통 토치를 오른손에, 용접봉을 왼손에 잡고 [그림 10-10]의 (a)와 같이, 토치의 팁이 향하는 방향(왼쪽)으로 용접 비드를 놓아 가는 방법을 전진 용접법이라 하고, 그림 (b)와 같이 팁이 향하는 방향과 반대 되는 방향(오른쪽)으로 용접을 진행하는 방법을 후진 용접법이라 한다.

전진 용접법은 3mm 이하의 얇은 판의 용접에, 후진 용접법은 두꺼운 판의 용접에 적합하다.

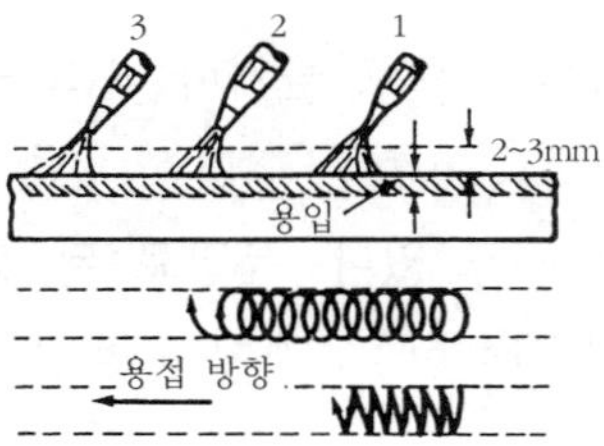

그림 10-9 토치의 운봉법

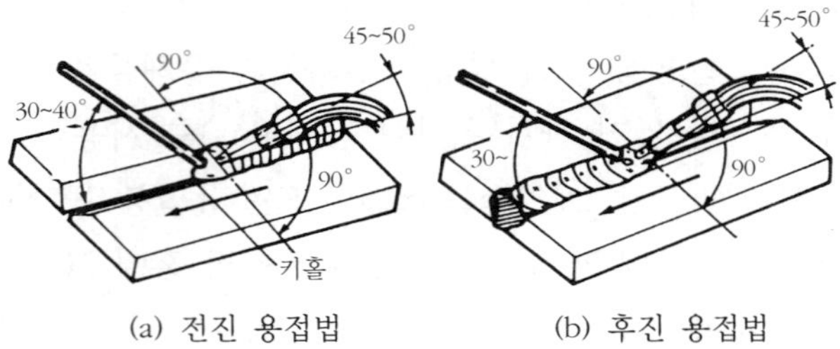

그림 10-10 산소-아세틸렌 용접법

6 가스 절단

가. 가스 절단의 원리

강의 일부를 가열(약 1000℃)하여 그 부분에 산소를 분출시키면 강은 연소하여 산화철을 생성한다. 이 산화철을 산소 분출력에 의하여 밀어 내면 절단이 된다(산화철의 용융 온도 1350℃).

강의 연소 온도는 강의 용융점보다 낮고, 산화물과 융합된 슬래그의 용융 온도는 강의 연소 온도보다 훨씬 낮으며, 유동성이 우수하고 불연성 물질이 적어 절단이 잘된다.

그러나, 주철과 비철 금속 및 10% 이상의 크롬을 함유한 스테인리스강은 절단이 곤란하다. 그 이유는, 주철은 용융점이 연소 온도 및 슬래그의 용융점보다 낮고, 또, 주철 중의 흑연은 연속적인 연소를 방해하기 때문이다.

나. 절단 토치

가스 절단 장치는 가스 용접 장치와 거의 같으며, 다만 절단 토치가 다르다.

절단 토치는 예열용 아세틸렌의 압력을 기준으로 하여 저압식(0.07kg_f/cm^2 이하)과 중압식(0.07kg_f/cm^2 이상)으로 분류하며, 내부구조도 다소 다르다.

저압식 절단 토치는 [그림 10-11]의 (a)와 같이, 산소와 아세틸렌을 혼합하여 예열용 가스를 만드는 부분과 고압의 산소만을 분출시키는 부분으로 나눈다. 또, 토치 끝에 붙어 있는 팁은 그림 (b)와 같이, 두 가지의 가스를 이중으로 된 동심원의 구멍으로부터 분출하는 동심형(프랑스식)의 것과, 각각 별개의 팁으로부터 가스를 분출하는 이심형(독일식)이 있다.

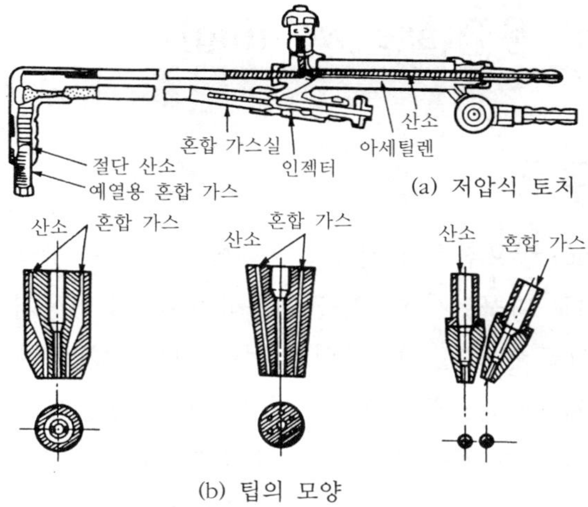

그림 10-11 절단 토치

다. 자동 가스 절단기

가스 절단기를 주행 대차(carriage)에 붙인 다음, 이것을 자동적으로 이동시켜 가스 절단을 행하는 반자동식과 전자동식이 있다. 또, 절단하는 형식에 의해 직선 절단기, 원형 전용 절단기가 있다.

제3절 | 아크 용접(arc welding)

1 피복 아크 용접

아크 용접(arc welding)은 용접물과 전극봉 사이에서 아크를 발생시켜 그 아크로 인해서 전기에너지를 열에너지로 바꾸어서 이 열을 이용하여 두 개 이상의 금속편을 하나로 접합하는 방법으로, 피복 아크 용접은 전극봉의 심선에 피복제를 입힌 피복 용접봉과 용접물 사이에서 발생하는 전기 아크의 열을 이용하여 모재와 용접봉을 녹여서 용접하는 방법이다. 아크 용접의 전원에 따라 교류 아크 용접과 직류 아크 용접으로 구분한다.

가. 피복 아크 용접의 원리와 용접 회로

(1) 피복 아크 용접의 원리

피복 아크 용접(shielded arc welding)은 [그림 10-12]와 같이 피복 용접봉과 모재 사이에 교류 또는 직류 전압을 걸어, 그 간극 사이에서 아크를 발생시킨다. 이 아크의 높은 열(5,000℃)에 의하여 용접봉이 녹으면 증기 또는 용적(globule)으로 되며, 아크열에 의하여 녹은 모재와 융합하여 용접 금속(weld metal)을 만든다. 이 때, 녹은 쇳물 부분을 용융 풀(molten pool), 모재가 녹은 깊이를 용입(penetration)이라 하며, 용접봉이 용융풀에 녹아 들어가는 것을 용착(deposit)된다고 한다.

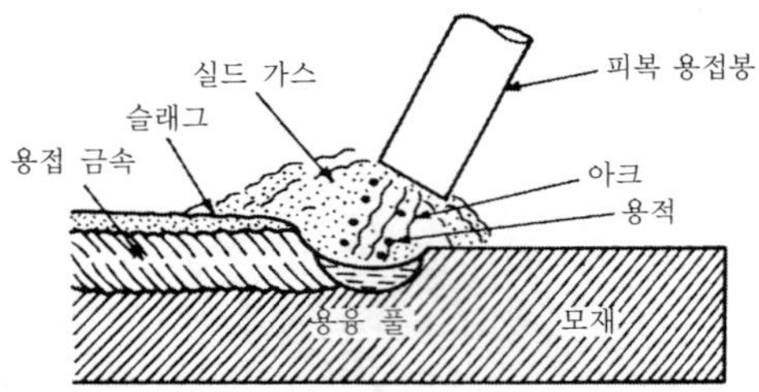

그림 10-12 피복 아크 용접의 원리

(2) 피복 아크 용접 회로

피복 아크 용접 회로는 [그림 10-13]과 같이, 용접기, 전극 케이블, 용접봉 홀더, 용접봉, 모재 및 접지 케이블 등으로 이루어져 있다.

용접기에서 발생한 전류가 전극 케이블, 용접봉 홀더, 용접봉, 아크, 모재 및 접지 케이블을 지나 용접기로 되돌아 오는 이 한 바퀴를 용접 회로(welding circuit)라 한다.

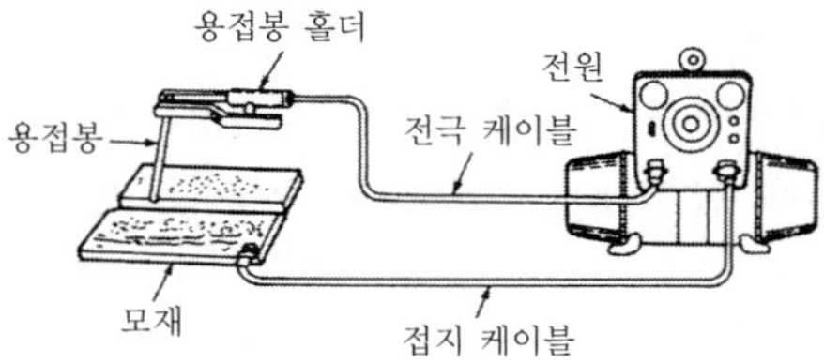

그림 10-13 피복 아크 용접 회로

나. 용접 아크의 특성

(1) 아크 현상

용접봉과 모재와의 사이에 전압을 걸고 용접봉 끝을 모재에 살짝 접촉시켰다가 떼면, 청백색의 강한 빛을 내며 아크가 발생하는데, 이 아크를 통하여 약 10 ~ 500 [A]의 전류가 흘러서 금속 증기와 그 주위의 각종 기체 분자가 해리하여 양전기를 띤 양이온과 음전기를 띤 전자로 전리되고, 이들이 각각 양이온은 음(-)의 전극으로, 전자는 양(+)의 전극으로 고속으로 이동하기 때문에 아크 전류가 흐르게 되어 아크 방전이 지속된다.

(2) 극 성

아크 용접에서 모재와 용접봉은 각기 전극의 역할을 하는데, 모재와 용접봉 중 어느 것을 양극 또는 음극에 연결하느냐에 따라 용접의 성능이 달라진다. 이와 같이, 아크 용접에서 전극에 관련된 성질을 극성이라 한다.

교류 아크는 두 극에 발생되는 열량이 거의 같기 때문에 극성이 별로 문제되지 않지만, 직류 아크는 전자의 충격을 받는 양극 쪽이 음극 쪽보다 발열량이 크기 때문에 극성을 생각해야 한다.

직류 아크 용접에서 [그림 10-14]의 (a)와 같이 용접봉을 음극에, 모재를 양극에 연결하는 경우를 정극성(DCSP, straight polarity)이라 하며, 이와 반대로 그림 (b)와 같이 연결하는 경

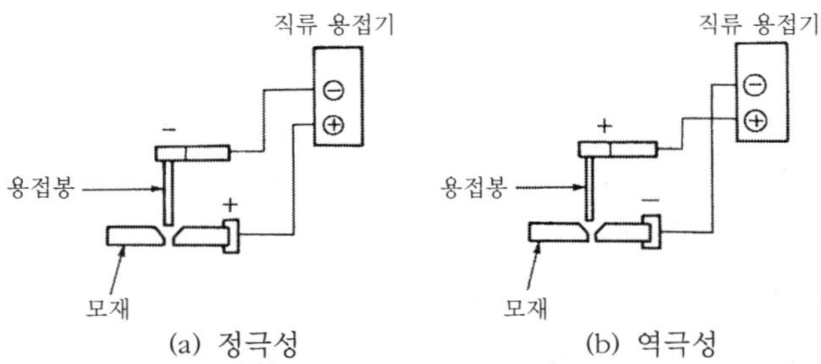

그림 10-14 직류 아크 용접의 극성

우를 역극성(DCRP, reverse polarity)이라 한다.

정극성은 모재 쪽의 용융이 빠르므로 모재의 용입이 깊지만, 역극성은 용접봉의 용융 속도가 빠르므로 모재의 용입이 얕게 된다. 따라서, 얇은 판의 용접에서 용락을 피하기 위하여 역극성으로 하는 것이 좋다.

다. 아크 용접 장치

(1) 아크 용접기의 특성

아크 용접에서 열원을 공급하여 주는 기기를 아크 용접기라 하며, 아크 용접기는 용접 작업에 알맞게 저전압, 대전류가 흐를 수도 있도록 제작되어 있으며, 변압기와 달리 두 극을 단락(short circuit)시켜도 전류가 일정 한도 이상으로 흐르지 않도록 제어되어 있으므로, 소손될 위험성이 거의 없다.

아크 용접기에서 가장 중요한 것은 아크를 안정시키는 일이다. 용접 초기에는 아크의 안정성이 좋은 직류 아크 용접기(DC arc welder)만 사용하였으나, 용접기와 피복 아크 용접봉의 발달로 교류에서도 아크를 안정시킬 수 있게 되어, 최근에는 교류 아크 용접기(AC arc welder)가 많이 사용되고 있다. 교류 아크 용접기는 값이 저렴하고 효율적이며, 수리도 간편한 이점이 있다. 그러나 불활성 가스 금속 아크 용접(inert gas metal arc welding), 스터드 아크 용접(stud arc welding), 얇은 판 용접에는 직류 아크 용접기가 적합하다.

직류와 교류 아크 용접기를 비교하면 〈표 10-6〉과 같다.

표 10-6 직류와 교류 아크 용접기의 비교

비교 내용	직류 아크 용접기	교류 아크 용접기
아크의 안정	우수하다.	약간 불안하다.
비피복봉 사용	가능하다.	불가능하다.
극성 변화	가능하다.	불가능하다.
아크 쏠림 방지	불가능하다.	가능하다.
무부하 전압	약간 낮다.	높다.
전격 위험	적다.	많다.
구조	복잡하다.	간단하다.
보수	약간 어렵다.	용이하다.
고장	많다.	적다.
소음	크다.	작다.

(2) 직류 아크 용접기

직류 아크 용접기에는 직류 발전기를 사용하는 발전형(motor generator type)과 교류 전원을 정류하여 직류로 바꾸는 정류기형(rectifier type)이 있다. 종래에는 거의 발전형이 사용되었으나, 여러 가지 결점이 있어 근래에는 정류기형이 많이 사용되고 있다.

(3) 교류 아크 용접기

교류 아크 용접기는 보통 1차측을 220 [V]의 전원에 연결하고 2차측의 무부하 전압은 70 ~ 80 [V]가 되도록 되어 있다. 교류 아크 용접기는 피복 아크 용접봉의 품질 개선에 의해 아크의 안정성을 얻게 되었으며, 용접 전류의 조정 방법에 따라 탭 전환형, 가동 철심형, 가동 코일형, 가포화 리액터형으로 분류한다.

교류 아크 용접기는 비교적 구조가 간단하고 가격이 싸며, 보수가 용이하고 아크의 쏠림이 일어나지 않아 많이 사용되고 있다. 〈표 10-7〉은 교류 아크 용접기의 규격을 나타낸다.

표 10-7 교류 아크 용접기의 규격(KS D 9602)

종류[1]	정격 2차 전류 (a)	정격 사용률 (%)	정격 부하 전압		최고 2차 무부하 전압(V)	2차 전류		사용되는 용접봉의 지름(mm)[2]
			저항 강하(V)	리액턴스 강하(V)		최대치 (a)	최소치 (a)	
AW 200	200	40	30	0	85 이하	200 이상 220 이하	35 이하	2.0 ~ 4.0
AW 300	300	40	35	0	85 이하	300 이상 330 이하	60 이하	2.6 ~ 6.0
AW 400	400	40	40	0	85 이하	400 이상 440 이하	80 이하	3.2 ~ 8.0
AW 500	500	60	40	12	95 이하	500 이상 550 이하	100 이하	4.0 ~ 8.0

[비고] 1) 종류에 사용된 기호 및 수치는 다음과 같은 뜻을 나타낸다.
AW : 교류 아크 용접기, AW 다음의 수치 : 정격 2차 전류
2) 사용되는 용접봉의 지름은 참고로 나타낸 것이며, 규격의 일부는 아니다.

라. 피복 아크 용접봉

(1) 용접봉

용접봉(welding electrode)은 모재와의 사이에서 아크를 발생시키고, 용접할 모재 사이의 홈을 채워서 접합하는 것으로, 전극봉(electrode) 또는 용가재(filler metal)라고도 한다. 아크 용접봉의 종류에는 [그림 10-15]와 같이 여러 가지가 있으나, 크게 나누어 심선 표면에 피복제를 바른 피복 용접봉(covered electrode)과 바르지 않은 비피복 용접봉(bare electrode)이 있다. 비피복 용접봉은 자동 용접이나 반자동 용접에, 피복 용접봉은 수동 아크 용접에 사용된다.

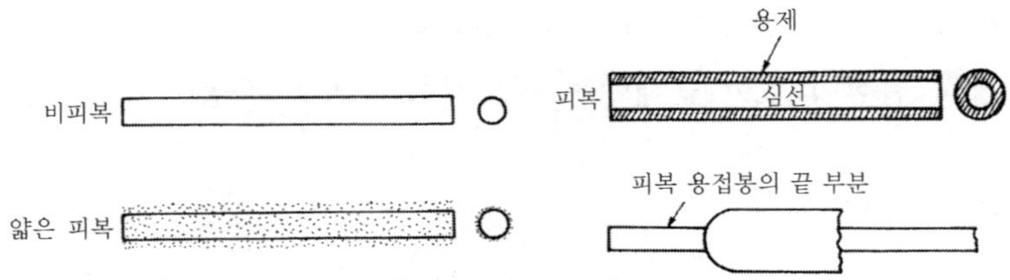

그림 10-15 아크 용접봉의 종류

심선(core wire)은 일반적으로 모재와 동일한 재질을 많이 쓰고 있으며, 될 수 있는 대로 불순물이 적은 것이 좋다. 연강용 피복 아크 용접봉 심선의 화학 성분은 〈표 10-8〉과 같다.

표 10-8 연강용 피복 아크 용접봉의 심선 성분(KS D 3508)

종류 \ 기호	화 학 성 분 (%)					
	탄소 (c)	규소(Si)	망간(Mn)	인(P)	황(S)	구리(Cu)
SWR 11	0.09 이하	0.03 이하	0.35 ~ 0.65	0.020 이하	0.023 이하	0.20 이하
SWR 21	0.10 ~ 0.15	0.03 이하	0.35 ~ 0.65	0.020 이하	0.023 이하	0.20 이하

피복 아크 용접봉의 한쪽 끝은 홀더에 물려, 전류가 통할 수 있도록 심선의 길이를 약 25mm 정도를 피복하지 않고, 다른 쪽도 모재와 접촉하여 아크가 발생하기 쉽도록 약 3mm 정도로 피복하지 않는다.

연강 용접에 사용되는 피복 아크 용접봉 심선의 지름은 2.0 ~ 8.0mm이고, 길이는 용접봉의 지름에 따라 300 ~ 900mm까지가 있다.

(2) 피복제의 역할

피복제는 여러 가지 물질을 분말로 하여 결합제로 심선 표면에 피복한 것으로, 다음과 같은 역할을 한다.

① 아크를 안정시키고, 대기 중의 산소나 질소의 침입을 막아 용융 금속을 보호한다.
② 용착 금속의 탈산 및 정련 작용을 하며, 용착 금속의 급랭을 방지한다.
③ 용착 금속에 필요한 원소를 보충하고, 용착 금속의 흐름을 좋게 한다.
④ 용융점이 낮고, 적당한 점성을 가지는 가벼운 슬래그를 만든다.
⑤ 모재 표면의 산화물을 제거하고, 스패터링(spattering)을 적게 한다.
⑥ 용적(globule)을 미세화하고, 용착 효율을 높인다.

〈표 10-9〉는 피복제 각 성분의 여러 가지 작용을 나타낸다.

표 10-9 피복제 각 성분의 여러 가지 작용

종류 \ 기호	아크 안정	슬래그 생성	환원(탈산)	산화	가스 발생	피복의 고착
셀룰로오스			○		◎	
산화 티탄	◎	◎				
일미나이트	◎	◎				
산화철	○	◎		◎		
탄산 칼륨	◎	○		○		
페로 망간		◎	◎			
이산화망간		◎		○		
규사		◎		○		
규산 칼륨	◎	◎				◎
규산나트륨	○	◎				◎

[비고] ◎ : 주요한 작용 ○ : 부수적인 작용

(3) 용접봉의 규격과 종류

연강용 피복 아크 용접봉은 〈표 10-10〉과 같이 KS D 7004에 규정되어 있으며, 용접봉의 종류에는 피복제의 계통, 용착 금속의 인장 강도, 용접 자세를 나타낸다.

표 10-10 연강용 피복 아크 용접봉의 규격(KS D 7004-'92)

종 류	피복제 계통	용접 자세	사용 전류의 종류
E 4301	일미나이트계	F, V, O, H	AC 또는 DC(±)
E 4303	라임티타니아계	F, V, O, H	AC 또는 DC(±)
E 4311	고셀룰로스계	F, V, O, H	AC 또는 DC(±)
E 4313	고산화티탄계	F, V, O, H	AC 또는 DC(-)
E 4316	저수소계	F, V, O, H	AC 또는 DC(+)
E 4324	철분산화티탄계	F, H	AC 또는 DC(±)
E 4326	철분저수소계	F, H	AC 또는 DC(+)
E 4327	철분산화철계	F, H	F에서는 AC 또는 DC(±), H에서는 AC 또는 DC(-)
E 4340	특수계	F, V, O, H 또는 어느 자세	AC 또는 DC(±)

[비고] 1) 종류의 기호 붙이는 방법은 다음 보기에 따른다.

보 기 E 43 16

- 16 — 피복제의 계통 : 저수소계
- 43 — 용착 금속의 최소 인장 강도의 수준 : $43kg_f/mm^2$
- E — 피복 아크 용접봉

2) 용접 자세에 쓰인 기호의 뜻은 다음에 따른다.
F : 아래 보기 자세, V : 수직 자세, O : 위 보기 자세, H : 수평 자세 또는 수평 필릿 용접
다만, 표 10-11에 표시한 용접 자세 중, V 및 O는 원칙적으로 심선의 지름이 5.0mm를 초과하는 것에는 적용하지 않는다. E4324, E4326 및 E4327의 용접 자세는 주로 수평 필릿 용접으로 한다.

3) 전류 종류에 사용된 기호의 뜻은 다음과 같다.
AC : 교류, DC(±) : 직류(용접봉 양극 및 음극),
DC(-) : 직류(용접봉 음극), DC(+) : 직류(용접봉 양극)

마. 피복 아크 용접 작업 기구

(1) 용접봉 홀더

용접봉 홀더(electrode holder)는 [그림 10-16]과 같이 용접봉의 끝을 꽉잡고 전류를 케이블에서 용접봉으로 전하는 기구이다. 용접봉을 물리는 부분은 용접봉을 쉽게 물리거나 뺄 수 있어야 한다.

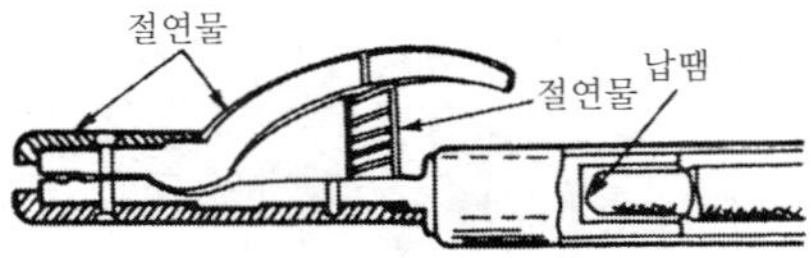

그림 10-16 용접봉 홀더

(2) 용접봉 케이블

용접 작업에 사용되는 케이블(또는 리드)에는 전원에서 용접기까지 연결하는 1차측 케이블과, 용접기에서 모재나 홀더까지 연결하는 2차측 케이블이 있다. 1차측 케이블은 별로 움직임이 없어 유연하지 않아도 되나, 2차측 케이블은 작업을 용이하게 하도록 유연성이 있는 캡타이어 전선을 사용한다.

(3) 접지 클램프

[그림 10-17]과 같이 접지 클램프(ground clamp)는 용접기의 2차측 케이블을 모재에 연결 또는 분리하는 것이다. 각 접속부의 접속 상태가 불량하면 접점에 저항열이 발생하기 때문에 전기의 소비가 많고, 용접 전류가 감소하므로 아크가 불안정하게 되어, 용접부의 용입이 불량할 뿐만 아니라 다른 결함도 생긴다.

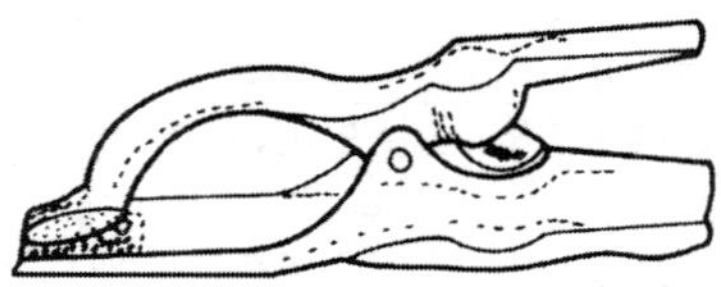
그림 10-17 접지 클램프

(4) 핸드 실드와 헬멧

용접 아크에서 나오는 유해 광선(자외선 및 적외선)과, 용접 작업 중에 녹은 금속 입자가 튀어 나오는 스패터(spatter)로부터 눈, 얼굴, 머리를 보호하기 위하여 [그림 10-18]과 같은 핸드 실드(hand shield)나 헬멧(helmet)을 사용한다.

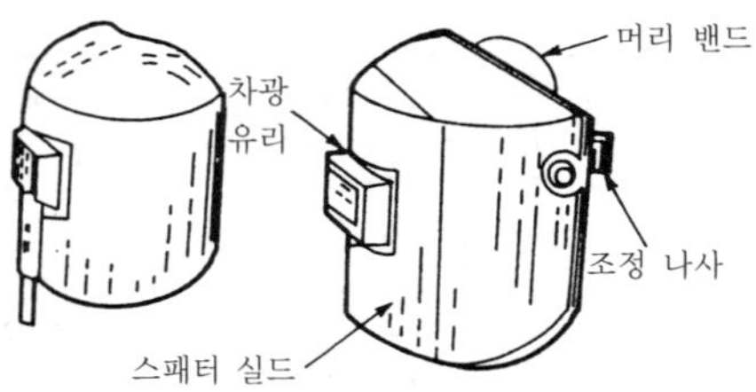

그림 10-18 핸드 실드와 헬멧

바. 피복 아크 용접법

(1) 용접 자세와 전류 조정

용접 자세의 기본인 아래 보기 자세의 경우, 의자에 앉아 허리를 약간 앞으로 구부려 안정된 자세를 잡는다.

전극 케이블은 자유로이 조작할 수 있도록 손에서 1 ~ 2m 되는 곳을 잡는다. 오른손으로 홀더를 가볍게 잡고, 오른쪽 팔꿈치는 가볍게 수평으로 뻗고 어깨에 힘을 뺀다. 아크와 눈의 거리는 약 30cm로 한다. [그림 10-19]는 용접 자세를 나타낸다.

용접기의 점검이 끝나면 용접 작업에 알맞은 용접 전류로 조정하는데, 용접봉의 지름과 종류, 모재의 두께, 이음 방법, 용접 자세 등에 따라 다르다.

그림 10-19 용접 자세

주로 설명서나 〈표 10-11〉과 같이 용접봉 지름을 기준으로 용접 전류를 조정한다. 용접 전류는 약간 높은 전류로 조정하는 것이 바람직하다. 용접 중에 모재의 온도가 상승하면 약간 낮추어 항상 적정 전류로 용접한다.

표 10-11 용접봉 지름과 두께에 대한 용접 전류

모재두께(mm)	용접봉 지름(mm)	전류값 [A]	모재두께(mm)	용접봉 지름(mm)	전류값 [A]
3.2	2.0	40 ~ 60	7.0	4.0	130 ~ 150
	2.6	50 ~ 70		5.0	160 ~ 180
4.0	2.6	60 ~ 80	9.0	4.0	140 ~ 160
	3.2	80 ~ 100		5.0	170 ~ 180
5.0	3.2	90 ~ 110	10.0	4.0	150 ~ 170
	4.0	110 ~ 130		5.0	180 ~ 200
6.0	3.2	100 ~ 120	12.0 이상	5.0	200 ~ 220
	4.0	120 ~ 140		6.0	240 ~ 280

(2) 아크 길이의 유지

아크의 길이가 용접 결과에 큰 영향을 끼치므로, 아크 길이를 알맞게 하는 것이 무엇보다 중요하다. 아크의 길이는 용접 진행 중에 용접봉이 녹아 내려 짧아지므로 아크의 길이가 길어진다.

아크의 길이를 항상 일정하게 유지하려면, 아크를 용접선 위로 따라나가는 동시에, 용접봉이 녹아 짧아진 만큼 용접봉을 모재 쪽으로 보내야 한다. 이 두 가지 동작은 일정 속도로 동시에 행해지는 관계로 아크의 길이를 일정하게 유지하는 것은 그리 쉽지 않다.

아크가 길면 아크열이 약할 뿐만 아니라, 용접부에 공기가 들어가 기공이 발생되거나 용착 금속을 여리게 한다.

(3) 운봉법과 용접 자세

용접봉을 여러 가지 모양으로 움직이는 동작을 운봉법이라 하며, 용접 작업에 중요한 요소가 되므로 비드의 폭, 용접 자세 등에 따라 알맞은 운봉법을 사용하여야 한다.

기본적인 운봉법에는 좌우로 움직이지 않고 직선적으로 용접을 하는 직선 비드법(stright bead method)과 용접봉 끝을 좌우로 반달형으로 움직이면서 용접을 하는 위빙 비드법(weaving bead method)이 있다.

직선 비드는 박판 용접, V 홈, T 형 필릿의 단층 용접에 쓰이고, 위빙 비드는 다층 용접에 쓰인다. 특히, 위빙 비드는 운봉이 좋지 않으면 용착 금속이 고르지 못하고 언더컷(undercut), 오버랩(overlap), 또는 슬래그 섞임(slag inclusion) 등의 결함이 생기므로, 비드의 폭은 용접봉 심선 지름의 3배 이내로 한다.

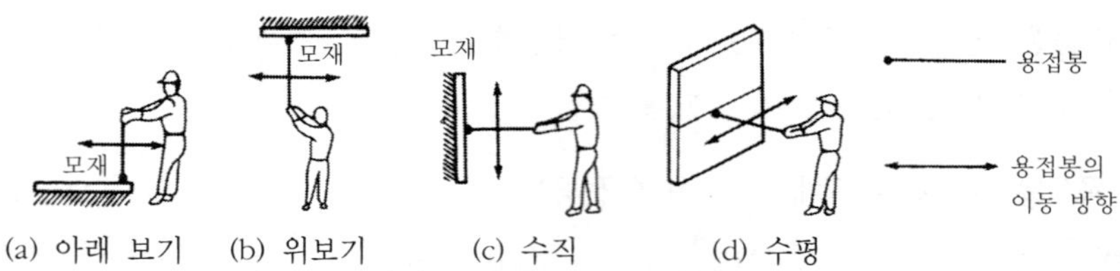

그림 10-20 용접의 기본 자세

용접의 기본 자세는 용접 작업을 할 때에 모재를 놓는 위치와 작업자의 자세에 따라 [그림 10-20]과 같이 나눈다.

2 불활성 가스 아크 용접

가. 용접의 원리와 특징

불활성 가스 아크 용접(inert gas shielded arc welding)은 [그림 10-21]과 같이 아르곤(Ar)이나 헬륨(He) 등의 불활성 가스(inert gas) 속에서 아크를 발생시켜 용접하는 방법으로, 불활성 가스 텅스텐 아크 용접(TIG, inert gas shielded tungsten arc welding)과 불활성 가스 금속 아크 용접(MIG inert gas shielded metal arc welding)으로 나누어진다.

TIG 용접은 용접 전극으로 거의 소모되지 않은 텅스텐 봉을 사용하며, 용접봉은 별도로 공급한다. 또, MIG 용접은 와이어가 전극이 되기 때문에 자동, 반자동 용접을 하기 쉽다.

불활성 가스 아크 용접은 불활성 가스를 사용하기 때문에 용접부가 대기로부터 차단되므로, 보다 강하고 전연성과 내식성이 풍부한 이음을 얻을 수 있다. 또, 용제(flux)를 이용하지 않으므로 용접 후의 청정 작업도 필요 없어 경제적이며, 용접 작업 중에 스패터나 유해 가스의 발생이 없다.

불활성 가스 아크 용접은 거의 모든 금속에 적용되며, 특히 스테인리스강, 알루미늄과 그 합금, 마그네슘과 그 합금, 니켈과 그 합금의 용접에 널리 이용되고 있다.

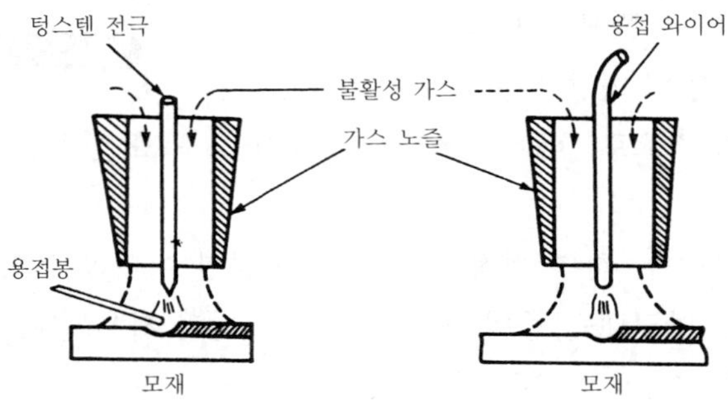

(a) TIG 용접 (b) MIG 용접

그림 10-21 불활성 가스 아크 용접의 종류

나. TIG 용접

TIG 용접에서는 용접 전류로서 직류와 교류가 이용되고 있으며, 직류를 사용할 때에는 정극성(DCSP)과 역극성(DCRP)의 극성에 유의해야 한다. 정극성에서는 모재의 용입이 깊으며, 역극성에서는 용입은 넓고 얕아지고, 교류 용접의 용입은 정극성과 역극성의 중간 정도이다.

TIG 용접은 수동, 반자동, 자동으로 나뉘는데, 특히 수동 용접이 편리하다. [그림 10-22] 수동식 용접기를 나타낸 것으로, 용접기와 불활성 가스 실린더, 제어 장치, 용접 토치 등이 있다.

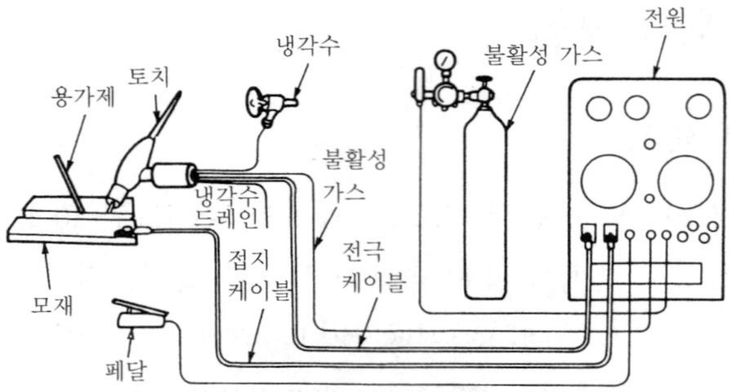

그림 10-22 TIG 용접 장치

다. MIG 용접

아르곤 가스 속의 MIG 아크는 [그림 10-23]과 같이 중심부에는 가늘고 긴 백열의 원뿔부가 있고, 그 주위에 종 모양의 미광부가 보이며, 다시 바깥쪽을 아르곤 가스 흐름이 둘러 싸고 있다.

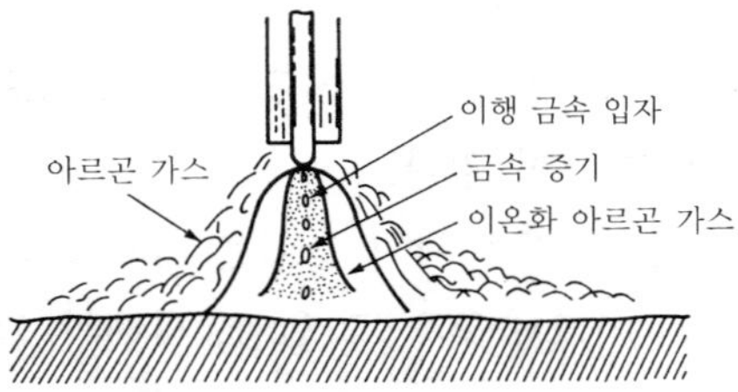

그림 10-23 MIG 아크

아크는 매우 안정되고, 와이어의 끝에서 용적(globule)이 고속으로 용융 풀에 투사된다. 중심의 원추부를 둘러싸고 있는 미광부는 주로 아르곤 가스의 발광에 의한 것으로, 가스 이온은 전극에서 모재 표면에 충돌되어 표면 산화막의 청정작용을 한다.

따라서, 이 아크로 용접을 하면 청정 작용이 있을 뿐만 아니라 용입이 깊고 비드의 외관이 아름다워 알루미늄, 마그네슘 등의 경합금 용접에 널리 사용된다. MIG 용접 장치는 [그림 10-24]와 같이 용접기 외에 아르곤 가스 및 냉각수 공급 장치, 와이어 송급 장치, 토치를 주행하는 장치로 구성되어 있으며, 전자동식과 반자동식이 있다. MIG 용접용 전원은 직류이며, 와이어를 양극으로 하는 역극성을 사용한다.

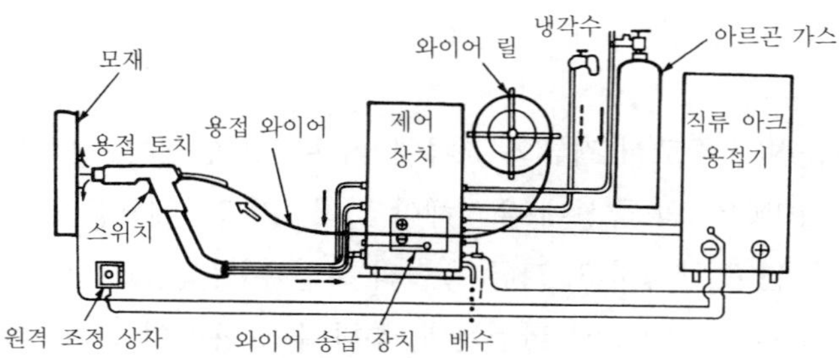

그림 10-24 MIG 용접 장치

3 서브머지드 아크 용접

가. 용접의 원리와 특징

서브머지드 아크 용접(submerged arc welding)은 [그림 10-25]와 같이 용접선에 뿌려진 용제(flux) 속에서 아크를 발생시켜, 이 아크 열로 모재와 와이어를 용융시켜 용접하는 자동 아크 용접이다.

따라서, 아크는 물론 발생하는 가스(fume)도 외부에서 볼 수 없으므로 잠호 용접이라 하며, 유니언 멜트 용접(union melt welding), 링컨 용접(Lincoln welding)이라고도 한다.

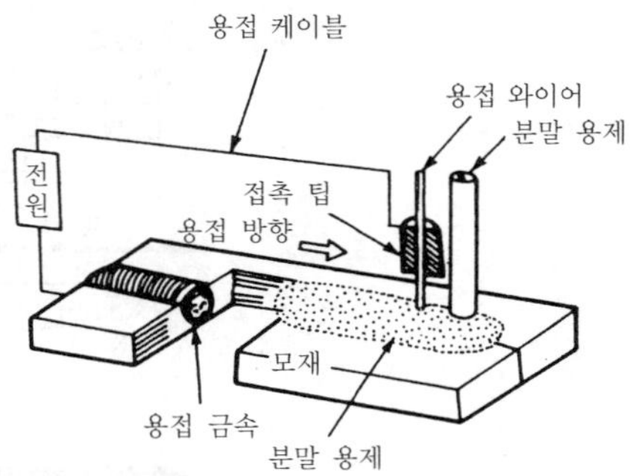

그림 10-25 서브머지드 아크 용접

서브머지드 아크 용접은 용제 속에서 용접하므로 용융 금속의 산화나 질화가 방지되고, 특히 비드가 균일하게 형성되므로 외관이 매우 아름답다. 이 용접은 탄소강, 저합금강, 스테인리스강 등에 널리 사용되고 있으며, 최근에는 비철 금속 분야에서도 이용되고 있다.

서브머지드 아크 용접은 비교적 용접선이 길고 연속 용접이 가능한 후판 모재(두께 76mm까지)에 위력을 발휘하며, 강한 전류(200 ~ 4000A)를 이용하므로 짧은 시간에 자동 용접을 할 수 있어 수동 용접에 비하여 능률이 높다. 오늘날, 이 용접이 가장 널리 적용되는 공업 분야는 조선, 제관, 교량, 차량 등이며, 이 밖에 철골 구조, 가스 터빈, 대형 전동기 등에도 쓰인다.

나. 용접 장치

[그림 10-26]은 서브머지드 아크 용접 장치를 나타낸 것으로, 전압 제어 장치(voltage control system), 와이어 송급 장치(wire feed apparatus), 접촉 팁(contact tip), 용제 호퍼(flux hopper), 주행 대차(carriage) 등으로 구성되어 있다. 와이어 송급 장치, 접촉 팁, 용제 호퍼를 통들어 용접 헤드(welding head)라 한다.

용접 헤드는 주행 대차에 실려 가이드 레일(guide rail) 위나 직접 강판 위를 조정된 속도로 이동하게 된다. 이 때, 접촉 팁을 통해서 와이어가 공급되며, 전압 제어 장치에 의하여 공급 속도가 조정되어 항상 아크 길이가 일정하게 유지된다.

용제는 호퍼로부터 용접선을 따라 일정한 높이로 살포되며, 용접후에는 미용융 용제는 진공 회수 장치를 통하여 회수되어 다시 사용한다.

전원으로는 교류와 직류가 쓰이고 있으며, 교류는 대전류 용접에, 직류는 박판 용접에 적합하다.

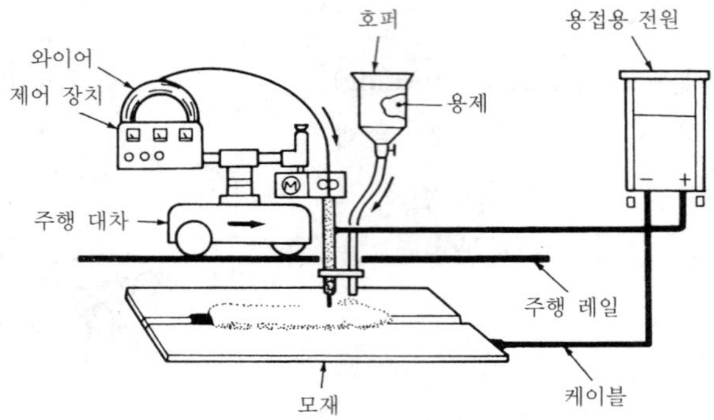

그림 10-26 서브머지드 아크 용접 장치

다. 와이어와 용제

서브머지드 아크 용접에서 용접용 와이어의 재질은 저탄소강, 저합금강, 스테인리스강이며, 금속선을 코일 모양으로 감은 것을 사용한다. 와이어는 보통 용접할 때에 높은 전류를 받아 연속적으로 공급시키므로, 와이어의 표면은 접촉 팁과의 전기적 접촉을 원활하게 하고, 또 녹을 방지하기 위하여 구리 도금을 한다.

용제(flux)는 용접부를 대기로부터 보호하며, 아크를 안정시키고, 야금 반응에 의해 용착 금속을 개선하는 것으로, 광물성 가루 모양으로 되어 있다.

4 이산화탄소 아크 용접

가. 용접의 원리와 특징

이산화탄소 아크 용접(CO_2 gas shielded arc welding)은 [그림 10-27]과 같이 이산화탄소로 용접부를 보호하면서 용접을 하는 방법이다.

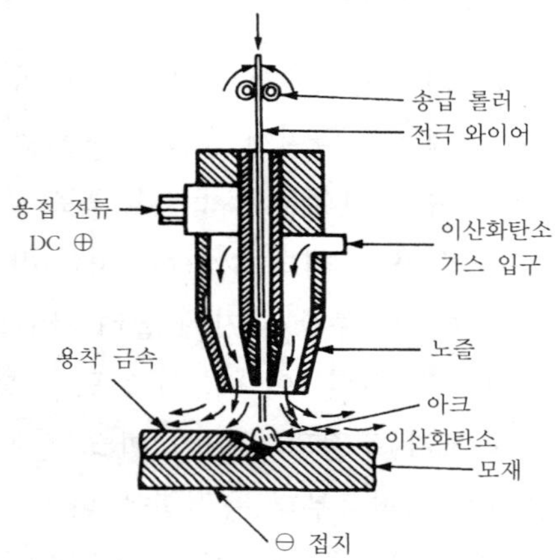

그림 10-27 이산화탄소 아크 용접

이 용접법은 철강 용접에 한하지만, MIG 용접과 같이 와이어의 지름에 비하여 비교적 대전류를 사용하므로 용입이 깊고, 또 가스의 가격이 저렴하기 때문에 경제적이다.

이산화탄소를 사용한 강재 용접에서는 공기

(산소와 질소)의 영향은 거의 받지 않지만, 이산화탄소가 고온에서 일산화탄소와 산소로 해리되어 용착 금속을 산화시킴으로, 전극 와이어에 탄산제를 첨가하는 방법 등으로 산화를 방지하여 양질의 용접 금속을 얻는다.

이 용접은 교량, 철도 차량, 전자 기기, 자동차, 조선, 건축 등에 많이 사용되고 있다.

나. 용접 장치

이산화탄소 아크 용접기의 구조는 어느 것이나 MIG 용접기와 거의 같고, 전원은 직류에서는 정극성으로 접속을 한다. 용접 장치는 [그림 10-28]과 같이 용접기, 제어 장치, 용접 토치, 가스 용기로 구성되어 있다.

용접 전원으로는 직류 전원이나 직류 발전기에 의해 직류를 사용하며, 용량은 300 ~ 700 [A] 정도까지가 많다.

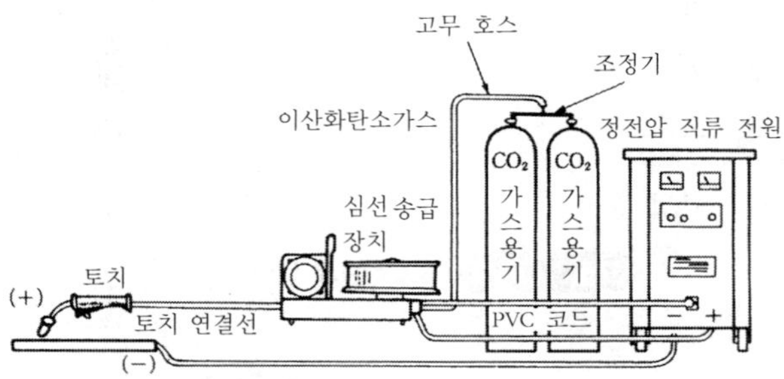

그림 10-28 이산화탄소 아크 용접 장치

5 플라스마 아크 용접

가. 용접의 원리와 특징

기체를 고온으로 가열하면 기체 원자는 원자핵과 전자로 전리되며, 이온 상태로 되어 도전성을 띤 가스로 되는데, 이것을 플라스마(plasma)라 한다. 피복 아크 용접에 이용되는 아크도 일종의 플라스마로 생각할 수 있으며, 이 플라스마 모양의 아크를 외부에서 가스로 강제적으로 냉각하면 열이 방산되는 것을 최소로 막을 수 있다. 또, 자기 조절 기능이 작용하여 그 단면적을 축소시킴과 동시에, 자신의 온도는 급상승하는 성질을 가진다. 이것을 열적 핀치 효과(thermal pinch effect)라 한다.

플라스마 아크 용접(plasma arc welding)은 냉각된 구속 노즐에 의한 아크의 열적 핀치 효과와 가스(이것을 동작 가스라 하며, 보통 아르곤이 쓰인다.) 기류를 이용하여 고온, 고속,

고에너지 밀도의 플라스마를 만들어 이것을 용접 열원으로 사용하는 방법이다.

플라스마 아크 용접에는 [그림 10-29]와 같이 아크의 발생 형태에 의해 비이행형 아크(non-transferred arc)를 이용하는 플라스마 제트 용접과, 이행형 아크(transferred arc)를 이용하는 플라스마 아크 용접이 있다.

플라스마 아크 용접은 그 원리가 불활성 가스 텅스텐 아크 용접과 비슷하고 적용분야도 거의 같으며, 열적 핀치 효과에 의하여 열집중이 우수하므로 용입이 깊고 열 영향부가 좁으며, 용접 속도가 빠르다. 또, 용접부가 대기로부터 보호되므로 야금적, 기계적 성질이 좋고, 변형률이 낮다.

이 용접에 적합한 모재는 스테인리스강, 탄소강, 티탄, 니켈 합금, 구리 등이다.

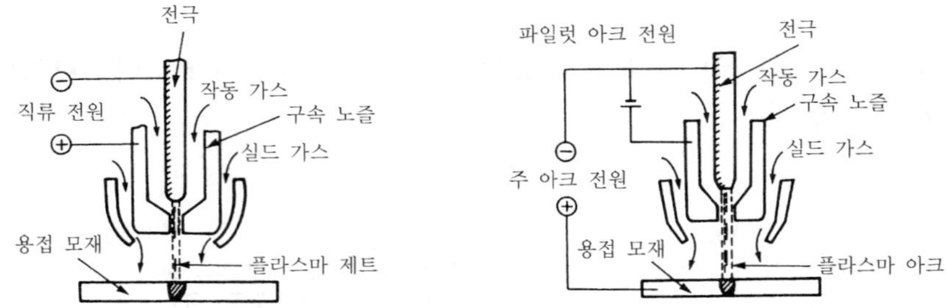

(a) 플라스마 제트 용접 방식 (b) 플라스마 아크 용접 방식

그림 10-29 플라스마 아크 용접

나. 용접 장치

플라스마 아크 장치는 [그림 10-30]과 같이 토치, 제어 장치, 용접기, 가스 공급 장치, 냉각수 공급 장치 등으로 이루어져 있다.

토치는 노즐 내부에 텅스텐 전극이 있고, 노즐 또는 모재를 전극으로 하여 두 전극사이에서 아크를 발생시키며(고주파로 아크를 발생시킨다.), 플라스마 아크는 주위의 가스 기류로 인하여 강제적으로 냉각되어 플라스마 아크를 발생시킨다. 플라스마 아크의 냉각에는 아르곤과 수소의 혼합 가스가 사용되며, 모재의 종류에 따라 질소나 공기도 사용된다.

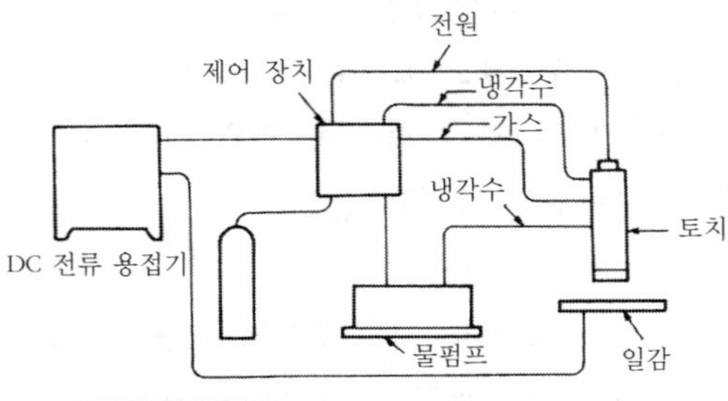

그림 10-30 플라스마 아크 용접 장치

제4절 | 특수 용접

1 전자 빔 용접

전자 빔 용접(electron beam welding)은 [그림 10-31]과 같이 진공 속에서 발생된 고속의 전자 빔(electron beam)을 모재에 충돌시켜, 이 때에 생기는 충돌열을 이용하여 모재를 가열하여 용융, 접합하는 방법이다.

전자 빔 용접 장치에는 전자 빔을 발생시켜는 전자 빔 건(electron beam gun)과 가공품을 올려놓는 가공대(carriage)가 진공실 속에 들어 있어, 용접할 때마다 감시창을 통하여 가공물을 관찰하거나 가공물과 가공대를 진공실 밖에서 자유로이 구동, 제어할 수 있도록 되어 있다.

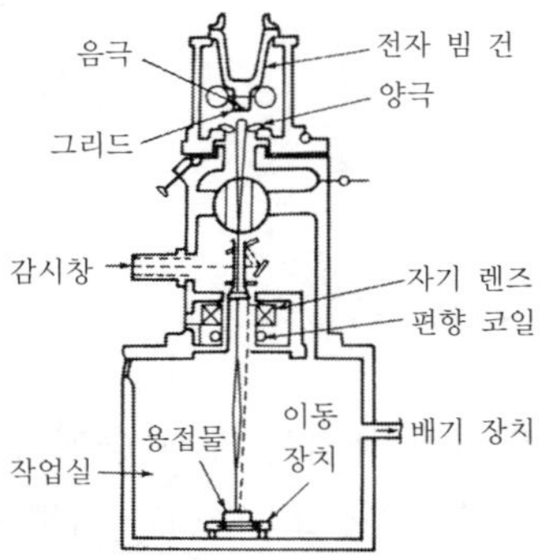

그림 10-31 전자 빔 용접

전자 빔 용접은 매우 좁고, 깊은 용입이 얻어지며, 고속 절단이나 구멍 뚫기를 쉽게 할 수 있다.

오늘날 전자 빔 용접이 각광을 받게 된 이유는, 고진공 속에서 용접을 하기 때문에 산화 작용이 잘 일어나는 재료도 용접할 수 있고, 전자 빔을 집중시키므로 고용융 재료인 텅스텐, 몰리브덴 등도 용접할 수 있기 때문이다. 또, 에너지 집중이 가능하기 때문에 얇은 판재(0.05mm)에서 두꺼운 재료(300mm)까지 광범위하게 고속 용접이 가능하다.

2 레이저 빔 용접

레이저(laser)란, 유도 방사에 의한 빛의 증폭기(light amplification by stimulated emission of radiation)라는 뜻이며, 태양의 빛이나 전등이 여러 가지 파장의 빛이 섞인 자연빛인 데 비하여, 레이저는 특정 파장만의 단색광이며, 인공빛이다.

레이저 빔(laser beam)은 파장이 같으므로, 지속성과 집광성이 우수하여 렌즈로 집광하면 매우 작은 점(spot)으로 집중이 가능하고, 높은 에너지로 집속하면 높은 열(4000℃)을 얻을 수 있다. [그림 10-32]과 같이, 이것을 열원으로 하여 용접에 이용하는 것을 레이저 용접(laser welding)이라고 한다.

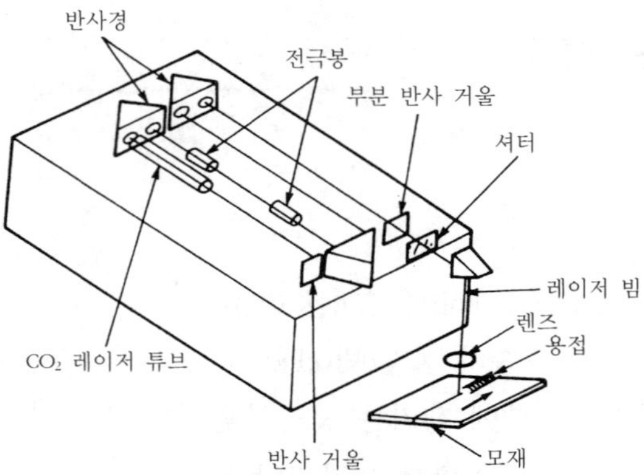

그림 10-32 레이저 빔 용접

레이저 용접은 대기 중에서 용접이 가능하고, 전자 빔 용접과 같은 진공 용기를 필요로 하지 않는다. 또, 나비가 좁고 용입이 깊은 용접부를 얻을 수 있으며, 비금속 재료도 용접할 수 있는 장점이 있다.

레이저 빔의 에너지는 국부적으로 집속되므로 미소 부분의 용융, 증발이 가능하여, 작은 구멍의 가공이나 구멍을 연속으로 가공하여 절단도 할 수 있다.

3 일렉트로슬래그 용접

일렉트로슬래그 용접(electroslag welding)은 아크열이 아닌 와이어와 용융 슬래그 사이에 통전된 전류의 저항열을 이용하는 것으로, 용접의 원리는 [그림 10-33]과 같이 용융 상태에 있는 슬래그 속에서 용접 와이어와 모재 사이에 대전류를 통했을 때에 발생하는 저항열을 이용하여 와이어와 모재를 녹여 접합한다. 용접을 개시할 때에는 서브머지드 아크 용접과 같으며, 용접이 일단 시작되면 일렉트로슬래그 용접이 된다고 할 수 있다.

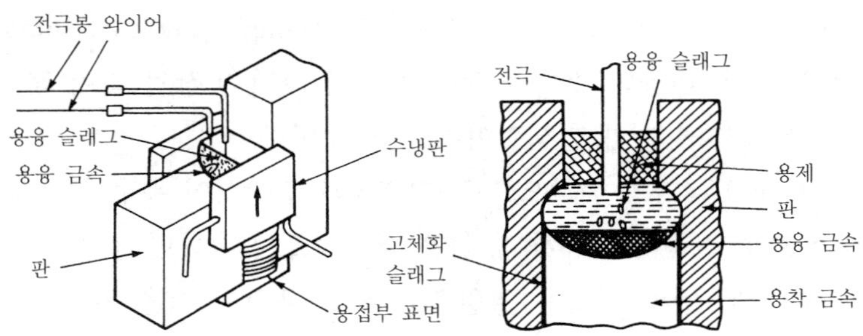

그림 10-33 일렉트로슬래그 용접

용접할 때에 용융 금속과 용융 슬래그가 흘러 나오지 않도록 수냉식 미끄럼판을 서서히 위쪽으로 올리면서 와이어를 연속적으로 공급하여 용접을 하므로, 연속 주조 방식에 의한 단층 상진 용접법이라고도 한다.

일렉트로슬래그 용접은, 미끄럼판과 모재는 밀착되어 용접 금속과의 사이에 슬래그의 얇은 막을 형성하므로 비드의 형상이 아름답다. 또, 두꺼운 판을 용접할 때에 용접 홈 가공을 하지 않으므로 준비 시간, 용접 시간, 용접 경비, 용접 공정 수 등이 서브머지드 아크 용접이나 피복 아크 용접 등에 비해 훨씬 감소된다.

4 전기 저항 용접

전기 저항 용접(electric resistance welding)은, 용접하려고 하는 재료를 서로 접촉시켜 놓고, 여기에 전류를 통하면 저항열로 접합면의 온도가 높아졌을 때에 가압하여 접합을 한다. 이 때, 저항열은 다음과 같이 줄의 법칙(Joule's law)에 따라 계산한다.

$$Q = 0.24 I^2 Rt$$

Q : 저항열(cal)　　R : 저항(Ω)
I : 전류 (a)　　t : 시간(s)

저항 용접의 결과에 영향을 끼치는 요인으로는 용접 전류, 통전 시간, 가압력, 모재의 표면 상태, 전극의 재질 및 형상, 용접 피치 등 여러 가지가 있다. 이 중에서 가장 주요한 요인은 용접 전류, 통전 시간, 가압력으로 이를 저항 용접의 3대 요소라 한다.

전기 저항 용접의 공통된 장점은 작업 속도가 빠르고, 대량 생산에 적합하며, 이음 강도에 대한 효율이 높고, 자재를 절약할 수 있다. 또, 용접 조건이 자동으로 이루어지므로, 작업자의 숙련도나 기량은 별 문제가 되지 않는다.

가. 점 용접

점 용접(spot welding)은 저항 용접 중에서 가장 널리 사용되는 용접법으로, [그림 10-34]와 같이, 구리 합금으로 된 전극 팁(electrode tip) 사이에 접합할 금속판을 겹쳐 놓고, 알맞게 가압하면서 전류를 통해, 접촉부가 용해되려고 하는 순간에 압력을 가해 접합을 한다. 이 때, 접합면의 일부가 녹아 바둑돌 모양의 단면으로 접합되는데, 이 부분을 너깃(nugget)이라 한다.

점 용접은 박판의 접합에 능률적이므로 판금 가공 제품의 조립 공정, 자동차의 차체 용접에 널리 사용되고 있으며, 최근에는 점 용접용 건을 로봇에 탑재하는 등 점 용접이 자동화되어 가고 있다.

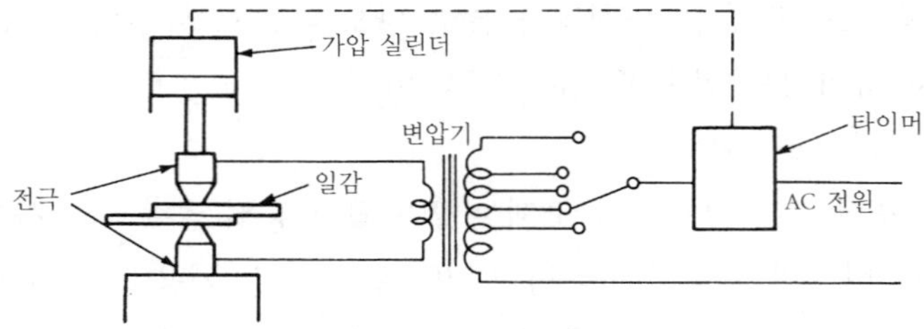

그림 10-34 점 용접

나. 심 용접

심 용접(seam welding)은 [그림 10-35]와 같이 회전 롤러 전극 사이에 두 장의 판을 끼워 가압 통전하면서 전극을 회전시켜 선 모양으로 용접을 한다. 용접 전류의 통전 방법에는 단속(intermittent) 통전법, 연속(continuous) 통전법, 맥동(pulsation) 통전법이 있는데, 단속 통전법이 가장 많이 쓰인다.

심 용접의 용접 조건은 롤러 전극의 접촉 면적이 넓기 때문에 점 용접에 비해 용접 전류를 1.5 ~ 2.0배, 가압력은 1.2 ~ 1.6배 정도로 한다.

심 용접은 주로 기밀, 수밀을 필요로 하는 탱크의 용접이나 자동차 부품, 판 이음에 널리 이용되고 있다. 심 용접에 적용되는 모재는 탄소강, 알루미늄, 합금, 스테인리스강, 니켈 합금 등이며, 용접이 가능한 판 두께는 보통 0.2 ~ 0.4mm 정도이다.

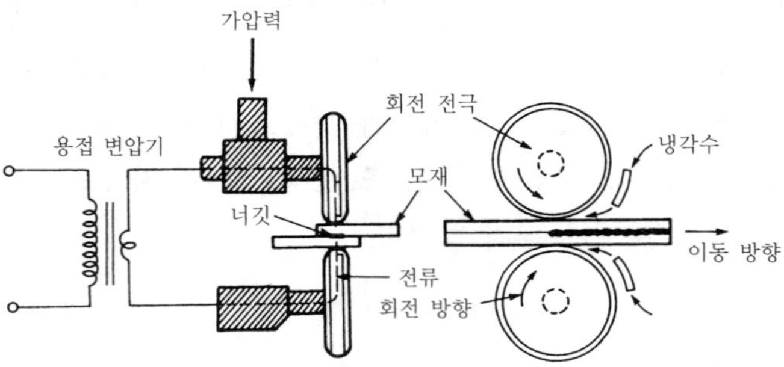

그림 10-35 심 용접

다. 프로젝션 용접

프로젝션 용접(projection welding)은 점 용접과 거의 비슷한 것으로, [그림 10-36]에 나타낸 것과 같이 제품의 한쪽 또는 양쪽에 작은 돌기(projection)를 만들어, 이 부분에 용접 전류를

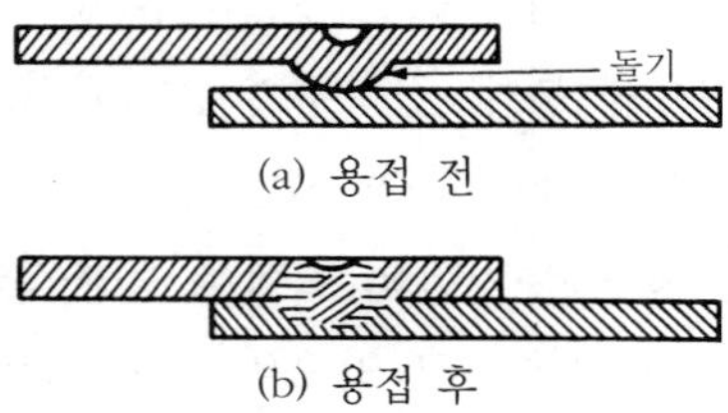

그림 10-36 프로젝션 용접

통하면서 압접하는 방법이다.

프로젝션 용접은 점 용접과 달리 여러 점을 동시에 용접하기 때문에 능률이 매우 좋고, 돌기부의 형상을 잘 이용하면 견고한 이음을 얻을 수 있다.

이 용접은 프레스 가공품, 봉재, 선재, 파이프, 볼트, 너트나 단조품, 기계 가공품 전반에 걸쳐 널리 이용된다.

라. 업셋 용접과 플래시 용접

업셋 용접(upset welding)은 [그림 10-37]과 같이 모재의 단면을 서로 맞대어 가압하면서 전류를 통하면 용접부는 접촉 저항에 의해서 발열이 된 다음, 고유 저항에 의해서 더욱 온도가 높아져 용접부가 압접 온도에 이르게 된다. 이 때, 모재를 축 방향으로 가압하게 되면 융합된다.

플래시 용접(flash welding)은 업셋 용접과 거의 비슷하며, 용접 열원의 일부는 저항열을 이용하나, 그 중심은 아크열을 이용하는 점이 다르다. 용접 중 아크에 의해 용융한 금속이 불꽃으로 비산되므로 불꽃 용접이라고도 한다.

[그림 10-38]은 플래시 용접의 원리를 나타낸 것으로, 플래시 용접 과정은 예열, 플래시, 업셋의 3단계로 분류된다.

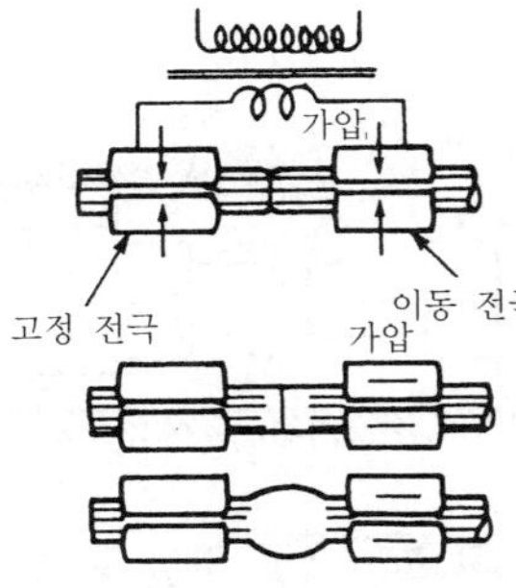

그림 10-37 업셋 용접

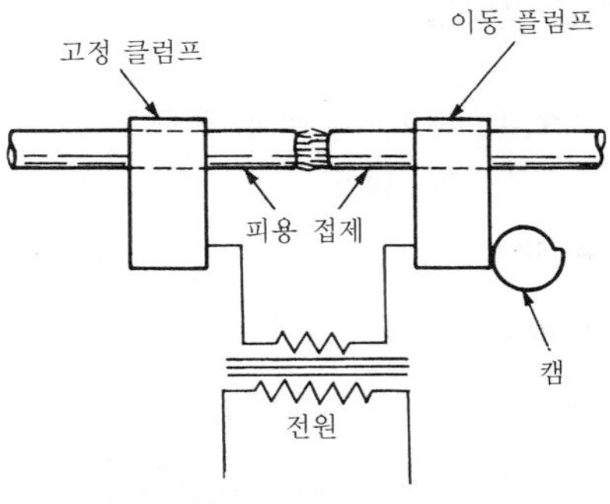

그림 10-38 플래시 용접

플래시 용접은 업셋 용접에 비하여 큰 단면을 가지는 재료의 접합에 적합하므로, 닻, 철도용 레일의 접합, 자동차의 차축, 프레임, 휠(wheel)이나 림(rim)의 용접 등 다양한 분야에 이용되고 있다.

5 가스 압접

가스 압접(gas pressure welding)은 [그림 10-39]와 같이 가열 토치로 접합부를 가열하여, 그 재료의 온도가 재결정 온도 이상이 되면 축 방향에서 압력을 가해 압접하는 방법이다. 가열할 때의 불꽃은 산소-아세틸렌 불꽃, 산소-LPG 불꽃, 산소-수소 불꽃이 사용된다.

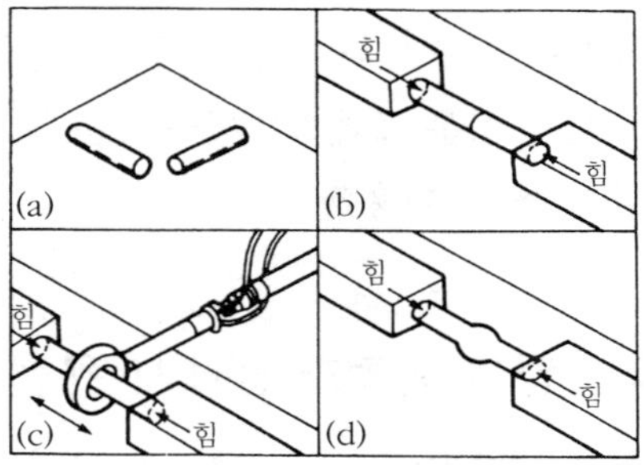

그림 10-39 가스 압접법

가스 압접은 접합부에 탈탄층이 없고 장치가 간단하여 시설비나 수리비가 싸다. 또, 압접 작업이 거의 기계적이어서 작업자의 숙련도에 크게 좌우되지 않을 뿐만 아니라, 압접 작업 시간이 짧고, 용접봉과 용제를 필요로 하지 않는다. 이 압접은 주로 토목 및 건축 공사에서 철근 콘크리트용으로 사용되는데, 지름 32mm 정도의 철재까지도 압접이 가능하며, 파이프 라인용, 철도 레일용 또는 철도 차량 부품에도 응용되고 있다.

6 마찰 용접

마찰 용접(friction welding)은 [그림 10-40]과 같이 접합하려는 두 개의 모재를 접촉시킨 다음 상대 운동을 시키면 접촉면에서 마찰로 인해 열이 발생되는데, 이 열로 모재를 가열한 다음에 축방향으로 눌러 접합하는 방법이다.

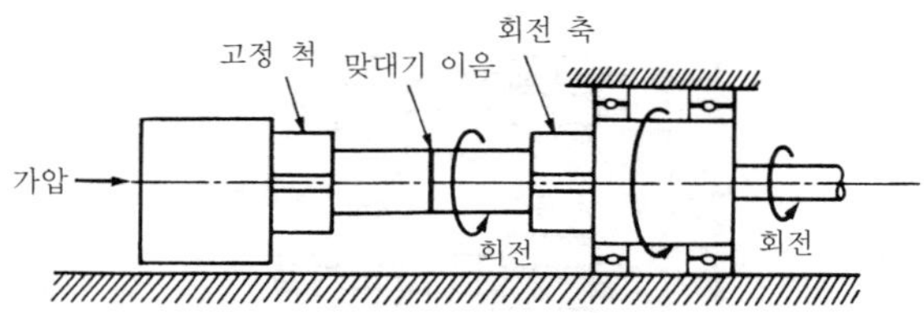

그림 10-40 마찰 용접

마찰 용접 과정은, 접합할 두 재료를 고정 척과 회전 척에 각각 끼운 다음, 회전척을 회전시키고, 고정 척을 축방향으로 이동시켜 접촉하면, 마찰열에 의하여 온도가 급격히 상승되어 압접 온도에 이른다. 이 때, 가압, 업셋(upset)시켜 압접한다.

마찰 용접의 장점은 서로 다른 재료를 용접할 수 있고, 용접 작업이 자동화되므로 숙련이 필요하지 않다. 또, 용접 작업 시간이 짧아 작업 능률이 높고, 유해 가스의 발생이나 불꽃의 비산이 거의 없다.

마찰 용접은 자동차 부품, 항공기 부품, 섬유 기계 부품, 공작 기계 부품, 각종 밸브, 공구류 등에 널리 이용된다.

7 초음파 용접

초음파 용접(ultrasonic welding)은 [그림 10-41]과 같이 금속판이나 선 등의 재료를 용접 팁과 앤빌(anvil) 사이에 끼워 놓고, 압력을 가하면서 가압 방향과 직각 방향으로 초음파 진동을 주어 압접을 한다.

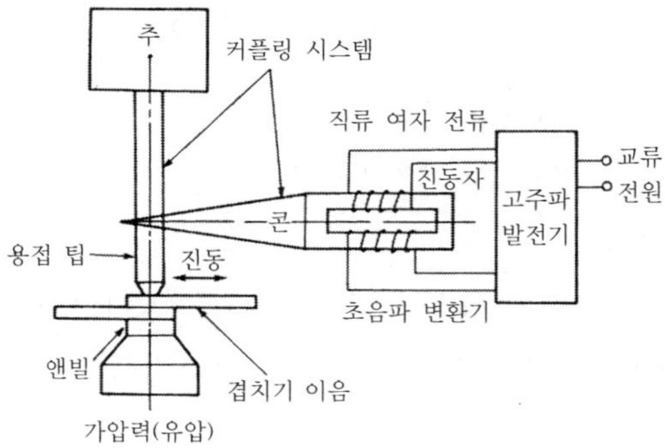

그림 10-41 초음파 용접

초음파 용접은 압착된 용접물의 접촉면 사이에 주어지는 압력과 진동 에너지에 의하여 산화 피막이 파괴, 제거되므로 깨끗한 면이 얻어지고, 진동에 의한 마찰열로 온도가 상승하며, 접촉면 사이에 원자 간의 인력이 작용하여 용접이 되는 것으로 생각된다.

초음파 용접은 다른 압접에 비하여 가하는 압력이 작으므로, 용접물의 변형률이 작고 용접물의 표면 처리가 간단하여 압연한 그대로의 재료도 용접하기가 쉽다. 또, 특별히 두 금속의 경도가 다르지 않는 한 다른 종류의 금속 용접도 가능하다.

8 납 땜

금속을 접합할 때에는 용접을 하는 것이 가장 보편적인 방법이지만 용접보다 낮은 온도에서 접합하는 납땜(납접)이 있다.

납땜은 모재의 용융 온도보다 낮은 땜납(solder)을 용가재로 사용하는 용접이라 할 수 있으며, 땜납의 종류에 따라 연납땜과 경납땜이 있다.

가. 연납땜

연납땜(soldering)은 450℃ 이하에서 녹는 연납 재료를 사용한다. 따라서, 접합 강도가 낮기 때문에 큰 강도를 요하지 않는 전자 부품의 조립이나 물 또는 공기가 새지 않도록 하는 데 주로 쓰인다. 용가재로 쓰이는 연납 재료는 주로 주석-납 합금으로 만들며, 특별한 용도를 위하여 〈표 10-12〉와 같은 조성의 재료를 사용할 수도 있다.

표 10-12 연납 재료의 종류

성분	용도
주석(Sn) - 납(Pb)	일반적인 용도
주석(Sn) - 아연(Zn)	알루미늄 접합
납(Pb) - 은(Ag)	다소 높은 온도에서 강도가 필요할 경우
카드뮴(Cd) - 은(Ag)	고온에서 강도가 필요한 경우
아연(Zn) - 알루미늄(Al)	알루미늄 접합이나 내식성이 필요한 경우

연납땜된 제품의 접합 강도를 높이려면 접합 면적이 넓을수록 좋다. 맞대기 이음은 접합면이 작아서 연납땜으로 적합하지 않다.

나. 경납땜

경납땜(brazing)은 연납땜보다 높은 온도에서 접합하며, 강도도 연납땜보다 크다. 경납땜에 사용되는 용가재의 녹는 온도 범위는 450℃ 이상 모재의 용융 온도 이하이며, 모재의 종류에 따라 〈표 10-13〉과 같이 여러 가지가 있다.

표 10-13 경납 재료의 종류

모재	용가재	경납접온도(℃)
알루미늄과 그 합금	알루미늄(Al) - 규소(Si)	570 ~ 620
마그네슘 합금	마그네슘(Mg) - 알루미늄(Al)	580 ~ 620
구리와 그 합금	구리(Cu) - 인(P)	700 ~ 920
철강 재료	은(Ag) - 구리 합금, 구리 - 인	620 ~ 1150
스테인리스강	니켈(Ni) - 은(Ag)	950 ~ 1200

제5절 | 용접 결함과 검사

1 용접 결함의 종류

용접 검사에서 검사의 대상으로 하는 중요한 결함으로는 〈표 10-14〉와 같은 종류가 있다.

표 10-14 용접 결함의 종류

- 용접결함
  - 치수상 결함
    - 변형(distortion)
    - 치수불량
    - 형상불량(오버랩 포함)
  - 구조상 결함
    - 기공(blow hole)
    - 슬래그 섞임(slag inclusion)
    - 융합 불량
    - 용입 부족
    - 언더컷(under cut)
    - 용접 균열(weld cracking)
    - 표면 결함(pit ripple)
  - 성질상 결함
    - 기계적 성질 불량
    - 화학적 성질 불량

2 용접 결함의 검사

가. 치수상의 결함

(1) 변형

용접 변형의 발생과 그 방지법은 맞대기 용접에서 평탄하게 놓고 용접한 결과 용접면 방향으로 굽었다면 용접 전에 그 반대 방향으로 굽은 양만큼 굽혀 놓고(즉, 역변형) 용접하면 용접 후, 평탄한 이음면을 얻을 수 있다.

(2) 치수 불량

용착부의 치수 불량에는 용접의 보강부의 과부족, 필릿용접의 변의 길이, 목두께의 치수 불량 등이 있으며 측정기구를 사용하여 외관 검사로 조사한다.

(3) 형상 불량

용접 금속의 형상 불량으로는 비드의 불량, 언더컷, 겹치기 등이 있다. 이들의 결함은 용접봉의 종류의 변경, 용접조건과 운봉법의 정상화, 용접자세의 안정화 등의 조작을 이용하여 개선할 수 있다. 이들의 결함은 적당한 측정기구를 사용하여 외관검사 등을 한다.

나. 구조상의 결함

주조상의 결함으로는 기공, 슬래그섞임, 비금속개재물, 융합 불량, 용입 부족, 언더컷, 용접과열, 표면 결함 등이 있다.

다. 성질상의 결함

용접 구조물에는 어느 것이나 기계적, 물리적, 화학적 성질에 일정한 요구가 있다. 따라서 이들의 요구를 만족시킬 수 없는 것은 넓은 의미의 결함이라 생각할 수 있다.

기계적 성질로서는 항복점, 인장강도, 연성, 경도, 충격치, 피로 등을 들 수 있다. 화학적 성질로서는 화학성분, 내식성 등이 있으며 물리적 성질로서는 열과 전자기적 성질이 있다.

〈표 10-15〉은 용접 결함에 대한 시험과 검사법을 나타낸 것이다.

표 10-15 용접 결함에 대한 시험과 검사법

용접결함	결함종류	시험과 검사
치수상 결함	변형	적당한 게이지를 사용하여 외관 육안검사
	용접부의 크기가 부적당	용착금속 측정용 게이지를 사용하여 육안검사
	용접부의 형상이 부적당	〃
구조상 결함	구조상 불연속 결함가공	방사선검사, 자기검사, 와류검사, 초음파검사, 파단검사, 현미경검사, 마이크로 조직검사
		〃
	슬래그섞임	〃
	융합불량	외관 육안검사, 방사선검사, 굽힘시험
	용입불량	외관 육안검사, 방사선검사, 초음파검사, 현미경검사
	언더컷	마이크로 조직검사, 자기검사, 침투검사, 형광검사,
	용접균열	굽힘시험
	표면결함	외관검사
성질상 결함	인장강도부족	기계적 시험
	항복점강도부족	기계적 시험
	연성부족	〃
	경도부족	〃
	피로강도부족	〃
	충격강도파괴	〃
	화학성분부적당	화학분석 시험
	내식성불량	부식시험

익힘문제

1 용접에서 기계적 접합과 야금적 접합의 차이점을 설명하시오.

2 용접의 종류를 열거하고 설명하시오.

3 가스 용접에서 가연성 가스로 아세틸렌 가스를 가장 많이 사용하는 이유는 무엇인가?

4 가스 용접 불꽃의 종류와 용도에 대하여 설명하시오.

5 산소 용기와 용해 아세틸렌 용기를 취급할 때 주의할 점에 대하여 설명하시오.

6 가스 용접 토치에서 팁의 능력은 어떻게 나타내는가?

7 피복 아크 용접 회로를 그려서 명칭을 쓰시오.

8 아크 길이가 용접에 끼치는 영향을 설명하시오.

9 직류와 교류 아크 용접기를 구분하여 종류와 특성을 쓰시오.

10 피복 아크 용접봉의 규격에서 'E4316'에 대해 설명하시오.

11 불활성 가스 아크 용접의 청정 작용에 대해 설명하시오.

12 서브머지드 아크 용접의 원리를 설명하시오.

13 전기 저항 용접의 원리와 3대 요소에 대하여 설명하시오.

14 용접결함을 세 가지로 대별하고 어떠한 결함이 있는지 설명하시오.

memo

금 속 가 공 학 Chapter

11

금속의 기계가공

Chapter 11

금속가공학

금속의 기계가공

제1절 | 기계가공 작업 종류

1 기계 가공법

재료의 선택된 부분을 제거함으로써 원하는 형태로 만드는 가공법이다. 대부분의 기계가공은 공구와 재료의 상대적 운동으로 재료의 국부를 변형시킴으로써 이루어진다. 대부분의 기계가공법은 기계적 에너지를 이용하는 것이 보통이지만 화학에너지, 전기에너지, 열에너지를 이용한 새로운 금속제거방법도 있다.

높은 치수공차, 양호한 표면상태를 가진 복잡한 모양의 물체를 만들기 위하여 기계가공을 하는 것이 보통이다. 기계가공은 열간압연, 단조, 주조 같은 1차가공법으로 만들어진 물체에 행하여지는 것이 보통이기 때문에 2차가공법에 속한다. 모든 부품의 약 80% 이상이 기계가공을 받은 후 완성된다. 기계가공법과 공작기계는 매우 다양하다.

표면이 얼마나 쉽고 정확하게 기계가공될 수 있는가는 표면이 기계와 공구의 절삭날의 운동에 얼마나 잘 맞추어져 있는가에 달려 있다. 표면은 공작기계에 의해 두 가지 방법으로 만들어진다. 첫째는 성형공구(forming tool)를 이용하는 것이다. 성형 공구는 표면에 만들어질 모양에 맞도록 만들어져 있다. 예를 들면, 절삭날에 노치를 가진 공구로 가공하면 기계가공된 표면에 융기된 리브를 만들 수 있다. 둘째 방법은 재료의 길이를 따라 절삭공구를 넣었다 뺐다 하는 것이다. 성형 공구는 융통성이 부족하고 가격이 비교적 비싸지만 대량생산에 알맞다. 홑날이나 여러 날 공구로 절삭하여 단순한 원주외의 모양을 만들기 위해서는 그 방향으로 공구를 움직일 필요가 있다. 1차운동은 공구의 정면이 재료에 접근하도록 공구와 재료 사이의 상대운동을 일으키게 하기 위하여 공작기계가 하는 운동이다. 이송운동은 일차운동에 더하여질 때 칩의 제거가 반복되거나 계속되게 하며 요구하는 모양의 표면을 만들기 위하여 공구나 재료에 가해지는 운동이다. 이송운동이 흡수하는 동력은 일차운동보다 훨씬 작다.

몇 개의 예외를 제외하고는 공작기계는 두 가지로 크게 나눌 수 있다. 즉, 회전 표면을 만드는 기계와 직선운동으로 평평한 면이나 성형면을 만드는 기계이다, 선반과 같은 기계에서 표면을 기계가공하는데 필요한 상대운동을 [그림 11-1 (a)]에 나타내었다. 절삭속도 v, 절삭깊이 d, 이송 f가 주파라메터이다. 길이 L_w의 원주면을 선반가공하기 위하여는 재료를 L_w/f 회전할 필요가 있다. 만일 분당 재료의 회전수를 n_w라고 하면 한 패스에 걸리는 시간 t는

$$t = L_w/fn_w$$

만일 공구가 중공원통의 내부에서 작용하면 보오링 공작이 된다([그림 11-1 (b)]).

매우 무거운 제료는 수직보오링기에서 기계가공되는데, 재료가 수직축을 중심으로 회전한다. 셰이핑은 하나의 끝을 가진 공구가 재료 위에서 직선적으로 왕복운동하는 기계가 기계가공법이다.([그림 11-1 (c)]). 평평한 면을 만들기 위해 가장 많이 사용되는 방법 중의 하나는 밀링이다([그림 11-1 (d)]). 밀링커터는 여러 날 공구이다.

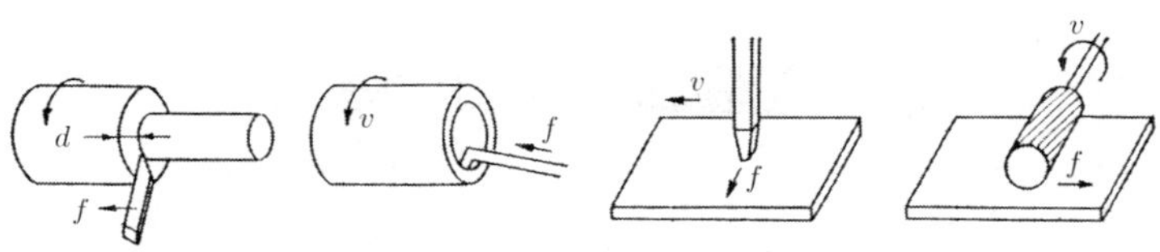

(a) 선반가공 (b) 보오링 (c) 셰이핑 (d) 슬랩밀링

그림 11-1 기계가공법

2 기계가공의 역학

2차원기계가공(2차원 절삭)의 간단한 모형을 [그림 11-2]에 나타내었다. 공구는 윗면경사각 α, 여유각 θ, 쐐기각 ω으로 나타낼 수 있는 하나의 끝을 가진 공구이다.

여기서, $\alpha+\theta+\omega = 90°$

공구의 경사면은 칩이 가공된 면을 떠날 때 스쳐가는 면이다. 공구에 가해지는 힘은 공구 앞의 금속에 심한 전단작용을 일으킨다. 칩 속의 금속은 변형되지 않은 칩두께 t_0로부터 두께 t_c의 칩으로 됨에 따라 심하게 변형된다.

칩두께비(절삭비) $r = t_0/t_c$

는 쉽게 측정할 수 있으며, 보통 $r \approx 0.5$이다. 칩을 만든다는 것은 금속을 10^3/초 이상의 변형속도에서 큰 소성변형률(r = 2 ~ 4)까지 변형시키는 것이다. 전단면 인근에 심한 전단의 국부가 있지만 간단히 하기 위하여 이것을 전단면이 전단각 ϕ에서 일어난다고 나타내는 것이 보통이다.

경사각 α, 전단각 ϕ, 칩두께비 r 상호간의 관계는 [그림 11-3]으로부터 구할 수 있다.

$$r = \frac{t_0}{t_c} = \frac{\sin\phi}{\cos(\phi - \alpha)} \quad \cdots\cdots (11\text{-}1)$$

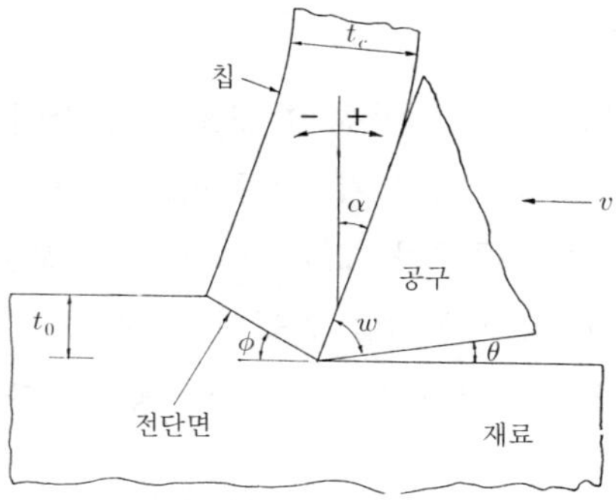

그림 11-2 2차원 절삭가공

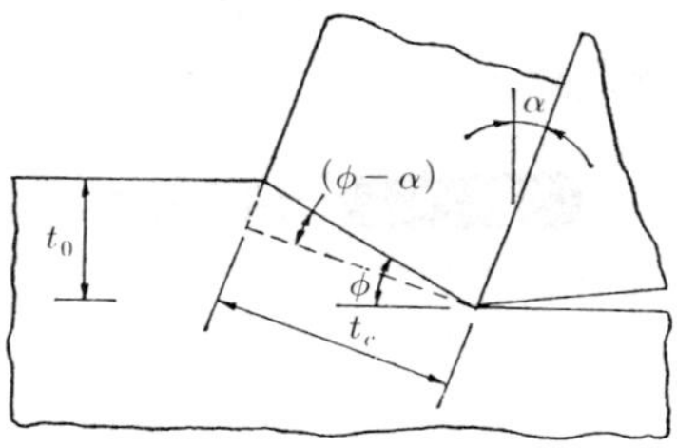

그림 11-3 경사각, 전단각, 절삭비의 상호관계

$$\text{또는 } \tan\phi = \frac{r\cos\alpha}{1 - r\sin\alpha} \quad \cdots\cdots (11\text{-}2)$$

그러므로, 절삭을 한 후 결정된 칩두께비 r을 이용하여 기계가공작업중 존재하는 전단각 ϕ를 결정할 수 있다. 소성변형 중 체적변화가 없고 칩의 폭 b가 일정하기 때문에 칩길이 L_c와 칩이 나온 재료의 길이 L_w의 비를 측정하여 r을 구할 수 있다. 만일 L_w를 모른다면 칩의 무게 W_c를 측정하고 금속의 밀도 ρ를 이용하여 계산할 수 있다.

즉, $L_w bd = W_c / \rho$

만일 절삭에서의 변형이 [그림 11-4]와 같은 단순한 전단이라고 가정하면 기계가 공에서의 전단변형률을 계산할 수 있다. 원래의 요소 $BCDF$ 가 $ACDE$로 전단되었다. 전단변형률 r은

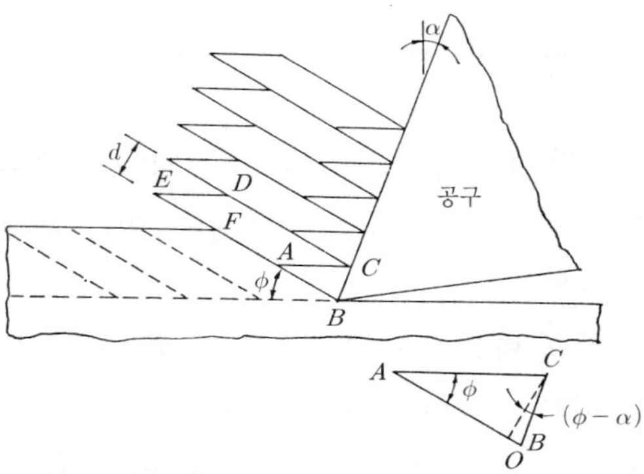

그림 11-4 기계가공에서의 평균 전단변형률

$$r = \frac{AB}{CO} = \frac{AO}{OC} + \frac{OB}{OC} = \cot\phi + \tan(\phi - \alpha) \quad \cdots\cdots (11\text{-}3)$$

곧은 칩에 대하여는 절삭에서 3개의 속도가 결정되어야 한다. 절삭속도 v는 재료와 공구간의 상대속도이다. 공구면과 칩의 상대속도를 칩속도 v_c라고 한다. 재료와 칩간의 상대속도를 전단속도 v_s라고 한다. 질량의 연속성으로부터 $vt_0 = v_c t_c$

그러므로,

$$r = \frac{t_0}{t_c} = \frac{v_c}{v} \quad \cdots\cdots (11\text{-}4)$$

이들 3개의 속도는 [그림 11-5]에 나타낸 바와 같은 관계가 있다. [그림 11-5]로부터 절삭속도와 칩속도의 벡터합은 전단속도 벡터와 같다는 것을 알 수 있다. 기하학적으로 다음 관계를 구할 수 있다.

$$v_s = \frac{v\cos\alpha}{\cos(\phi - \alpha)} \quad \cdots\cdots (11\text{-}5)$$

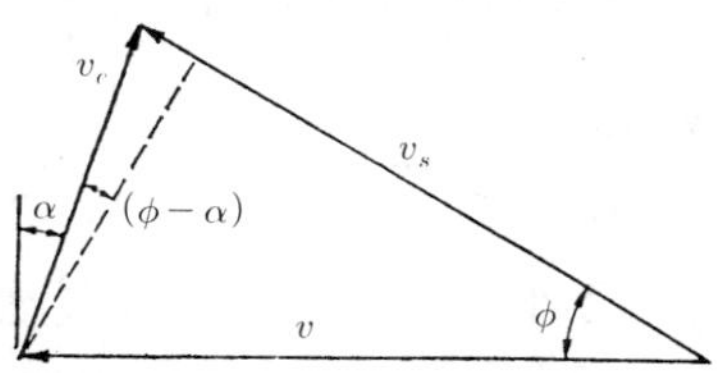

그림 11-5 2차원 절삭에서의 속도관계

v_s를 알기 때문에 절삭에서의 전단변형속도를 구할 수 있다.

$$\dot{r} = \frac{dr}{dt} = \frac{v_s}{d} \quad \cdots\cdots (11\text{-}6)$$

여기서 d는 전단역의 두께인데 약 $10^{-3} \sim 10^{-4}$cm정도이다. $\phi = 20°$, $\alpha = 5°$, $v = 200$m/분, $d = 10^{-3}$cm로 잡아 계산하면 $\dot{r} = 3.4 \times 10^5$/초가 얻어진다. 이 값은 고속금속가공에서의 변형속도보다 10의 수지수배 크다.

금속절삭에 작용하는 힘과 응력을 고려한다. [그림 11-6]에서 P_R은 공구면과 칩 사이의 합력이며, $P_{R'}$는 전단면을 따른 재료와 칩 사이의 합력이다(P_R과 $P_{R'}$의 크기는 같고 방향은 반대이다). 이들 합력을 몇 개의 성분으로 분해하는 것이 편리하다. 공구의 경사면에 수직인 성분을 F_h, 접선성분을 F_t로 나타내었다. 그러나 금속절삭에서의 힘을 흔히 스트레인 게이지 공구대 동력계로 측정한다.

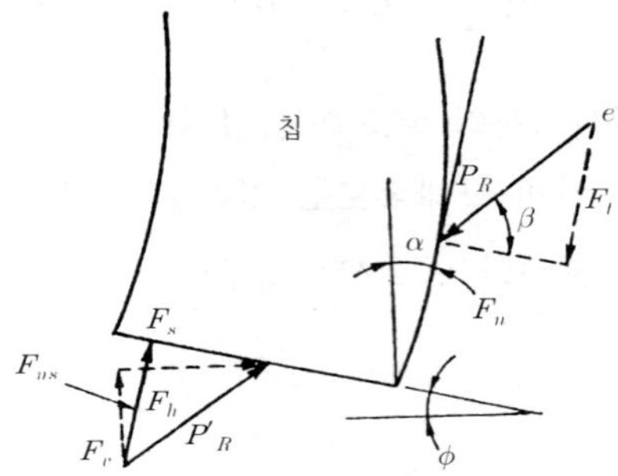

그림 11-6 2차원 절삭에서의 힘의 성분

이 동력계로는 절삭에서의 수평힘 F_h와 수직힘 F_v를 별도로 측정할 수 있다.

$$F_t = F_h \sin\alpha + F_v \cos\alpha$$
$$F_n = F_h \cos\alpha - F_v \sin\alpha \quad \cdots\cdots (11\text{-}7)$$

만일 절삭힘의 성분을 안다면 공구면에서의 마찰계수는 다음 식으로 표시된다.

$$\mu = \tan\beta = \frac{F_t}{F_n} = \frac{F_v + F_h \tan\alpha}{F_h - F_v \tan\alpha} \quad \cdots\cdots (11\text{-}8)$$

합력은 전단면과 평행한 성분 F_s와 수직성분 F_{ns}로 분해할 수 있다.

$$F_s = F_h \cos\alpha - F_v \sin\phi$$
$$F_{ns} = F_n \sin\alpha + F_v \cos\phi \quad \cdots\cdots (11\text{-}9)$$

평균 전단응력 τ는 F_s를 전단면의 면적($A_s = bt_0/\sin\phi$)으로 나눈 값이다.

$$\tau = \frac{F_s}{A_s} - \frac{F_s \sin\phi}{bt_0} \quad \cdots\cdots (11\text{-}10)$$

수직응력 σ는

$$\sigma = \frac{F_{ns}}{A_s} = \frac{F_{ns} \sin\phi}{bt_0} \quad \cdots\cdots (11\text{-}11)$$

절삭에서의 전단응력이 에너지소요에 영향을 미치는 주인자이다. 이러한 전단응력의 합당한 값을 큰 변형속도와 매우 큰 변형률을 고려한 전위모델을 이용하여 예측하였다.

힘을 측정하여 절삭에서의 전단응력을 계산하려면 전단각 ϕ를 알 필요가 있다. 이 각은 절삭과정을 갑자기 중단하고 전단역을 결정하기 위한 현미경법을 이용하여 실험적으로 측정할 수 있다. 그러나 ϕ를 더 쉽게 구할 수 있는 다른 파라메터로부터 구할 수 있다면 편리할 것이다. Merchant는 절삭하는데 소요되는 일을 최소로 하는 각으로 전단면이 놓일 것이라고 가정하여 다음과 같은 결과를 얻었다.

$$\phi = \frac{\pi}{4} + \frac{\alpha}{2} = \frac{\beta}{2} \quad \cdots\cdots (11\text{-}12)$$

Lee와 Schaffer는 슬립선장이론을 이용하여 다음 결과를 얻었다.

$$\phi = \frac{\pi}{4} + \alpha - \beta \quad \cdots\cdots (11\text{-}13)$$

실험값은 위의 두 관계식으로 구한 값 사이에 놓이지만 크게 벗어나는 경우도 있다. 그러나 식(11-13)이 일반적으로 더 낫다. 이러한 관계식으로부터 경사각이 같을 경우에는 마찰이 작을수록(β가 더 작다) 전단각이 커진다. 이렇게 되면 전단변형률이 작아지기 때문에(식 11-3) 칩은 얇아지고 칩에서의 변형은 덜 심하게 된다.

금속절삭에서 흥미로운 점은 전단면상에 작용하는 평균 전단응력은 절삭속도, 절삭깊이, 이송, 경사각에 관계없이 일정하지만 수직응력은 절삭조건에 따라 변한다는 것이다. 절삭에서의 전단응력은 여러 가지 변형속도와 온도에서 결정한 유동응력과 관련이 있다.

절삭에 소요되는 동력은 $F_h v$이다. 단위시간당 제거되는 금속의 체적(금속제거속도) Z_w은

$$Z_w = bt_0 v$$

그러므로 단위체적당 에너지 w는

$$w = \frac{F_h v}{Z_w} = \frac{F_h v}{bt_0 v} = \frac{F_h}{bt_0} \quad \cdots\cdots (11\text{-}14)$$

여기서, b는 칩의 폭이며, t_0는 변형되지 않는 칩의 두께다. 단위체적의 금속을 절삭하는 데 소요되는 이 에너지를 비절삭에너지라고 한다. 비절삭에너지는 절삭되는 재료, 절삭속도, 이송, 경사각, 기타 기계가공 인자에 따라 달라진다. 그러나 절삭속도가 크면 (분당 약 200m 이상) 비절삭에너지는 절삭속도와는 무관해지게 되어 절삭에 필요한 힘의 대략값을 알 수 있게 된다. 여러 가지 재료와 기계가공법에 대한 비절삭에너지값을 [그림 11-7]에 나타내었다. 절삭에 필요한 총에너지는 여러 가지 성분으로 나눌 수 있다.

① 전단역에서의 총변형을 시키는데 필요한 에너지
② 공구면 위로 칩이 미끄러짐으로써 생기는 마찰에너지
③ 칩을 마는데(굽히는데) 필요한 에너지
④ 금속이 전단면을 지날 때의 운동량변화와 관련된 운동량에너지
⑤ 새로운 표면을 만드는 데 필요한 에너지

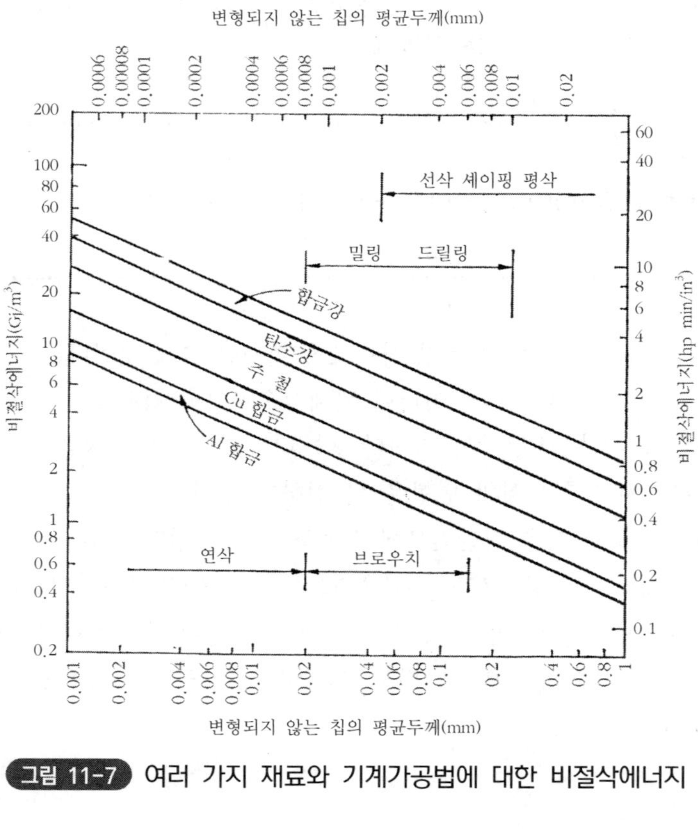

그림 11-7 여러 가지 재료와 기계가공법에 대한 비절삭에너지

전형적인 기계가공에서는 전단에너지가 총에너지의 약 75%이고 마찰에너지가 25%이며 나머지 세 가지와 관련된 에너지는 무시할 수 있다.

지금까지 설명한 기계가공의 모델은 지나치게 간단한 것이다. 근본적으로 이 모델은 국부전단면에서 심한 전단으로 연속적인 칩이 생기는 2차원 절삭을 고려한 것이다. 이제 이러한 단순화된 모델에서 벗어나는 점을 고려하자.

기계가공에서 생기는 칩을 대략 세 가지로 분류한다. 연속칩은 정상조건 하에서 연성재료를 절삭할 때 얻어지는 칩이다([그림 11-8]). 이 형태의 칩은 금속절삭의 기초연구에 이용되고 있지만 실제 작업에서는 긴 연속칩은 취급과 제거의 문제를 제기한다. 그러므로 보통 공구의 경사면에 칩브레이커를 붙여 칩을 굽혀 짧게 깨어지게 한다([그림 11-9]).

그림 11-8 연속칩

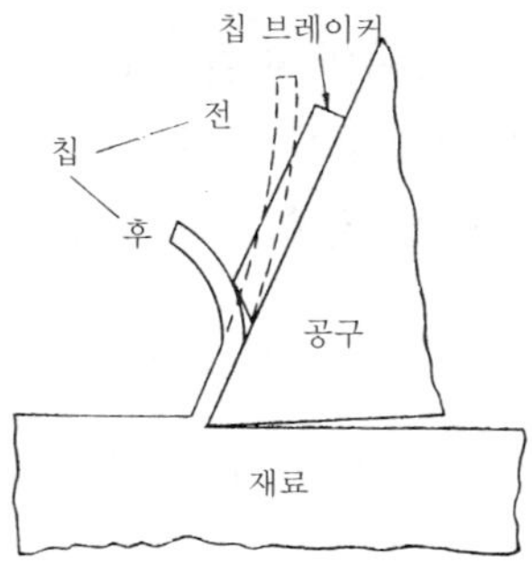

그림 11-9 칩브레이커의 작용

칩과 공구의 경사면 사이의 마찰이 큰 조건에서는 칩이 공구면에 용접이 될 수도 있다. 칩재료의 축적([그림 11-10])을 built up edge(BUE)라고 한다. BUE는 절삭날 대신 역할을 하며, 칩과 공구 사이의 주접촉부는 BUE를 통해서다. 주기적으로 BUE는 떨어져나가고, 일부는 칩의 뒷면에 남아 있고 일부는 가공된 면에 용접되어 있다. 그러므로 BUE 때문에 표면이 거칠어진다. BUE는 이송이 크고 경사각이 작을 때 가장 많이 생긴다. 1조의 기계가공 파라메터에 대하여 어느 절삭속도 이상에서는 BUE가 생기지 않는다. 불연속 칩은 취성재료의 절삭가공시

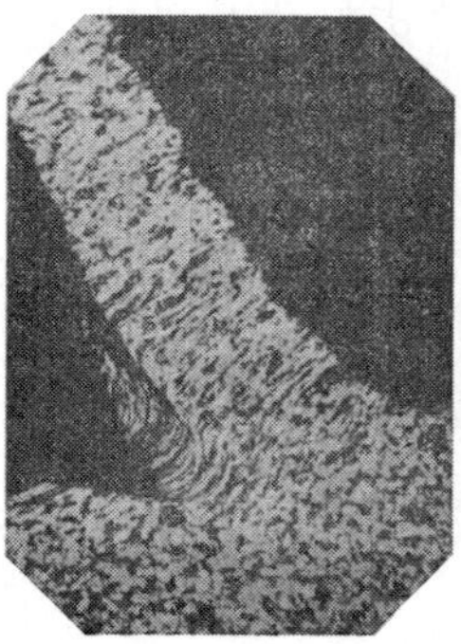

그림 11-10 BUE를 가진 칩

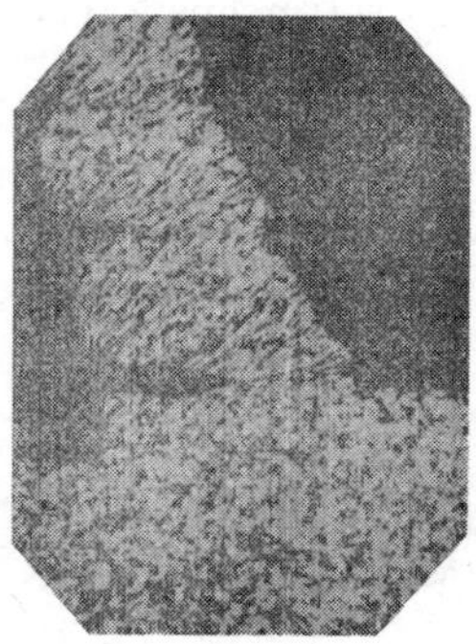

그림 11-11 불연속 칩

생긴다. 취성재료는 기계가공시 가해지는 큰 전단변형을 지탱할 수 없기 때문에 파괴가 일어난다([그림 11-11]). 기계가공시 불연속 칩이 생기는 전형적인 재료는 주철과 주조황동이지만 연성재료를 절삭할 때 속도를 매우 느리게 하고 이송을 크게 하면 불연속 칩이 생긴다.

전단된 칩을 만드는데 필요한 힘 외에도 더 많은 힘이 기계가공과정에 필요하다. 절삭공구는 결코 완전히 날카로운 것이 아니다. 그러므로 공구날이 재료를 "가른다". 절삭깊이가 클 경우에는 가르는 힘이 총절삭힘의 작은 부분에 지나지 않지만 절삭깊이가 작을 경우에는 총절삭힘의 상당부분을 차지한다. 이 때문에 "크기효과"가 생긴다. 즉, 연삭같이 매우 얇은 칩이 생기는 가공의 비절삭에너지는 두꺼운 칩이 생기는 가공의 경우보다 크다. 칩과 공구의 경사면 사이의 마찰력도 계산하기 어렵다. 접촉면을 따라서도 미끄름마찰영역 뿐 아니라 부착마찰영역이 있다. Zorev는 이 경우를 분석하였다.

실제 기계가공작업은 복잡하기 때문에 기계가공힘 F_h를 다음 실험식으로 나타낼 경우가 많다.

$$F_h = kd^a f^b \quad \cdots\cdots (11\text{-}15)$$

여기서 d는 절삭깊이, f는 이송, k는 경사각의 함수인데 경사각이 1° 증가하면 약 1% 감소한다.

3 3차원 기계가공

지금까지 2차원 기계가공에 대하여 검토하였다. 2차원 기계가공에서는 절삭날이 절삭속도 벡터와 수직이다. 몇몇 기계기공법(표면 브로우치작업, 선반 절단작업, 평밀링)만이 이 범주에 속할 뿐이고 대부분의 실제 기계가공작업은 3차원적이다. 2차원 기계가공과 3차원 기계가공을 [그림 11-12]에 나타내었다. 2차원 절삭의 경우 공구를 x축을 중심으로 회전하면 절삭의 폭이 변하고 y축을 중심으로 회전하면 윗면경사각이 변한다. 그러나 만일 공구를 z축을 중심으로 각 i(inclination 각)만큼 회전하면 절삭과정에 큰 변화가 일어난다. 이렇게

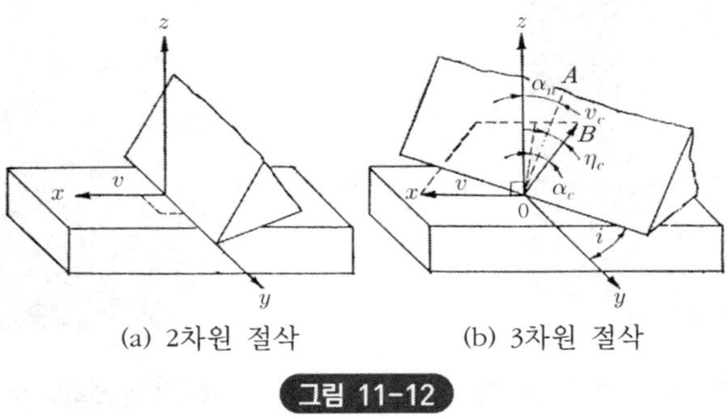

(a) 2차원 절삭 (b) 3차원 절삭

그림 11-12

되면 칩은 결코 절삭날과 수직한 길(길 OA)을 따라 공구면 위로 스쳐가지 않고 그 수직방향으로부터 칩유동각(칩흐름각) η_c만큼 기울어진 길 OB를 따라 유동한다.([그림 11-13]). 칩유동각은 다음 관계식을 이용하여 실험적으로 구할 수 있다.

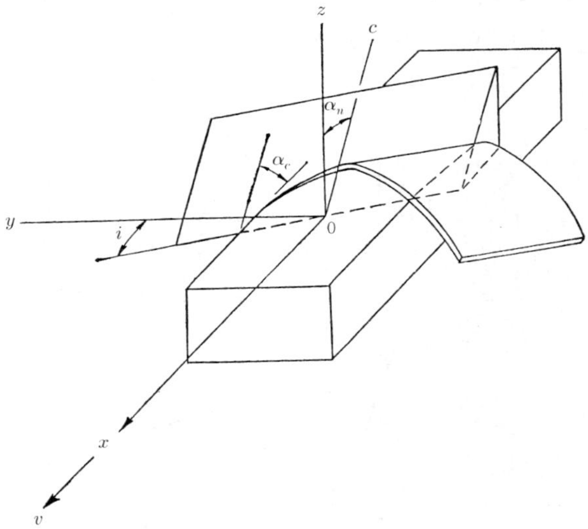

그림 11-13 3차원 절삭시 칩의 유동

$$\cos\eta_c = \frac{b_c}{b/\cos i} \quad \cdots\cdots (11\text{-}16)$$

여기서 b_c는 칩의 폭이고 b는 절삭될 재료의 폭이다. 만일 3차원 절삭을 절삭속도 v와 칩속도 v_c로서 만들어지는 평면상에서 해석하면 2차원 절삭으로 취급할 수 있다. 각 ZOA를 수직경사각 α_n이라고 한다. 이것은 i와는 무관한 공구의 형태성질이다. $i=0$일 때 α_n는 2차원 절삭의 경사각과 같아진다. 유효경사각 α_e는 v와 v_c를 지나는 평면상의 v의 수선과 v_c사이의 각이다. 기하학적 형태로부터

$$\sin\alpha_e = \sin\eta_c \sin i + \cos\eta_c \cos i \sin\alpha_n \quad \cdots\cdots (11\text{-}17)$$

Staebler에 의하면 근사적으로 $\eta_c = i$가 성립한다. 그러므로 식 (11-17)은

$$\sin\alpha_e \approx \sin^2 i + \cos^2 i(\sin\alpha_n) \quad \cdots\cdots (11\text{-}18)$$

i와 α_n은 쉽게 결정될 수 있기 때문에 α_e는 계산할 수 있고 2차원 절삭에 대한 식을 이용하여 3차원 절삭에 대한 것을 예측할 수 있다. 식 (11-18)로부터 i가 증가하면 경사각이 증가함을 알 수 있다. 2차원 절삭에 대하여 이미 설명한 바와 같이 윗면경사각이 증가하면

칩의 전단변형이 감소하고 따라서 절삭힘, 단위체적당 에너지, BUE의 경향이 감소한다.

가장 보편적인 3차원 절삭공구는 보통 선반공구이다([그림 11-14]). 이것은 대부분의 실제 3차원 절삭공구와 같이 동시에 절삭하는 2개의 절삭날을 가지고 있다. 절삭공구의 형태를 표시하는 7개의 계수코우드는 ANSI(American National Standard Institute)의 코우드이다. 나라에 따라 전혀 다른 표기법이 사용되고 있다.

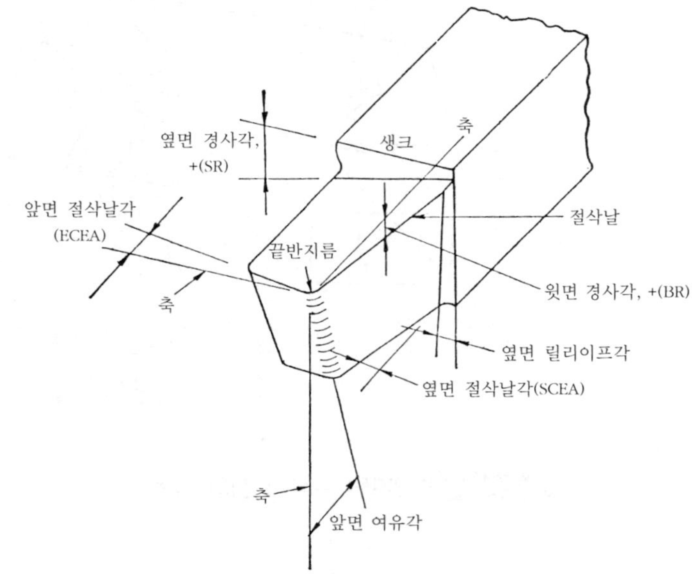

(a) 전형적인 바른손 절삭공구 용어

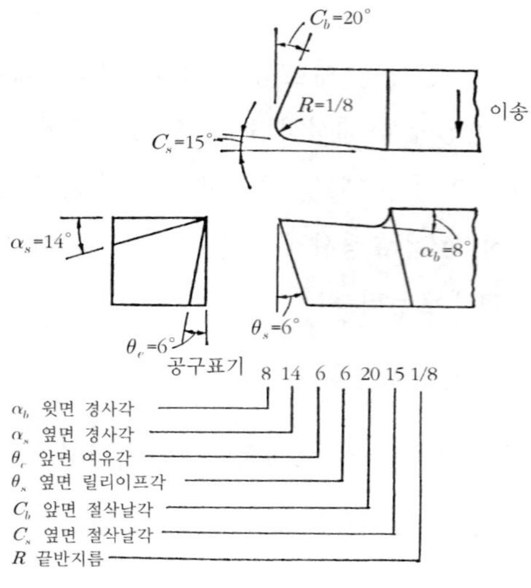

(b) 공구명칭

그림 11-14

제2절 | 금속의 절삭

1 금속절삭 온도

대부분의 기계가공작업이 상온에서 이루어지지만 소성변형이 크고 변형속도가 매우 큰 관계로 온도가 상당히 올라간다.

이 온도의 상승은 공구재료의 선택, 공구의 수명, 윤활방식의 형태와 중요한 관계가 있다. 칩을 형성하는데 필요한 전단에너지는 거의 전부 열로 변한다. 칩과 공구의 위의 경사면 사이의 높은 압력과 상대속도로 마찰함으로써 열이 생기기도 한다. 이러한 마찰 때문에 2차 변형대가 칩과 공구계면 인근에 생기고 이 때문에 또한 열이 발생한다.

열전달은 절삭속도에 따라 크게 달라진다. 절삭속도가 매우 느리면 전도가 주로 재료로 일어날 시간이 있을 것이고 따라서 거의 등온조건이 될 것이다. 정반대로 절삭속도가 매우 빠르면 열전도가 일어날 시간이 거의 없어서 준단열조건이 되어 칩에 국부적으로 높은 온도가 생기게 된다. 보통의 기계가공조건은 이러한 극단의 경우 사이에 있게 된다.

금속절삭에서 발생하는 온도에 대한 데이터는 무차원수 $R_t = \kappa / vd$, 여기서 κ는 열확산율, v는 절삭속도, d는 절삭깊이다. R_t는 열수(thermal number)라고 한다. 만일 발생하는 열 전부가 칩으로 가게 되면 단열온도는 다음과 같다.

$$T_{ad} = \frac{U}{\rho c} \quad \text{(11-19)}$$

- U : 비절삭에너지
- ρ : 가공재료의 밀도
- c : 가재재료의 비열

절삭속도가 작은 경우에 온도가 식(11-19)로 계산되는 온도보다 낮다. 칩과 공구계면에서의 대략온도는 다음 식으로 표시된다.

$$\frac{T_m}{T_{ad}} = c\left(\frac{1}{R_t}\right)^p \quad \text{(11-20)}$$

여기서 $c \approx 0.4$, 치수 p는 $\frac{1}{3} \sim \frac{1}{2}$ 범위에 있다. 칩온도의 더 완전한 분석은 여러 저자들에 의해 행하여졌다.

2 절삭유

앞에서 설명한 바와 같이 기계가공시에는 칩과 공구계면에 큰 마찰이 생기고 국부적으로 온도가 높다. 그러므로 이러한 효과를 줄이기 위하여 대부분의 실제 절삭작업에는 절삭액을 사용한다. 절삭액의 주역할은

① 마찰과 마멸을 줄이고
② 절삭면에서의 열발생을 줄이고
③ 절삭면으로부터 칩을 씻어내고
④ 새로이 절삭된 표면이 부식되는 것을 막는 것이다.

③, ④의 역할이 실제로 중요하지만 ①, ②의 역할이 절삭액의 주역할이다. 이러한 역할로부터 생기는 중요한 실질적 목적은 공구의 수명을 늘리고, 표면상태를 향상시키고 절삭힘과 동력소모를 감소시키며, 재료의 열변형을 감소시키는 것이다. 절삭액은 액체인 것이 보통이지만 기체일 수도 있다. 고체윤활제도 피절삭성을 향상시키는 역할을 한다.

절삭액에는 두 가지 기본종류가 있는데 이것은 섬유기불용액(비수용성 절삭유)과 수화성 유체(수용유)이다. 어떤 특수한 목적을 달성하기 위하여 이러한 기본 절삭액과 함께 첨가제가 많이 사용된다. 첫째 종류의 절삭액은 광물성유, 지방유, 황 또는 염소 중 한가지 또는 하나 이상을 함유하는 수가 있다. 수용유는 수중에 지방유, 지방산, 습윤제, 유화제, 황, 염소, 방청제, 살균제 중 몇 가지를 함유하는 수가 있다. 물의 비열은 어떠한 다른 절삭액의 비열의 거의 2배가 되고 수기절삭액이 유기절삭액보다 더 좋은 냉각제이기 때문에 고속기계가공에 사용되는 경향이 있다. 수기절삭액은 유기절삭액보다 더 경제적이기도 하다. 석유기절삭액이 더 좋은 윤활유이며, 저속절삭에 더 많이 사용된다. 절삭액의 선택은 경험에 의하는 수가 많다.

절삭에서 새로 생기는 표면은 깨끗하고 뜨겁기 때문에 화학반응이 일어나기 쉬운 자리이다. 절삭액에 첨가된 황과 염소가 새로 생긴 금속표면과 반응하여 황화물이나 염화물을 형성한다. 일반적으로 이러한 화합물은 전단강도가 작기 때문에 마찰을 감소시킨다. 염화물은 대개 황화철보다 전단강도가 더 작지만 염화물을 형성시키는데 더 많은 시간이 걸린다. 그러므로 염소를 첨가한 액이 저속과 경화중의 절삭에는 좋지만 고속과 중화중의 절삭에는 황화물만큼 효과가 좋지 않다. 넓은 범위의 기계가공조건에서 윤활을 효과 있게 하기 위하여 황과 염소를 함께 첨가하는 것이 보통이다.

절삭액은 여러 과정으로 칩과 공구계면에 도달한다. 칩이 얇은 경우에는 절삭액이 칩 속의 금속의 심하게 변형된 구조를 통하여 확산할 수 있다고 한다. 일반적으로 칩의 뒷면이 공구의 경사면과 완전히 접촉되어 있지 못하기 때문에 표면장력이 작은 액체라야만이 모세

관 작용으로 이 틈을 침투해 들어갈 수 있다. 칩이 뜨겁기 때문에 절삭액이 종종 증기일 수 있고 이것이 좁은 틈을 더 쉽게 파고 들어갈 수 있다. 더욱이 염소화합물은 심하게 전단된 금속의 미세한 균열의 용접을 방해하여 칩과 공구계면으로의 많은 길을 공급한다고 한다.

고체윤활의 한 형태는 재료 자체에 절삭첨가물을 넣는 것이다. 예를 들면 납을 황동이나 강에 미세한 입자형태로 분산시키는 것이다. 이러한 연입금속을 절삭할 때 연이 절삭표면에 퍼져서 전단응력이 작은 계면이 얻어진다.

제3절 | 공구재료와 공구수명

1 공구재료

절삭공구는 고온에서 큰 힘을 받고 있으므로 마멸한다. 금속절삭에서는 세 가지형태의 마멸이 일어난다. 응착마멸에서는 공구와 칩이 국부돌기에서 용접되고 용접결합부의 파괴로 마멸이 일어난다.

연삭마멸은 칩이 공구의 경사면 위를 통과할 때 칩의 아랫면의 경립자와 공구면을 기계적 작용으로 스쳐 닳게 함으로써 생긴다. 경립자는 재료든 공구든 단단한 성분에서 생길 수도 있고 심하게 가공경화된 BUE의 파편에서 생길 수도 있다. 칩과 경사면 사이에 존재하는 고온과 접촉으로 공구재료가 공작물의 고체확산에 의해 마멸이 생길 수도 있다. 그러므로 좋은 절삭공구재료는 열간경도가 커야 하고 마멸저항이 크며 충분한 인성을 가지고 있어야 한다. 뿐만 아니라 절삭공구재료는 열충격저항이 좋아야 하고 공작물재료와 반응성이 작아야 한다. 그리고 성형하고 연삭하고 요구하는 형태로 날카롭게 하기 쉬워야 하며 경제적이라야 한다.

절삭공구에는 두 가지 형태의 마멸이 관찰된다. ① 측면마멸은 공구측면과 새로 생긴 표면간의 연삭으로 공구에 마멸 랜드가 생기는 것을 말하며 ② 크레이터마멸은 공구의 경사면에 원형크레이터가 생기는 것을 말한다.([그림 11-15]). 이 외에도 공구의 치핑 또는 파괴, 절삭날의 순화 또는 공구의 소성변형 같은 양상의 마멸이 있다. 크레이터마멸의 주원인은 칩과 공구의 경사면 사이의 계면에 생긴 고온으로 인한 확산마멸이다. 최고온도의 자리에 해당하는 공구끝에서 떨어진 거리의 공구와 칩의 접촉면의 대략 중앙부에 크레이터가 생긴다.

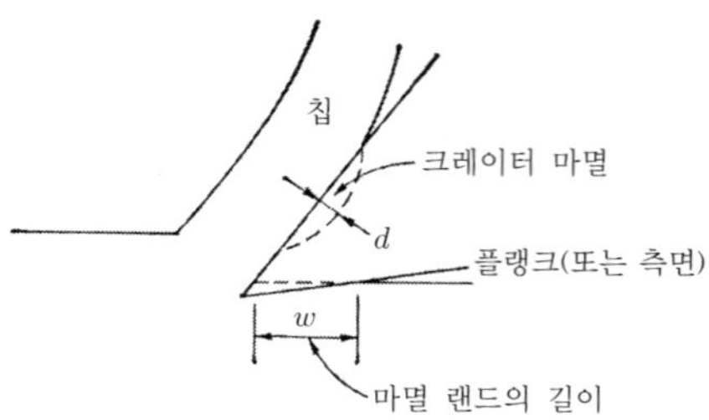

그림 11-15 측면마멸과 크레이터마멸

이 크레이터는 공구재료의 국부연화에 의해 가소되는 마멸과정에 의해 형성된다. 크레이터마멸은 크레이터 깊이 대 절삭시간으로 추적한다. 크레이터 마멸속도가 어떤 온도 이상에서 급격히 증가하는 경우가 많다. 이 온도는 공구로부터 칩으로의 원자의 이동이 빠른 확산속도로 인해 가속되는 온도에 해당한다. 지배적인 마멸과정은 절삭속도에 따라 달라진다. 고속에서는 크레이터마멸이 지배적이고 저속에서는 측면마멸이 지배적이다.

측면마멸은 마멸 랜드의 길이와 절삭시간간의 관계로 나타내는 것이 보통이다([그림 11-16]). 이러한 전형적인 마멸곡선은 3영역으로 나눌 수 있다. 초기영역은 날카로운 절삭날이 깨어져서 마멸 랜드가 형성하는 영역이며, 그 다음은 마멸속도가 일정한 직선영역, 마지막으로 가속된 마멸영역이다. 크레이터의 깊이를 측정해도 비슷한 곡선이 얻어질 수 있다.

가장 오래된 절삭공구재료는 0.7 ~ 1.5% 탄소를 함유한 고탄소공구강이다. 이 재료는 주로 수냉열처리하며 저속절삭에 한하여 사용되는데, 그 이유는 150℃이상에서는 경도가 급격히 떨어지기 때문이다. Cr, V, W, Co 같은 합금원소를 첨가함으로써 열간강도를 향상시킬 수 있다.

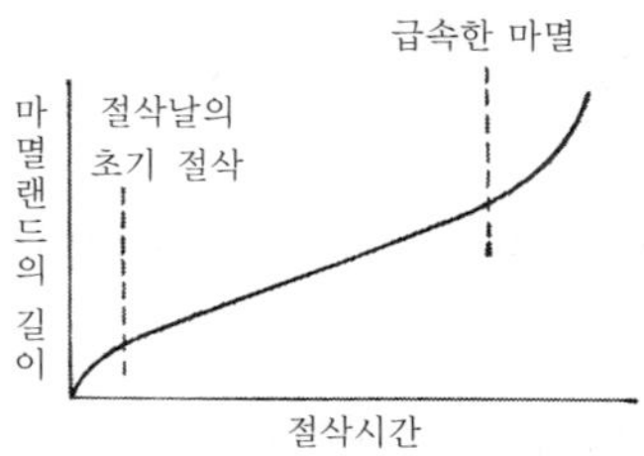

그림 11-16 절삭공구의 전형적인 마멸곡선

고속도공구강은 약 500℃까지 열간경도를 유지하며 탄소공구강의 2배의 절삭속도에서도 사용할 수 있다. 고속도강의 예로서 18-4-1(W-Cr-V) 강을 들 수 있으나 2차대전 이후 M-계열강이 가장 보편적으로 사용되고 있다. 이 강은 W의 대부분을 M_o으로 대치한 것이다. 가장 널리 쓰이는 M-2고속도강은 6%W - 4%Cr - 2%V - 5%M_0을 함유하고 있다.

비철주조공구은 전형적인 조성이 40%Co - 35%Cr - 20%W로 되어 있다. 이 재료의 구조는 주로 복잡한 금속간화합물인데 이 화합물은 이 화합물은 약 800℃까지 유용한 경도를 유지한다. 재료가 취성을 띠고 있기 때문에 원하는 형태로 만들기 위하여는 주조를 해야 하고 충격과 진동이 심하지 않는 상태에서 사용된다.

초경공구는 그 재료가 연성의 금속소지 속에 내열내화탄화물이 박혀 있는 것이다. 이것은 액상소결하여 만든다. 탄화물로는 탄화텅스텐이 주고 연성의 금속으로는 Co인데 이것이 점결제 역할을 한다. 강을 절삭할 때 크레이터마멸을 최소로 하기 위하여 탄화텅스텐에다 탄화티탄과 탄화탄탈을 첨가하는 것이 보통이다. 초경공구는 그 팁을 강의 자루에 경납땜하여 사용하거나 많은 날을 가진 드로우어웨이팁 형태로 사용된다. 후자의 날을 공구대에 기계적으로 부착시킨다. 초경합금은 취성을 가지고 있으므로 파괴를 막기 위하여는 공구를 단단하게 지지해야 하고 진동 없이 사용해야 한다. WC-Co 공구 위에 매우 얇은 TiC나 TiN

층을 피복하면 점착과 확산의 효과를 감소시킬 수 있고 크레이터마멸을 줄일 수 있다.

소결 Al_2O_3의 산화물공구(또는 세라믹공구)는 초경합금보다 경도가 더 크고, 마멸저항이 더 좋고, 공구가 칩에 용접되는 경향이 적다. 이것은 매우 큰 압축강도를 가지고 있지만 WC보다 취성이 더 크다. 세라믹공구는 충격과 진동이 최소로 된 연속절삭에서 초경합금의 절삭속도의 2~3배의 절삭속도로 절삭할 수 있다. 공구파손은 단단한 공구대와 단단한 공작기계를 이용하면 줄일 수 있다. 금강석은 재료중 가장 높은 열간강도를 가지고 있다. 인조금강석은 1950년대 후반에 입방형 보론나이트라이드(CBN)는 1970년대 초반에 고온고압방법으로 생산되었다. 최근에까지 금강석과 CBN은 연삭에만 사용되었으나 1970년대 중반에 이들 재료를 WC 소지에 소결된 복합공구가 기계가공용으로 개발되었다.

2 공구의 수명

공구수명은 금속절삭에서 매우 중요한 인자이지만 이것을 명확하게 정의하기가 어렵다. 가장 보편적인 뜻으로는, 공구수명은 공구가 경제적으로 만족스러운 부품을 만들지 못하는 점으로 결정된다. 그러나 공구수명의 더욱 분명한 의미가 보통 사용된다. 이러한 의미중 하나로는 공구가 절삭하지 못할 때의 공구의 완전한 파괴를 들 수 있다. 더욱 전형적인 의미로는 공구수명을 평균 또는 최대허용마멸 랜드로 정의하는 것이 보통이다. 전형적인 값이 0.3mm이다. 자주 사용되지는 않지만 공구수명을 어떤 규정된 한계 이하로 표면정도가 나빠지는 것에 바탕을 두는 수도 있고 절삭력이 어떤 값 이상으로 증가하는 것에 바탕을 둘 수도 있고 진폭이 어느 한계값에 도달할 때를 기준으로 할 수도 있다.

절삭속도는 공구온도, 따라서 공수수명에 영향을 주는 가장 중요한 작업변수이다. 어떤 크기의 마멸 랜드에 도달하는데 걸리는 시간 t와 절삭속도 v와의 관계는 다음과 같다.

$$vt^n = \text{상수} \quad \cdots\cdots (11\text{-}21)$$

지수 n의 전형적인 값으로는 고속도강일 경우 0.1, 초경합금의 경우 0.2, 세라믹공구의 경우 0.4이다. 공구의 형태나 절삭조건이 상당히 변하면 상수의 값도 변한다. 이 식에 사용된 공구수명은 공구를 재연삭하는 사이의 절삭시간이지 공구를 버리기 전까지의 공구의 총수명이 아니다. 절삭속도가 공구수명에 영향을 주는 주인자이지만 이송 f와 절삭깊이 d도 중요한 인자이다. 그러므로 앞의 Taylor식(식 11-21)은 다음과 같이 확장된다.

$$vt^n d^x f^y = \text{상수} \quad \cdots\cdots (11\text{-}22)$$

Taylor 식은 완전히 실험식이라는 것을 인식하는 것이 중요하다.

간단히 요약하면 공구의 수명은 공구재료, 기계가공 인자, 절삭액, 공작물 재료의 성질에 따라 달라진다. 재료가 기계가공되는 능력을 기계가공성이라고 한다.

만일 공구마멸이 낮고, 공구수명이 길고, 절삭력이 작고, 칩이 길게 형성되지 않고 작은 환형으로 부스러지고 표면다듬질이 만족스럽다면 재료의 기계가공성 양호하다. 이것으로부터 알 수 있는 바와 같이 피절삭성을 과학적으로 정의하는데 어려움이 있다. 이러한 파악하기 어려운 재료의 성질을 평가하는데 수많은 기준이 있다. 그러므로 피절삭성을 평가하는데 표준시험법이 없다.

기계가공성을 평가하는 가장 보편적인 방법중 하나는 어떤 특정 공구수명, 예컨대 60분 또는 90분에 대한 절삭속도로 나타내는 것이다. 어떤 재료의 피절삭성은 표준재료와 비교된다. 그래서 상대기계가공성을 (재료 A의 v_{60})/(표준재료의 v_{60})으로 정의한다. 그러나 이러한 방법으로 피절삭성을 정의하는 것은 공구의 수명을 말하는 것과 같다. 만일 공구재료가 변하면 상대기계가공비가 변할 것으로 기대된다. 더욱이 이 방법은 생성된 표면다듬질 상태를 고려하지 않는다. 기본강도와 연성인자로부터 상대기계가공성을 예측하는데 다소 성공하였다.

3 연삭공정

연삭공정에는 소지(matrix)에 많은 단단한 재료의 입자가 결합된 연마휠이 이용된다. 연마철의 작용은 절삭날이 불규칙한 모양을 하고 있고 휠 면에서 불규칙하게 배열되어 있다는 것을 제외하고는 여러 날 절삭공구의 작용으로 생각될 수 있다. 각 입자가 하나의 짧은 칩을 제거하면서 점차 연삭두께가 증가한다. 그러나 입자의 모양이 불규칙하기 때문에 각 입자와 공작물 사이에 상당한 작용이 있다. 이 때문에 입자가 점차 마멸되어 날카로운 끝이 둔하게 되고, 마찰이 증가하기 때문에 입자에 작용하는 힘이 증가한다. 결국 입자에 작용하는 힘이 너무 커지게 되어 소지로부터 입자가 떨어져 나가 날카로운 입자가 새로이 노출되거나 낡은 입자가 파괴되어 새로운 절삭날이 생기든지 한다. 어느 경우든 숫돌차가 저절로 날카로워지는 특징을 갖고 있다. 그러나 다른 조건 하에서는 숫돌차가 둔한 입자와 미세한 부착칩이 들어 붙게 된다. 그렇게 되면 숫돌차면에 새로운 날카로운 절삭면이 나타나게 하기 위하여 금강석팁공구를 숫돌차면을 통과시켜 숫돌차를 드레스해야 한다.

연삭공정이 다른 기계가공방법과 구별되는 점이 몇 가지 있다. 이러한 차이점은 주로 절삭공구의 성질의 차이와 관계가 있다. 대부분의 절삭방법이 양의 경사각을 가진 공구로 행하여지는 반면, 연삭은 연삭입자의 모양 때문에 음의 큰 경사각을 가진 공구로 행하여지는 셈이 된다.

그러므로 입자가 공작물을 절삭한다기보다 미끄러지는 경향이 있다. 연삭에서의 절삭두께는 보통 매우 작으며(10^{-4}cm), 이 때문에 매우 작은 칩이 숫돌차나 공작물에 부착하기 쉽다. 결국 절삭에 필요한 비절삭에너지가 선반이나 밀링의 경우의 약 10배 이상이나 된다([그림 11-7]).

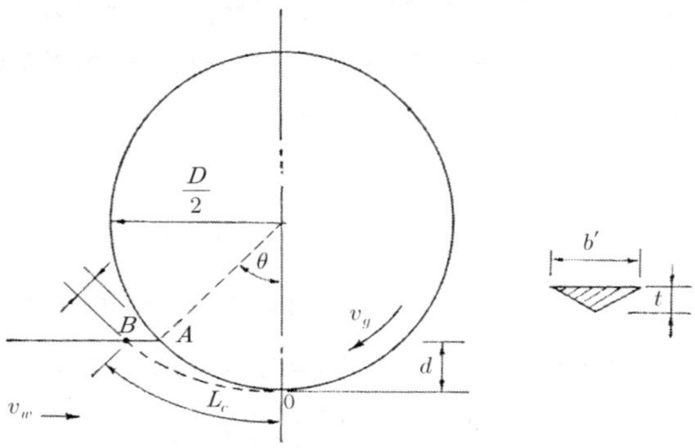

(a) 표면 연마과정 (b) 절삭칩의 단면

그림 11-17 표면 연마과정

다른 절삭방법에서는 에너지소비량의 약 5% 만이 다듬어진 표면에서 소비되고 대부분이 칩으로 소비된다. 연삭에서는 에너지의 70% 이상이 다듬어진 표면에서 소비된다. 이 때문에 상당한 온도상승이 있고 잔류응력이 생긴다.

연삭의 주응용 중의 하나는 다듬질작업에 있다. 다듬질작업에서는 표면을 정확한 치수로 다듬질할 수 있는 능력이 중요하다. 재래식 절삭공구로서 절삭될 수 없는 단단한 표면을 연삭할 수 있는 능력도 중요하다. 금속을 제거하는 것보다는 매우 평활한 표면을 얻기 위하여 연삭재를 사용하는 다듬질방법에 호우닝, 래핑, 슈퍼피니싱이 있다. 그러나 고속으로 금속을 제거하기 위하여 주로 사용되는 연삭의 한 분야가 있다. 예를 들면, 빌렛면삭, 주조품의 거치른 연마, 연마절삭작업 등이다.

숫돌차는 연마입자와 소지의 선택과 조절에 따라 그 성질과 하는 일이 광범위하게 달라질 수가 있다. 가장 널리 사용되는 숫돌차에는 Al_2O_3, SiC가 연삭입자로 사용된다. 특수한 성질을 얻기 위하여 이 재료와 Ti 산화물, Cr 산화물, V 산화물, Zr 산화물 등을 반응시켜 사용하는 수가 종종 있다.

정밀한 다듬질에는 금강석숫돌차가 점차 많이 사용된다. 숫돌차가 하는 일은 주로 결합강도에 의해 조절되는데, 결합강도는 사용되는 결합재의 종류와 양에 따라 달라진다. 가장 보편적인 결합재는 유리결합제, 경화된 물유리로 만든 규소결합제, 유기레진으로 만든 레진결합제, 고무결합제이다.

숫돌차의 결합도란 연삭입자가 기저에 결합된 정도를 말한다. 연질숫돌차는 경질숫돌차

보다 더 쉽게 다른 입자를 방출한다. 연삭입자의 결합제의 상대적 분량 및 입자간격을 숫돌차의 구조라고 한다. 구조는 숫돌차면의 단위면적당 절삭점의 수와 칩을 제거하기 위한 입자간격을 결정하는 인자 중의 하나이다. 유효입자간격에 관한 다른 하나의 인자는 입자의 크기이다. 개방구조를 가진 숫돌차는 칩제거가 쉽지만 밀폐구조를 가진 숫돌차에 비하여 연질숫돌차로 작용하는 경향이 있다.

연삭작업에 적당한 숫돌차는 그 결합이 날카로운 입자는 절삭하게 하지만 둔한 입자는 큰 힘을 받을 때는 파괴되든지 숫돌차에 떨어져 나가게 하는 것이다.

표면연마과정을 [그림 11-17]에 나타내었다. 숫돌차의 속도는 v_g, 공작물의 속도는 v_w이다. 숫돌차는 매우 빠른 절삭속도로 움직이지만(1000 ~ 5000m/분) v_w는 대개 20m/분이다. 연삭에서의 중요한 변수는 입자절삭깊이 t(보통의 금속절삭에의 변형되지 않는 칩두께와 유사하다)인데, 숫돌절삭깊이 d보다 훨씬 작다. 입자에 의해 제거된 금속의 양은 면적 OAB에 칩의 폭 b를 곱한 것과 같다.

칩의 평균 길이 L_c는

$$L_c \approx \frac{D}{2}\sin\theta \qquad (11\text{-}23)$$

$$\cos\theta = \frac{\frac{D}{2} - d}{\frac{D}{2}} = 1 - \frac{2d}{D} \qquad (11\text{-}24)$$

$$\sin^2\theta = 1 - \cos^2\theta = \frac{4d}{D} - \frac{4d^2}{D^2} \qquad (11\text{-}25)$$

2차항 $4d^2/D^2$을 무시하고 식 (11-25)를 식 (11-23)에 대입하면

$$L_c \approx \sqrt{Dd} \qquad (11\text{-}26)$$

단위시간당 제거된 칩의 총체적 V_c는

$$V_c = v_w bd \qquad (11\text{-}27)$$

이 칩의 단면은 근사적으로 3각형이다([그림 11-17]).

여기서 $r = b'/t \approx 10 \sim 20$

칩 하나의 평균 체적은 $b'tL_c/4 = rt^2L_c/4$. 단위시간당 생긴 칩의 수는

$$n = v_g bc \qquad (11\text{-}28)$$

여기서 c는 숫돌차 평방 cm당 활동입자의 수(보통 300).

단위시간당 제거된 재료의 체적은 $nV_c = v_w bd$

그러므로

$$v_g bc\frac{rt^2 L_c}{4} = v_w bd \qquad (11\text{-}29)$$

$L_c \approx \sqrt{Dd}$ 이므로

$$t = 2\sqrt{\frac{v_w}{crv_g}\sqrt{\frac{d}{D}}} \qquad (11\text{-}30)$$

위의 입자절삭깊이 t는 최대값이다. t의 평균값은 $\bar{t} = \frac{t}{2}$.

이 해석은 공작물의 표면이 평평한 표면연삭에 대한 것이다. 이 외에 두 가지 보편적인 연삭은 원통의 외면의 연삭(원통연삭)과 중공원통의 내면의 연삭(내면연삭)이다. 이 경우의 해석은 식(11-30)의 D대신 D_e를 대입하면 된다.

$$D_e = \frac{D_g D_w}{D_w \pm D_g} \qquad (11\text{-}31)$$

여기서 D_g는 숫돌차 지름이며, D_w는 공작물의 지름이다. +기호는 원통연삭의 경우에 사용되고 −기호는 내면연삭에 사용된다.

연삭에서의 비절삭에너지는

$$w = \frac{F_h v_g}{v_w bd} \qquad (11\text{-}32)$$

이미 설명한 바와 같이 w는 선삭의 경우보다 연삭의 경우가 훨씬 크다. w는 t에 따라 크게 변하며 근사적으로

$$w \propto 1/t \qquad (11\text{-}33)$$

만일 입자의 단면이 3각형이라고 가정하면 단일연삭입자에 작용하는 힘은

$$F_g = w\left(\frac{1}{2}b't\right) = \frac{1}{2}wrt^2 \qquad (11\text{-}34)$$

식(11-33)을 식(11-34)에 대입하면

$$F_g \propto rt \propto \sqrt{\frac{rv_w}{cv_g}\sqrt{\frac{d}{D}}} \qquad (11\text{-}35)$$

식(11-35)로부터 F_g의 값이 크면 클수록 입자가 더 쉽게 파괴되거나 떨어져 나가므로 숫돌차의 경도는 결합강도와 연삭조건에 따라 변한다. 어느 주어진 결합도를 가진 숫돌차의 경우 F_g가 크면 클수록 숫돌차는 더 연해 보인다. 그러므로 공작물속도나 절삭두께를 증가시키거나 숫돌차속도나 절삭점의 수를 감소시킴으로써 (더 개방적인 구조쪽으로 이동함), 경질숫돌차가 더 연하게 연삭하게 될 수 있다. 이미 지적한 바와 같이 연삭에는 절삭보다 단위체적당 더 많은 에너지가 필요하며, 이 에너지의 훨씬 큰 분량이 공작물의 온도를 올리는 데 소비된다. 이 문제의 정확한 해석은 아주 어렵지만 표면온도 T_w는 연삭된 단위표면적당 에너지에 따라 크게 달라진다.

$$T_w \propto \frac{F_g v_g}{v_m b} \propto wb \quad \text{(11-36)}$$

$w \propto 1/t$이므로 크기효과 때문에

$$T_w \propto \frac{d}{t} d^{3/4} \sqrt{\frac{v_g c}{v_w} \sqrt{D}} \quad \text{(11-37)}$$

1600℃ 이상의 온도가 연삭표면에서 생길 수 있다. 칩을 만드는 데 필요한 시간은 10^{-6}초 정도이기 때문에 이 순간적인 온도는 매우 일시적이다. 그러나 연삭에서의 온도상승으로 용융이나 템퍼링되지 않은 마르텐사이트의 발생 같은 금속학적 변화나, 연삭균열이나, 연삭번(grinding burn)이라는 눈에 띄는 표면의 산화가 생길 수 있다. 부적당한 조건 하에서 행한 연삭으로 연삭된 표면에 높은 인장잔류응력이 생기게 된다. 잔류응력은 적당한 연삭액을 사용하고 더 연한 숫돌차를 저속으로 사용하면 최소로 줄일 수 있다.

연삭에 대한 위의 설명은 그 방법의 여러 가지 특성을 적절히 나타내지만 다듬질된 표면으로의 큰 열의 유입 같은 중요한 현상이나 미세연삭의 비절삭에너지가 금속절삭의 비절삭에너지보다 적어도 10배나 큰 이유에 대하여 설명하지 못한다. Shaw는 연삭입자의 작용을 Brinell 경도시험 하의 소성변형을 본뜬 모델을 제의하였다([그림 11-18]). 이 모델에서는 연삭칩이 보통 금속절삭에서의 집중된 전단과정보다는 오히려 특수한 형태의 압출에 의해 제거된다.

연삭비(G 비)는 숫돌차 마멸의 단위체적당 일로 제거되는 재료의 체적이다.

$$\text{연삭비} = \frac{\text{제거된 금속의 체적}}{\text{숫돌차 마멸의 체적}}$$

이것이 연삭의 용이도 즉 연삭성을 측정한다. 연삭비가 클수록 재료를 연삭하기 쉽다. 연삭비는 연삭방법과 연삭조건(숫돌차, 연삭액, 속도, 이송), 재료에 따라 달라진다. 연삭비의 값은 약 2로부터 200 이상까지 이른다.

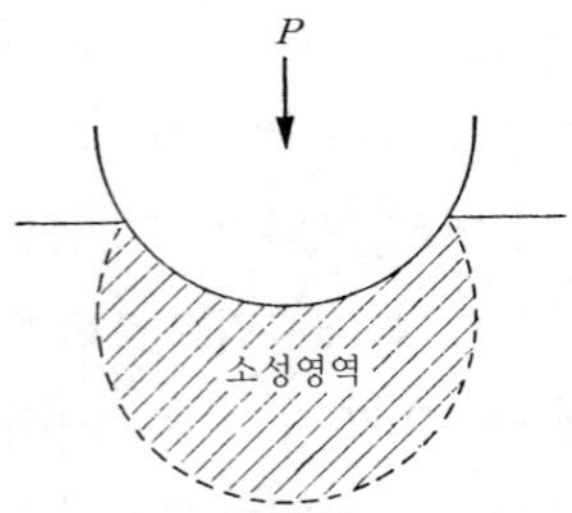

그림 11-18 Brinell 경도시험의 소성영역

제4절 | 새로운 기계가공 공정과 경제성

1 기계가공 공정

제2차 세계대전후 기계에너지 외의 에너지를 이용한 새로운 재료가공 공정이 개발되었다. 여러 가지 방법을 주에너지원별로 아래에 나타내었다.

표 11-1 재료가공 방법

에너지원	방법의 이름
열에너지방법	방전가공, *EDM* 레이저-비임가공, *LBM* 플라즈마-아이크가공, *PAM*
전기방법	전해가공, *ECM* 전해연삭, *ECG*
화학적 방법	화학가공, *CHM*
기계적 방법	초음파가공, *USM*

이들 방법에 대하여 간단히 기술하고자 한다.

방전가공(*EDM*)은 전도체를 고주파 스파이크방전으로 용융이나 증발시켜 구멍, 홈 등을 만드는 가공법이다. [그림 11-19]에서 보는 바와 같이 공작물(양극)과 공구(음극)를 유전액에 담가 스파이크 간격을 0.01 ~ 0.5mm가 되게 한다. 이 방법의 주의점은 단단한 재료를 움직이지 않고 깊은 구멍을 뚫을 수 있고 윤곽이 불규칙한 구멍을 만들 수 있다는 것이다. 금속제거속도는 공작물의 경도와는 무관하지만 열용량, 열전도도, 융점, 융해열, 증발열 같은 열적 성질에 따라 달라진다. 전극, 마모 문제 때문에 공작물재료에 적합한 전극재료의 선택이 필요하다. 스파이크에서 고온이 생기기 때문에 금속이 녹고 질량효과에 의해 급냉되고 재응고된다. 이러한 재응고된 층은 피로성질에 해로울 수가 있다.

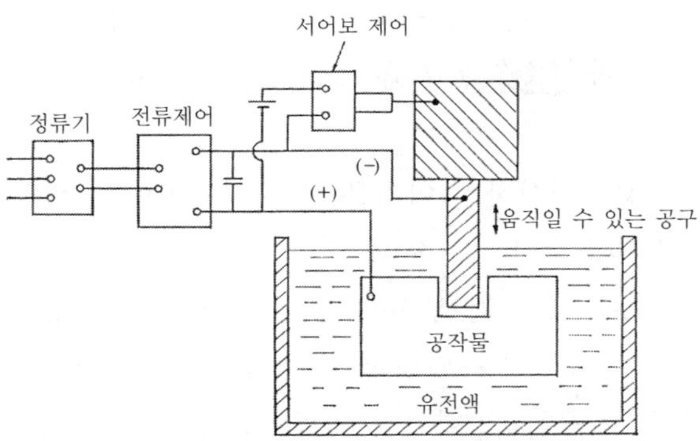

그림 11-9 방전가공의 설명도

전해가공(ECM)은 공작물을 양극으로 하고 공구를 음극으로 한 전해조에서 금속을 제어 양극용해시키는 것이다([그림 11-20]). 이것은 전기도금의 반대과정과 같다. [그림 11-20]에서 보는 바와 같이 직류가 저전압에서 전해조를 통하여 흘러 공작물로부터 금속을 용해시키는 동안 전해액을 절삭간격을 통하여 펌프로 흐르게 한다. 재료의 제거속도는 공작물과 공구 사이를 흐르는 전류의 양에 비례하며 재료의 경도와는 무관하다.

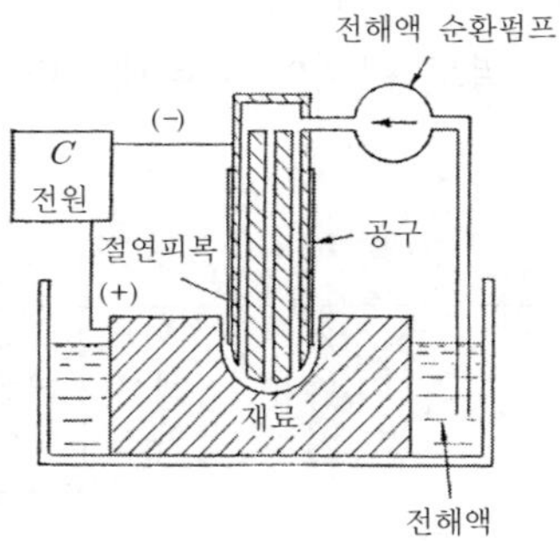

그림 11-20 전해가공

전해가공은 냉간에서 행하여지므로 공작물이 열적 손상을 받지 않고 표면도 평활해진다. 그러나 이것은 날카로운 모서리나 평평한 밑바닥을 가진 凹부를 만들기에는 적합하지 못하다.

전해연삭(ECG)은 전해가공과 연삭입자가공을 조합한 것으로 대부분의 금속이 전해작용으로 제거된다([그림 11-21]).

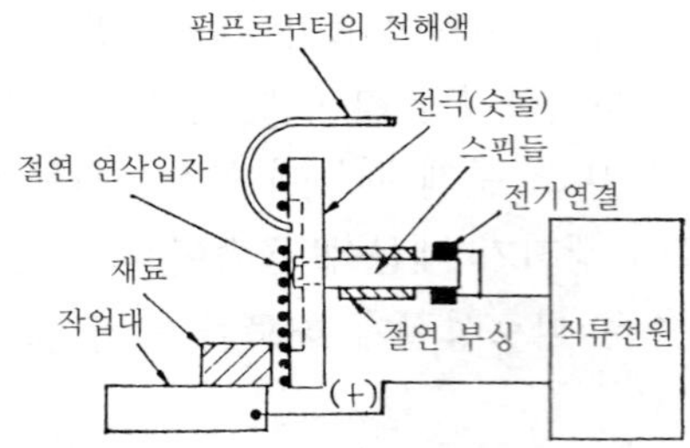

그림 11-21 전해연삭(전기화학적 연마)

이것은 단단한 탄화물이나 연삭하기 어려운 합금의 가공에 이용된다. 이 방법에는 숫돌차 마멸이나 표면손상이 최소로 될 수 있다.

화학가공은 화학시약으로서 화학적 부식을 제어함으로써 금속을 제거하는 방법이다([그림 11-22]). 이 방법에서는 공작물의 표면청정, 용해시키지 않을 부분의 차폐, 화학시약으로 부식, 청정의 단계를 거쳐 가공한다. 화학적 밀링이란 넓은 면적을 화학가공할 때 일컫는 말이다.

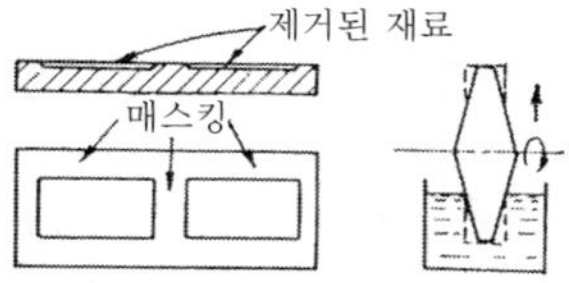

그림 11-22 화학적 밀링

초음파 가공(*USM*)에서는 공구와 공작물 사이에 미세한 연삭입자의 혼탁액을 넣으면서 공구를 magneto strictive 변환기로서 약 20,000 사이클/초로 진동시킨다([그림 11-23]). 진동의 매 사이클마다 파괴와 침식으로 공작물의 미세한 조작을 제거한다. 이 방법은 취성재료를 기계가공하는데 이용된다.

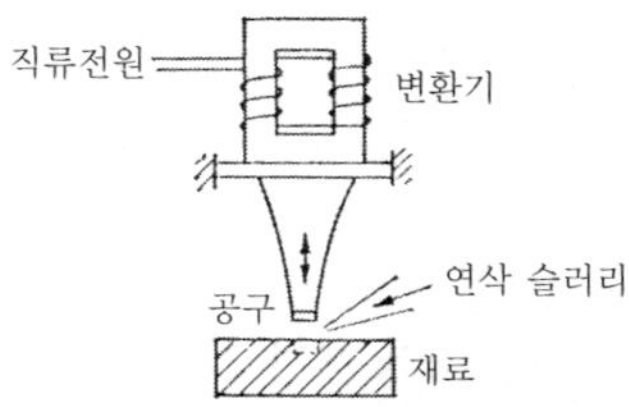

그림 11-23 초음파가공

2 기계가공의 경제성

기계가공에서의 가격요소를 이해할 필요가 있다. 비용을 최소로 하는 절삭속도를 결정하는 문제는 Kelvin 법칙을 사용하여 가격최적화의 고전적 문제이다. 만일 실제 절삭에서의 비용만을 생각하면 기계가공 속도나 이송이 증가함에 따라 시간(즉 기계가공 노동비)이 감소할 것이다. 그러나 궁구마멸이 속도와 이송에 따라 증가할 것이므로 공구의 비용과 공구 교환의 비용이 증가할 것이다. 그러므로 단가를 최소로 하는 최적속도가 존재하게 된다.

기계가공한 물건 하나의 총 비용은 네 가지 비용의 합과 같다.

$$C_u = C_m + C_n + C_c + C_t \quad \cdots\cdots (11\text{-}38)$$

C_u : 한 개당 총비용
C_m : 기계가공 비용
C_n : 비기계가공시간과 관련한 비용(기계가공하기 위하여 공구와 재료를 설치하는 비용, 작업준비 비용, 기계에 부품을 설치하고 빼내는 시간, 사용하지 않고 방치한 시간)
C_c : 공구 교환비용
C_t : 개당 공구비용

기계가공 비용은 다음과 같다.

$$C_m = t_m(L_m + O_m) \quad \cdots\cdots (11\text{-}39)$$

t_m : 개당 기계가공 시간
L_m : 단위시간당 작업자의 노동비용
O_m : 감가, 간접노동, 정비 등을 포함한 기계에 대한 오버헤드 비용

간단한 선삭작업의 경우, 개당 기계가공 시간은

$$t_m = \frac{L}{fN} = \frac{\pi LD}{fv} \quad \cdots\cdots (11\text{-}40)$$

L : 절삭길이
f : 이송, 회전당 cm
N : 공작물의 분당 회전수(rpm)
D : 공작물의 지름(cm)
v : 절삭속도(분당 cm)

비기계가공 시간의 비용 C_n은 개당 고정가격으로 표시하는 것이 보통이다. 공구 교환비용은 C_c는

$$C_c = t_g\left(\frac{t_{ac}}{t}\right)(L_g + O_g) \quad \cdots\cdots (11\text{-}41)$$

t_g : 연삭과 절삭날을 교환하는데 쇼요되는 시간
t_{ac} : 개당 실제 절삭시간
t : 절삭날의 공구수명
L_g : 작업자의 노동비7
O_g : 공구작업의 오버헤드 비용

공구수명의 Taylor 식은

$$vt^n = 상수 = K$$

$$t = \left(\frac{K}{v}\right)^{1/n} \quad \cdots\cdots (11\text{-}42)$$

$$t_{ac} = \frac{\pi L_a D}{fv}$$

L_a : 절삭의 실제길이

$$C_c = t_g(L_g + O_g)\frac{\pi L_a D v^{\frac{1}{n}-1}}{fK^{1/n}} \quad \cdots\cdots (11\text{-}43)$$

개당 공구가격은

$$C_t = C_e t_{ac}/t \quad \cdots\cdots (11\text{-}44)$$

C_c : 절삭날의 가격
t_{ac}/t : 개당 소요되는 공구변환의 수이다.

총단가는

$$C_u = C_n + C_m + C_c + C_t$$

또는

$$C_u = C_n + (L_m + O_m)Av^{-1} + (L_g + O_g)t_g \frac{Av^{\frac{1}{n}-1}}{K^{1/n}} + C_e \frac{Av^{\frac{1}{n}-1}}{K^{1/n}} \quad \cdots\cdots (11\text{-}45)$$

여기서 $A = (\pi LD)/f$

최소단가를 주는 최적절삭속도는

$$\partial C_u/\partial v = 0$$

로 구할 수 있다. 성분가격을 [그림 11-24]에 나타내었다. 총단가곡선의 최소값은 주로 절삭속도에 따라 공구마멸이 증가하기 때문에 일어난다. 절삭공구재료가 향상되면 최적속도가 큰 값으로 된다.

단가를 최소로 하기 위한 절삭속도에서 작업하는 또 한가지 방법은 최대 생산속도가 되는 절삭속도에서 작업하는 것이다. 이것은 더 큰 절삭속도에서 일어난다([그림 11-24]). 또 한가지 다른 방법은 이익을 최대로 하는 절삭속도에서 작업하는 것이다.

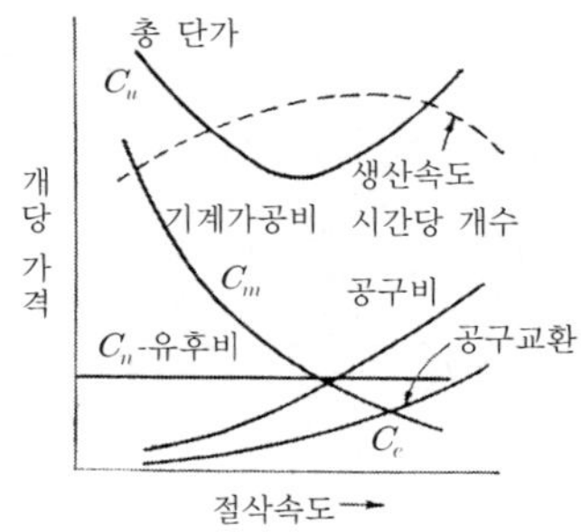

그림 11-24 절삭속도에 따른 기계가공 원가의 변화

memo

금 속 가 공 학

Chapter

12

금속 가공의 자동화

제1절 자동화와 생산성 | 제2절 금속 가공의 자동화 | 제3절 금속 가공의 안전 관리

Chapter 12

금속가공학

금속 가공의 자동화

제1절 | 자동화와 생산성

금속 가공 설비를 자동화하는 목적은 여러 가지 작업을 통합하여 생산성을 높이고, 제품의 품질 및 균일성을 제고하여 생산 시간과 노력을 최소화하고, 인건비를 절약하여 생산성을 높이는 데 있다.

컴퓨터는 기계 공업의 발전에 큰 도움을 주고 있다. 소성 가공의 설계 및 공정에도 컴퓨터가 널리 사용됨에 따라서, 신속한 컴퓨터 그래픽스에서부터 컴퓨터 원용설계 및 가공 등 컴퓨터 통합 가공 체계를 향해 가고 있다. 이제는 넓은 분야에서 컴퓨터가 응용되어, 가공 공정의 제어 및 최적화, 소재의 처리, 조립, 제품의 자동 검사 및 시험 등에 사용되고 있다.

1 자동화의 특징

사회가 점차 다변화 되어 가고 있고, 소비자들의 욕구 또한 점차 다양화 되어 가고 있어 소성 가공 제품도 종래의 방법으로 생산해서는 보다 나은 재질, 보다 나은 정밀한 제품, 보다 신뢰성이 높은 제품을 요구하는 소비자들의 욕구를 채울 수가 없음은 물론이요, 잘못하면 도태되기 쉽다.

따라서, 앞으로의 소성 가공 작업은 좀더 치수가 정밀하고 다양하고 특색 있는 제품을 생산하기 위해서 보다 넓은 기술 개발과 생산 방식의 전환이 필요할 것이며, 이러한 요구를 충족시켜 줄 수 있는 작업 형태가 바로 자동화인 것이다.

가. 자동화의 이점

소성 가공 작업의 자동화 과정에서는 먼저 설계의 자동화를 들 수가 있다. 설계의 자동화는 소성 가공 공정을 컴퓨터로 모의 실험하여 금형 내부에서 금속의 유동 상태를 예측하고, 필요 하중과 소재 내 각 부분에서의 변형률과 응력 등을 계산할 수 있으므로 최근에 들어 많이 이용되고 있다.

[그림 12-1]은 원주형 소재를 형 단조하는 과정을 수치 해석한 결과를 나타낸 것이다. 소재의 상하와 좌우가 대칭이므로, 그림에서는 소재의 $\frac{1}{4}$만을 나타내고 있다. 그림에서 격자 모양은 메쉬(mesh)라고 하는데, 이들은 바탕으로 하여 컴퓨터를 사용하여 계산하면 그 결과를 화면을 통하여 볼 수 있다.

이러한 방법을 이용하면 열간 가공 작업에서 실험을 하지 않고도 재료 내의 미세조직의 변화, 소재 내부의 결함 발생 여부 등을 알아 낼 수 있다. 이렇게 하여 얻어진 지식으로 다이설계를 변경하여 결함이 없는 제품을 만드는 데 이용된다.

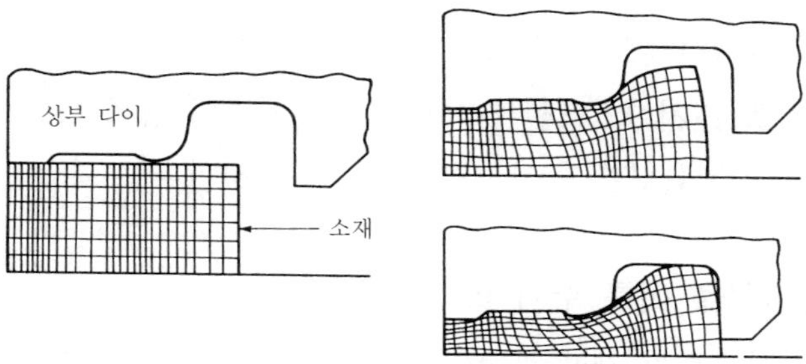

그림 12-1 형 단조 공정의 컴퓨터 해석 결과

두 번째로 생산 설비의 자동화를 들 수가 있다. 생산 설비는 각종 자동화 기계를 이용하거나 산업용 로봇의 이용을 들 수가 있으며, 생산 설비를 자동화하면 다음과 같은 이점이 있다.

(1) 인력 감소와 능률 향상을 이룰 수가 있다.

주로 사람의 힘에만 의존하던 작업을 기계화 및 자동화함으로써 작업 인력을 감소시켜 주는 동시에 작업을 단순화하여 작업자의 피로를 감소시켜 주고 아울러 생산 속도를 향상시켜 준다.

(2) 작업의 안전성을 높여 준다.

작업 공정을 자동화함으로써 사람이 하기에는 위험한 작업을 기계나 로봇이 대신하여 주므로 작업자의 안전성이 그 만큼 높아진다.

(3) 가공품의 품질을 향상시킬 수가 있다.

기계화된 제작 공정이므로 항상 일정한 조건을 유지할 수가 있어서 소성 가공 제품의 재질 향상과 정밀도 향상, 치수의 정밀화와 작업 방법의 개선을 이룰 수가 있으므로 이에 따라 소성 가공 제품의 품질을 향상시킬 수가 있다.

(4) 재료를 절약할 수가 있다.

기계화된 작업 공정이므로 항상 모든 재료가 일정하게 사용되므로 치수가 정확해지고 재료를 절약할 수가 있다.

(5) 불량률의 감소와 생산성의 향상을 도모할 수 있다.

생산 설비의 자동화로 철저한 품질 관리와 합리적인 작업 방법으로 불량률을 감소시킬 수가 있으며, 그에 따라 생산성을 향상시킬 수가 있는 것이다.

(6) 작업 환경의 개선을 이룰 수가 있다.

가공 설비를 자동화함으로써 가공 과정에서 발생하는 소음, 분진 및 매연 등을 흡수, 제거할 수 있는 자동 설비를 갖추게 됨으로써 소성 가공 공장의 작업 환경을 개선할 수가 있는 것이다.

이상에서와 같이 소성 가공 공장의 자동화에 따른 몇 가지 장점들을 설명하였으나 결국에는 소성 가공 공장의 무인화를 목표로 삼고 있는 것으로서 많은 자본을 투자해야 한다는 것이 단점으로 존재하고 있다.

그러나 그러한 단점에도 불구하고 소성 가공 공장의 자동화로 얻을 수 있는 이점이 더욱 많기에 지금 이 시각에도 자동화는 진행되고 있으며, 로봇, 컴퓨터, 정밀 기계 공업 등의 발달로 자동화는 계속되어 나갈 것이다.

그러므로 일선 현장에 있는 각 소성 가공 공장에서는 산업의 발전 속도에 맞추고 변화하는 제조 환경에 적응하기 위해서 어느 공정을, 어느 시기에 자동화할 것이냐하는 문제를 항상 염두에 두고 있어야 한다.

나. 소성 가공의 경제성

고품질의 제품을 저가로 가공하려면 여러 가지 요인 간의 복잡한 관계를 이해하여야 한다. 제품의 설계, 재료의 선택, 가공 방법에는 서로 깊은 관련이 있다. 제품의 성능을 향상시키기 위해서는 흔히 설계를 변경시키고 신소재의 특성을 이용하며, 가격과 조립을 쉽게 하여 경비를 절감할 수 있다.

오늘날 사용할 수 있는 가공법과 재료의 종류는 매우 다양하므로, 최선의 재료와 가공법을 선택하여 경비를 줄이고 고품질의 제품을 생산하는 것이 매우 중요한 일이 되었다. 이를 위해서는 재료와 공정의 특성을 이해하고, 설계와 가공 기술에 있어서도 혁신과 창의적인 노력이 시도되어야 하겠다.

(1) 가공 공정의 선택

적절한 가공 공정과 기계의 선택은 매우 중요하며, 선택하는 절차에 재료의 특성, 가공 오차, 표면 정도, 경비 등을 연관시켜야 한다. 또, 이미 지적한 대로 지금까지 많은 소성 가공 공정들이 자동화되어 있고, 컴퓨터에 의한 제어로 공정을 최적화하는 방향으로 가고 있다. 가공의 컴퓨터화는 제품의 신뢰도와 품질을 높이고 인건비를 절감하는 데 효율적으로 이용되고 있다.

가공 공정을 선택할 때에는 다음과 같은 점들이 고려되어야 한다.

① 소재 재료의 특성 및 성질
② 제품의 모양, 크기, 두께
③ 허용되는 가공 오차 및 표면 거칠기
④ 제품이 사용 기간 중 갖추어야 할 기능
⑤ 생산량
⑥ 생산량과 생산 속도를 맞추기 위해 필요한 자동화 수준

어떤 재료는 상온에서 가공할 수 있지만, 다른 재료는 반드시 열간에서 가공되어야 하므로 가열로와 적절한 공구가 필요하다. 어떤 재료는 연하고 연성이 있지만, 다른 재료들은 경도가 높고 메짐성과 마멸성이 있을 수 있으므로 특별한 가공 기술과 공구 및 다이 재료를 필요로 한다. 서로 다른 재료는 주조성, 가단성, 가공성, 절삭성, 용접성 등의 서로 다른 가공 특성이 있다. 가공 특성이 모두 우수한 재료는 없다. 예를 들어, 주조나 단조가 가능한 재료는 성형한 다음에 최종 표면 정도 및 치수 정확도를 얻기 위한 절삭, 연삭 및 마무리 작업에서 문제를 일으킬 수도 있기 때문이다.

(2) 공정 능력

모든 가공 공정에는 각각의 특성이 있다. 예를 들면, 주조나 사출 성형으로는 단조나 분말야금보다 더 복잡한 모양을 만들 수 있다. 그 이유는 용융된 금속이나 플라스틱을 사용하므로 복잡한 모양의 주형 공동부를 잘 채울 수 있기 때문이다. 그러나 단조로 만들어진 제

품은 절삭이나 기타 마무리 작업과 같은 후속 공정이 필요하지만 주조나 분말 야금 제품보다 인성이 뛰어나다.

제품의 모양에 따라서는 각 부분을 미리 가공한 다음, 체결이나 경납접, 용접, 접착등의 방법으로 접합하는 수도 있다. 반대로 조립 작업에 드는 경비가 비싼 경우에는 제품을 일체로 만드는 것이 더 경제적인 경우도 있다.

공정의 선택에 있어서 고려해야 할 또 하나의 사항은 가공될 수 있는 단면의 최소 두께이다. 예를 들면, 냉간 압연으로는 박판을 가공할 수 있지만, 사형 주조법이나 단조로는 이와 같은 얇은 두께의 가공이 불가능하다.

가공 오차와 표면 정도는 가공에 있어서 중요한 측면이다. 이들은 후속되는 조립작업, 여러 가지 기계나 기구의 정상적인 작업, 전반적인 외관에 영향을 준다. 표면 정도를 높이고 가공 오차를 줄이려면, 추가로 마무리 작업을 하거나 공정 변수를 잘 조절하고, 보다 고품질의 장비를 사용하여야 한다.

[그림 12-2]는 가공 오차와 상대 가격을 나타낸 것인데, 가공 오차를 줄이려면 가공에 드는 경비는 증가하고, 표면 정도를 높이려면 가공 시간이 길어지고 경비도 많이 든다. 티탄합금으로 된 항공기용 구조 부품을 절삭하는 경우를 예로 들면, 절삭에 소요되는 총 경비의 60%가 가공 오차와 표면 정도를 만족시키기 위한 최종 절삭 공정에 들어 간다. 따라서, 기능적으로 심미적으로 허용하는 한, 가능하면 표면 정도를 낮추고 가공 오차를 크게 한다.

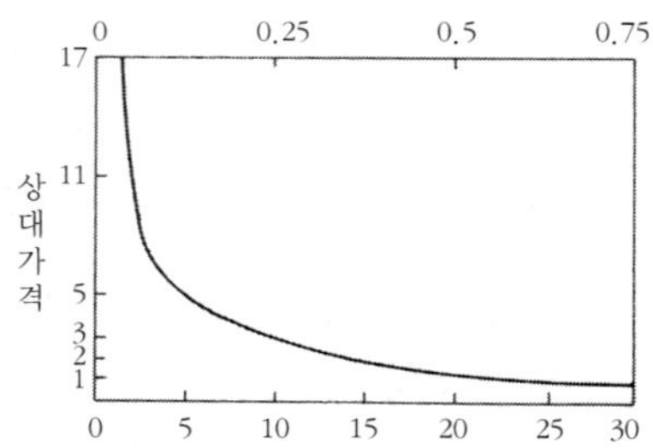

그림 12-2 가공 오차와 상대 가격

2 자동화 설비

소성 가공 작업의 자동화를 위해서는 여러 가지 설비를 갖추어야 하나 그 중에서도 가장 중요한 것이 자동화 시스템을 제어하고 조정해 줄 수 있는 컴퓨터와 자동화 기계, 그리고 산업용 로봇 등이다.

따라서, 여기에서는 산업용 로봇에 대해 알아 보고, 컴퓨터로 제어되는 자동화 시스템 등에 대해서 알아보기로 한다.

가. 산업용 로봇

산업용 로봇은 공장 자동화의 최종 목표인 무인 자동 공장을 실현하기 위한 필수적인 요소로서 현재는 아직 기초적인 단계에 있지만 앞으로는 그 사용 범위가 점차 확대되어 나갈 것이다.

산업용 로봇은 다양한 동작으로 재료, 제품, 공구, 기타 특수 장치 등을 운반하거나 여러 가지 작업을 수행할 수 있도록 재프로그램할 수 있는 다기능 조종 장치이다. 좀더 넓은 범위에서 로봇을 정의하면 작업자에 의해 직접 조종되는 장치도 포함된다.

위와 같은 기능을 발휘하기 위해 로봇은 한 개 이상의 팔을 가지고, 그 끝에는 공구, 소재, 검사 기구 등을 쥘 수 있는 손목이 달려 있다. 특히, 로봇의 제어 기구에는 기억 소자를 갖추고, 경우에 따라서는 주위 환경이나 상황을 고려할 수 있는 감지 또는 적응 기구를 사용하기도 한다.

이러한 다용도 기계는 반복 작업을 수행할 수 있도록 일반적으로 설계되고, 다른 기능에도 쓰일 수 있도록 재구성되기도 한다.

최초의 산업용 로봇은 유독성 물질이나 방사능 물질을 다루거나 가열된 소재를 가열로에 넣거나 꺼내는 위험한 작업에 사용되었다. 로봇은 힘들고, 더럽고, 위험한 환경(3D : difficulty, dirty, dangerous)과 뜨겁고, 무거우며, 유독한 대상물(3H : hot, heavy, hazardous)에 우선적으로 사용되어 왔다.

초창기에는 가공 공장에서 작업자의 보호와 안전성을 위해 로봇이 사용되었지만, 이제는 생산성을 개선하고, 품질을 높이며, 인건비를 줄이기 위해 사용될 수 있도록 발전하였다.

산업용 로봇은 동력원, 제어 장치, 팔, 손목으로 구성되어 있고, 손목의 끝 부분에는 작업손(end-effector)을 단다. 작업의 종류에 따라서 집게형, 고리형, 국자형, 전자석, 진공컵 등과 같은 작업손을 달 수 있는데, 이 중에서 기계 집게는 가장 널리 사용된다. 소성 가공 작업에서는 소재를 프레스나 기타 성형 기계에 얹거나 내릴 때와 가열로에 집어 넣거나 꺼내는 작업에 로봇을 사용하면 신뢰성 있게 반복 작업을 시킬 수 있으므로, 품질을 향상시키고 스크랩 손실을 줄일 수 있다.

나. 산업용 로봇의 구성

로봇은 다음 [그림 12-3]과 같이, 작업 기능, 제어 기능, 계측 인식 기능을 가지고 있다. 로봇의 작동 부분은 손, 팔, 다리(손과 팔만으로 된 것도 있음)로 되어 있어 필요한 동작을 한다. 이 부분을 가동부 또는 구동부라 하며, 작업 기능을 가진다.

한편, 동작을 하기 위해서는 제어가 필요하며, 구동부를 움직이기 위한 제어부가 있다. 또, 제어부가 제어 기능을 수행하기 위해서는 계측 인식 기능을 하는 검출부가 있어야 한다.

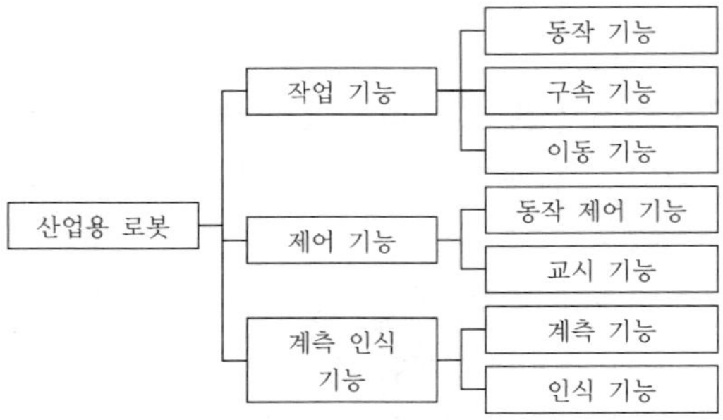

그림 12-3 산업용 로봇의 기능

구동부와 제어부를 가동하기 위해서는 에너지가 필요하게 되는데, 이 에너지를 동력원이라 하고, 에너지를 구체적인 움직임으로 변환하기 위한 것을 액추에이터(actuator)라고 한다.

따라서, 구동부, 제어부, 검출부, 동력원으로 구성되어 있고, 이들은 각각의 필요에 따라 전선이나 파이프로 접속이 되어 있다.

[그림 12-4]는 산업용 로봇의 기본 구조를 나타낸 것이다.

그림에서 보면 산업용 로봇은 구조적으로 볼 때 몸체(body), 팔(arm), 손목(wrist), 손(hand)의 네 가지 주요 부분으로 나누어 동작한다.

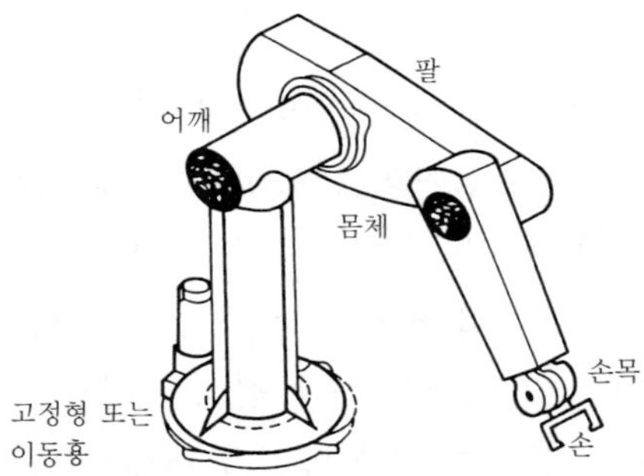

그림 12-4 산업용 로봇의 기본 구조

제2절 | 금속 가공의 자동화

1 단조의 자동화

단조 작업의 모든 단계를 잘 조절하면 생산 속도를 증대시킬 수 있다. 기어, 축, 볼트 및 너트, 베어링 레이스 등과 같이 대량 생산되는 품목에는 자동화가 매우 효과적이다.

단조 기계 및 설비는 자동화되는 컴퓨터로 작업이 제어될 수 있다. 소재 및 단조품을 가열로에 집어 넣거나 꺼내는 등의 작업은 로봇이나 다른 자동 처리 장치에 의해 처리되고, 소재를 다이에 올려 놓고 위치를 잡는 데에는 기계 집게가 사용된다. 이 밖에 윤화제의 도포 및 트리밍, 열처리, 소재의 운반 등과 같은 작업들도 자동화될 수 있다.

자동화된 단조 공장의 배치는 단조품 및 관련 장비의 크기에 따라 달라진다. 봉재로부터 만들어지는 비교적 작은 소재를 대량으로 열간 단조하는 경우의 전형적인 배치를 [그림 12-5]에 나타내었다.

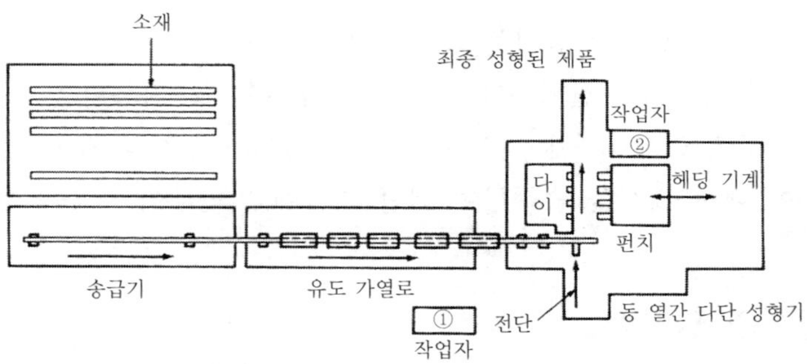

그림 12-5 자동화된 단조 시설의 개략도

단조 공정의 자동화로 이룬 새로운 방법으로는 금속을 직접 용해하여 정형 또는 준정형 가공하여 중간 단계를 생략시키는 것이다. [그림 12-6]은 단조 공정의 중간 단계를 생략하는 것을 나타내고 있다.

이러한 개선으로 노동력, 장비 및 재료를 절감하여 단조품의 가격을 현저히 낮출 수 있고, 생산성을 높일 수 있는 이점이 있다.

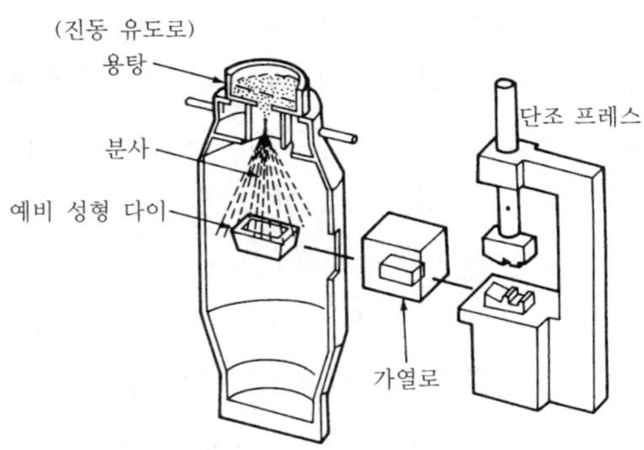

그림 12-6 자동화된 단조 시설의 개략도

2 압연의 자동화

연속 주조법은 고도로 자동화되어 제품 가격을 현저하게 감소시킬 수 있다. 연속 주조법은 중요한 발전이며, 많은 업체들은 이러한 설비로 신속히 대체해 가고 있다.

소형 연속 주조 압연기를 사용하는 공정은 강판을 제조하는 데 있어서 두께 1mm에서 50mm 정도의 범위로 직접 주조하는 것이 큰 특징이다. 또, 금속을 전기 아크로에서 용융시킨 다음, 연속 주조하여 원하는 제품의 유형으로 직접 압연한다.

한 대의 소형 연속 주조 압연기에서는 기본적으로 한 가지 종류의 금속 또는 합금 재료로 한 가지 종류의 압연 제품(봉재, 각재 또는 앵글과 같은 구조재)만을 생산한다.

소형 연속 주조 압연기는 작은 투자로도 특정 금속 재료의 제품 라인을 최적으로 공정화할 수 있으며, 인건비와 동력 소모비가 낮은 경제적인 이점을 가지고 있다.

3 용접의 자동화

사회 발전과 더불어 사람이 사용하는 도구나 기계가 복잡해지고 정밀해짐에 따라, 자동화가 더욱 발전하여 로봇이 만들어지게 되었다. 용접 분야도 자동화를 필요로 하게 되어 자동 용접 장치나 로봇을 사용하게 되었다. 이러한 점에서 용접의 자동화에 따른 자동 제어, 용접용 로봇에 대한 지식을 습득하여 첨단 기술에 발맞추어 나가야 한다.

가. 용접 자동화의 필요성

제2차 세계 대전을 전후하여 용접 기술은 눈부시게 발전하여 새로운 용접법이 개발되었고, 동시에 자동 용접도 촉진되었다.

처음 개발된 자동 용접은 사람의 손으로는 능률이 떨어지고, 또 작업하기가 어려운 두꺼운 판이나 용접선이 긴 용접에 일렉트로 슬래그 용접이나 서브머지드 아크 용접을 사용하였고, 그 뒤에 조선이나 고압 가스, 액체 저장 탱크와 같은 대형 구조물 제작에도 이용하였다.

그 후, 이산화 탄소 아크 용접이나 미그 용접(MIG welding) 등의 자동 또는 반자동 용접이 보급됨에 따라, 자동(반자동) 용접의 응용 범위는 대규모 공장의 대형 구조물에서 중소 공장의 비교적 작은 전기, 기계 부품 제조 분야에까지 급속히 확대되었다.

수동 용접은 작업자의 숙련도가 크게 좌우되나, 용접을 자동화하면 별로 문제가 되지 않는다. 특히, 용접은 높은 열이나 강한 광선, 분진 등에 의한 열악한 환경하에서 반복 작업을 하기 때문에 인적 자원을 확보하기가 어렵다.

따라서, 용접의 자동화는 열악한 작업 환경에서 인간을 해방시키고, 동시에 생산성과 품질을 향상시키며, 노동력을 줄일 수 있다. 이 때문에 오늘날 용접의 자동화를 이루기 위하여 용접 작업에 산업용 로봇(industrial robot)을 이용하게 되었다.

로봇화된 용접은 최초로 자동차 제조업에서 차체 조립 라인의 점 용접에 이용하였고, 이어서 아크 용접 로봇(이산화 탄소 아크 용접 로봇)이 개발되면서 그 수요는 공장의 시스템화, 무인화를 목표로 하는 대기업뿐만 아니라, 숙련된 기능공의 확보가 어려운 중소 기업을 중심으로 급속히 증가하였으며, 그 업종도 자동화 분야를 비롯하여 금속 제품, 기계, 전기, 제조, 철강업, 토목, 건설 등 많은 분야에 걸쳐 이용하게 되었다.

나. 용접 자동화의 장점

가장 보편화된 자동 용접은 저항 용접과 아크 용접이다. 저항 용접은 용접 과정이 너무 짧기 때문에 작업 중에 용접 조건을 조절하기가 어렵고, 특히 점 용접은 무거운 용접 건(welding gun)을 잡고 작업을 하기 때문에 피로가 심하며, 용접점 사이의 간격도 맞추기 어려우므로 자동화가 필요하다.

용접을 자동화하면 생산성의 증가, 품질의 향상, 가격 저렴 등의 장점이 있을 뿐만 아니라, 수동 용접에 비하여 다음과 같은 장점이 있다.

① 용접 와이어가 릴(reel)로부터 연속적으로 공급되기 때문에 전극봉 토막 손실이 없다.

② 아크의 길이, 속도 및 여러 가지 용접 조건에 따른 노동력을 줄일 수 있다.

③ 아크의 길이가 일정하여 일정전류를 유지할 수 있다.

④ 한 번 제어하면 용접 높이, 폭, 용입이 정확하다.

다. 용접용 로봇의 구성

아크 용접용 로봇은 [그림 12-7]과 같은 장치들로 구성되어 있다. 기본적인 구성은 로봇 본체인 머니퓰레이터(manipulator), 로봇의 두뇌에 해당하는 기억과 지령을 하는 컴퓨터(제어 장치), 수동 조작으로 교시(teaching)를 하는 교시 박스(teaching box), 운동의 시동이나 정지를 행하는 조작 박스 및 용접 전원 장치(아크 용접기) 등이며, 운동 이산화탄소(CO_2)나 아르곤(Ar) 가스 등의 용기, 가스 유량 조정기, 와이어 송급 장치, 용접 토치, 각종 케이블, 호스 등이다.

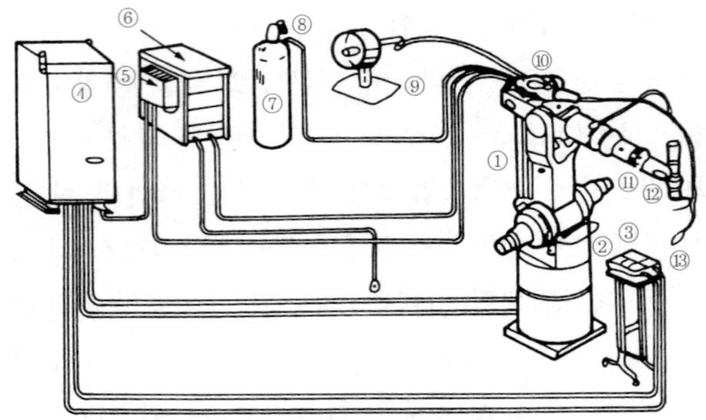

그림 12-7 아크 용접 로봇의 기본 구성

4 프레스 작업의 자동화

프레스 작업에 소요되는 시간을 살펴보면, 소재를 삽입하는 시간(St_1)과 제품이 나오는 시간(St_2)은 프레스 기계가 공전하는 시간이 되고, 기계에 의한 가공 시간(MT)은 손작업 또는 대기하는 시간이 된다. 프레스 작업에 소요되는 총 시간(ST)은 다음 식으로 나타낼 수 있다.

$$ST = St_1 + MT + St_2$$

프레스 작업에서는 MT만이 유효 시간이되고 기타는 보조 시간이 되는데, St와 MT의 비율은 5 : 1 정도이다. 그러므로 준비 시간을 줄이고 가공 시간을 늘이려면 자동화에 의한 연속화가 이루어져야 한다.

가. 소재 자동 공급 장치

코일재를 공급하는 장치에는 보통 언코일러(uncoiler)가 사용된다. 언코일러는 각종 이송 장치와 조합하거나 레벨러와 이송 장치를 조합하여 사용하고 있다.

[그림 12-8]의 (a)는 비교적 가볍고 폭이 좁은 코일을 공급하는 것으로, 전동기가 붙은 볼트식 릴이고, 그림 (b)은 폭이 넓고 무거운 코일을 공급하는 릴이다. [그림 12-9]는 아주 폭이 넓고 무거운 소재를 공급하는 크레이들식이다.

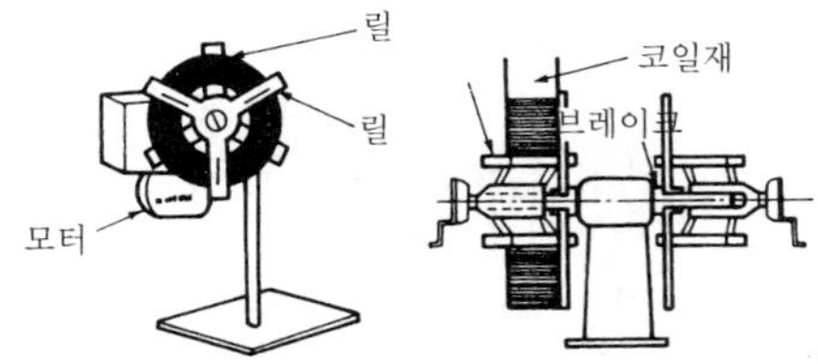

(a) 가볍고 폭이 좁은 코일용 볼트식 릴 (b) 두껍고 폭이 넓은 코일용 릴

그림 12-8 릴식 소재 공급 장치

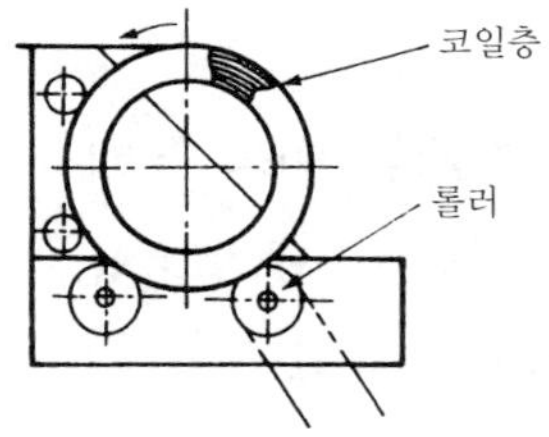

그림 12-9 크레이들식 소재 공급 장치

나. 자동 이송 장치

프레스에 장착된 다이에 소재를 자동적으로 이송시켜서 작업이 연속적으로 이루어지도록 하는 장치를 자동 이송 장치(automatic fedding device)라 한다.

(1) 롤 이송 장치

1차 가공용 이송 장치로 [그림 12-10]과 같이 상하 한 세트로 된 롤을 프레스 베드의 양쪽에 설치하여 소재 공급과 스크랩 빼내기를 하는데, 한쪽만 설치할 때도 있다.

(2) 마찰식 다이얼 이송 장치

[그림 12-11]과 같이 회전하는 원판 위에 놓은 소재가 원판과 더불어 안내벽에 따라 점차로 정리되어 열로 되면, 왕복 운동을 하는 이송 발톱이 프레스형 쪽으로 운반한다. 이 장치는 특정 제품을 대량 생산하는 전용 장치로 제2차 가공을 요하는 경우에 사용된다.

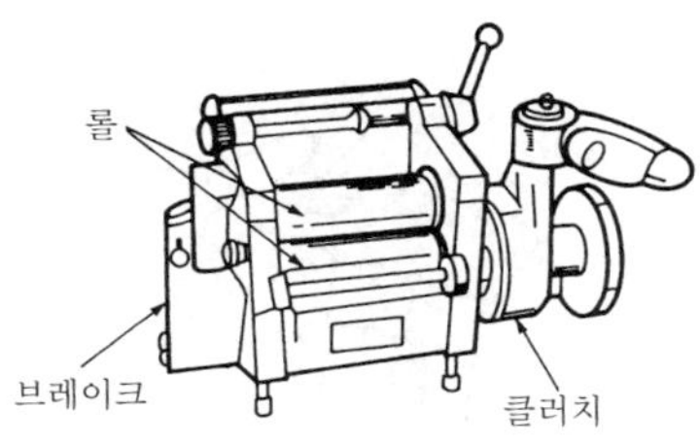

그림 12-10 롤 이송 장치

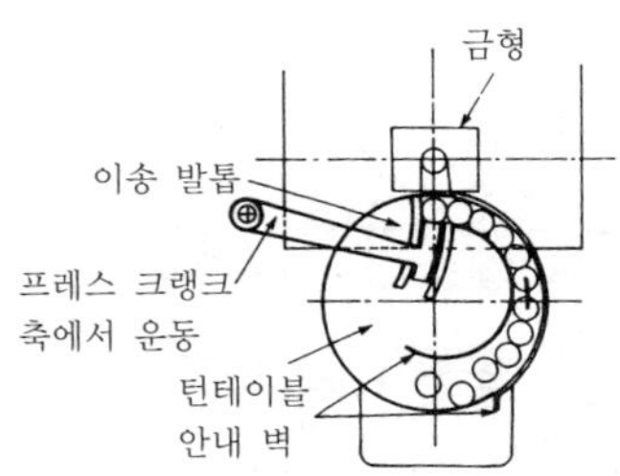

그림 12-11 마찰식 다이얼 이송 장치

(3) 트랜스퍼 이송 장치

[그림 12-12]와 같이 제품 이송 방향의 중심선에 대칭으로 양쪽에 두 개의 레일(rail)에 다수의 지지대를 설치하여, 막대의 축 방향 및 그에 직각 방향에 왕복 운동을 프레스의 크랭크 운동과

일치시킴으로써 반가공품을 두 개의 지지대를 사용하여 다음 공정에 이송하는 장치이다.

(4) 벨트형 자동 이송 장치

[그림 12-13]에 나타낸 벨트형 자동 이송 장치는 짧은 거리의 소재 이동에 적합하며, 단순 펀칭의 작업에 사용된다.

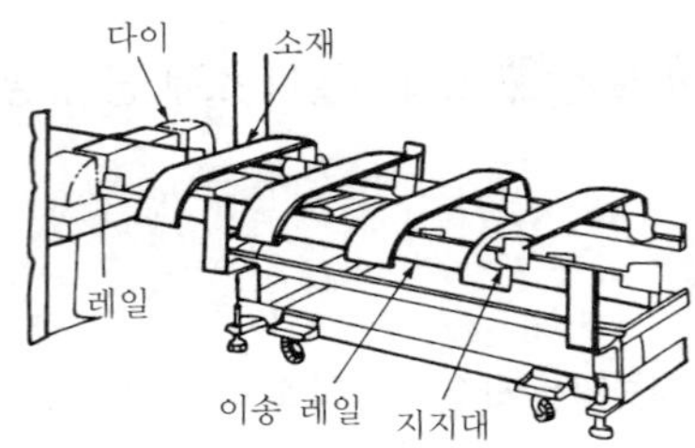

그림 12-12 트랜스퍼 이송 장치

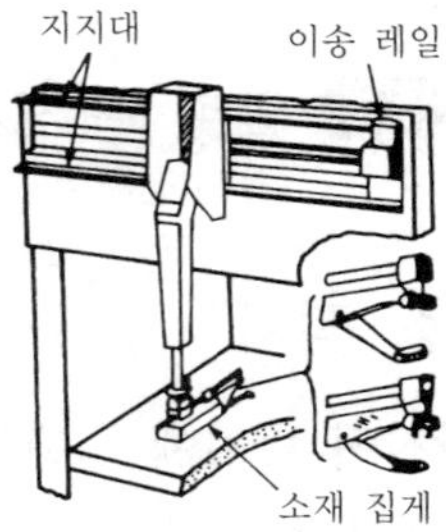

그림 12-13 벨트형 이송 장치

(5) 턴오버 이송 장치

[그림 12-14]에 나타낸 것처럼 턴오버 이송 장치의 경우 한 작업 후 다음 작업이 재료의 뒷면을 가공할 때 사용된다. 장치에 진공 흡입기가 장착되어 작업이 끝난 재료를 진공으로 흡입하여 180° 회전시키고 나서 다음 작업으로 이송한다.

다. 스크랩 자동 배출 장치

소재 공급이 자동화되고 가공이 끝난 스크랩은 [그림 12-15]와 같은 장치에 의해 제거한다.

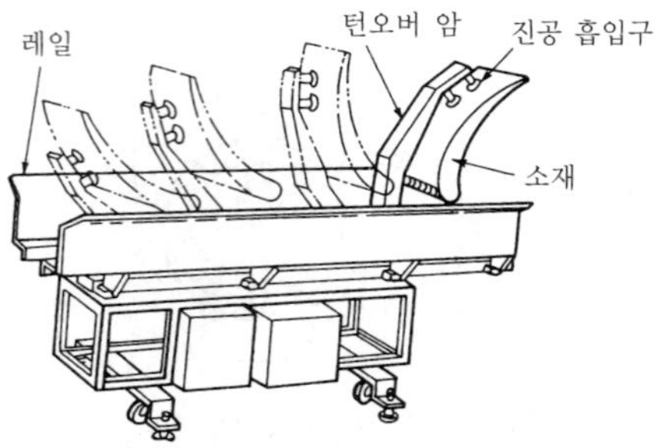

그림 12-14 턴 오버 이송 장치

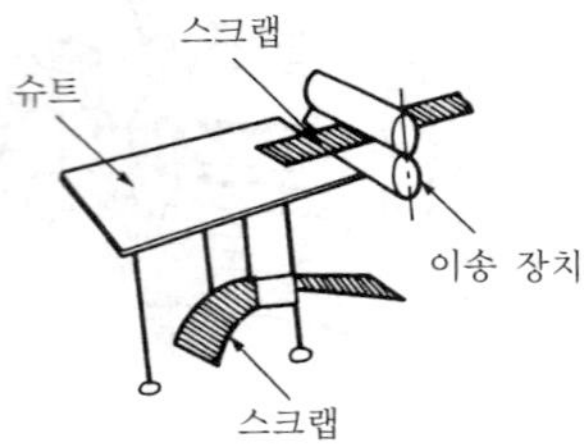

그림 12-15 스크랩 자동 배출 장치

제3절 | 금속 가공의 안전 관리

1 안전 기기와 장비

흔히 사용되는 기계에는 안전 장치가 개발되어 사용되고 있다. 이들을 요약 하면 다음과 같다.

가. 보호벽

[그림 12-16]과 같이 프레스의 경우, 적절하게 설계되어 설치된 보호벽은 작업 중 상해 요인에 접촉되는 것을 막아 준다. 보호벽은 고정, 이동되거나, 자체적으로 조정되기도 한다.

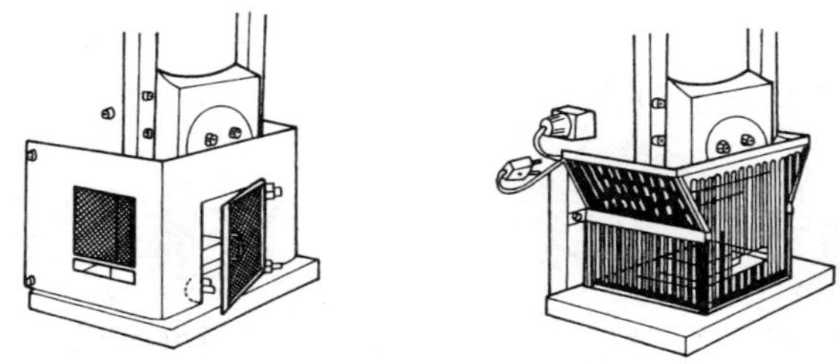

(a) (b)

그림 12-16 보호벽

보호벽을 설치함으로써 기계의 위험 부분을 식별할 수 있고, 어떤 경우에는 기계로부터 튀어나오는 물체(보기를 들면, 연삭 숫돌의 부서진 조각)를 막아주기도 한다.

보호벽에 이상이 있거나 작동을 멈추고자 할 때에는 기계적, 전기적, 유압, 광학적인 장치로 기계의 작동이 멈추어지도록 장치를 하여 사용하면 더욱 안전하다.

[그림 12-16]에서 (a)는 스프링 형태로 된 내부 스위치로 보호벽이 열리면 동력이 차단되고, (b)는 플러그를 빼서 동력을 차단해야만 보호막을 열 수 있는 장치이다.

나. 안전 기구

안전 기구에는 작업자의 손에 사용되는 풀 백(pull back) 기구, 안전 벨트, 투입 감지 장치 등이 있다. [그림 12-17]은 광막을 이용한 투입 감지 장치로서, (a)는 작업 구역 앞에 광막을 쳐서 투입을 감지하는 것이고, (b)는 작업자가 손으로 광막을 끊게 되면 기계가 제동되고 클러치로 동력을 끊어 주는 안전 장치이다.

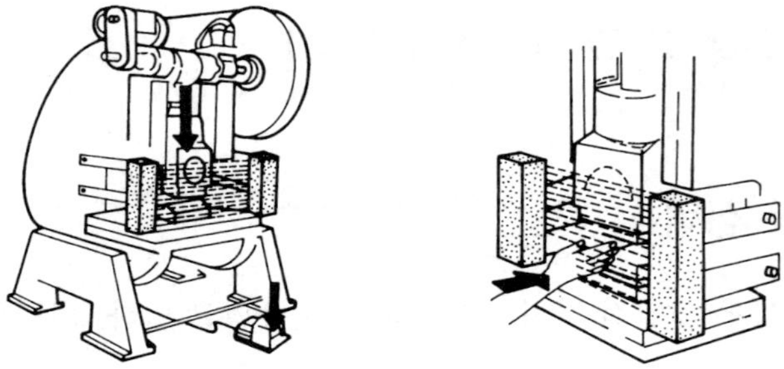

(a) (b)

그림 12-17 투입 감지 장치

다. 경고

표지판, 신호, 안내문은 작업자에게 보이지 않는 위험 요소, 위험 조절 방법, 불명확한 순서 등에 관하여 경고해 준다. 실제 사용될 때는 불명확한 점도 있지만, 경고의 양식이나 크기는 산업 기준으로 제정되어 있다.

라. 개인 보호 장비

보안경, 얼굴 가리개, 귀마개, 헬멧, 방독면 등과 장갑, 에이프런과 같은 방호복 등은 작업자가 위험 요소에 직접 노출되는 것을 줄여 주는 개인 보호 장비이다.

2 안전 장치의 종류와 기능

소성 가공용 기계 중에서 프레스와 전단기는 가장 위험한 기계로서 동력 전달 부분과 다이에서 재해가 가장 많이 발생한다. 동력 전달 부분에서 발생하는 재해는 안전 덮개(safty cover)와 방호벽 등으로 예방할 수 있고 다이에서 발생하는 재해는 작업자의 부주의로 인해 발생하는 경우가 많으므로 안전 교육의 강화로 예방할 수 있다. 프레스 및 전단기에 사용되는 안전 장치의 종류와 기능은 다음과 같다. 안전 장치는 작업 현장의 작업자의 신체 보호, 특히 손을 보호하기 위해 대단히 중요한 장치이다.

가. 부시(bush) 장치

[그림 12-18]은 블랭크 또는 반제품을 다이에 밀어 넣는 부시 장치인데, 이를 부착하게 되면 프레스에서 가공품을 꺼낼 때 공기로 불어서 밀거나, 다음 블랭크가 밀어 넣게 되므로

위험을 방지할 수 있다.

나. 방호 보호판

[그림 12-19]는 투명 플라스틱이나 철망 또는 구멍 뚫린 철망 등으로 손이 못 들어가게 막고, 소재나 반제품만 통과할 수 있도록 작은 통로만 열어 놓은 보호 장치이다.

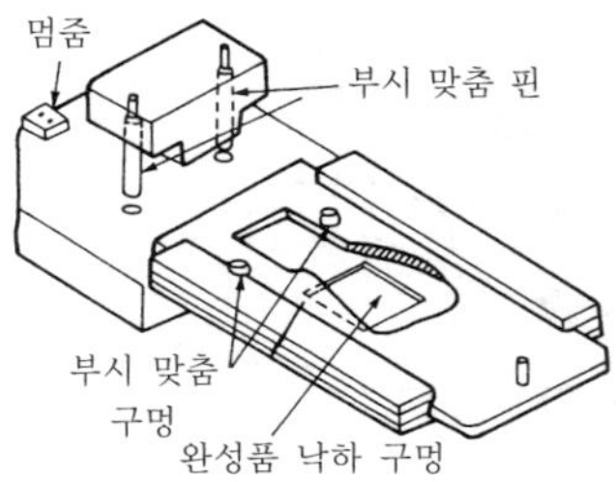

그림 12-18 부시 장치

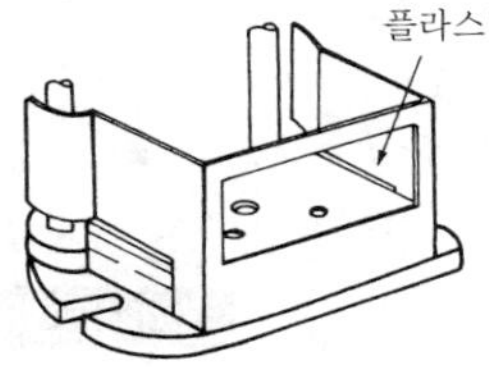

그림 12-19 방호 보호관

[그림 12-20]은 펀치의 작동 범위를 코일 스프링으로 둘러싼 방호 보호 장치이고, [그림 12-21]은 중력 슈트(chute)를 병용해서 2차 가공의 안전 작업을 할 수 있게 한 것이다.

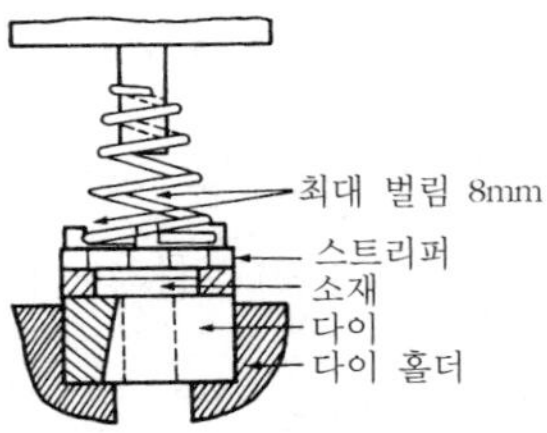

그림 12-20 코일을 이용한 안전 장치

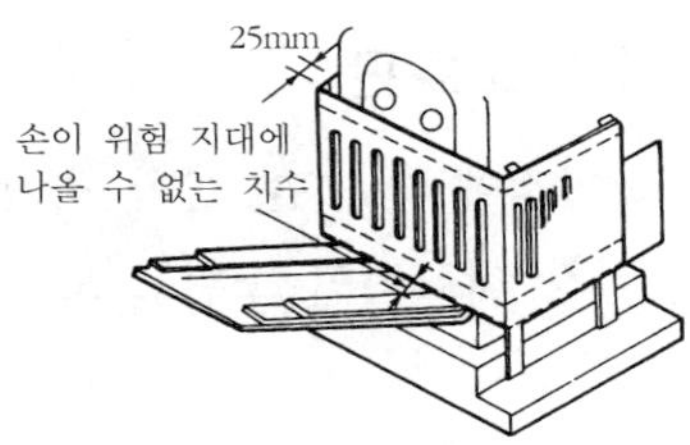

그림 12-21 중력 슈트 병용 방호 보호 장치

다. 유구식 안전 장치

[그림 12-22]에서 손이 다이 위에 놓여 있으면 ㄷ자 형틀이 손 위를 덮게 되어 페달을 밟아도 클러치(clutch)가 연결되지 못하므로 프레스가 작동하지 않게 된다.

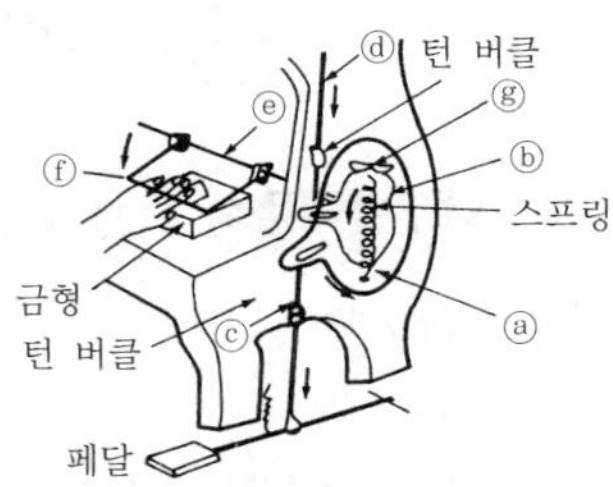

그림 12-22 유구식 안전 장치

라. 양손 푸시 버튼식 안전 장치

[그림 12-23]과 같이 푸시 버튼 D, E를 동시에 눌러야 프레스가 작동되도록 전기 회로가 되어 있어서, 한 손이 다이 근처에 있을 때에는 프레스가 작동하지 않으므로 안전하다.

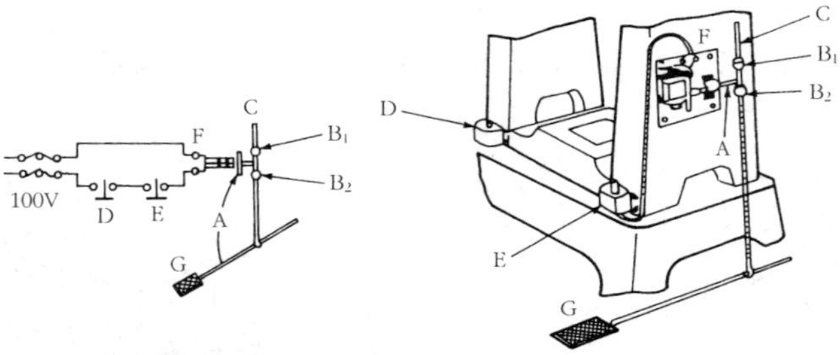

그림 12-23 양손 푸시 버튼식 안전 장치

마. 광전관식 안전 장치

[그림 12-24]와 같이 광전판을 프레스 양쪽에 설치하여 손이나 어떤 물체가 광선을 차단하면 프레스가 작동되지 않도록 되어 있는 안전 장치이다.

바. 스위프 보호판

손이 작업점에 있으면 램이 하강하면서 손을 뿌리치도록 되어 있는 장치이다. [그림 12-25]는 가장 대표적인 스위프 보호판(sweep shroud) 안전 장치의 원리를 나타낸 것이다.

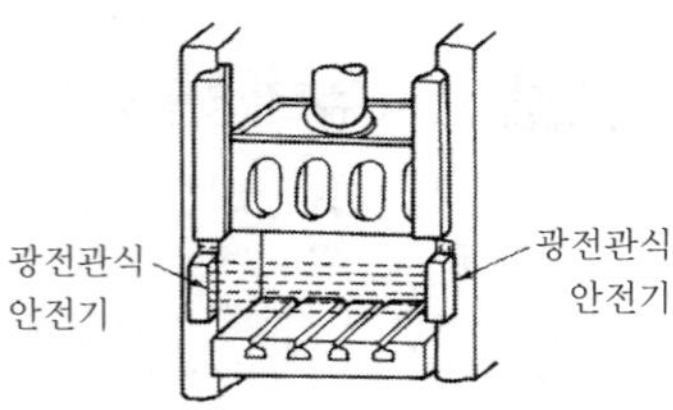

그림 12-24 광전식 안전 장치

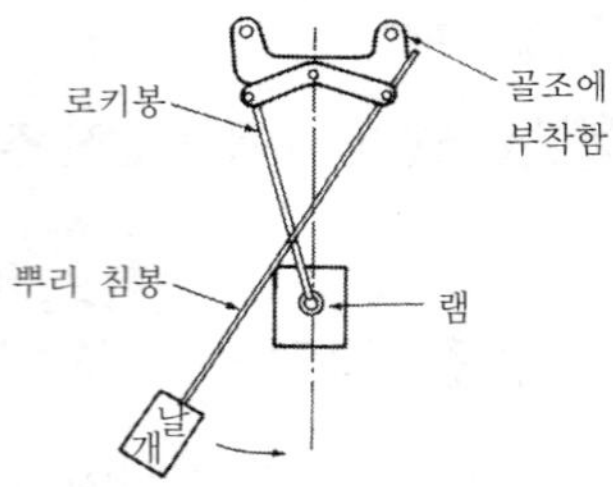

그림 12-25 스위프 보호판

3 안전 수칙과 관리

모든 가공 작업은 경제성에 의하여 선택되지만, 실제로 작업을 할 때에는 작업자의 안전성에 대하여 유념해야 한다. 작업의 안전성은 생산성과 직결되어 있다. 기계와 연관된 사고의 85% 정도는 작업자의 실수에 의해 일어나고, 5%는 기계의 파손, 그리고 나머지는 기타 요인에 의한 것으로 알려져 있다.

가공 작업 중에는 작업자 자신의 안전에도 유념하여야 하지만, 가공된 제품이 생산되어 사용될 때의 안전성에 대해서도 생각하여야 한다.

보기를 들면, 단조나 냉간 압출로 생산된 제품이 결함을 그대로 가진 채 부품으로 사용되는 경우에는 사용 중의 파손으로 인해 막대한 인명 및 재산의 손실을 가져올 수도 있다. 따라서, 작업자 및 검사자는 책임 의식을 가지고 가공 작업에 임해야 한다.

소성 가공 작업은 그 본질성을 안전을 위협하는 여러 요소를 가지고 있다. 따라서, 안전한 작업 환경이 꼭 이루어져야 하는데, 어떤 위험 요소는 개방되어 있어서 그 대처 방법이 명확한 경우도 있지만, 어떤 것은 숨겨져 있어서 사전 주의를 더욱 요한다.

작업장으로부터 위험 요소를 제거하기 위한 방법들은 다음과 같다.

① 기계 설계를 통하여 위험 요소를 제거한다.
② 안전 장치를 사용한다.
③ 경고 표시와 표지를 단다.
④ 작업자를 훈련하고 교육한다.
⑤ 개인용 보호 장비를 사용한다.

가. 프레스 및 전단기의 안전 수칙

프레스 및 전단기 작업할 때 일반적인 안전 수칙은 다음과 같다.

① 작업하기 전에 공회전시켜 클러치, 스프링 및 브레이크 상태를 점검한다.
② 페달 주위에 재료를 쌓아 놓지 않도록 한다.
③ 공동 작업할 경우에는 페달을 밟는 사람을 정해 놓고 서로 신호에 의해 작동한다.
④ 작업이 끝난 다음 반드시 스위치를 끄고 페달을 밟아 놓지 않도록 주의해야 한다.
⑤ 항상 U형 덮개를 씌워 놓는다.
⑥ 형틀이나 전단날의 청소는 적당한 공구를 사용한다.

또, 안전 장치에 대한 유의 사항은 다음과 같다.

① 안전 장치는 그 설치한 이유와 효과 등을 잘 이해하여 효과 있게 활용되도록 한다.
② 안전 장치는 책임자의 승낙 없이 임의로 제거하거나 설치를 변경해서는 안 된다.
③ 안전 장치를 수리하기 위하여 또는 작업 형편상 일시 제거하거나 그 기능을 중지하고자 할 때는 그 내용을 표시하고 작업해야 한다.
④ 안전 장치의 불량함을 발견했을 때는 즉시 작업을 중지하고 책임자에게 보고하여 지시를 받아 수정한 다음 작업한다.
⑤ 안전 장치는 반드시 작업 전에 점검하고 작업 중에는 그 기능에 주의한다.

나. 소음에 대한 안전 관리

소음은 작업자의 능률과 건강에 큰 영향을 줄 수 있다. 소음도가 높은 곳에 지속적으로 노출되어 있으면 영구 청각 장애를 일으킬 수 있다. 또, 과도한 소음으로 인해 대화가 힘들어지고 전달 사항이 잘못 전해지기도 한다. 기계에서 높은 소음이 방출되는 것 자체는 문제가 없으나, 중요한 것은 작업자가 그 소음에 노출된다는 것이다.

소음계로 측정할 때 데시벨(dB)로 나타내는 소음 집중도는 사용하는 설비의 종류에 따라 매우 다르다. [그림 12-26]은 각종 작업에서의 소음도를 나타낸 것이다. 소음도와 작업자의 노출 시간은 서로 상승하여 작업자에게 영향을 준다.

모든 기계는 소음을 방출하는데, 소음이 큰 기계로는 공압 기구, 기어, 재료 처리 장비, 상품 수송용 컨베이어, 충격용 기계, 유압 펌프, 모터, 팬, 송풍기 등을 들 수 있다.

소음도를 감소시킬 수 있는 방법으로는 장비에 소음기를 달고, 기계류를 완전 밀폐시키며, 하우징과 활송 장치에는 라이닝을 하고, 기계 부품의 설계 변경 등이 있다.

소음이 과도한 지역에서는 귀마개나 귀덮개와 같은 개인용 보호 장비를 사용하면 작업자가 소음에 노출되는 것을 줄일 수 있다. 기어나 베어링 같은 마멸성 부품을 정기적으로 유지, 보수하고 교환하는 것도 줄일 수 있는 효과적인 방법이다.

기계류나 바닥의 진동은 소음만을 방출하는 것이 아니라, 생산되는 제품의 치수 정확도와 표면 정도에도 나쁜 영향을 준다.

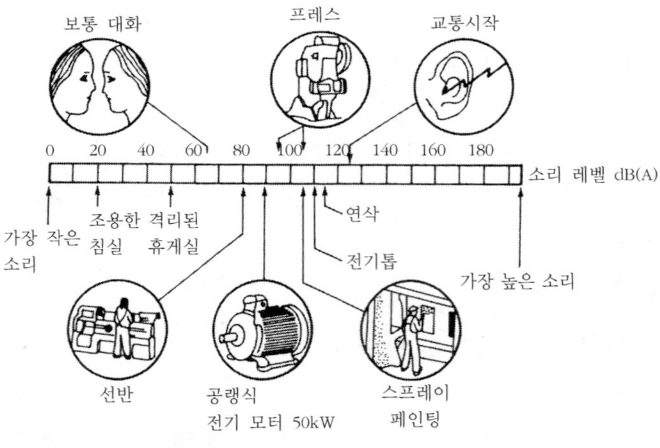

그림 12-26 각종 작업의 소음도

익힘문제

1 안전 기구가 사용되는 경우를 현장의 보기를 들어 설명하시오.

2 주위에 경고가 있는지 알아보고, 그 내용에 대해 토의해 보시오,

3 프레스와 전단기 작업은 왜 위험한지 알아보고, 신체에서 가장 위험한 부위는 어디인가?

4 각종 안전 장치의 종류와 기능에 대해 설명하시오.

5 작업장에서 위험 요소를 제거하기 위한 방법에 설명하시오.

6 프레스와 전단기 작업시 안전 수칙에 대해 설명하시오.

7 각종 소성 가공 작업장의 소음도를 알아보고, 작업자를 소음으로부터 보호할 수 있는 방법을 쓰시오.

8 금성 가공의 자동화 과정에 대해 알아보고, 자동화가 생산성에 어떤 영향을 끼치는지 쓰시오.

9 현장에서의 작업을 토대로 하여 자동화가 이루어질 수 있는 작업들을 쓰시오.

10 특정한 부품(예를 들면, 볼트, 터빈 블레이드 등)을 예로 들어 이 부품을 가공할 수 있는 모든 방법을 나열한 뒤, 각 가공법으로 가공하였을 때의 경제성을 쓰시오.

11 수동 용접과 자동 용접에 대해 비교해 보시오.

익힘문제

12 소성 가공 작업에서 안전을 위협하는 여러 가지 요소들에 대해 쓰시오.

13 작업 현장에서의 안전 사고에 대해 조사해 보고, 예방책에 대해 쓰시오.

14 작업 현장이나 실습장에서 안전성을 더욱 높일 수 있는가를 쓰시오.

15 생산 설비의 자동화에 따른 이점에 대해 설명하시오.

16 가공 공정을 선택할 때 고려할 점은 무엇인가?

17 자동화 설비에는 어떤 것들이 있는지 알아보자.

18 산업용 로봇이란 무엇이며, 초기에는 어떤 곳에 사용되었는가?

19 산업용 로봇의 기본적인 구조와 기능에 대해 설명하시오.

20 주위에 있는 소성 가공 제품을 보기를 들어 가공 공정에 대해 알아보고, 자동화 방법에 대해 쓰시오.

금속가공학

초 판 인쇄 | 2013년 9월 1일
초 판 발행 | 2013년 9월 5일
초 판 2쇄 발행 | 2018년 8월 31일

저 자 | 공학박사 조수연·문희권

발행인 | 조규백
발행처 | **도서출판 구민사**
(07293) 서울특별시 영등포구 문래북로116, 604호(문래동 3가 46, 트리플렉스)
전화 (02) 701-7421(~2)
팩스 (02) 3273-9642
홈페이지 www.kuhminsa.co.kr

등 록 | 제2012-000055호 (1980년 2월 4일)
ISBN | 978-89-7074-779-8 93550

값 25,000원